U0268113

烟火技术及应用

Pyrotechnics and Application

◎ 常双君　编著

北京理工大学出版社
BEIJING INSTITUTE OF TECHNOLOGY PRESS

内 容 简 介

本书共 13 章,分别是绪论、烟火药的组成、烟火药的性质及性能试验、烟火药的配方设计及计算、烟火药的燃烧、烟火技术的理论基础、烟火技术的光效应、烟火技术的热效应、烟幕遮蔽效应、黑火药和延期药制造、烟火药制备工艺、烟火药配方的性能评估和烟火技术在工农业生产中的应用,每章后面附有思考题。本书从烟火药的组成、物理化学性质和配方设计出发,在介绍辐射度学、光度学和色度学基本知识的基础上,重点讨论了烟火技术的应用以及烟火药的制备和性能测试。

本书可作为高等院校特种能源技术与工程专业本科生的教材或参考书,也可作为从事火工烟火技术行业的工程技术人员的参考资料。

版权专有　侵权必究

图书在版编目(CIP)数据

烟火技术及应用/常双君编著. —北京:北京理工大学出版社,2019.10
(2022.6重印)

ISBN 978 - 7 - 5682 - 7662 - 7

Ⅰ.①烟…　Ⅱ.①常…　Ⅲ.①军用器材 - 烟火器材 - 高等学校 - 教材　Ⅳ.①TJ53

中国版本图书馆 CIP 数据核字(2019)第 222769 号

出版发行 / 北京理工大学出版社有限责任公司
社　　址 / 北京市海淀区中关村南大街 5 号
邮　　编 / 100081
电　　话 / (010)68914775(总编室)
　　　　　 (010)82562903(教材售后服务热线)
　　　　　 (010)68944723(其他图书服务热线)
网　　址 / http://www.bitpress.com.cn
经　　销 / 全国各地新华书店
印　　刷 / 廊坊市印艺阁数字科技有限公司
开　　本 / 710 毫米×1000 毫米　1/16
印　　张 / 25.25　　　　　　　　　　　　　责任编辑 / 王玲玲
字　　数 / 426 千字　　　　　　　　　　　　文案编辑 / 王玲玲
版　　次 / 2019 年 10 月第 1 版　2022 年 6 月第 2 次印刷　责任校对 / 周瑞红
定　　价 / 56.00 元　　　　　　　　　　　　责任印制 / 李志强

图书出现印装质量问题,请拨打售后服务热线,本社负责调换

PREFACE

前言

　　烟火是指"烟"与"火"的艺术与科学，也是一门被称为烟火学的科学。烟火技术的发展由来已久，源远流长，它与时代发展同步，与科技发展同行。烟火技术是一门与众多学科相互融合、渗透、交错和综合的学科，烟火技术的研究建立在光度学、材料学、固体化学、辐射度学、光谱学、电磁理论、气溶胶物理、燃烧学、色度学、大气物理等基础学科之上，在现代"高技术"迅猛发展的今天，烟火技术在军事上得到了迅速发展和应用，传统的烟火器材不断推陈出新，新概念烟火药层出不穷，特别是高科技电子战中的光电对抗，将烟火技术应用推向了光电对抗高技术的领域，可以有效地对光电制导武器和探测观瞄器材实施光电对抗无源干扰。除此之外，军事上烟火技术还被用于外层空间飞行器的隐身干扰和水下水声对抗反鱼雷等。在民用上，烟火技术应用日趋广泛，如工业上的超纯金属冶炼、导轨焊接与切割等，农业上的杀虫、灭鼠、除霜与人工降雨等，体育卫生业的发令纸、氧气烛、自热食品罐头等，以及烟火发电、烟火灭火、电影摄制和娱乐烟花爆竹等。除此之外，烟火技术还被广泛应用于宇宙空间探索，如"阿波罗"飞船所用的烟火元器件有218件，航天飞机升至500余件，近年来空间探索飞行器的火箭发射、级间分离、姿态调整、返回地球等方面，已增至600余件。

　　本书共有13章，主要内容包括绪论、烟火药的组成、烟火药的性质及性能试验、烟火药的配方设计及计算、烟火药的燃烧、烟火技术的理论基础、烟火技术的光效应、烟火技术的热效应、烟幕遮蔽效应、黑火药和延期药制造、烟火药制备工艺、烟火药配方的性能评估、烟火技术在工农业生产中的应用等。

本书由常双君教授负责编著，刘玉存、王金英、王建华、荆苏明等参编。其中第 1 章至第 9 章由常双君教授完成，第 12 章由刘玉存教授完成，第 10 章由王金英副教授完成，第 13 章由王建华副教授完成，第 11 章由荆苏明完成。

本书在编写过程中参考了大量已公开出版的文献资料，对相关内容进行了整理分类，在此对文献作者表示衷心感谢。

由于作者自身学术水平、经验有限，本书有诸多不足之处，敬请学术界前辈、同行和学生批评指正，多提宝贵意见。

作 者

2018 年 10 月

目 录
CONTENTS

第 1 章

绪　论

1.1　烟火技术发展概况

烟火技术（Pyrotechnics）一词由两个希腊单词 pry（火）和 techne（技术）组成，因此烟火技术可以定义为制造和使用火的技术。但是在近代，烟火技术的定义发生了变化，它不是一种单纯的技术，而是形成了一门独立的技术科学——烟火学。与其他自然学科发展相比，烟火学的技术阶段经历了漫长的岁月，究其原因，主要有以下三个方面：一方面是它一度成为少数烟火工匠人的财产与生计，配方及工艺依照"传男不传女"的传统理念进行传承，很长一段时间属于"子承父业"的家族产业模式；另一方面是有素养的化学家中从事烟火技术研究人数历来较少；第三个方面是大多数烟火技术工作者普遍关心的是烟火制品的制造艺术与技巧。因此，烟火学者为之叹息，并为烟火学长期处于技术阶段而不像其他学科那样快速将技术升华成理论而深表遗憾。

正因为如此，一个为国际公认的并能包络现代烟火技术内涵的烟火学定义迄今尚在研讨之中。烟火学家为烟火学下过各种各样的定义，比如下面几个定义。

（俄）希特洛夫斯基（Shidlovsky）定义烟火学是"研究烟火剂、烟火品和烟火具生产方法及性能的一门科学"。

（美）爱伦（Ellern）定义为："烟火学是产生和利用主要来自固体混合物或化合物的放热反应热效应和产物的技术和科学，除有些例外，反应是非爆炸性的，反应速度较低，并且是自持和自给反应。"

（美）布伦特（Blunt）于 1980 年第七届国际烟火研讨会上提交了大会讨论的烟火学定义："烟火学是研究用来制得定时装置、声响效应、气溶胶（烟幕）分散、高压气体、高热、电磁辐射（包括可见光和红外辐射）或以上这些效应的综合，并以最小容积产生最大效应的可控放热化学反应的科学。"

布伦特的定义基本上反映出了现代烟火技术的内涵，能为大多数烟火学家所接受。

1.1.1 古代烟火技术的发展

中国是世界烟火技术的发源地，是烟花爆竹的故乡。中国烟火技术的发展由来已久、源远流长。早在公元前 8 世纪的周朝，中国就有了"狼烟"烽火台，古人以狼粪燃烧生烟传递军事信号。周末（公元前 500 年）时《孙子兵法》就著有"火攻篇"。汉末三国战争，有著名的"火烧赤壁"。公元 227 年，魏、蜀交战时已使用了"火箭"，当时的火箭是将艾草、麻布浸渍上油料缚于箭上用弓射出。不过那时的烟火还只是一种"烟"和"火"的技术应用，它是直接应用自然界的可燃物质借空气中氧气的燃烧来获得某种烟火效应的，并没有构成一种自供氧（即利用氧化剂）体系的类似当今的烟火药剂。

随着生命科学发展对医药的需求，古代帝王为了长生不老而寻求灵丹妙药。古人在炼丹的过程中意外炼着了火，从而导致了中国黑火药的发明。中国古代的黑火药配方是"一硝二硫三木炭"，其百分比为 $KNO_3 : S : C = 76 : 10 : 14$，与当今标准的黑火药配方 $KNO_3 : S : C = 75 : 10 : 15$ 基本一致。黑火药是具有自供氧体系的最初的烟火药剂，也是最初的炸药和火药，它的问世揭开了烟火学发展的序幕。

黑火药的出现首先被用于战争，最初是用来纵火、灼伤和产生毒烟，其后用于爆炸，进而用作发射。宋、元、明、清时期用黑火药制造的各种火药兵器在战场上应用已相当广泛。有史记载黑火药用于战争的是唐哀帝天德年间，郑璠攻打豫章（今江西南昌）时使用"发机飞火"（是用黑火药作燃烧剂的火药兵器），火烧龙沙门。

到宋代（公元 960—1279 年）火药兵器发展规模宏大。拥有 4 万工人的军工作坊 10 个，能生产各种火药兵器。《武经总要》（公元 1044 年）详细记载了"毒药烟珠""蒺藜火球"和"火炮" 3 种燃烧性兵器的火药配方。"毒药烟珠"是毒气弹的雏形，在黑火药配方中添加了巴豆、砒霜等毒物，燃烧后成烟四散，使敌兵中毒。"蒺藜火球"是装有尖刺蒺藜的火药包，火药作用后，铁蒺藜飞散出来，铺于路面，阻塞敌骑兵前进。"火炮"是用于攻城的燃烧弹。

北宋末年（公元 1126 年），"霹雳炮""震天雷"一类的爆炸性火药兵器出现，黑火药已开始用于爆炸。此后管形火器"火枪"（公元 1132 年）和"突火枪"（公元 1259 年）被发明，黑火药又开始用于发射。金人曾用"突火枪"守城，它除了能喷火烧人外，其内加有铁粉，能产生"火花"，使人眼迷盲。

元朝（公元 1332 年），创造了金属的管形火器——铜火铳（现保存在北京的中国历史博物馆内），铜火铳是世界上使用黑火药来发射弹丸的最古老的火炮。

至此，最初的烟火药——黑火药被发展为燃烧性兵器中的燃烧剂、爆炸性兵器中的炸药和引线装药及火炮的发射药。

黑火药导致了火药兵器的出现，推动了烟火技术的发展。明朝（公元1368—1644 年），出现了"五里雾""神烟""五色烟"等古代的烟幕剂和彩色发烟剂，这已经不是单纯黑火药的配方，而发展为应用更广泛的烟火药配方。明代茅元仪《武备志》（公元 1621 年）记载了各种火药与烟火药的配方及其制法和效能。其中提到制线火药、烈火药、飞火药、火信、炮火药、杂药、慢药，以及烟幕剂、燃烧剂、信号剂等。并叙及"五里雾"的配方及燃放方法，"硝石一百斤、硫磺一百斤、炭五十斤、松香三十斤、砒石五斤"，另加木屑、鸡粪等添加剂和黏结剂；遇敌军时，士兵卧倒地上，在上风处用引线点着即成霾雾，朦蔽五里，造成敌军在雾中自相践踏。

黑火药用于民间娱乐烟火滞后于军事。娱乐烟火，包括爆竹和烟花。爆竹，现称炮竹或鞭炮。最初的爆竹为带节的竹竿，以火烧之而产生爆裂声响。黑火药发明后，将其装入竹筒内，并用火线引燃，则成为名副其实的"爆竹"。随着造纸工业的出现，竹筒改为纸筒。将很多小爆竹用药线串编在一起，即成了今日的鞭炮。烟花，又称焰火、花炮，它是继黑火药应用于军事之后而兴起的。南宋孝宗（公元 1163—1189 年）年间，宫廷常放烟花娱乐。宋理宗初年上元日，理宗和太后在庭中观赏烟花，"地老鼠"喷火窜至太后座下，太后惊惶而走。南宋周密《武林旧事》中记载着首都临安（今杭州）宫廷中燃放烟花盛况："午后，修内司排办晚筵于庆瑞殿，用烟火，进市食，赏灯……"，"宫漏既深，始宜放烟花百余架，于是乐声四起……"。明朝（公元 1368—1644 年）娱乐烟火发展到了相当高的水平。《金瓶梅》小说中描绘了一二丈高的"木架烟火"，内部用药线连接，可连续燃放几个小时，能出现各色灯火、流星、爆仗等，还有重重帷幕下降，出现亭台楼阁等布景。清朝末年，慈禧太后嗜好娱乐烟火尤甚，新春正月，内苑炮竹烟花御用，以数十万金计。李鸿章进献大型烟花一盒，价值六万金。

1.1.2　西方烟火技术概况

13 世纪我国的黑火药及烟火技术由丝绸之路经阿拉伯传到了欧洲各国。

公元 1543 年又由海上传到了日本。

在 15 世纪和 16 世纪，在圣埃卡纳瑟的长诗中有了烟火会的描述。如烟花和火箭所产生的花环，银白色的效果及嘶嘶的声响。到了 18 世纪，烟火会已达到了豪华的程度。英国的第一次烟火会于 1790 年在印度的勒克瑙附近举行，据说为了准备这次烟火会就花费了 6 个月的时间。

在欧洲紧跟着黑火药就出现了烟火药，意大利是欧洲第一个制造观赏烟火的国家，也是最早举行烟火晚会的地区。在 1500 年以前的宗教节日及公众庆祝会上，烟火已得到了广泛的应用。经常性的烟火晚会已成为一种民间的娱乐，佛罗伦萨是当时烟火生产的中心。在这个时期以前，烟火已用在戏剧舞台上。在古罗马时期的大剧院里，是把燃烧的火炬或类似的物品当作一种艺术的装饰品。今天烟火制造已成为一个重要的行业，但精巧的艺术舞台及艺术建筑仍然是展示烟火艺术的场所。

16 世纪末叶以前，英国的烟火会还很少。在莎士比亚的剧本中有几个场面涉及烟火，在这个时期的其他文学作品中也常常叙述"绿衣人"的故事。"绿衣人"在举着火把的队伍的前头，施放着火花开道。

在 1572 年，为了庆祝王后伊丽莎白一世访问，在沃里克城堡举行了一个大型的烟火会，这是英国本土上最早的烟火会。王后赞许了这次烟火会，说看到了无限美妙的情景。这一赞许促使了更多的烟火会的举办。1575 年，为了接待皇帝陛下参观，在凯尼尔沃思城堡及沃里克郡两地举办了两个烟火会。1613 年，为了庆祝国王詹姆女儿依丽莎白的婚礼，在泰晤士河也举办了一个烟火会，所使用的场地至今仍然很完整。英国早期的烟火会主要是由法国和意大利的烟火商经办的。特别是意大利的烟火商，一直经办到 17 世纪末叶。英国的烟火制造者开始担当地面指挥还是相当晚的事情。烟火会的组织及烟火展品的准备工作由军队负责，烟火大师则指挥工兵装药。

长期以来，日本的烟火仅仅是用黑火药制成的。大约在 1880 年，氯酸钾由欧洲引入后，日本就掌握了彩色烟火的配方。日本烟火历史上的一个里程碑，是仪作青木于 1926 年创造出了双花瓣的菊花图案。两年以后，为庆祝天皇就位所举办的烟火会上，青木燃放了三层花瓣的菊花图案，花心是红的，内层花瓣是蓝的，边缘花瓣是琥珀色的。此后，这种多瓣的菊花火花得到了广泛的发展，成为日本最具代表性的烟花。日本烟火制造商也以他们所生产的特大型礼花弹而出名。制造一个直径为 36 吋①的礼花弹要花费几周的时间，其中包括了多层星体和一些较小的球体。

---

① 1 吋 = 2.53 厘米。

烟花的特定品种和烟火会的形式，常常带有每个国家各自的特征。例如，典型的英国烟火会是从容不迫地进行的，随着烟火会的进程，展出吸引人的展品，并且还有许多架上烟火，并且这些架上烟火的规模还是相当庞大的。在莱茵河上和在法国举办的烟火会，采用典型的欧洲大陆的方式，具有短小壮观的特点，燃放着精彩的架空烟火，并且有许多的烟火同时燃放。为了更好地控制点火，在欧洲大陆及美国已广泛地用电点火。但在英国比较晚才开始采用电点火，主要还是采用手工点火的方式。各个国家的烟火会都拥有其独具特色的烟火品种。日本的特艺是齐放的菊花弹。法国和德国的是一种长长的"光环转轮"，在英国的烟火会上仍然可以见到。西班牙烟火会的特色是火箭。

在不同的国家里，或在同一国家之内所生产的烟火产品之间，都存在着许多细小差别。差别虽小，但行家却能识别出来。在烟火会上有些节目会给观众留下很深的印象，而印象一般的节目将被淘汰。烟火会的专业人员观看的更多。为了获得壮观的效果，通过实践，他们了解制造厂要解决什么问题，关键何在，在多大程度上能得到成功。有经验的老工人能客观地比较星体彩色的质量、火箭的效力及球体爆炸的范围。他们将注意到，火箭或球体是在到达顶点之前还是到达顶点之后才爆炸，照明星体是否送到足够的高度，或者是落到地面上还在燃烧。烟火制造显然是一项危险的工作，它不像其他的业余爱好那样，能随便处理。因此，爱好者及专家就比较少。现代的交通工具使专家之间的意见及情报能比较容易地交换，如在戛纳、摩纳哥、圣塞瓦斯蒂安和的里雅斯特召开的国际烟火会议及烟火竞赛，也促进了这些交流。偏僻的地方可能倾向于保持其独特的效果及燃放方法，先进交通工具将有助于减少这种倾向。

烟火行业的进步，是通过创造新的效果来体现的。一种新的配方，能产生一种崭新彩色的星体；一种新的金属的利用能产生一种新的效果，如钛的应用就是一例；用一种新的方式将彩色组合起来就能创造一种新颖的图案等。

总之，烟火技术至今能如此普及，是因为它能为庆祝会或节日增添精彩壮观的气氛。无疑，今后烟火技术将会不断地向前发展。

1.1.3　近代烟火技术的发展

1786 年，法国化学家贝塞利特发现了氯酸钾，烟火发展进入一个崭新的阶段。19 世纪后期，电力工业开发出用电解法制造出金属镁、铝，此后锶、钡、铜等及其化合物出现，烟火迈入了一个五彩缤纷的新时代。

19 世纪，越来越多的烟火器材或装置成为美国军队一般弹药的补给品。

1849 年的美国军械手册就记载有烟火信号、发光火炬、纵火火绳和其他照明装置，以及燃烧火球等烟火器材。

20 世纪初，烟火发展的一个重要应用是曳光弹的出现，它能指示小型自动武器对快速移动目标进行有效射击。1906 年，德国海军首次应用化学遮蔽烟幕成功地进行了舰队调动。1915 年，德国在英国伦敦首次投掷了燃烧航弹。第一、二次世界大战期间，烟火获得了快速发展，各种照明弹、信号弹、曳光弹、烟幕弹、燃烧弹等烟火特种弹药在战场上如雨后春笋般地涌现。

20 世纪中后期，烟火又有了突破性发展，被用于高科技战争光电对抗无源干扰。越南战争、中东战争、英阿马岛之战、海湾战争、科索沃战争和伊拉克战争均表明，烟火光电对抗（习惯上称之为"无源干扰"，实际上"无源"本身不发出电磁辐射，技术含义是有区别的）能使敌方光电侦察器材迷盲、制导武器失控、观瞄探测失灵、通信指挥中断。烟火在当今高科技战争中发挥了极其重要的作用。

1.2　高技术与现代烟火学

传统的烟火技术主要是研究常规的烟火药及其器材，如军事上的照明弹、信号弹、曳光弹、烟幕弹、燃烧弹等特种弹药及民用的烟花爆竹等。随着近代"高技术"的出现，现代烟火学应运而生。

20 世纪 60 年代，在现代科学技术研究成果基础上，信息技术、生物技术、新材料技术、新能源技术、航空与航天技术、海洋开发技术、通信技术、微电子技术、自动化技术、激光与红外技术等迅猛发展，赫然形成了一个前所未有的新技术群——"高技术"。高技术是一个动态的相对意义的概念，它是相对于传统技术而言的一种新兴技术。

"高技术"的出现，改变了人们的时空观。首先在军事上，世界各国无一例外地蜂拥抢占军用高技术制高点，发展自己的高技术武器装备。特别是1983 年 3 月 23 日美国里根总统提出了星球大战（SDI）计划，引起了世界轰动。一时间世界各国都审时度势，纷纷制定了各自的技术对策和发展战略规划。法国提出了"尤里卡"计划，原西德提出了"EDI"计划，苏联制定了"东方尤里卡"计划，日本、韩国、印度也做出了相应的战略发展计划，都想以最快的速度发展自己的高技术武器装备，抢占 21 世纪战略优势。

"高技术"在军事上的快速应用与发展，使各式各样的精确制导武器纷纷出现在现代战场，如红外制导弹、激光制导导弹、巡航导弹、红外/毫米波复合制导导弹等。"高技术"武器使战争的突发性与突变性增大，战争的持续性缩短，作战空间也由陆地、海洋、空中扩展到外层空间。"高技术"使传统的作战模式发生了根本性变化，战争的战术采取了软硬攻击一体化的方式。首先使用电子对抗和红外光、激光、光电、声电等"软杀伤"技术手段，使敌方指挥瘫痪、武器失控、通信中断、雷达迷盲，再用精确制导和动能武器实施"硬摧毁"，消灭敌人有生力量。

"高技术"武器装备由于应用了 C^3I、C^4IRS 系统及"全天候"卫星，实现了"发射后不用管"，且只要发现目标就能自动跟踪目标，一旦跟踪目标，就能击毁目标。面对这种格局的战争，一定意义上是取决于战场目标不被发现的概率，或被发现而不被命中的概率。因此，"高技术"战争迫切需求电子战光电对抗技术装备和自防御的隐身干扰手段。此时此刻，古老的烟火技术发展遇到了契机，它能有效地对"高技术"的光电制导武器实现光电对抗与隐身干扰。

"高技术"的显著特征是多学科知识与技术相互融合，各学科间又有机地横向渗透、相互交错与综合。显然卷入高技术浪潮中的烟火学除军事上外，还融合、渗透、交错于航天航空、宇宙空间探索、工农业生产、交通运输等领域中。如目前航天飞机上就使用了五百余种烟火元件，工业上采用烟火冶炼超纯金属，农业上利用烟火进行人工降雨，交通运输业上的烟火信号和汽车安全气囊等。高技术的确使得古老的烟火技术又洋溢出了青春的活力。有人把烟火比作是一棵稀世高龄的古树，高技术的春风雨露又使它发出了新芽。确信它必将再度枝繁叶茂，结出丰硕之果。

"高技术"促进现代烟火学在军事上的发展主要体现在，它使得传统的烟火及特种弹药不断地推陈出新，如照明弹药由供人眼用的可见光照明弹发展为供高技术战场夜战夜视器材用的红外照明弹；遮蔽目标的烟幕弹药由遮蔽可见光发展为遮蔽、干扰红外光、激光和毫米波；曳光弹药由可见光曳光发展为红外曳光等。"高技术"使得新原理、新技术、新应用的特种弹药涌现，如各类烟火无源干扰弹、电视侦察弹、石墨弹、声弹、光弹、温压弹、油气炸弹、电磁脉冲弹、底排增程弹、反器材特种弹、反机动特种弹等。"高技术"使得新概念烟火药剂纷纷出现，如红外照明剂、脉冲信号剂、红外诱饵剂、干扰烟幕剂、准合金燃烧剂、弹丸增程底排剂、软杀伤金属脆化剂、强光致盲烟火剂、迷盲腐蚀烟火剂、熄燃或爆燃气溶胶等。

"高技术"还促进了烟花工业有了概念上的突破，如烟花科技工作者正在开发研制"高技术"的冷光烟花、无烟环保烟花和电子烟花等，还在创新研制纳米烟花、稀土烟花等。

由此可见，"高技术"使传统的烟火技术发展为现代烟火科学。"高技术"使得烟火学研究的领域更为广泛与深入。

由此说明，席卷于高技术浪潮之中的现代烟火学是一门与众多学科相互融合、渗透、交错和综合的学科。现代烟火学研究建立在新材料学、辐射度学、光谱学、电磁理论、气溶胶物理、传热学、色度学、大气物理等基础学科之上，它已深入到红外、激光、微波等现代光电制导武器和光电对抗高技术领域。现代烟火学所研究的烟火药已经成为一种特殊的含能材料。除需要研究其化学特性外，还需研究其导电、导磁、半导体与超导效应、等离子体效应、导热、能量的辐射及吸收、散射、反射、转移等效能。现代烟火学的发展已经涉及固态化学理论、界面化学物理、纳米材料技术等技术理论领域。

1.3　烟火药的种类

烟火药是一种混合类的火药与炸药，根据其燃烧与爆炸化学反应所产生的烟、光、声、热、颜色、气动等烟火效应分类，烟火药可分成如图 1.1 所示的类别。

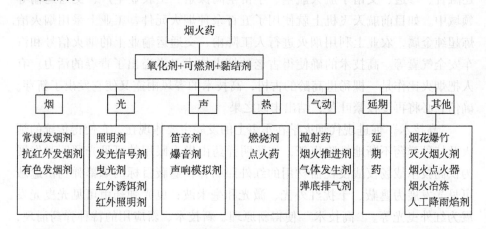

图 1.1　烟火药类别

图 1.1 中所示类别的烟火药主要用于制造各种军用的或民用的烟火制品和烟火器材。

照明剂用于制造照明弹及其他照明器材，如照明枪弹、照明火箭弹、照明炮弹、照明航弹，以及照明跳雷、手持照明火炬和飞机着陆用照明光炬等，供夜间照明。

闪光照明剂（摄影照明剂）用于制造闪光照明弹（摄影航弹），供飞机航空摄影或电影摄制。

发光信号剂在军事上用于制造各种信号弹（枪弹、榴弹），供远距离传递信息和联络用。交通运输业用于制造各种手持信号火炬和信号火箭，供遇险求救或险情预报用。花炮工业用于制造五颜六色的烟花或礼花，供人们娱乐观赏。

曳光剂用于制造曳光弹，如曳光枪弹、曳光炮弹、穿甲曳光枪弹或炮弹、穿甲燃烧曳光枪弹等。曳光弹在飞行途中留下示踪轨迹，供射手校正射击方向和弹道跟踪用。

红外照明剂用于制造红外隐身照明弹，供红外夜视仪和微光夜视仪大幅度提高视距用。

红外诱饵剂用于制造红外诱饵弹。如红外诱饵掷榴弹、迫弹、火箭弹等，对红外制导导弹和红外探测、观瞄实施引诱、迷惑、扰乱等干扰。也可以对红外测角仪三点式制导系统实施致盲干扰。

爆音剂军事上用于制造教练弹，供训练时模仿枪炮声和各种弹药的爆炸音响。民用上多用于鞭炮、双响炮、礼炮、拉炮、发令枪等，供娱乐和庆典用。

笛音剂又称哨音剂，军事上用于制造啸声模仿训练器材，民用上用于制作笛音娱乐烟花制品。

声响模拟剂除具有声响效应外，还伴有闪光和烟雾效果，用于制造声、光、烟等模拟烟火器材。

发烟剂在军事上用于制造烟幕器材。如烟幕弹、发烟罐、发烟车等，用于产生烟幕。民用上用于农作物防霜冻、杀虫灭鼠，也用于制造娱乐烟花制品。

有色发烟剂军事上用于制造昼用信号弹，供白天远距离传递信息与联络。民用上用于制造海上漂浮信号器材，供海上遇险求救传递信号；也用于制造手持信号烟管，供飞行员跳伞着陆联络；航空表演用于空中形成彩色飘带；花炮用于制作彩色烟球等。

干扰发烟剂用于制造干扰烟幕，对红外、激光、微波实施无源干扰。

点火药通常用作点火器材的基本装药，用于点燃烟火药剂、推进剂、发射药或起爆药剂。

燃烧剂用于制造燃烧弹及其燃烧器材。如燃烧枪弹、炮弹、航弹、火焰喷射器等。民用上用于烟火冶炼、切割、焊接和作为其他加热源。

抛射药用于烟火制品和器材某些部件的抛射，也用于近程短管掷榴发射器抛射干扰弹。

烟火推进剂用于固体火箭冲压发动机装药。

气体发生剂用于制造各种不同用途的气体发生器和充气装置。如救生筏、汽车安全气囊等。

弹底排气剂用于榴弹底部燃烧排气增程。它在不改变火炮结构系统、发射装药等条件下，可使弹丸射程提高30%。

延期药用于各种需要有延期点火的烟火器材或装置，作延期传递点火用。

花炮药剂指仿声药剂、有色火焰药剂、有色闪烁药剂、有色喷波药剂、白色火焰药剂、有色发烟药剂、气动药剂、引燃药剂及特殊用途药剂等。用于制造五彩缤纷的观赏焰火。

云雾凝核剂用于人工防雹降雨。它能在云雾中产生人造冰核，促使过冷云层中的水汽凝结而降雨。

氧气发生剂又称生氧剂，用于制造氧气烛或氧气发生器，供登山运动员、飞机或潜艇乘员和坑道作业人员的应急供氧之用。也可用于制作便携式供氧的氧炔焰焊接装置。

需要指出的是，以上分类与用途是就烟火药的作用特点和产生的烟火效应所做的相对划分。有些药剂的应用并不局限于某一用途，例如照明剂也可用作曳光剂，有色发烟剂除用作昼用信号外，也用作日间目标指示和弹道示踪。此外，很多药剂都可用来作模仿教练器材。

1.4 烟火药与火炸药的比较

烟火药在本质上是火炸药的一种，它既具有火药的燃烧特性，又具有炸药的爆炸性能。烟火药是一种特殊的含能材料，一般情况下主要由氧化剂、可燃剂和黏结剂组成。实际上，烟火药配方类似于炸药和推进剂。炸药是以极高的反应速率生成气体产物，而推进剂的反应速率比炸药的低，烟火药则是以一定速率反应并同时生成固体残渣或大量气体。烟火药的两个主要特征：

（1）烟火药由不同的化学物质组成，主要是无机化合物混合而成。通常情况下，大多数烟火药只燃烧而不发生爆炸，但如果在密闭空间内点燃或者遭遇剧烈撞击，有可能发生爆炸。

（2）不同于猛炸药和推进剂的反应效果，烟火药用于产生特种效应。烟火药与火药及炸药相比，既有共同点，又有其不同之处。

1.4.1 烟火药与火炸药的共同点

烟火药与火炸药的共同点在于化学组成相似，为放热的氧化还原反应且活化能均不高。

（1）化学组成相似。烟火药与火炸药化学组成中都含有电子给体（即可燃元素）和电子受体（即含氧或无氧的氧化剂）。

火药和炸药的化学组成通常是单一物质，或者是一种均质的药剂。为单一物质时，往往是由 C、H、N、O 四种元素构成的，其中的 C、H 是电子给体（可燃剂），O 是电子受体（氧化剂）。火药、炸药为异质的情况也有，如复合火药、混合炸药。它们与烟火药组成完全一样，药剂中有电子给体（可燃剂）和电子受体（氧化剂）。

（2）为放热的氧化还原反应。火炸药与烟火药均是一种放热的氧化还原反应。在这个反应中可燃剂被氧化，氧化剂被还原，且反应是自持性的。

（3）活化能均不高。火炸药与烟火药都是一种相对稳定的物质，活化能均不高，当给以一定的初始冲能，如火焰、冲击、摩擦、静电、绝热压缩时，即可产生燃烧或爆炸反应，释放出很大的能量。

（4）反应过程短暂。与一般化学反应相比，烟火药和火炸药的反应速度均较快，作用时间都比较短暂。

1.4.2　烟火药与火炸药的不同点

烟火药与火炸药又有区别，其不同点在于反应速度不同、反应产物不同、用途不同。

（1）反应速度不同。炸药反应速度极快，爆速为数千米每秒。火药燃速随压力而变，燃速为数米至数毫米每秒。烟火药为药柱时，燃速为数毫米每秒。粉状的烟火药在密闭条件下可由燃烧转爆轰，爆速为数百至数千米每秒。与火炸药相比，烟火药的反应速度一般较低。

（2）反应产物不同。火药、炸药反应产物为大量的气体。烟火药按所产生的烟火效应要求，其反应产物将会不同，可以是气相物质，也可以是凝聚相物质即固、液相物质。如照明剂为获得较好的光效应，反应产物应含大量炽热固体微粒。信号剂为获得较好的焰色效应，反应产物应含有大量的分子或原子蒸气。发烟剂产物除含有大量的固体或液体的微粒外，尚须有一定量的气体生产物，以利于形成气溶胶。笛音剂产物应为气体，便于产生较好的音响效果。

（3）用途不同。火药与炸药是利用反应时产生的高温高压气体做膨胀功。如火药用于弹丸发射（发射药）和火箭推进等；炸药用于各种炸弹和工业爆破等。烟火药是利用反应时产生出的光、色、声、烟、热、气动等特种效应制造各种烟火器材或特种弹药，为国民经济建设和战争服务。

1.5 烟火技术的发展方向

1.5.1 目前面临的问题

目前，随着高新技术的发展，烟火学已融合、渗透、交错和综合于"高技术"行列中，但是其面临的问题依然很多。目前面临的主要问题是烟火理论落后于技术发展。

从化学的角度来说，烟火学研究的主题内容是烟火药。一提到烟火药配方研究，首先遇到的问题是原材料特性，即原材料自身的或其反应后产物的化学性质及其导电、导磁、导热、半导体与超导、能量辐射及吸收、散射、转换等物理特性；其次是化学反应问题，涉及固体化学、界面化学物理、燃烧与爆炸、高温化学等基础理论；再次是配方应用问题，配方应用与红外、激光、微波等光电技术和弹药工程、航空航天、交通运输、工农业生产诸多领域技术相关。然而，烟火配方研究目前更多的仍是依赖于经验，而不是理论预测。一个配方的设计，首先是原材料的选择是否得当，是选"化学纯"还是"分析纯"，杂质是否有必要，目前并没有人能说得清楚。人们只知道材料性质与反应性密切相关，但反应过程是怎样的，影响反应过程的因素有哪些，真正的反应产物是什么，现阶段也很难有人将其说清楚。绝大部分的烟火反应产生火焰，那么火焰结构是怎样的，火焰成分是什么，火焰中每一个质点（气体或粒子）的速率变化与温度场的分布到底和火焰的哪些性质关联，人们也研究得很少。此外，为了解决配方的性能标准和安全问题，亟待有这方面的理论指导；否则弄不明白是试验结果有问题，还是指标规定得不合理。某些药剂敏感度高，原因何在？应该首先从理论给予解释。由此可见，烟火理论发展的重要性显然是不言而喻的。假如我们做配方试验研究，仍然是沿袭古老的尝试方法，有人统计过，用 67 种可燃剂和 60 种氧化剂配成二元混合物或三元混合物分别有 4 020 种或 25 000 种，若一星期试验一种混合物配方，试验完二元混合物需 80 年，试验完三元混合物需 5 000 年以上。这与一个人的寿命相比显然是行不通的。由此可见，发展烟火理论，用理论来指导和预调配方试验的意义极其重大。

1.5.2 理论研究的现状

烟火理论研究目前已提出了界面化学物理、固态反应、光谱、气溶胶（烟幕）理论和烟火反应统计物理学等课题。

（1）烟火反应界面化学物理。由氧化剂、可燃剂等组成的烟火药，相与相之间构成多个界面，这些界面处的分子与内部分子所处环境不同，因此性质也不同。当大块铝晶体板研磨成碎片时，反应性提高了，这就与界固化学物理作用有关。研磨使晶体产生了新的棱、角及表面，界面部位的原子配位数低于其饱和值，原子间结合力不如内部分子强，故反应性增强了。混合药剂点火反应实际上是发生在混合物粒子之间的界面上，与配方组分之间的界面反应动力学相关。由 Al 和 CuO 构成的混合物存在有两个界面区，点火反应就发生在 Al 和 CuO 两种混合物粒子之间的活性界面上。延期药在贮存过程中燃速和延期精度的变化与其氧化剂和可燃剂之间的界面作用有关，当界面作用达到"动平衡"后，延期精度才会稳定下来。

（2）固态反应。烟火药多数是由数种固体粉状物质构成的固态混合物。固态物质间的反应由来已久，穴居时代的陶瓷制造及其彩陶的烧制；青铜器的熔合、热处理和淬火；黑火药的混合、密实与造粒；石灰石的开采、破碎与煅烧等。固体之间能起反应，且其反应按指数规律进行。由晶体组成的固体其晶体是非完美性的，是有缺陷的，它们促成了固体间的反应。固体反应性如何提高或降低，怎样才能人为地控制住这些反应，这正是烟火药固态反应面临解决的问题。

（3）光谱。烟火药的光、色、烟效应理论基础之一是烟火光谱学。广泛开展烟火材料及其配方药剂的光谱特性研究，建立起光谱数据库，是极其重要的。由光谱数据和分子结构参数即可计算药剂的标准熵、自由能状态函数的变化量，继而就能预测药剂各组分间的化学反应过程，并推断出所期望的烟火效应能否实现。干扰烟火剂的光谱特性与被干扰的光电观瞄器材和制导武器光谱特性的一致性，是获得有效干扰效果的基本保证。

（4）气溶胶（烟幕）理论。传统的气溶胶（烟幕）能遮蔽可见光，但要发展一种能遮蔽干扰红外、激光和毫米波的所谓全波段气溶胶（烟幕），现有概念和理论模型已经不适用。气溶胶微粒从零点几微米增加至几十微米，其光学常数（折射率实部和虚部）都有很大变化，用单一的瑞利或米氏散射模型计算已不能满足要求，因此，气溶胶（烟幕）理论亟待发展。

（5）烟火反应的统计物理学。有关烟火药的化学反应速率过去一直使用阿仑尼乌斯公式 $k = Ae^{-\frac{E_a}{RT}}$，它对烟火药点火反应研究起过重要作用，由于该公式仅适用于基元反应，同时活化能 E 的试验测定很难测准，作为非基元反应的烟火药在实际应用阿氏公式时是困难的。为此，一些学者提出借助统计物理学，首先构造出大量分子体系的微观分子运动模型，然后利用求微观量统计平均值的方法推断整个体系的宏观量值。

1.5.3　烟火技术的发展方向

随着烟火学的发展和高新技术相互渗透，应该说近十几年来烟火技术也在发生着日新月异的变化。新概念、新原理、新应用层出不穷。当今的烟火技术研究出现了前所未有的新局面。1991 年第 16 届国际烟火讨论会上，Douda B E 报告了中、美、俄、英、法等 14 个国家 25 个研究部门的研究近况，突出反映出了烟火技术应用与人类生存环境保护与安全问题，以及新药剂、新工艺、新设备和新应用等状况。

（1）烟火器材的环境卫生与安全。这涉及人类自然环境和生态平衡保护问题。各国正投入财力、人力大力开展研究。为解决烟火器材的环境卫生，已开展了对重金属、六价元素和战地发烟剂与气溶胶的毒性鉴定。正在研究取代延期药中铬酸盐和寻找六氯乙烷发烟剂的代用品。为了减少烟火药销毁时的污染问题，美国洛斯阿拉莫斯研究所建立起了"销毁烟火药用控制空气焚烧炉"。对于含红磷的药剂销毁，先采用空气焚烧，然后用水吸收放出的气体来制成化肥，残余物用于制造水泥。为了提高烟火器材的安全性，各国都在致力于"钝感烟火药"研究。

（2）新药剂。一种无毒烟幕剂在德国开展研究。它由 15% 的镁、30% 的硝酸钾、15% 的硝酸钙、32% 的氮酸钾和 8% 的偶氮二酚胺组成，对人和动物不产生毒害作用，不污染环境，对植物尚能提供养分。美国正在开展可反应金属混合物研究。以锆、铝、钨、钛、石墨、硼等金属的二元或二元混合物为基本组分的可反应金属混合物，具有不用氧化剂的优点，它是在已广泛使用的铝、钯可反应金属混合材料基础上发展起来的。日本研究了 15 种"负混合物"新概念烟火药剂，使用镁作为氧受体和水作为氧给体。其中一种用于海上求救信号的发光炬，用水作氧给体的"负混合物"配方为 95% 镁、5% 冰晶石（Na_3AlF_6）。

（3）新工艺与新设备。英国正在研究用气相淀积法制造烟火制品。已有两种不同的制造方法：一种是在聚四氟乙烯片上连续淀积镁，另一种是采用像制造印刷线路板那样的工艺淀积多层材料。为了获得均匀的混合物，也为了安全制造，美国研制了混合、造粒和干燥用的多用途流化床设备。它的混合、加黏结剂、干燥、滤气排污和卸出物料可自动摇控完成。混合方式是，气流使物料上升、翻滚、卷折，接着物料做 360° 旋转运动，整个混合、造粒、干燥直至卸料时间一般约 23 min。美国聚硫橡胶公司制造了双螺杆挤压机，用于加工红外诱饵剂。它是一种组合筒式结构，挤压机筒中有 3 个调温区，模头中有 4 个调温区，调温区温度由泵压热水加热器控制。美国还研制了一种加工硼与硝酸钾混合的盘式造粒机。

（4）新应用。为了研究大气物理，俄罗斯已研究出能产生人造发光和电离云的烟火系统。它能形成具有长时间连续或断续踪迹的环形云。利用烟火药燃烧产生氮气技术，俄罗斯正在研制新型烟火灭火剂。澳大利亚研制了一种铝热剂切割炬和目测水雷发火指示器。烟火激光点火是一种不爆炸的非电点火方法，抗电、热干扰能力强。美国正在鉴定用二极管激光器和气体激光器点燃铝/高氯酸钾、硼/硝酸钾和低氢化钛/高氯酸钾之类烟火药。有关抗红外烟幕剂、红外诱饵剂和新型无源干扰材料等在很多国家均广泛开展。一种用于对付先进红外威胁的改进型诱饵装置研究正在美国进行。

（5）其他。相当多的课题研究目的是解决一些特殊用途技术。例如，研究和改进笛音剂、硼/硝酸钾燃烧机理、烟火药的瞬变燃烧等，以及烟火药的变质和安定性研究、烟火药组分涂覆技术、骚乱控制烟火器材研究、训练模拟器材研究、氢气烧尽点火器研究等。

电子战将对现代高技术战争产生重大影响。烟火光电对抗成为电子战光电对抗重要手段之一。烟火光电对抗，除已出现的对抗红外、激光、微波的诱饵和烟幕外，尚包括利用烟火效应产生的"软杀伤"类技术。例如迷盲腐蚀燃烧剂，它是一种含有无机氧化物及易燃有机聚合物（聚酯、聚苯乙烯、聚醋酸乙烯酯或丁二烯共聚物等）的黏性燃烧材料。这种燃烧材料引燃后将释放出氟化氢和氟气，对光学玻璃有强烈腐蚀作用，可用于破坏战场光电观瞄的光学瞄准镜头。又例如，利用含有镁、铝等金属粉的烟火剂使之速燃，形成巨大声响和强烈闪光，使战斗人员在短时间内眩晕和失明。一种能产生极亮的宽带脉冲光辐射器材，不仅使战斗人员短时间失去战斗力，而且可使夜视仪、热像仪及导弹的光电敏感器件烧毁、受损或失效。还比如，一种熄燃或爆燃的气溶胶，在低空撒布成一片云层时，可以使飞近的直升机发动机熄灭或爆燃毁伤。在近地面上撒布时，可以使坦克等装甲车辆动力系统瘫痪。

烟火光电对抗技术成为当今烟火学发展的重点。烟火光电对抗技术研究的目的是揭示干扰剂的干扰机理与模型，不同电磁波谱的干扰材料（药剂）的制取、性能测试与科学评价。

面向太空战场，人们已研究了烟火材料在太空环境中的应用。真空、微重力条件下的烟火干扰材料的消光性能和动力学特性成为烟火科技工作者关注的研究课题。

面向水下战场，人们正在探索研究水声对抗烟火技术，利用烟火的声效应来对抗水中声呐制导导弹——鱼雷。

民用上，烟火人工降雨、烟火冶炼、烟火发电、烟火灭火等技术的开发研究，对人类物质文明建设必将产生重大意义。

现代烟花融合了其他学科高新技术于一体，已形成了独具风格的花炮文化。

鉴于这些研究的重要性，也由于烟火理论发展需求，研究者们在突破应用研究关键技术之时，特别注意获取反应过程中的微观信息。通过借助现代分析技术、测试技术和计算机，一场深入广泛地对烟火反应机理和数值模拟研究工作正在世界各国展开，这必将推动烟火学发展进入一个新的里程碑。

1.6 新型烟火药材料的发展趋势

1.6.1 新型高能黏结剂、增塑剂和氧化剂

目前，在研制的炸药和推进剂配方中，应用了一系列新型的高能黏结剂，如 GAP、NHTPB、Py（NiMMO）、Py（GlyN）、Py（BAMO）、Py（AMMO）及 BAMO – AMMO 共聚物等。这些高能黏结剂性能相对稳定，与炸药和推进剂的其他组分相容性好，并且其撞击感度、摩擦感度和电火花感度等性能数据表明，它们具有优良的加工安全性。但是，公开文献没有报道它们在烟火药中的研究和应用。同时，许多高能增塑剂如 BDNPF/A、丁基橡胶 – NENA、K – 10 等还需要进行评估，以确定它们在以高能黏结剂或以非高能黏结剂为基材的烟火药中的性能。除此之外，新型炸药 DNNC（1,3,5,5 – 四硝基六氢嘧啶），其熔点为 151 ~ 154 ℃，密度约为 1.82 g/cm^3，氧平衡约为 6%，撞击感度低，极有望成为烟火药的新型氧化剂，但该化合物能否实际用于烟火药中还需要进行评估。

1.6.2 锂、铷和铯的盐及其配方

所有碱金属原子在其最外层电子轨道上仅有一个电子，因此，这个电子极易失去；最外层电子轨道电子失去的难易顺序依次为：Li→Na→K→Rb→Cs。

由于碱金属原子中 1s 电子的能量跃迁，碱金属通常发出强烈的可见光。Rb 盐和 Cs 盐的电离能低，极易发生热电子发射。正是基于此，Rb 盐和 Cs 盐得到越来越多的应用。

众所周知，碱金属的硝酸盐、氯酸盐和高氯酸盐早已用于烟火药；其中硝酸钠和硝酸钾用量最大。近来，世界各国的一些研究人员研究了元素周期表中与 Na、K 同族元素的盐，即 Li 盐、Rb 盐和 Cs 盐。硝酸铷和硝酸铯是高

密度的氧化剂，并且由于铷盐易辐射远红外线和铯盐易辐射近红外线，因此，Rb 盐和 Cs 盐得到 HEMs 研究人员的极大关注。锂、铷和铯的盐也可广泛用于照明弹和改进的屏蔽烟雾弹中。Koch 在其综述中指出：Li、Rb 和 Cs 元素的合金及化合物具有令人惊奇的宽光谱，可用于烟火药、炸药和其他高能装置。

氯酸锂和高氯酸锂作为氧化剂可用于炸药配方中。Kruse 提出将 $LiNO_3$/KNO_3/$NaNO_3$ 低共熔混合物（23.5/60.2/16.3）作为氧化剂用于曳光弹配方中。同样，有人提出将 $LiClO_4$ 作为氧化剂，与 B 或 B_4C 或 Si 复配，制造屏蔽弹配方。该屏蔽弹的屏蔽能力主要是燃烧产生的烟雾中含有吸湿性的 LiCl。与 Si/$LiClO_4$ 配方（35/65）和 B_4C/$LiClO_4$ 配方（30/70）相比，B/$LiClO_4$ 配方（60/40）的性能最好。

铯盐能辐射近红外（NIR）线，主要用于夜视装置的烟火药配方，夜视装置大量用作电子–光学装置，以侦测、搜寻和跟踪能辐射 NIR 区电磁光谱的目标。Lohkamp 建议由 $CsNO_3$/$RbNO_3$、六亚甲基四胺、硅和环氧树脂黏结剂复配成的曳光弹配方也可用于夜视装置中。另外，合适的增强夜视系统也用于在 NIR 区跟踪小型武器。对以 $CsNO_3$ 为基材的红外照明曳光弹的技术要求是 IR 输出高、燃速高及非常适当的 IR 可见光比例。Farnell 申请了一项能强烈辐射 NIR 的烟火药配方专利，配方组成为氧化剂（纯 $CsNO_3$ 或者 $CsNO_3$/KNO_3 混合物）约 70%、可见光辐射低的金属燃料（Si）约 9%、NIR 辐射增强剂（六亚甲基四胺）约 16%、黏结剂（充氮环氧树脂）约 4%、添加剂（单基/双基/三基推进剂）约 1%。这类曳光弹能生成大量 NIR 波段的辐射线，并合乎所有要求。添加剂的作用是赋予配方更高的燃速，增强 NIR 波段辐射线的强度。

捷克科学家报道了一种含 RP 的烟火药配方：50% ~70% 的 RP、15% ~25% 的 $NaNO_3$、5% ~25% 的环氧树脂、0.1% ~10.0% 的 $RbNO_3$/$CsNO_3$（IR 屏蔽添加剂）、0.1% ~10.0% 的 Mg（燃烧促进剂）。该配方能高效地屏蔽可见光和 IR，能有效伪装军事目标和地形。

Berger 合成出了 $CsNO_3$ 和 $CsClO_4$，并对它们进行了详细研究，发现 $CsClO_4$ 的吸湿率低于 $CsNO_3$。他研究的 $CsClO_4$/Ti 配方可作为 IR 辐射源用于军事烟火药，此类配方比较适用于地空导弹和反坦克导弹的跟踪曳光弹。此外，为了隐蔽掩护的需要，军事行动中需使用少量 $RbNO_3$ 和 $CsNO_3$，例如：

①用作炮口闪光抑制剂；

②Rb 和 Cs 的双四唑胺盐（BTAs）用作烟火药的燃速改性剂，这类烟火

药以 $CsNO_3$ 和 BaO_2 为基材，以 B 和 Si 为燃料，以 VAAR 为无尘黏结剂；

③$CsNO_3$ 和 $RbNO_3$ 可以取代曳光弹中的 KNO_3。

1.6.3　碱金属的二硝酰胺盐及其配方

二硝酰胺盐（ADN）和硝基甲酸肼（HNF）具有优异性能并且对环境友好，世界各国都在研究将其用于替代组合火箭推进剂中的 AP。因此，有必要对这些高性能氧化剂及其盐用于烟火药进行认真研究。许多研究者早已开始了这方面的研究，并合成出了几种碱金属的二硝酰胺盐，分析了其元素组分及含量、溶解性、热性能和晶体结构。将 ADN 配制成水溶液，加入相应的碱金属氢氧化物，制得碱金属的二硝酰胺盐，得率超过70%。反应方程式如下：

$$NH_4N(NO_2)_2 + MOH \rightarrow MN(NO_2)_2 + H_2O + NH_3$$

式中，M 为 Na、K、Rb 和 Cs。

还有学者制得了烟火药配方 Ti/KDN/NC 和 Ti/CsDN/NC，并对配方的燃速、撞击感度、摩擦感度和静电感度等进行了测试，结果表明，这些配方对撞击极度敏感（感度与纯 HMX 和 PETN 相当），对摩擦和静电感度适中。对这些物质性能的检测评估表明，它们非常有望替代点火药中的对环境有毒的重金属火药。

1.6.4　金属粉末的抗吸湿涂层

烟火药大量使用的金属是铝粉和镁粉。如烟火药暴露于空气中，尤其是高湿度的空气，空气中的水分会与金属粉末反应，加速烟火药的正常老化，影响烟火药的最终性能。解决此问题的方法是在金属粉末表面涂上有机化合物或高聚物材料涂层。在这些极细金属粉末的加工、处理和贮存过程中，涂层可最大限度降低甚至消除金属粉末与水分生成氢气的反应。因为生成的少量氢气除了恶化烟火药的贮存性能外，还会损坏自由空间很小的弹药库的密封，并在弹药库中产生大量热。另外，在金属和无机氧化剂间引入无反应活性的惰性涂层，还可降低烟火药的热感度、撞击感度、摩擦感度和电火花感度等。许多材料可用于涂覆金属粉末，如蜡、油、钛酸酯和高聚物材料（如不饱和聚酯、环氧树脂、含氟聚合物、VAAR、多硫化合物等）。作为烟火药的组分，这些涂层优缺点并存。丙烯酸乳液（Hycar®）和 Elvax – 360（杜邦公司商品名）在一些文献中被认为是很有前景的涂层材料，主要是这两者具有下述特点：①能有效涂覆金属粉末；②能制成单个的流散性好的粒子，因此也能制成流动性好的粉体；③显著降低氢气的生成；④能赋予目前以丙烯酸酯和 Viton – A 为黏结剂的曳光弹较好的性能；⑤与目前使用的黏结剂相比，能赋予烟火药柱较高的冲击强度；⑥与传统黏结剂相比，降低了烟火药的撞击感度。Taylor 等人的研究证实了上述结论，并认为含有 5% Elvax – 360 的 Mg/Teflon 曳光弹与含有 Hycar 和 Viton – A 的曳光弹相比，前者燃烧高，且具有相等或更高的功率。此外，含有 5% Elvax – 360 的 Mg/Teflon 曳光弹的破碎强度是含有 Hycar 和 Viton – A 的曳光弹的 2 倍。破碎强度是烟火药的一个重要的加工性能指标，它表示烟火药抵抗各种应力的能力。

1.6.5　替代木炭的新型燃料

木炭是黑火药的重要组分，由天然木材制成，因此木炭性能由原木决定，不同材质木炭制成的黑火药的性能也不同。一些学者曾尝试用合成材料取代黑火药中的木炭，研究结论的要点如下：

（1） ERDL 的 Pune 研究了一系列的化合物，如 1,3,6,8 – 四硝基咔唑（TNC）、2,2′,4,4′ – 四硝基草酰替苯胺（TNO）、3,3′,5,5′ – 四硝基偶氮苯甲酸（白色化合物）、四硝基二苯二硫化物（TNDPDS）、六硝基二苯胺（HNDPA）、硝基茚聚合物等，来替代黑火药中的木炭，他们将这些化合物与 KNO_3 和 $Ba(NO_3)_2$ 联用制造延期药，并研究了这些化合物的物理性能、化学性能、热性能和爆炸性能，评估了由它们制成的延期药的燃速、吸湿率、撞击感度、摩擦感度和电火花感度。研究数据的结论是，TNC、TNO 能满足延期药全部要求，可作为燃料，与 KNO_3 和 $Ba(NO_3)_2$ 等氧化剂制备延期药。该项研究还发现：①TNO/$Ba(NO_3)_2$ 配方的吸湿率大于 TNO/KNO_3 配方；②以 KNO_3 为氧化剂的配方的燃速快于以 $Ba(NO_3)_2$ 为氧化剂的配方，这是由于 KNO_3 和 $Ba(NO_3)_2$ 的熔点不同；③TNO/KNO_3（45/55）配方的燃速最快。ERDL 已研发出许多种燃烧平稳的专用延期药配方，这些延期药在各种气候条件下具有优异的贮存性能。

（2） Wise 等人研究了大量的有机化合物晶体，如多环芳香族化合物、多酚、二元酸、酞盐和酚酞等，来替代烟火药中的木炭。为了探求黑火药燃烧所需木炭的化学功能，他们用这些化合物替代黑火药中的木炭进行了研究。结果表明，由不含氧的多环芳香族化合物制成的黑火药不能维持燃烧，而由多酚、二元酸、酞盐和酚酞制成的黑火药能维持燃烧，且有些配方的燃速甚至快于由木炭制成的黑火药。在不同的氮气压力下进一步研究不同黑火药配方的燃速，发现一种含酚酞的黑火药很有可能替代含木炭的黑火药，这种配方的燃速和详细的燃烧特征类似于含木炭的黑火药。

最近，德国科研人员改良了一种黑火药，这种黑火药由 KNO_3、Na_2CO_3

或 $NaHCO_3$ 及 S 组成。这种黑火药的撞击感度和摩擦感度较低，并且不能被电火花点燃。该专利发明人还宣称，与原始黑火药相反，该改性黑火药不吸湿，它适于用作烟火药和岩石爆破炸药。但是，在应用前需要对其在各种气候条件下的贮存性能进行详尽的测试和评估。

1.6.6　用于烟火药配方的高能量高氮含量的材料

最近，美国 Los Alamos 国家实验室（LANL）开辟了 HEMs 的一个新的研究领域，并报道了一类新型高氮含量（HNC）HEM，并将其命名为 HNC – HEM。HNC – HEM 属于四嗪类化合物，代表性化合物为 3,3′ – 偶氮双（6 – 氨基 – 1,2,4,5 – 四嗪）（DAATz）及 1,4 – 二肼四嗪（DHTz）。由于这两种化合物的生成热是正的（分别为 + 1 032 kJ/mol 和 +530 kJ/mol），故引起了LANL 关注。据报道，基于 DHTz 的特性，这类化合物可用作一种对环境友好且具特殊用途的高能烟火药配方的组分。另外，由于铵盐、胍盐和三氨基胍基偶氮四唑具有独特的优异性能，它们有可能用作生成气体的烟火药配方的组分。不过，这些研究只是初步的，在它们得到进一步应用之前还需要进行更深入细致的研究。

1.7　烟火技术面临的挑战

随着大数据时代的来临，人们可以使用大数据技术来处理海量的数据，这使得很多之前只能停留在理论研究层面的算法和思想现在能够付诸行动。与此同时，大数据技术这一新兴的工具也让人们拥有了一种新的思维模式，大数据目标识别将颠覆传统军事伪装与欺骗技术。

大数据目标识别是指通过对侦察卫星、预警机、地基雷达和传感网络等多种系统所收集的海量数据进行综合研判和分析，获取战场目标的众多特征，进而对战场态势和真伪目标进行精确研判。据报道，美国已成功攻克大数据目标识别相关理论和关键技术，该技术一旦实用化，或将颠覆现有伪装和诱饵技术的发展。目前，战场伪装和诱饵手段主要通过模拟真实作站单元的外形、温度、电磁特性等个别特征，针对性地应对高分辨率成像侦察、红外侦察及电磁侦察等手段，欺骗并引诱敌方打击假目标，但还无法完全模拟目标的全部或大量特征。

大数据目标识别技术能够利用目标的历史数据结合实时获取的图像、电磁特征等信息综合分析研判，发现目标众多特征的变化，进而判断出疑似军用目标和类型，有效避免假目标的干扰，进而实现精准打击真实目标。

思考题：

1. 简述中国烟火技术的发展历程及军用烟火技术的创新与发展包括哪些方面。

2. 为什么说烟火药是一种特殊的含能材料？

3. 试阐述烟火技术的内涵。

第 2 章

烟火药的组成

烟火药的最基本组成是氧化剂和可燃剂。氧化剂提供燃烧反应时所需的氧气,可燃剂提供燃烧反应赖以进行所需的热。但仅有单一的氧化剂和可燃剂组成的二元混合物,很难在工程应用上获得理想的烟火效应。因此,实际应用的烟火药除氧化剂和可燃剂外,还包括使制品具有一定强度的黏结剂、产生特种烟火效应的功能添加剂,如使火焰着色的物质、增加烟雾浓度的发烟物质、增加火焰亮度的其他可燃物质、燃速缓慢的惰性添加物质等。

2.1　氧化剂

氧化剂和可燃剂是组成烟火药的最基本成分,烟火药燃烧过程中还可借助空气中的氧气作为可燃剂,但常常燃烧速度过慢,达不到预期的烟火效应。因此,烟火药配方中一般都含有氧化剂。氧化剂可以是含氧氧化剂,也可以是无氧氧化剂。一般电负性大的元素都可作为氧化剂,如烟幕剂中的 CCl_4 就是无氧氧化剂:

$$CCl_4 + 2Zn = C + 2ZnCl_2$$

烟火药中氧化剂的选择除满足对烟火药成分的一般要求外,还应符合以下原则:

(1) 氧化剂应为固体,其熔点不低于 60 ℃,并在 ±60 ℃范围内保持稳定;

(2) 应含大量的有效氧 (>30%),且燃烧时易释放;

(3) 吸湿性小,受水作用不分解;

(4) 制成的烟火药机械感度和摩擦感度低,安全可靠。

烟火药中所用氧化剂通常要求其是富氧的离子型固体,在中等温度下即可分解放出氧气。富氧的离子型固体氧化剂的阴离子应含有高能键,如 Cl—O 或 N—O 等,通常是下列各种阴离子:硝酸根离子 NO_3^-、氯酸根离子 ClO_3^-、高氯酸根离子 ClO_4^-、铬酸根离子 CrO_4^{2-}、氧离子 O^{2-}、重铬酸根离子 $Cr_2O_7^{2-}$。

需要指出的是,与上述阴离子构成离子型固体氧化剂的阳离子,必须对所产生的烟火效应起积极作用而不产生消极影响。例如, Na^+ 阳离子与 NO_3^- 阴离子构成的 $NaNO_3$ 氧化剂,其 Na^+ 阳离子是黄光发射体,在黄光剂中起积极作用，但 $NaNO_3$ 氧化剂不宜用于制造红光剂、绿光剂、蓝光剂，因为 Na^+ 阳离子在红光剂、绿光剂、蓝光剂中起消极作用，它的存在会干扰红色、绿色和蓝色火焰比色纯度（色饱和度）。Li^+、Na^+、K^+ 碱金属阳离子和 Ca^{2+}、Sr^{2+}、Ba^{2+} 碱土金属阳离子都是不良的电子受体，它们也不与 Mg、Al 等活性金属可燃剂在常温贮存下发生反应，因此由它们与阴离子结合的盐类氧化剂在烟火药中应用相对广泛。由 Pb^{2+}、Cu^{2+} 这类阳离子与阴离子结合的盐类氧化剂，例如 $Cu(NO_3)_2$，易氧化 Mg 等活性金属可燃剂，可以发生如下反应：

$$Cu(NO_3)_2 + Mg \rightarrow Cu + Mg(NO_3)_2$$

因此，由 Pb^{2+}、Cu^{2+} 这类阳离子与阴离子结合的盐类氧化剂很少用于烟火制造。

除富氧的离子型固体被选作氧化剂外，含有卤素原子如 F 和 Cl 的共价键分子也可以用作烟火药的氧化剂，例如六氯乙烷（C_2Cl_6）和聚四氟乙烯，它们分别与 Zn 和 Mg 的烟火反应如下：

$$3Zn + C_2Cl_6 \rightarrow 3ZnCl_2 + 2C$$
$$(C_2F_4)_n + 2nMg \rightarrow 2nC + 2nMgF_2$$

综上所述，烟火药中氧化剂应满足下列技术要求：

（1）纯度应不低于 98% ~ 99%；

（2）水分含量应极小，通常不大于 0.5%；

（3）容易吸湿的盐和重金属盐的含量应极小；

（4）不含有增强药剂机械敏感度或降低药剂化学安定性和影响烟火效应的杂质；

（5）氧化剂的水溶液应为中性；

（6）氧化剂粉末应具有适当的颗粒度。

但是，在烟火药氧化剂选择中最不希望的是含有氯化物一类的杂质，因为它们可使氧化剂变得易吸湿。例如在氯酸钾氧化剂中加入 0.05% 和 0.1% 的氯化钾后，氯酸钾的吸湿性明显增加，见表 2.1。氯化物杂质中氯化钾的吸湿点较高，见表 2.2。

表 2.1　氯化物对盐类氯化剂吸湿性的影响

盐的成分	$KClO_3$	$KClO_3$	$KClO_3$
纯度	化学纯	+ 0.05% KCl	+ 0.1% KCl
室温 24 h 后增重/%	0.1	0.3	0.9

表 2.2　几种氯化物杂质的吸湿点

氯化物成分	KCl	NaCl	NH_4Cl	$MgCl_2 \cdot 6H_2O$
在 20 ℃ 饱和溶液上的相对湿度/%	86	77	80	33

烟火药中常用氧化剂的物理化学性质见表 2.3，其理化性质主要包括以下

表 2.3　烟火药常用氧化剂的物理化学性质

名称	相对分子质量	相对密度	熔点/℃	燃烧时的分解反应式	分解时放出1g氧气的氧化剂质量/g	氧化剂分解时放出的氧气量/(×100 g)	生成热/(kJ·mol⁻¹)		分解热/(kJ·g⁻¹)	20℃时氧化剂的吸湿点	20℃溶解度/[mol·kg⁻¹ H₂O]
							氧化剂	分解生成物			
$KClO_3$	123	2.3	356	$2KClO_3 = 2KCl + 3O_2$	2.55	39	402	441	+0.33	97	0.5
$Ba(ClO_3)_2 \cdot H_2O$	322	3.2	414	$Ba(ClO_3)_2 = BaCl_2 + 3O_2$	3.35	30	741 (无水盐)	858	+0.38	94	0.9 (无水盐)
$KClO_4$	139	2.5	610 (分解)	$KClO_4 = KCl + 2O_2$	2.17	46	452	444	−0.04	94	0.1
$NaClO_4$	122	2.5	482 (分解)	$NaClO_4 = NaCl + 2O_2$	1.90	52	385	410	+0.38	69~73	易溶
$NaNO_3$	85	2.2	308	$2NaNO_3 = Na_2O + 2.5O_2 + N_2$	2.13	47	465	423	−0.29	77	5.8
KNO_3	101	2.1	336	$2KNO_3 = K_2O + 2.5O_2 + N_2$	2.53	40	498	364	−3.14	92.5	2.4
$Sr(NO_3)_2$	212	2.8	645	$Sr(NO_3)_2 = SrO + 2.5O_2 + N_2$	2.65	38	967	594	−1.76	86	2.0
$Ba(NO_3)_2$	261	3.2	592	$Ba(NO_3)_2 = BaO + 2.5O_2 + N_2$	3.27	30	992	557	−1.67	99	0.3
$CaSO_4$	136	3.0	1 450	$CaSO_4 = CaS + 2O_2$	2.13	47	1 415	465	−6.98	—	不溶
$BaSO_4$	233	4.5	1 580	$BaSO_4 = BaS + 2O_2$	3.64	27	1 423	427	−4.26	—	不溶
BaO_2	169	5.0	约800 (分解)	$BaO_2 = BaO + 0.5O_2$	10.6	9	628	557	−0.42	—	微溶

续表

名称	相对分子质量	相对密度	熔点/℃	燃烧时的分解反应式	分解时放出 1 g 氧气的氧化剂质量/g	氧化剂分解时放出的氧气量/(×100 g)	生成热/(kJ·mol^{-1}) 氧化剂	生成热/(kJ·mol^{-1}) 分解生成物	分解热/(kJ·g^{-1})	20 ℃时氧化剂的吸湿点	20 ℃溶解度[mol·(kg^{-1} H$_2$O)]
Fe_3O_4	232	5.2	1 527	$Fe_3O_4 = 3Fe + 2O_2$	3.34	28	1 113	—	-0.46	—	不溶
Fe_2O_3	160	5.3	1 565	$Fe_2O_3 = 2Fe + 1.5O_2$	3.35	30	793	—	-0.50	—	不溶
MnO_2	87	5.0	535 (分解)	$MnO_2 = MnO + 0.5O_2$ $MnO_2 = Mn + O_2$	5.44 2.72	18 37	523 523	389	-1.55 -6.02	—	不溶 不溶
Pb_3O_4	636	9.1	加热时分解	$Pb_3O_4 = 3Pb + 2O_2$	10.71	9	733	—	-1.09	—	不溶
$K_2Cr_2O_7$	294	2.7	398	$K_2Cr_2O_7 = K_2O + Cr_2O_3 + 1.5O_2$	6.13	16	2 015	1 480	-0.17	—	0.17
H_2O	18	1.0	0	$H_2O = H_2 + 0.5O_2$	1.12	89	285	—	-15.75	—	—
$C_7H_6N_3O_6$	227	1.7	80	$C_7H_6N_3O_6 = 7C + 1.5N_2 + 2.5H_2 + 3O_2$	2.36	42	54	—	-0.25	—	—
NH_4ClO_4	117.5	1.95	150	$2NH_4ClO_4 = N_2 + 3H_2O + 2HCl + 2.5O_2$	约3.5	34	290	—	—	—	—

几个方面：

（1）氧化剂的熔点。氧化剂的熔点和它的分解温度密切相关，在大多数情况下，氧化剂只能在其熔点或稍高于其熔点的温度下才进行剧烈的分解。通常知道其熔点的高低，即可大致判定该类烟火药点燃的难易程度及燃烧反应速度的快慢。

在选用氧化剂时，其熔点或其分解温度必须适应烟火药的燃烧温度。例如有些发烟剂一般是在不高的燃烧温度下借助有机染料的升华而产生有色烟云，所以这类烟火药不能选用熔点太高的氧化剂。

（2）氧化剂的分解反应。氧化剂受热时的分解反应式不同于烟火药燃烧时其中的氧化剂分解反应式。这两种反应式必须严格区分开来。当烟火药燃烧时，氧化剂最可能发生的分解反应见表 2.3 中第 5 列燃烧时的分解反应式。

氯酸盐和高氯酸盐在烟火药燃烧过程中分解为氯化物和氧气。

硝酸盐随可燃剂性质不同，其分解反应生成物也各异。当可燃物为 C、S、P 或其他有机物时，硝酸盐可彻底分解成金属氧化物：

$$Ba(NO_3)_2 \rightarrow BaO + N_2 + 2.5O_2$$

当可燃剂为乳糖，燃烧温度不高的情况下，生成物中将含有大量的亚硝酸盐。当可燃剂为强还原剂，如 Mg 或 Al 时，硝酸盐能产生较完全的分解：

$$Ba(NO_3)_2 + 6Mg \rightarrow Ba + 6MgO + N_2$$

硫酸盐类与 Mg、Al 燃烧，如不与空气接触，则生成硫化物，且放热量很大。

$$BaSO_4 + 4Mg \rightarrow BaS + 4MgO + 1\ 442\ kJ$$

氧化物和过氧化物在烟火药燃烧时，发生还原反应，生成游离金属：

$$3MnO_2 + 4Al \rightarrow 3Mn + 2Al_2O_3$$

在烟火药燃烧时，氧化剂究竟生成何种化合物，可按化学反应最大放热法则或最小自由能法则来判断，即放热量大的比放热量小的反应更为可能。如：

$$BaSO_4 + Mg \rightarrow BaO + MgO + SO_2 + 33.44\ kJ$$

$$BaSO_4 + 4Mg \rightarrow BaS + 4MgO + 1\ 442\ kJ$$

依据最大放热原则，判断 $BaSO_4$ 和 Mg 的反应生成产物是 BaS，而不是 BaO。

（3）氧化剂的氧量。在选择氧化剂时，要考虑氧化剂中直接用于氧化可燃剂的氧量，通常称之为有效氧量。如 $K_2Cr_2O_7$ 的总含氧量为 38%，但它的有效氧量只有 16%。有效氧量是以氧化剂所分解出的氧量占总质量的质量分数表示，它是评定氧化剂氧化能力的重要因素之一。显然，配制烟火药时应选取含有效氧量多的氧化剂。

（4）氧化剂的分解热。在合理选择氧化剂时，还必须考虑氧化剂的分解热。氧化剂放出氧的难易程度和它在分解时放热或吸热多少有关。氧化剂分解时所需热量越少，则释放氧越容易。氧化剂中除氯酸盐分解是放热过程外，其他氧化剂分解基本都是吸热过程。在烟火药燃烧过程中，一般氯酸盐放出氧较高氯酸盐和硝酸盐容易，而硝酸盐又较硫酸盐和氧化物容易，见表 2.3 中的数据。选用分解热小的氧化剂，有利于烟火药的快速燃烧并放出最大的热量。但其机械感度也相应提高，例如用 $KClO_3$ 配制的烟火药极易发生爆炸，原因是其分解时将放出大量的热。$KClO_3$ 的分解反应如下：

$$2KClO_3 = 2KCl + 3O_2 + 83.6 \text{ kJ}$$

（5）氧化剂分解产物的熔点和沸点。烟火药的燃烧产物、燃烧状态都对其烟火效应有所影响。根据氧化剂分解生成物的熔点和沸点的数据，可以预先估计有无气体生成，有无液、固相生成物，以及在燃烧过程中发烟的程度等。

（6）氧化剂的吸湿性。氧化剂的吸湿性将直接影响烟火药的物理、化学安定性。选用比金属可燃剂电动势高的、吸湿性小的盐类作烟火药的氧化剂较为有利。有许多盐类具有较大的吸湿性，如果影响到烟火药的安定性，则不能选用。

盐类吸湿的程度取决于空气的湿度和温度、盐本身的性质及盐和潮湿空气接触面的大小。盐类的吸湿过程首先由水蒸气的吸附作用开始，即当溶于水的盐类吸附了若干水分后，在晶体表面形成一薄层的饱和溶液。若在某一温度下，大气中的水蒸气压超过饱和溶液上的水蒸气压时，该盐类吸收水分；反之，则由于释放出水分而被干燥。

盐类既不吸湿又不干燥的相对湿度谓之"吸湿点"，用下式表示：

$$h = \frac{p_a}{p} \times 100\%$$

或用相对湿度来表示：

$$A = \frac{p_a}{p} \times 100\%$$

式中，p_a——盐类饱和溶液上的水蒸气压，Pa；

　　　p——在同温度下使空气饱和的水蒸气压，Pa；

　　　h——吸湿点；

　　　A——相对湿度。

根据吸湿点的大小，可将氧化剂分为三类。

A 类：$Ba(NO_3)_2$、$KClO_4$、$KMnO_4$、$KClO_3$；

B 类：$Ba(ClO_3)_2$、$Pb(NO_3)_2$、KNO_3；

C 类：$Mn(NO_3)_2$、$Ca(NO_3)_2$、$Mg(NO_3)_2$、$Sr(ClO_3)_2$、$Ba(ClO_3)_2$、$Al(NO_3)_3$、$NaNO_3$。

军品中都将采取一定的措施在将其做成制品并烘干后很快密封，但一些民用的火工品，工艺要求不是很高。

2.2　可燃剂

烟火药的可燃剂可分为金属可燃剂、非金属可燃剂和有机化合物可燃剂三类。

可燃剂选择以获得最佳烟火效应为前提，同时要兼顾经济性和实用性。例如，照明剂以产生高发光强度的光效应为前提。基于热辐射原理，照明剂的可燃剂应选择燃烧热值高的金属粉，且该金属粉燃烧产物为高熔点和高沸点物质，以促使其火焰中具有固体和液体的灼热微粒发射体。具有较高燃烧热值的可燃剂有 Be、Al、B、Li、H_2、Mg、Ca、Si、Ti、V、P、C、Zr。因为 H_2 是气体，P 在空气中燃温不超过 1 500 ℃，C 发光效率低，Be 价格贵，V 热效应低，B、Zr 机械敏感度高且发光效率也不理想，Li、Ca 腐蚀性大，Si 燃烧缓慢，所以照明剂的可燃剂实际选用的是 Al、Mg 及其合金。鉴于 Mg 易燃性好，且燃烧生成物 MgO 具有高熔点（2 800 ℃）、高沸点（约 3 100 ℃），大多数情况下选用 Mg 粉作为照明剂的可燃剂。

Mg 是很活泼的金属可燃剂。Mg 受潮时易生成 $Mg(OH)_2$，并且容易与所有的酸（HX）起反应，包括醋酸（5% 浓度）和硼酸之类的弱酸：

$$Mg + 2H_2O \rightarrow Mg(OH)_2 + H_2$$
$$Mg + 2HX \rightarrow MgX_2 + H_2$$
$$(X = Cl、NO_3 等)$$

Mg 的熔点是 649 ℃，沸点是 1 107 ℃，燃烧热为 24.7 kJ/g。由于 Mg 的沸点低，易于蒸发气化，当药剂中有过量的 Mg 时，蒸发气化的 Mg 能借空气中氧产生二次燃烧作用，从而获得额外的热而提高了烟火效应。

在含 Mg 的烟火药中不能使用含 Cu^{2+}、Pb^{2+} 和其他还原金属离子的盐类，因为一旦受潮，则发生电子传递反应，例如：

$$Cu^{2+} + Mg \rightarrow Cu + Mg^{2+}$$

Cu^{2+}/Mg 的标准电势是 +2.72 V，其电子传递反应发生将是自发过程。

在花炮工业上，Al 比 Mg 应用更为广泛。Al 的熔点是 660 ℃，沸点约 2 500 ℃，燃烧热为 30.9 kJ/g。它热效应高，价格低廉，质量小，贮存稳定。Al 的表面容易被空气中的氧气氧化，生成 Al_2O_3 氧化膜，防止内部 Al 进一步氧化。含 Al 烟火药中同时含有硝酸盐氧化剂时，则必须防潮，否则会发生下列反应：

$$3KNO_3 + 8Al + 12H_2O \rightarrow 3KAlO_2 + 5Al(OH)_3 + 3NH_3$$

它放出的热和氨气有可能导致药剂自发火燃烧。

镁铝合金金属可燃剂比单一的 Mg 和 Al 应用更为广泛。它是 Mg、Al 二者的金属互化物，为 Al_3Mg_2，在 Al_3Mg_2 中的固溶体，熔点为 460 ℃。它与硝酸盐混合物的稳定性比 Al 与硝酸盐混合物稳定得多。它与弱酸反应又比 Mg 与弱酸反应要缓慢得多。

常用的可燃剂及其性能见表 2.4 及表 2.5。

表 2.4　主要的可燃剂及其氧化物的理化性质

可燃物名称	相对密度	粉末在空气中的发火点/℃	熔点/℃	沸点/℃	与 1 g 氧燃烧所需的可燃剂量/g	燃烧生成的氧化物及其性能		
						分子式	熔点/℃	沸点/℃
铝	2.7	>800	660	~2 400	1.12	Al_2O_3	2 050	2 980
镁	1.7	550	651	1 100	1.52	MgO	2 800	~3 100
硅	2.3	>900	1 490	~2 400	0.88	SiO_2	1 710	2 230
赤磷	2.2	260	~600	—	0.78	P_2O_5	563	—
碳 — 石墨	2.2	700~850	>3 000	—	0.38	CO_2	气体	—
碳 — 石墨	2.2	700~850	>3 000	—	0.75	CO	气体	—
硫	2.1	230	118	441	1.00	SO_2	气体	—
铁	7.9	>500	1 535	~2 740	2.33	Fe_2O_3	1 565	—
锑	0.7	>600	630	1 640	5.07	Sb_2O_3	635	1 570
氢	—	—	—	—	0.12	H_2O	0	100
锌	7.1	~500	419	906	4.09	ZnO	—	1 973
结晶硼	2.3	>900	2 300	2 550	0.45	B_2O_3	在 800~1 000 ℃ 时软化	—

表 2.5　一些单质可燃剂的燃烧热

单质可燃物		可燃物的氧化物		燃烧热			
符号	元素的相对原子质量 A	分子式	物质的相对分子质量 M	1 mol 氧化物的燃烧热 Q/($kJ \cdot mol^{-1}$)	$Q_1 = \dfrac{Q}{mA}$ /($kJ \cdot mol^{-1}$)	$Q_2 = \dfrac{Q}{m}$ /($kJ \cdot g^{-1} \cdot mol^{-1}$)	$Q_3 = \dfrac{Q}{N}$ /($kJ \cdot mol^{-1}$)
Be	9.0	BeO	25	578	64.0	23.0	289
Al	27.0	Al_2O_3	102	1 645	30.5	16.3	331
B	10.8	B_2O_3	70	1 264	58.6	18.0	251
Li	6.9	Li_2O	30	594	43.1	19.7	197
H	1.0	H_2O	18	285	143.2	15.9	96
Mg	24.3	MgO	40	611	25.1	15.1	305
Ca	40.1	CaO	56	636	15.9	11.3	318
Si	28.1	SiO_2	60	871	31.0	14.7	289
Ti	47.9	TiO_2	80	913	19.3	11.3	306
P	31.0	P_2O_5	142	1 507	24.3	10.5	213
C	12	CO_2	44	393	32.7	8.8	130
Na	23.0	Na_2O	62	414	9.2	6.7	138
K	39.1	K_2O	94	356	4.6	3.8	121
Zn	65.4	ZnO	81	347	5.4	4.2	172
C	12.0	CO	28	109	9.2	3.8	54
S	32.1	SO_2	64	297	9.2	4.6	100
Mn	54.9	MnO	71	389	7.1	5.4	193
Fe	55.8	Fe_2O_3	160	816	7.1	5.0	163

2.3　黏结剂

　　黏结剂可以提高烟火药中可燃剂粒子与氧化剂粒子间的结合力，使烟火药更好地黏结，从而改善烟火药的力学性能。同时，黏结剂还可作为金属型和非金属型燃料的涂层，用于保护金属粒子和非金属粒子，否则这些燃料粒子会与空气中的水分和氧气发生反应。黏结剂还可以调节烟火药的燃速及其性能，同时还可降低烟火药的撞击感度和摩擦感度。

使用黏结剂的目的在于使烟火药制品具有足够的机械强度，减缓药剂的燃烧速度，降低药剂的机械感度，并起到改善烟火药物理化学安定性的作用。

但是，在烟火药中过多地使用黏结剂是不适宜的。一方面，当药剂中的黏结剂含量超过 10%～20% 时，制品强度不再增强；另一方面，过多的黏结剂会破坏烟火药氧平衡，使烟火效应受到显著影响。实际使用时，黏结剂的用量一般以 5%～10% 为宜。在有色发光剂中加入黏结剂时，应选用在燃烧时仅产生无色火焰的那些黏结剂，以使火焰保持较好的比色纯度。含氧量超过 50% 的有机物，在空气中燃烧时，其火焰几乎是无色的。含氧量低的有机物在空气中燃烧时，由于产物中有未燃尽的游离碳存在，会使火焰呈黄色。因此，有色发光剂黏结剂应选择含氧量高的有机化合物。

选择应用于烟火药中的黏结剂，应遵循下列一些原则：

（1）黏结能力强，抗腐蚀性能好；

（2）含氧量高，具有较高的燃烧热；

（3）燃烧时不影响烟火制品的特种效应；

（4）吸湿性小，能溶于通用的酒精、汽油等溶剂；

（5）相容性好，制成的烟火制品具有较好的长贮安定性。

一些天然物质和合成树脂均可作为黏结剂应用于烟火药配方中，常用的黏结剂可以分为：

（1）天然黏结剂：虫胶、松香、固体石蜡、蜂蜡、巴西棕榈蜡、熟亚麻籽油、阿拉伯树胶、石印清漆；

（2）人工合成黏结剂：酚醛树脂、环氧树脂、聚酯树脂、氯化橡胶、聚氯乙烯、聚硫橡胶、乙酸乙烯乙醇树脂（VAAR）、特氟龙、VitonA 和 KelF800 等。

目前，黏结剂已经发展成一门独立的学科。随着高分子化合物的迅速发展，黏结剂的品种也日益增多，应用极为广泛。新型高能黏结剂已出现，但适合于烟火制品中的新型黏结剂品种尚不多。目前烟火药中常用黏结剂性能见表 2.6。

表 2.6　常用黏结剂物理化学性质

名称及 分子式	密度/ $(g \cdot cm^{-3})$	相对分子质量	软化点 /℃	溶剂	借 1 g 氧燃烧的质量/g	
					生成 CO 和 H_2O	生成 CO_2 和 H_2O
酚醛树脂 $C_{48}H_{42}O_7$	1.3	730	80～110	酒精	0.74	0.42

名称及 分子式	密度/ (g·cm⁻³)	相对分 子质量	软化点 /℃	溶剂	借 1 g 氧燃烧的质量/g	
					生成 CO 和 H_2O	生成 CO_2 和 H_2O
虫胶 $C_{16}H_{24}O_5$	1.1	260	70 ~ 120	酒精	0.80	0.47
淀粉 $(C_6H_{10}O_5)_n$	1.6	162	—	水	1.69	0.85
松脂酸钙 $(C_{20}H_{29}O_2)_2Ca$	1.2	643	120 ~ 150	汽油、酒精	0.61	0.38
松香 $C_{20}H_{30}O_2$	1.1	302	大于65	汽油、 酒精、苯	0.57	0.36
干性油 $C_{16}H_{26}O_2$	0.93	250	—	—	0.58	0.36
蓖麻油 $C_{50}H_{104}O_6$	0.96	933	10 ~ 18	酒精	0.58	0.37
聚氯乙烯 $(H_2C=CHCl)_n$	1.4	62.5	80	环己酮 二氯甲烷	1.3	0.78
萘 $C_{10}H_8$	1.14	128.2		甘油	0.57	0.33
明胶 $(CH_2—NH—CO)_n$	—	57	—	醋酸	—	—

加入黏结剂的制品，其强度取决于烟火药其他成分的性能、黏结剂的性能、数量、工艺过程和压药压力等许多因素。制品的强度可以用特制的试验机进行测定。

2.4 功能添加剂

烟火药组分中的功能添加剂主要包括使火焰着色的染焰剂、加快或减缓燃速的调速剂、增强物理化学安定性的安定剂、降低机械敏感度的钝感剂及增强各种烟火效应的添加物质等。例如，为了降低燃速，有时在烟火药中添加 $CaCO_3$、$MgCO_3$ 和 $NaHCO_3$，发生的化学反应如下：

$$CaCO_3(s) \rightarrow CaO(s) + CO_2(g)$$

$$2NaHCO_3(s) \rightarrow Na_2O(s) + H_2O(g) + 2CO_2(g)$$

因为它们在高温下可吸热分解，从而降低了反应温度，使燃烧缓慢。除此之外，生产过程中还会加入如溶剂、润滑剂等添加剂。烟火药中常用的添加剂有下列几种。

（1）抑制剂。草酸盐可降低烟火药的燃速，是最常用的燃烧延迟剂。具有同样性能的有机物还有甲酸盐和柠檬酸盐。另外，碳酸钙也有降低烟火药燃速的作用。

（2）生色剂。有些物质可以增强烟火药燃烧时生成烟雾的颜色。如聚氯乙烯、六氯苯（HCB）及其他有机氯化合物与钡盐或者铜盐共用可以产生绿色烟雾，与锶盐共用可以产生红色烟雾。

（3）冷却剂。冷却剂用于各种烟火药配方来降低烟火药在燃烧过程中的温度。常用的冷却剂有碳酸镁、碳酸钠及其他碳酸盐。

（4）调节剂。调节剂是调节烟火药火焰的颜色或者提高烟火药燃烧效率和平稳燃烧的添加剂。用于调节火焰颜色的调节剂主要有以下几种：黄色火焰用硝酸钠或乙酸钠，绿色火焰用硝酸钡、氯酸钡或乙酸钠，红色火焰用硝酸锶、乙酸锶或碳酸锶，蓝色火焰用铜的氯氧化物或碱性碳酸盐。

（5）颜料。颜料主要是用于生产彩色烟雾弹、信号弹的烟火药剂中，1 - 甲基氨基蒽醌用于生成红色烟雾，而金刚胺盐酸盐用于生成黄色烟雾。

烟火药的主要成分是氧化剂、可燃剂和黏结剂，为了增加烟火制品的各种性能，还需要加入合适的功能添加剂。烟火药中各组分的不同作用见表 2.7。

表 2.7　烟火药各组分的作用

组分名称	作用
氧化剂	提供燃烧时所需的氧气
可燃剂	燃烧时产生所需的热量
黏结剂	使烟火制品具有足够的机械强度
染焰剂	火焰着色物质
成烟物质	产生烟雾颗粒
加强特种效应物质	提高发光强度、火焰颜色等
钝感剂	降低感度
安定剂	增强物理、化学安定性
调速剂	加快或延缓燃烧速度

2.5 烟火药组分的性能参数

作为烟火药配方组分，主要应考虑以下性能参数：密度、吸湿性、熔点、沸点、分解温度、氧化剂的氧含量、可燃剂的热导率、燃烧产物的性质、烟火药组分的毒性等。

2.5.1 密度

烟火药配方密度取决于氧化剂、可燃剂和其他添加剂组分的密度，它是在特定容积内装填的烟火药质量。密度与在规定空间内的燃烧时间、燃烧延期时间、发光强度等同样重要，是弹药性能的重要指标。

2.5.2 吸湿性

各组分的吸湿性是烟火药的重要指标，设计烟火药配方时，必须考虑各组分吸湿性对烟火药性能的影响。氧化剂容易吸收水分，且某些氧化剂的吸湿性高于其他组分。水分与金属反应，在金属表面形成一层金属氧化物薄膜或金属氢氧化物薄膜，这类膜没有反应活性，但改变了烟火药的点火性能和火焰传播性能，从而导致出现点火故障。因此，在选用烟火药配方组分时，必须了解各组分的吸湿性。

2.5.3 熔点和分解温度

烟火药的点火难易程度和燃速是其燃烧的重要指标，而熔点和分解温度是决定点火难易和燃速的重要因素。据文献报道，烟火药中可燃剂的熔点越低，那么其引燃温度也将越低。硫黄和低熔点的有机化合物可以降低引燃温度并促进燃烧，而高熔点的可燃剂则提高了烟火药的引燃温度。不过可燃剂熔点并不是决定烟火药引燃温度的唯一因素，氧化剂分解反应是放热还是吸热也是至关重要的因素。如 $KClO_3 + S$ 的引燃和 $KNO_3 + S$ 的引燃，由于 $KClO_3$ 的分解反应放热，$KClO_3 + S$ 的引燃温度为 150 ℃；而 KNO_3 的分解反应吸热，$KNO_3 + S$ 的引燃温度则为 340 ℃。因此，氧化剂 $KClO_3$ 与硫黄、乳糖、镁等可燃剂制成的烟火药引燃温度低；如果用 KNO_3 取代 $KClO_3$，与硫黄、乳糖、镁等可燃剂制成的烟火药引燃温度高。部分烟火药组分的熔点和引燃温度见表2.8。

表 2.8　部分烟火药组分的熔点和引燃温度

烟火药	熔点/℃	引燃温度/℃	烟火药	熔点/℃	引燃温度/℃
$KClO_3$ 硫黄	356 119	150	KNO_3 硫黄	334 119	340
$KClO_3$ 乳糖	356 202	195	KNO_3 乳糖	334 202	390
$KClO_3$ 镁	356 649	540	KNO_3 镁	334 649	565

2.5.4　氧化剂的氧含量

氧含量高的氧化剂更易释放氧气，是烟火药用氧化剂的首选。1 g 硝酸钾可放出 0.4 ~ 0.5 g 氧气，相比而言，氧化物类氧化剂放出的氧气量则较少。因此，硝酸钾比氧化物类氧化剂更能提高烟火药的燃速和火焰温度。

2.5.5　可燃剂的热导率

烟火药中可燃剂的热导率将直接影响烟火药的燃速。通常认为热导率高的可燃剂在"不生成气体"的烟火药配方中更实用，因为热量是通过烟火药的热传导释放出来的。

2.5.6　燃烧产物的性质

烟火药燃烧产物的性质取决于烟火药的最终用途和所希望达到的效果。如希望在燃烧过程中产生压力，则需要烟火药生成大量气态燃烧产物；但是，如果烟火弹药中无通风孔或烟火弹是在高原环境中工作，就不需要生成气态燃烧产物。有些起爆药配方为了形成热点及促进热量传播扩散，则需要生成熔渣。BaO_2 通常与可燃剂 Mg 共用，可以形成热的 BaO + MgO 熔渣。燃烧产物也影响烟火药的最终效果——光的颜色和照明弹的红外线强度，例如，照明弹烟火药配方中的 $NaNO_3$ 可以产生黄色光（由于存在 Na^+）、$Sr(NO_3)_2$ 和 SrC_2O_4 可以产生红色光（由于存在 Sr^{2+} 和 SrO）、$Ba(NO_3)_2$ 和 $Ba(ClO_3)_2$ 可以产生绿色光（由于存在 Ba^{2+} 和 BaO）。这些盐具有双重作用，即它们在烟火药配方中同时发挥氧化剂和颜色增强剂的功能。此外，分解产物的熔点、沸点、熔化热和汽化热也是制约烟火药火焰温度的因素。

2.5.7　烟火药组分的毒性

烟火药各组分的毒性是一个极其重要的指标，因为它与操作工人的健康、生存环境等息息相关。从事烟火药原材料准备、加工、运输和贮存的工作人员，需要了解烟火药组分的毒性并采取必要的个体防护措施。因为这些化学物质在各种操作过程中有可能通过皮肤、呼吸系统和口腔进入人体。目前，取代烟火药中有毒物（如 $BaCrO_4$、鲜艳的颜料和六氯乙烷等）的研究已取得了进展。但由于有些无毒物达不到所期望的烟火效果，有些有毒物质目前还不能被无毒物全部取代，因此，在操作处理这些有毒物的过程中，必须对其职业危害采取必要的防范措施。

烟火药中通常采用聚合物来阻止水分的渗入，与此同时，聚合物还可以增强各组分的黏结力并提高烟火药的机械强度，但是在选用聚合物或树脂时，还需综合考虑其对性能的作用，因为聚合物添加剂对烟火药的燃烧和燃速也将产生一定的影响。除了氧化剂、可燃剂和黏结剂外，为了增强烟火药的某种特性，还需要添加其他添加剂。例如，燃速调节剂：$CaCO_3$、$MgCO_3$、CaC_2O_4、黏土等；火焰颜色增强剂：PVC、氯化橡胶和 HCE 等。

烟火药组分均应稳定、互相兼容、价廉及容易制得。同时，烟火药配方应该具有优异的贮存性能，能在各种气候条件下安全贮存。

影响烟火药配方性能和质量的主要因素有以下几个方面：

（1）各组分的化学特性、纯度、比例、粒子粒径和物态；

（2）已成型配方的密度；

（3）配方配制过程中的吸水量；

（4）混合物的均匀性；

（5）能承受的压力，即机械强度；

（6）包装材料及其性能；

（7）燃烧产物的物理性能；

（8）燃烧过程中的环境温度和压力；

（9）快速旋转对燃烧的影响。

思考题：

1. 应用于烟火药中的氧化剂应满足哪些技术要求？结合常用氧化剂的物理化学性质进行简要说明。

2. 应用于烟火药中的可燃剂应满足哪些技术要求？结合常用可燃剂的物理化学性质进行简要说明。

3. 烟火药中的黏结剂含量是不是越多越好？为什么？

4. 如何降低或减少烟火药组分的毒性？

5. 试分析影响烟火药配方性能和质量的主要因素，并举例说明。

第3章
烟火药的性质及性能试验

烟火药的性质主要包括物理性质、化学性质及其发生燃烧或爆炸时的性质。为了表征不同烟火药的感度特性、做功能力及长期贮存时的安定性，需要对其进行相关的性能测试，根据试验结果判定研制的烟火药是否符合设计要求、生产和使用过程中的安全性是否可以满足相关标准要求。

3.1 烟火药的物理性质

烟火药的物理性质主要包括外观、压药密度、制品的机械强度、吸湿性等，它们关系到药剂本身及其制品的质量。

3.1.1 烟火药的外观

烟火药大多是多组分的混合物，其外观随原材料组成不同而呈现出不同的色泽。例如含有镁粉或铝粉的照明剂制品呈现灰色，含有酚醛树脂的点火药呈暗红色，含有氯酸钾、草酸钠和虫胶的信号剂呈黄色，有色发烟剂随其成分中所使用的燃料颜色不同而呈现红、黄、蓝等色。有经验的烟火工作者根据药剂的外观颜色就能判断出该药剂是由何种材料混制而成的。

在烟火药生产制造中，外观被列为检验项目之一。通过外观检验，可以观察出药剂的各成分的粗细程度及其混合的均匀程度。对于贮存中的药剂或制品，其外观是否变色、成分有无析出、装药制品是否发生形变等，是宏观判断药剂的理化安定性好坏的方法之一。

3.1.2 烟火药制品的密度

烟火药制品的密度由组成药剂的各成分的密度、压制压力和原材料的粉碎程度决定。药剂各成分的密度大，则制品密度大；压药压力大，制品密度大；原材料粉碎越细，制品密度越大。部分照明剂、红光信号剂和绿光信号剂压制成型后的密度见表3.1。

表 3.1　部分烟火药剂制品密度

制品名称	烟火药的成分	密度/$(g \cdot cm^{-3})$	
		计算值	测量值
照明剂	$Ba(NO_3)_2 + Al + Mg +$ 酚醛树脂	2.52	2.48
红光信号剂	$KClO_3 + SrC_2O_4 +$ 酚醛树脂	2.14	2.09
绿光信号剂	$Ba(ClO_3)_2 + Mg +$ 虫胶 + 乳糖	2.31	2.26

烟火药制品密度直接影响其吸湿性和燃速等，通常情况下，制品密度越大，吸湿性将会降低，燃速越慢。但是，炽热的自传播固–固相的固态反应除外，其制品将随密度增大而燃速加快。

3.1.3　烟火药制品的机械强度

当烟火药作为特种弹药装药时，在实际使用过程中将遭受到贮存运输过程的撞击振动力、发射过程中的冲击力及高压燃气压力、弹道飞行中的惯性力及离心力等各种外力作用。制品没有足够的机械强度，将会变形、碎裂，不仅达不到预定的烟火效应，还将危及生命财产的安全。目前烟火药制品的强度试验采用抗压法，即测定已压制好的烟火试样药柱（直径和高度均为20 mm）匀速受压破裂所需的力（N）。

试验是在专用材料试验机上进行的。试样的抗压强度极限 δ 按下式计算：

$$\delta = \frac{P_{max}}{S}$$

式中，P_{max}——试样药柱完全破坏所需的力，N；

$\quad\quad$ S——受压试样药柱面积，cm^2。

影响烟火药制品机械强度的因素主要有以下几个方面：

（1）主要混合物氧化剂和可燃剂的性能；

（2）黏结剂的性能和其在药剂中的含量；

（3）成分颗粒度大小及制备工艺，如各成分混合次序、混合时间、混药机的类型等；

（4）药剂中加入黏结剂的方法、浓度等；

（5）压药压力大小及保压时间的长短；

（6）药柱的长径比，如采用单向压药，药柱高度应不超过直径的75% ~ 100%。

压制成形的制品强度随压药时压力的增加而提高，但抗压强度 δ 一般不超过单位压力的 20% ~ 25%。

在压药压力一定的情况下，当药柱的高度越大而直径越小（即长径比越大）时，在离冲头端面越远的药柱横截面上的压力越小，因而制品的密度和抗压强度也相应变小。离冲头 h 处的药剂所受压力 P_h 可按下式计算：

$$P_h = Pe^{-Ah}$$

式中，P——压药压力，MPa；

　　　　A——与压制品直径成近似反比的系数；

　　　　h——冲头端面到制品某一断面距离，m。

3.1.4　烟火药的吸湿性

烟火药剂吸湿率大是造成该行业生产、燃放、贮存、运输等环节发生事故的主要原因之一。根据对近几年广东、广西、湖南、河北等地区烟花爆竹厂发生自燃自爆事故的分析，多属于产品混合药剂或半产品吸湿率大，引起自身大量放热，且又不能及时散发造成的。1990 年 9 月，河北省某花炮厂发生的自燃自爆事故就是一例。该厂将硝酸钾、硝酸钠、镁铝合金粉、铝渣等药剂混合组成的喷花产品药柱，在未干燥的情况下装入塑料编织袋入库。由于当时天阴有雨，客观上相对湿度大。而药柱中的硝酸钠具有较强的吸湿性，所用硝酸钾的含量经分析为 88%，与合格品（99%）相差 11%，为加大吸湿量提供了条件。而镁铝合金粉遇水或潮气，立即发生氧化反应，放出氢气，产生热量，使温度急剧上升。加之药柱装在袋内，不能及时散热，最终导致自燃自爆。又如 1991 年春节，辛集市某村民燃放 4 时礼花弹时，点燃引火线后长时间不爆，在该村民以为熄引低头查看时，被突然爆响升空的弹体炸伤身亡。这也是由于引火线受潮造成燃速减缓所致。

烟火药的吸湿性大小与其组成成分的吸湿性、药剂的密度及接触潮湿空气的药面情况有关。如含硝酸钡的烟火药较含硝酸钠的烟火药吸湿性小，压制的比散装的小。在其他条件相同的条件下，成分的粉碎程度越高，吸湿性越大。烟火药吸湿后将结块，某些成分会出现局部溶解，压制品会出现成分析出、变色、龟裂、密度减小等。过高的湿度还会使药剂产生分解反应。例如镁粉和硝酸盐的混合物受潮后，金属粉氧化，同时硝酸盐被还原，并分解出氨：

$$Ba(NO_3)_2 + 8Mg + 12H_2O = Ba(OH)_2 + 2NH_3\uparrow + 8Mg(OH)_2$$

$$Mg + 2H_2O \rightarrow Mg(OH)_2 + H_2$$

$$Ba(NO_3)_2 + 8H_2 \rightarrow Ba(OH)_2 + 2NH_3 + 4H_2O$$

烟火药剂及其制品在贮存过程中由于吸湿或含水率过高，可能产生结块，机械强度发生改变，部分成分析出、挥发或渗出。吸湿后的烟火药剂会降低对热冲量感度、使传火中断、点火能力不足、燃烧速度下降、烟火效果变坏及机械强度减低或破碎，大大降低其化学安定性，在严重情况下甚至不能使用或使用时发生危险。因此，对烟花爆竹用药标准做了明确规定。GB 10631—2004《烟花爆竹安全与质量》标准要求：烟火药的水分应小于等于1.5%；烟火药的吸湿率应小于等于2%，笛音剂、粉状黑火药应小于等于4%；烟火药的 pH 应为 5～9。

为了对烟火药的吸湿性进行测定，GJB 1047.6A—2004《黑火药试验方法 吸湿性的测定》中规定了黑火药的具体测定步骤，其主要原理是在一定温度下，将测定过水分的干试料放在盛有硝酸钾饱和溶液的"干燥器"中，经过一定时间测定其水分的增量。测定时按照 GJB 1047.5 将测定过水分的干试样连同称量瓶置于盛有硝酸钾饱和溶液的"干燥器"内，取下瓶盖，放在称量瓶附近，盖好干燥器，在（20±2）℃下吸湿 12 h（终、始温差不大于 1 ℃）打开干燥器，立即盖上瓶盖，取出称量瓶进行称量。吸湿性质量分数（X）按照下式进行计算：

$$X = \frac{m_1 - m_2}{m \times (1 - W)} \times 100\%$$

式中，m_1——吸湿前试样与称量瓶的质量，g；

　　　m_2——吸湿后试样与称量瓶的质量，g；

　　　m——试样的质量，g；

　　　W——按 GJB 1047.5 测得的黑火药中水分质量分数，%。

对于烟花爆竹药剂，AQ/T 4122—2014《烟花爆竹药剂吸湿率的测定》中规定了以无机盐为主要原材料的烟花爆竹药剂吸湿率的测定。其基本原理是将干燥的试样放在底部盛有硝酸钾饱和溶液的恒湿器内，24 h 后，测定其水分增加的质量分数。具体测试方法如下。

（1）试验准备。

①将恒温箱室或恒温箱温度控制在（20±2）℃，稳定 4 h 后备用。

②恒湿器的准备：将干燥器清洗干净，磨口部分用凡士林密封。称取硝酸钾 650 g，在搅拌下将超过 70 ℃的蒸馏水加到 500 mL，待溶液冷却至约 60 ℃时，迅速倾入干燥器内。冷却后，擦干器壁，放好有孔隔板，隔板上放一张带孔滤纸，加盖，将此恒温器置于温度控制在（20±2）℃的恒温室或恒温箱中备用。

③将已选好的称量瓶洗净，烘干，编号后放入吸湿器中，恒湿保存不少于 24 h。

④测试样品应全部通过 400 μm 筛，试样按四分法筛分。

⑤取约 12 g 样品置于培养皿中，放入温度为 50 ～ 60 ℃的真空干燥箱中，在压力不高于 11 kPa 下干燥 2 h，取出，放入干燥器内，在常温下冷却 1 h 后备用。

⑥在上述准备工作完成后，应检查电源在 72 h 内有无中断的可能。如用恒温箱做试验，天平室温度不得低于 18 ℃，如用恒温室，则天平应置于恒温室内。称量用干燥器应放在恒温室或天平室中。

（2）试验步骤。

①取出准备好的称量瓶，称取样品（5.00 ± 0.01）g，样品质量记为 m，样品与瓶质量记为 m_0，将样品 m 平铺于称量瓶内。将称量瓶置于吸湿器内，24 h 后取出称量，记为 m_1。

②在恒温过程中，若无温度自动记录仪，则需每 0.5 h 记录一次恒温室或恒温箱温度，自动记录仪或观察点的数据，其中任意一点不得低于 18 ℃，高于 22 ℃，否则，本次试验作废，需要重做（试样不得重用）。

③硝酸钾饱和溶液若被药剂污染或使用期超过三个月，应重新配制，带孔滤纸若被药剂污染或渗入硝酸钾饱和溶液，应更换新纸。

（3）试验结果的计算。

烟花爆竹药剂吸湿率用质量分数表示，由下式算出：

$$X = \frac{m_1 - m_0}{m} \times 100\%$$

式中，m_1——吸湿 24 h 后称量瓶和试样质量，g；

m_0——吸湿前称量瓶和试样质量，g；

m——干试样质量，g；

X——吸湿率，%。

3.2　烟火药的化学性质

3.2.1　烟火药的化学安定性

烟火药剂的化学安定性是烟火药剂在贮存过程中，不改变其物理化学性质而保持原有的燃放效果的能力。而实际上烟火药剂和烟花爆竹产品在贮存过程中都将会发生一定的物理化学变化，使特种效应降低，甚至完全失去燃放性能。

（1）吸湿引起的烟火药化学性质变化。烟火药剂的化学安定性虽然与很多因素有关，但受潮吸湿引起药剂的化学性质的变化是主要的。

烟火药的安定性在很大程度上取决于药剂的吸湿性。大多数烟火药剂以铝粉、镁粉作为可燃物，它们受潮后将发生下列化学反应：

$$Mg + 2H_2O = Mg(OH)_2 + H_2 \uparrow$$
$$Al + 3H_2O = Al(OH)_3 + 1.5H_2 \uparrow$$

含有 Mg、Al 的烟火药由于放热和释放 H_2，易引发自燃乃至爆炸。如果 Mg、Al 中含有 Cu、Pb、Fe 等杂质，反应还将加速。如 Mg 遇到 Cu^{2+}，将发生以下电子传递反应：

$$Mg + Cu^{2+} \rightarrow Mg^{2+} + Cu$$

Cu^{2+}/Mg 的标准电动势是 +2.72 V，显然它是一个能产生自发反应的过程。因此，在含有 Mg 的烟火药中不能有 Cu^{2+}、Pb^{2+}、Fe^{2+} 等杂质。

镁、铝等金属粉和氧化剂（硝酸盐、氯酸盐、高氯酸盐等）混合后与水的反应速度会更快。例如钡盐照明剂，$Ba(NO_3)_2 + Mg + Al + 黏结剂$，吸湿后的反应如下：

$$Mg + 2H_2O = Mg(OH)_2 + H_2 \uparrow$$
$$Ba(NO_3)_2 + 8H_2 = Ba(OH)_2 + 2NH_3 + 4H_2O$$
$$Ba(OH)_2 + 2Al + 2H_2O = Ba(AlO_2)_2 + 3H_2$$

$Ba(AlO_2)_2$ 能溶于 H_2O，所以反应进行很快，且释放出的 H_2 又使 $Ba(NO_3)_2$ 还原成 $Ba(OH)_2$，因而又促使 Al 和 $Ba(OH)_2$ 反应，使 Al 不断地受到腐蚀。与此同时，$Ba(NO_3)_2$ 和 H_2 作用生成的 NH_3，溶于水形成 NH_4OH，部分与 $Ba(NO_3)_2$ 发生如下反应：

$$2NH_4OH + Ba(NO_3)_2 \rightarrow Ba(OH)_2 + 2NH_4NO_3$$

由于 $Ba(OH)_2$ 与 Al 起反应，生成的 $Ba(OH)_2$ 浓度在反应过程中不断降低，所以化学平衡向右移动，促使 $Ba(NO_3)_2$ 反应生成 $Ba(OH)_2$ 的速率加快。

（2）硫、磷和铵盐对烟火药剂化学安定性的影响。如果在含镁的药剂中加入硫，化学安定性降低。这是因为 $S + Mg = MgS$。而含 Al 药剂中，S 的加入影响不大。因为 S + Al 要在 $500 \sim 600 ℃$ 时才能发生化学反应生成 Al_2S_3。所以，含有铝的烟火药剂比含镁的药剂安定得多。

含氯酸盐烟火药剂中，不得加入 S 或 P，因这类混合物非常敏感，在极轻微的外界作用下即能爆炸或自行着火。

在氯酸盐的烟火药剂中，不得加铵盐，因为它们反应后生成 NH_4ClO_3，其在 $30 \sim 60 ℃$ 就能自行分解，导致自发火乃至爆炸。如发烟剂含有氯酸钾，同时又含铵盐，受潮后发生如下互换反应：

$$NH_4X + KClO_3 + H_2O \rightarrow NH_4ClO_3 + KX \quad （X = Cl^-、NO_3^-、ClO_4^-）$$

（3）不含金属粉的药剂受潮后，不会引起显著的化学变化，但若在某药剂中含有两种可发生复分解反应的盐时，化学变化很大，以致造成整个药剂失效。

例如黄光剂 $Ba(NO_3)_2 + Na_2CO_3 = BaCO_3 + 2NaNO_3$，$BaCO_3$ 产生沉淀，Na_2CO_3 本身吸湿性很强，使得药剂进一步吸湿，直至完全失效。

（4）不含金属粉，也不含吸湿性盐的发光信号剂，如氯酸钾 + $SrCO_3$ + 虫胶红光剂，在贮放中不会产生重大的化学性质变化，比较安定。

3.2.2　影响烟火药剂化学安定性的因素

（1）原材料的影响。由于烟火药剂所用原材料大部分具有吸湿性，只不过有大小之分。如氧化剂吸湿性小的有高氯酸钾、硝酸钡、高锰酸钾等；其次为氯酸钾、高氯酸铵、氯酸钡、硝酸钾等；其余原料吸湿性均较强，尤其是着色的硝酸锶、氯化钠等，更是造成吸湿性大的重要因素。此外，在原料中含有的氯化物、硫酸盐、铵盐、钙盐、钠盐等，都具有极大的吸湿性。也就是说，烟火药剂中含吸湿性大的原料越多，其吸湿率则越大；含吸湿性杂质越多，其混合药剂的吸湿率则越高。反之，吸湿率则小。由此看出，使用原料质量的优劣是造成吸湿率大小的根本原因之一。

（2）接触面积。烟火药剂和潮湿空气的接触面积越大，吸湿可能性也越大。

（3）天气变化。烟花爆竹混合药剂的吸湿性与天气变化有关。在高温高湿季节，引起空气相对湿度增高，相对湿度越大，物质受潮的可能性也越大；反之，相对湿度越小，物质受潮的可能性也越小。引起空气相对湿度增高，是造成药剂易吸湿的客观条件。

（4）药物的升华、蒸发和氧化。烟火药剂中的某些成分在外界因素（主要是温度升高）的影响下，会发生升华和蒸发，而改变了烟火药剂的组成配比和密度，从而降低了烟火药剂的特种效应。用酒精、松节油等做溶剂的烟火药剂，剩余的酒精、松油等会因温度的变化被蒸发而散去，从而影响烟火药剂的结构，改变设计的燃放效果。另外，组成烟火药剂的某些药物，在存放中会产生一些相互反应，也影响烟火药剂的化学稳定性。

（5）霉变。烟火药剂中部分发生霉变的有机物质（如淀粉、纸张、竹子等）变得潮湿后会发霉变质。发霉是因为一种霉菌。霉菌繁殖很快，只要有潮湿的环境，这些有机物质就会生霉，局部生了霉，很快就会蔓延到整个烟火药剂中，导致产品变质。

3.2.3　防止烟火药剂吸湿的措施

为防止烟火药吸湿，保证烟火药剂产品具有一定的化学稳定性，确定配方时应不用或尽量少用吸湿性大的药物；不使用在一般条件下能相互起化学反应的药物配方；除采取一些辅助的防潮措施（如密封、在纸筒内包油蜡纸、用石蜡封口等）外，还可对药剂或其原材料进行包覆、包结或采用其他防潮技术措施。

（1）包覆。将憎水性物质，如石蜡、硬脂酸等，通过适当工艺加到干燥过的药剂或组分中，使吸湿的物质表面包覆一层防潮膜。

（2）包结。将一种吸湿性的物质的单个或多个分子包藏于另一不吸湿的物质分子的空穴或晶格中，使吸湿性物质不再吸湿，这种方法称为包结。这是一种较为理想的防止物质吸湿的方法。用该方法形成的包结化合物，要求不吸湿包结物质的晶格或分子必须具有空穴，同时吸湿性物质体积应与空穴大小相适宜。包结化合物有三类：晶格包结化合物、分子包结化合物、由高分子物质生成的包结化合物。

（3）其他防潮措施。在药剂内掺入研磨很细的且有很强覆盖能力的憎水物质，如石墨，使药剂微粒上敷上一层粉末物质，形成不被水润湿的毛细管，可以提高药剂及其制品的防潮能力。烟花爆竹生产过程中，为避免人为因素或管理原因等造成的原料、半成品、成品吸湿性增大，还需根据实际生产情况，采取下列有效的控制措施。

①严格按 GB 11652—2012 有关规定，尽量选用吸湿性小的原料作烟花爆竹药剂的配方成分。

②在贮存烟花爆竹药剂时，必须严格控制贮存场地的温湿度，保证通风，原料和混合药剂应保持干燥，不同性质的药剂要分别存放，特别是在高湿高温季节，更要加强管理。

③在使用混合药剂时，应严格执行药量控制，做到小量、多次、勤运走和轻拿、轻放。雷雨天和高温、高湿天，要暂停生产操作。

④积极开发、研制吸湿性小的新材料、新工艺、新配方，以适应生产需要，加速改变当前烟火药剂吸湿率高的现状。烟花爆竹药剂吸湿率的问题，既是当前生产中酿成事故隐患的重要因素，也是原因比较复杂的现象。

3.2.4　影响烟火药化学安定性的成分

$KClO_3$ 的出现使烟花之美产生了飞跃，但同时也带来了许多不幸。人们只知道不用 $KClO_3$ 或少用 $KClO_3$ 能使烟花更安全，但并不清楚 $KClO_3$ 为何使药剂敏感。为此，在中国从烟花安全的角度开展了研究，并开展了烟花药剂感度试验，制定了相应感度测试技术标准。$KClO_3$ 不安全的因素首先是它熔点低（356 ℃），为低分解温度的氧化剂，并且分解时放热；其次，含 $KClO_3$

的药剂由于固相反应，发火温度降低了。例如 KClO₃ 与 S 混合，由于 S 发生晶相转变，由斜方晶 S₈ 转变为单斜晶 S₆，使得 KClO₃ 晶格松弛，反应性提高，药剂的发火温度降低。差热分析表明，S－KClO₃ 在 137 ℃左右开始发生反应，151.7 ℃出现放热峰（发火），如图 3.1 所示，反应并没有等到 KClO₃ 熔融（356 ℃）就开始了，这是由于固相反应下 KClO₃ 晶格松弛在反应性中起到了支配的作用。正因为如此，今日中国的烟花，凡以前使用 KClO₃ 配方的药剂，均不再使用 KClO₃ 或改用 KClO₄，与此同时，加大了钝感药剂研究力度。

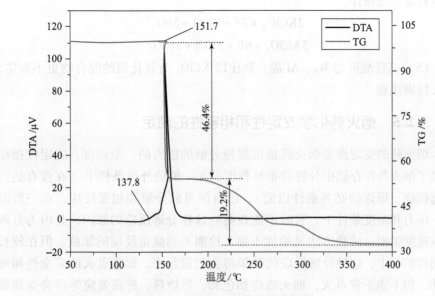

图 3.1　S－KClO₃ 的差热分析图

（1）氯酸盐与镁和铝的作用：

$$KClO_3 + 3Mg = 3MgO + KCl$$

氯酸盐与镁的混合物在有水的存在下作用很快，不能长期贮存。氯酸盐与铝的作用较与镁的作用安定得多。

（2）镁及铝与硫的作用：

$$Mg + S = MgS$$

$$MgS + 2H_2O = Mg(OH)_2 + H_2S$$

如将 S 加入含铝的烟火药中，并不降低其化学安定性，因为只是在 500～600 ℃以上的高温时，才可能形成 Al₂S₃。第二次世界大战时，德国在含镁星体的点火药中加入 S 或黑火药，随着水分的进入发生了问题。为了克服这个问题，

采用了 KNO_3、Al 和四硝基咔唑的混合物作为点火药。

（3）过氧化钡与 Mg、Al 作用：

$$BaO_2 + 2H_2O = Ba^{2+} + 2OH^- + H_2O_2$$

H_2O_2 有很强的氧化能力，$H_2O_2 = H_2O + [O]$。

BaO_2 在室温下水解程度很小，当潮湿的 BaO_2 和 Al 粉混在一起时，OH^- 被消耗在和铝的氧化层的相互作用上，反应平衡向右移动，药剂分解过程剧烈。

（4）$KClO_3$ 与 S 及赤磷的混合物都非常敏感，在较小初始冲能作用下，能自行发火或爆炸。

$$2KClO_3 + 3S = 2KCl + 3SO_2$$
$$5KClO_3 + 6P = 5KCl + 3P_2O_5$$

（5）高锰酸钾与 Mg、Al 混合物比以 $KClO_3$ 为氧化剂的混合物更不安定，需要特别注意。

3.2.5　烟火药化学安定性和相容性的测定

烟火药的安定性是烟火药抵抗缓慢分解的能力的一个量度，安定性指标反映了烟火药在存储中分解的难易程度。在一般的外界条件下（在没有达到引起燃烧、爆炸的必备条件以前），已有缓慢的分解和相互反应，在一般温度、压力和湿度条件下，暂时不能观察到这些分解反应的原因，是因为分解反应速度很慢，试验方法灵敏度不够，检测不到微量反应的缘故，但在较长时间的贮存中，这种分解反应的效果将会积累起来，影响点火的安全性和可靠性，如不能正常点火，烟火效应如色彩、燃烧热、遮蔽效应等将会受到影响，还会产生自燃自爆现象等。影响产品质量，造成生命财产的损失，因此烟火药的安定性、相容性问题在烟火药剂生产过程中非常重要。

一、真空安定性试验

真空安定性（Vacuum Test of Stability，VTS）试验是 1920 年由英国 Farmer 在《在真空条件下猛炸药的分解速度》一文中提出，该文谈到 VTS 法适用于脂肪族硝基化合物、雷汞、叠氮化合物等。经过上千次试验证明，VTS 法作为猛炸药的标准方法是可行的，似乎在所有条件下，温度在点燃点以下时，气体的释放都假定为缓慢分解，如果降低温度，分解速度急速下降。相同的物质，不同制备条件下，它们的分解速度经常不同。

20 世纪 60 年代初，美国把 VTS 法定为鉴定炸药、烟火药剂安定性和相容性的标准方法，1965 年美国皮卡丁尼兵工厂在《测定炸药灵敏度、威力和安定性的标准试验程序》中规定采用 VTS 法测安定性。1970 年美国海军军械实验室（NOL）对 VTS 法所用的仪器、方法、控温装置、温度监视器等提出方案，并谈到相容性试验若干问题。所以自 1920 年以来，许多国家采用 VTS 法测定炸药、烟火药、起爆药的安定性、相容性，并做了不少改进。

二、相容性试验

相容性是用来评价烟火药剂长期贮存安全性与使用可靠性的一项极为重要的性能指标。烟火药的组分在贮存中不与它周围的物质相互反应即相容；烟火药的组分之间发生的化学和物理过程，使烟火药剂的体系出现不符合设计要求时，称烟火药剂体系不相容。所谓相容性，又称反应性，是指两种或两种以上的物质相互接触（如混合、黏结、吸附、分层装药、填装壳体等）组成混合体后，体系的反应能力与单一物质相比发生变化的程度。与单独物质相比，反应能力明显增加的，这个体系的各组分是不相容的；反应能力没改变或改变很少的，这个体系的组分是相容的。相容性有两重含义：内相容性和外相容性。内相容性是指烟火药剂混合体系内部表现出的相容性，又叫组分相容性；外相容性是指烟火药剂作为整体与相接触物质的相容性，又叫接触相容性。前者的重点在于研究各个组分间的互相影响，而后者主要研究烟火药剂和材料接触表面间的反应性质。

三、烟火药安定性、相容性试验方法及评价标准

真空安定性（VST）、相容性（R）和差热分析（DTA）试验，已成为当今评价火炸药、烟火药长贮安定性与使用可靠性的一种重要试验手段，它是测定药剂在贮存条件下热安定性的一种热化学方法。其实质是检验药剂的耐热分解性，预示烟火药在受热时药剂中有无不安定的杂质存在，以确定药剂在贮存过程中的安定性（即真空安定性），或测定药剂同接触物的反应性，预示在体系中由于环境或者由药剂与材料相接触的影响而发生的化学或物理过程（即不相容），以及当药剂与另一种材料接触或气相相连通时，是否保持其通常性能的能力（即相容）。

目前常用的真空安定性、相容性测试方法主要有压力传感器法、差热分析和差示扫描量热法、微热量热法，其测试原理和评价方法如下：

（1）测定真空安定性、相容性试验的压力传感器法。

试样在定容、恒温和一定真空条件下受热，用压力传感器测量其在一定时间内放出气体的压力，再换算成标准状况下的气体的体积，以此评价试样的安定性和相容性。

根据多年的实践经验，我国已经制定了烟火药真空安定性试验、相容性试验的相关标准，规定试验温度为 100 ℃，时间为 40 h，药量为 5 g。具体试验方法参见 GJB 772A—97。关于烟火药真空安定性、相容性的判据，美国的相关规定见表 3.2 和表 3.3。

表 3.2　美国的真空安定性判据标准

100 ℃、40 h 每克试样放气量/mL	VST 等级	备注
0 ~ 0.2	Ⅰ	安全贮存期与有效使用期均满足要求
0.2 ~ 0.6	Ⅱ	安全贮存期与有效使用期基本满足要求
0.6 ~ 1.8	Ⅲ	安全贮存期满足要求
1.8 以上	Ⅳ	不能满足要求

表 3.3　美国的相容性判据标准

R/mL	反应性	计算式
<0.0	无	$R = A - (B + C)$
0.0 ~ 1.0	可忽略	式中，R——反应产气量，mL；
1.0 ~ 2.0	很轻微	A——混合物（1:1）放出的气体量，mL；
2.0 ~ 3.0	轻微	B——烟火药放出的气体量，mL；
3.0 ~ 5.0	中等	C——接触材料放出的气体量，mL
>5.0	过度	

（2）测定安定性、相容性试验的差热分析和差示扫描量热法。

试样在程序控制温度下，由于化学或物理变化产生热效应，从而引起试样温度的变化，用热分析仪记录试样和参比物的温度差（或功率差）与温度（或时间）的关系，即差热分析（DTA）曲线或差示扫描量热（DSC）曲线。

该方法以试样的一组实测 DTA 或 DSC 曲线上的加热速率和峰温经线性回归计算所得到的加热速率趋于零时的外推峰温（T_{p0}）评价试样的安定性；用单独体系相对于混合体系第一放热峰温的改变量（ΔT_p）和这两种体系表观活化能的改变率（$\Delta E/E_0$）综合评价试样的内外相容性。

安定性评价标准：T_{p0} 值越高，烟火药的安定性越好。

相容性的评价等级见表 3.4。

表 3.4　相容性评价等级

峰温改变量 ΔT_p/℃	活化能改变率（$\Delta E/E_a$）/%	相容性结论	
≤2.0	≤20	相容性好	1 级
	>20	相容性较好	2 级

续表

峰温改变量 ΔT_p/℃	活化能改变率 $(\Delta E/E_a)$/%	相容性结论	
2.0~5.0	≤20	相容性较差	3 级
	>20	相容性差	4 级
≥5.0	—	不相容	5 级

当分解过程复杂，导致无法从 DTA 或 DSC 曲线确定分解峰温 T_p 值时，可以仅给出 DTA（或 DSC）的曲线图。

（3）测定安定性、相容性试验的微热量热法。

试样安定性的判定：以热流曲线前缘上斜率最大点的切线与外延基线的交点所对应的时间或某一时刻的放热速率，来评价试样的安定性。

试样相容性的判定：①混合试样的热流曲线和理论热流曲线基本重叠，为相容性好；②若混合试样的热流曲线的绝对值在和理论热流曲线的绝对值相差在 ±50% 范围内，为相容性较好；③大于理论热流曲线的 ±50% 的范围为不相容。

用真空安定性（VST）、相容性（R）和差热分析（DTA）试验来评估烟火药的化学安定性，三者试验结论是一致的。DTA 试验记录了样品体系发生伴有热效应的化学或物理化学变化而引起样品体系与惰性参考物间的温度差，而 VST 和 R 试验则记录样品体系发生物理化学变化所生成的气体的压力，是一个化学过程的两个方面，是从两个不同角度对样品体系的反应性做出反映。由于 DTA 试验会出现峰的重叠或受其他峰淹没，而 VST 和 R 试验有时也会出现气体凝结，带来结果误差，因此，同时开展三者试验就可以克服这些方面的不足。用以上三种试验方法对 714 曳光药剂的相容性评估见表 3.5。

表 3.5　714 曳光药的相容性

试验项目	药剂名称					结论
	714 引燃药		714 基本药		714 引燃药 + 基本药	
DTA 放热峰/℃	287	389	—	—	289	388	相容
	—	529	486	529	492	532	
VST/(mL·g⁻¹)	0.38						Ⅱ 级
			0.052				Ⅰ 级
					0.27		相容
R/(mL·g⁻¹)					0.27		相容

3.3　烟火药的固相反应

烟火药多数都是由数种固体粉状物质构成的固态混合物，如最初的黑火药，它是由粉状硝酸钾、木炭粉、硫黄粉混制而成的。为了提高黑火药的燃速，人们早已发现将这些固体物质破碎得越细，燃速就会变得越快；混合得越均匀，反应性越好。这些发现作为技艺流传至今，但其原因直到固体化学出现，才在理论上得以解释。大块的 KNO_3、C、S 晶体被破碎成碎片晶体，产生了新的棱、角、界面和缺陷。这些部位的原子配位数低于其饱和值，原子间结合力不如内部分子强，故拉开它们所需的能量变小，反应速度提高了，燃速自然变快。均匀性反映了固相反应物相互接触的程度。固相反应物相互接触越充分，反应性则越好。这是因为反应总是在粒子界面上进行，产物是通过界面扩散的。

1949 年，史派克（Spice）和史特维里（Stavely）对下列烟火药开展了试验研究，其配方见表 3.6。

表 3.6　不同还原剂和氧化剂配方组成

名称	还原剂	氧化剂	名称	还原剂	氧化剂
配方 1	Fe	BaO_2	配方 4	Si	$Ba(NO_3)_2$
配方 2	Mn	$K_2Cr_2O_7$	配方 5	S	$Po(NO_3)_2$
配方 3	Mo	$KMnO_4$	配方 6	S	$Sr(NO_3)_2$

在对 $Fe-BaO_2$ 药剂研究时，他们采取将 Fe 粉和 BaO_2 粉末在干燥状态下混合，然后压成药柱，将药柱密封于玻璃容器中，置于加热箱内加热，在不同时间内对磁性元素 Fe 的消失做出定量测定，以确定反应进程。结果发现，$Fe-BaO_2$ 在发火温度以下接近发火温度时进行的反应是一种纯粹的固 - 固相反应过程：

$$3BaO_2 + 2Fe \longrightarrow Fe_2O_3 + 3BaO$$

显然，烟火药中固态反应的确存在。

烟火药中的这种发火前的最初反应，称为预点火反应（Preignition Reaction，PIR）。它是一种炽热的、自传播的固 - 固相放热化学反应。如果 PIR 放出的热少而慢，热损失大于热积累，则 PIR 反应会中止；如果 PIR 放出的热大且快，热积累大于热损失，则出现固体自发加热，此时反应速度加大，放热速度增快，炽热的、自传播固 - 固放热反应则呈指数关系加速，从而导致药剂发火燃烧或爆炸。

有了固 – 固相反应的 PIR，烟火工作者自然就可以从化学热力学和动力学角度研究如何来控制 PIR 的温度和 PIR 的反应速度，从而控制系统的反应性。鉴于 PIR 是固相反应，则控制其反应性的方法就应是固态化学的方法。因此，在研究烟火反应时，只要能够证明有 PIR 反应存在，即可依据固相反应理论，应用固态化学的原理和方法来解决反应过程中的反应性问题。

3.3.1 烟火药固相反应特征

在大多数情况下，烟火药反应以燃烧形式出现。外加点火刺激即引发烟火药自传播放热化学反应发生，最终以发火燃烧的形式出现。燃烧反应中的烟火药内，实际上存在着反应区、反应产物区和未反应材料区。

在反应区内，烟火药产生预点火反应（PIR）。点火刺激实际上是使固体组分的烟火药加热而温度升高，这时药剂中的氧化剂晶格"松弛"，可燃剂将扩散至氧化剂晶格内，PIR 因此而发生。当 PIR 放热大于散热时，热积累使反应区温度进一步升高，氧化剂晶格进一步"松弛"，可燃剂如果是低熔点物质，有可能熔化为液体（例如 S）而更易于扩散至氧化剂晶格内，PIR 反应则更剧烈。一旦反应温度高，致使氧化剂熔化分解，则游离氧放出，可燃剂即发火燃烧，此时整个燃烧反应将全面展开。这时反应区内出现了高温的火焰、烟炱及固 – 液 – 气的反应物质。

烟火药燃烧反应的另一个显著特征是存在着一个不断向前推进的高温反应区。该区将未反应的材料区与反应产物区隔离开。在反应区后面是固相产物（除非所有产物均是气体），而紧接在反应区前面的是即将发生反应的下一层。该层由趋近的反应区加热后可能出现固相组分的熔化、固 – 固相转变和低速的 PIR 反应。

以往的经典理论认为，烟火药燃烧反应是烟火药中的氧化剂达到分解温度后分解出氧才与可燃剂进行反应的。但是，固 – 固相的预点火反应表明，外加点火刺激的烟火药即开始固 – 固相预点火反应，燃烧则是将烟火药剂加热到预点火反应温度，在经历固相预点火反应后才导致的。预点火反应温度通常低于药剂的发火点，低于氧化剂的熔点和分解温度。例如，$S - KClO_3$ 混合物的预点火反应温度为 137 ℃左右，151.7 ℃时发火，而氧化剂 $KClO_3$ 的熔点为 356 ℃，分解温度在 400 ℃以上，$Fe - BaO_2$ 混合物的预点火温度为 335 ℃，而 BaO_2 约在 800 ℃时分解；$KClO_4$ 与木炭预点火反应温度在 320 ~ 385 ℃，而 $KClO_4$ 约在 610 ℃时分解。

3.3.2 烟火药固相反应遵循的原则和规律

由烟火药的燃烧反应特征可以看出，在整个反应过程中存在有固 – 固反应、固 – 液反应、固 – 气反应、固相分解反应等。这些固相反应所遵循的原则和规律如同一般固相反应。

一、固 – 固反应

烟火学中的固 – 固相反应是非均相的放热过程。反应的驱动力是生成产物和反应物的自由能差。反应的类型有两类，即加成反应（如 $ZnO + Fe_2O_3 \rightarrow ZnFe_2O_4$）和交换反应（如 $ZnS + CdO \rightarrow CdS + ZnO$）。反应的历程是，初始生成物把反应物在空间上分隔开来，反应的继续是靠反应物穿过反应界面和生成物层发生物质的转移和输运，即原来处于晶格平衡位置上的原子或离子，由于温度等外界条件影响，脱离原位置而做无规则的行走，形成移动的"物质流"。这种"物质流"的驱动力是原子和空位的浓度差及其化学势梯度，输运过程受扩散规律约束。因此烟火药在固 – 固反应阶段的必要条件是各混合成分必须互相充分接触。将烟火材料充分粉碎并混合均匀，或者预先压制成团并烧结，其目的在于增大反应物之间的接触面积，促使原子的扩散输运容易进行，从而能获得理想的反应速度和最佳的烟火效应。烟火药固 – 固相反应速度遵循抛物线速度定律。

二、固 – 液反应

固体同液体反应时，其反应产物在液体中可能溶解，也可能不溶解。如果不溶解，则在固体表面上形成一层遮盖层，阻碍液体与固体的进一步反应。这种情况下，反应的进展将取决于液体和固 – 液反应物本身通过遮盖层的速度。如果溶解，即固 – 液反应产物是可溶的，其反应过程是物理化学的反应过程。这种情况下，反应的固体质量随时间的变化率为：

$$-\frac{dm}{dt} = KS_e(C_0 - C)$$

式中，S_e——固体试样的有效表面积；

　　　C_0——饱和浓度（或溶解度）；

　　　C——接近表面的溶液层中的溶质浓度；

　　　K——比例常数。

固 – 液反应的固体表面通常被认为是外表面，且粗糙因素为 1。对于立方体或球体样品，其 S_e 与体积关系是

$$S_e \propto 6\left(\frac{m}{\rho}\right)^{\frac{2}{3}}$$

式中，m——未熔的剩余质量；

　　　ρ——固体的密度。

对于某些大小相同的、形状与"等维外型"相关不大的粉体，其颗粒 S_e 有下列关系：

$$S_e \propto f\left(\frac{m}{\rho}\right)^{\frac{2}{3}}$$

式中, f ——形状系数。

烟火药固 – 液反应速度取决于固体和液体的化学性质、固体表面形态、液体的浓度。位错、杂质、空位、间隙原子等缺陷的存在, 将直接影响烟火药的固 – 液反应的进程。

三、固 – 气反应

反应首先在固体表面上形成一种产物层。进一步的反应依赖于该产物层的疏密程度。如果产物层是疏松多孔状, 则反应气接近固体表面将不受阻。无论该产物层厚薄如何, 其固 – 气反应速率均呈线性关系。如果产物层是质密非孔状的, 反应气不能直接接近固体表面, 则氧化作用受阻, 此时进一步反应取决于包括产物层在内的物质输运速率。这种情况下, 固 – 气反应速率遵循抛物线规律。根据一维几何的试验模型研究, 固 – 气反应速率有以下几种规律:

① $\Delta m_{x_2} \propto \lg t$, 对数规律;

② $\Delta m_{x_2} \propto$ 常数 – $\lg t$, 反对数规律;

③ $\Delta m_{x_2} \propto t$, 直线规律;

④ $\Delta m_{x_2} \propto t^{\frac{1}{2}}$, 抛物线规律;

⑤ $\Delta m_{x_2} \propto t^{\frac{1}{3}}$, 立方规律。

式中, Δm_{x_2} ——反应中气体 x_2 消耗的质量。

四、固相分解反应

固相分解反应主要步骤是成核。反应总是从晶体中的某一点开始, 形成反应的核。一般晶体的活性中心易成为初始反应的核心区域, 它总是位于晶体结构中缺少对称性的地方, 例如在点缺陷、位错、杂质存在的地方。晶体表面、晶粒间界、晶棱等处也缺少对称性, 因此也易成为分解反应的核心。这些都属于所谓局部化学因素。用中子、质子、紫外、X 射线、γ 射线等辐照晶体, 或者使晶体发生机械变形, 都能增加这种局部化学因素, 从而能促进固相的分解反应。固相分解反应在烟火药固相反应中的例子很多, 如固体氧化剂的热分解:

$$2KNO_3 \rightarrow K_2O + N_2 + 2.5O_2$$

$$2KClO_3 \rightarrow 2KCl + 3O_2$$

$$KClO_4 \rightarrow KCl + 2O_2$$

$$NH_4Cl + Q \rightarrow NH_3 + HCl$$

烟幕剂中附加物 NH_4Cl, 它在分解时吸热, 因此能降低燃速和减少热量放出（限制其反应产生火焰）。

铬酸铵用于制造"草中蛇"娱乐烟火，被点燃后分解产生绿色的 Cr_2O_3，是一个放热的固相分解反应：

$$(NH_4)_2Cr_2O_7 \longrightarrow N_2 + Cr_2O_3 + 4H_2O$$

3.3.3　$S - KClO_3$ 烟火药反应机理

$S - KClO_3$ 烟火药反应机理研究的成果，展现出了烟火药固相反应研究的实质性进展。

$KClO_3$ 是烟火药中用于制造有色发光剂、有色发烟剂的良好氧化剂。遗憾的是，多起安全事故均与它相关。原因何在？固体化学原理揭开了 $S - KClO_3$ 固相反应的秘密所在：热力学和动力学因素驱使 $KClO_3$ "晶格松弛"和晶格扩散，从而降低了发火温度，引起了超前发火燃烧或爆炸反应。

按照经典的理论，$S - KClO_3$ 的燃烧反应分为两步进行。第一步是 $KClO_3$ 分解：

$$2KClO_3 \xrightarrow{\quad 400 \sim 600\ ℃ \quad} 2KCl + 3O_2$$

第二步是 S 的氧化：

$$S + O_2 \longrightarrow SO_2$$

即 $KClO_3$（熔点 356 ℃）先熔融分解，放出 O_2 后才与 S 反应。$S - KClO_3$ 差热分析的热谱图如图 3.1 所示。由图中可以看出，$S - KClO_3$ 反应在 137 ℃ 左右就开始了，151.7 ℃ 时出现激烈的放热反应峰，反应并未等到 $KClO_3$ 熔融分解即开始。$KClO_3$ 在其熔点前是不会分解的，即便加有 MnO_2、CuO 或 Co_2O_3 催化剂的 $KClO_3$，不到 200 ~ 220 ℃ 也不会分解。由此说明，$S - KClO_3$ 的反应机理不符合经典理论的说法。

对 $S - KClO_3$ 反应机理进一步研究表明，在热力学因素温度的作用下，S碎片侵入 $KClO_3$ 晶格内，使 $KClO_3$ 晶格"松弛"，从而降低了发火温度。当 $S - KClO_3$ 受热时，S 首先发生晶相转变，由斜方晶（S_8）转变成单斜晶（S_6），然后在 119 ℃ 时熔化为液相（S_8）。继续加热，液相的硫分裂成 S_3 – S_2 – S_5 碎片（λ→π 液 – 液转变）。S 由 λ 转变到 π 的转变温度是 140 ℃，S_8 裂成 S_3、S_2 主要在 140 ℃ 以上发生，此时，动力学扩散占主导，反应速度也最快。S_3 碎片比 S_8 有高得多的扩散速度，它侵入 $KClO_3$ 晶格内，不仅使 $KClO_3$ 晶格松弛，同时又造成 $KClO_3$ 晶体出现更多的其他缺陷。随着反应放热量增大，扩散加剧，$KClO_3$ 的缺陷和活性区不断增加，最终导致 $S - KClO_3$ 在远低于 $KClO_3$ 熔点下发火燃烧或爆炸。

$S - KClO_3$ 反应一方面基于受热晶格松弛，降低了发火温度，增进了反应性；另一方面，动力学因素导致 S 向 $KClO_3$ 晶格内扩散，随扩散速度加快，反应性增大。若将 $KClO_3$ 溶于蒸馏水中，加入 2.8 mol/L 的 $Cu(ClO_3)_2$·$6H_2O$，使 $S-KClO_3$ 晶格掺杂外来粒子 $Cu(ClO_3)_2$，再与 S 混合，结果它在室温下放置 30 min 后即发生了强烈爆炸。这表明，外来原子或离子掺杂使 S 向 $KClO_3$ 晶格内扩散的速率迅猛提高，反应急剧加快。显然，外来粒子掺杂增加了扩散速率，此时扩散在 $S-KClO_3$ 固相反应中起主导作用。

扩散在固相反应中的主导作用与晶体的缺陷关系很大。在完美晶体中扩散是不可能发生的，只有晶体具有缺陷，如裂缝、位错、空穴、间隙，原子或离子等扩散才有可能发生。缺陷的类型和数量决定着扩散的快慢，从而支配着反应性。新碾细的 $KClO_3$ 与 S 混合易发生安全事故，研究表明，该混合物的预反应（PIR）速率斜率曲线较陡，发火温度较低。这是由于碾细了的 $KClO_3$ 晶格缺陷增多而有利于 S 向 $KClO_3$ 晶格内扩散，使反应性提高了。

烟火药选用的氧化剂通常是离子型固体，离子的"晶格松弛"对反应性极为关键。室温下由固体与固体粉末混合的烟火药一般是不会发生反应的，原因是离子型固体氧化剂晶格在室温下只发生轻微的振动，因而不是那么"松弛"。但受热后晶格振动振幅加大，晶格松弛，晶格扩散加快，随温度升高，振幅进一步加大，特别是达到熔点温度时，保持固体能力减弱而呈液态，此时氧化剂放出游离氧，高速高温的发火燃烧即呈现。

通常可用塔姆曼（Tammann）温度来粗略地度量"晶格松弛"的程度。塔姆曼温度是固体能够以极大速率进行固-固反应的最小温度，邻近塔姆曼温度时，晶体中出现相变的活性提高，反应性增强。对于晶格扩散（内部迁移），塔姆曼温度为 $0.5T_{熔点}$ 有效；对于离子表面迁移，塔姆曼温度为 $0.3T_{熔点}$ 有效。例如 NaI 的 $T_{熔点}=924$ K，则其表面迁移在 $0.3×924$ K $=277$ K（4 ℃）时才有意义，而晶体扩散则在 $0.5×924$ K $=462$ K（189 ℃）时才有意义。依据塔姆曼温度，固体振动自由度大约为熔点下振动自由度的 70%，如果这是使扩散成为可能的近似温度，那么也即是氧化剂与可燃剂之间发生反应的温度。在这样低的温度下反应即发生，势必会导致意外发火的安全事故出现。常用氧化剂的塔姆曼温度见表 3.7。

表 3.7　常用氧化剂的塔姆曼温度

氧化剂	化学式	熔点/℃	熔点/K	塔姆曼温度/℃
硝酸钠	$NaNO_3$	307	580	17
硝酸钾	KNO_3	334	607	31
氯酸钾	$KClO_3$	356	629	42

续表

氧化剂	化学式	熔点/℃	熔点/K	塔姆曼温度/℃
硝酸锶	$Sr(NO_3)_2$	570	846	149
硝酸钡	$Ba(NO_3)_2$	592	865	160
高氯酸钾	$KClO_4$	610	883	168
铬酸铅	$PbCrO_4$	844	1 117	286
氧化铁	Fe_2O_3	1 565	1 838	646

$KClO_3$ 的塔姆曼温度为 42 ℃，特别是与硫黄、糖、树脂、淀粉等低熔点"引火物"，以及可流动液体可燃剂在一起时，由于它们易进入 $KClO_3$ 晶格内，有着较高的反应性。鉴于 $KClO_3$ 自身分解反应为放热反应，加上 $KClO_3$ 与可燃剂反应放热，又因为 $KClO_3$ 具有低塔姆曼温度，所以含 $KClO_3$ 的烟火药一旦反应发生，则呈阿仑尼乌斯加速反应现象，乃至爆炸产生。

$S-KClO_3$ 固相反应理论的突破，为解决含 $KClO_3$ 烟火药的安全性和其他烟火药的反应性提供了技术途径。将新碾细的 $KClO_3$ 在 46～49 ℃下在干燥室内陈化 2～3 周（具有"退火"作用）后，再配制混合物则很安全。将 $KClO_3$ 先与 $NaHCO_3$ 或 $MgCO_3$ 预混后，再与可燃剂混合也很安全。对于那些敏感的药剂，采用表面包覆、遮盖裂缝、抑制气体吸收层等措施均可提高其安全性。相反，为了提高某些药剂的反应性，采取一切有利于"晶格松弛"的技术措施，如晶格变形、机械破碎增加晶格缺陷、掺杂等，均可提高反应性。

与气相或液相反应相比，固相反应的机理要复杂得多。很多学者研究了照明剂、曳光剂燃烧机理，研究成果表明，烟火药固相反应同一般固相反应进行的步骤一样，即第一步是吸着现象（包括吸附和解析）；第二步是在界面上或均相区内进行原子反应；第三步是反应在固体界面上或内部形成新物相的核，即成核反应；第四步反应通过界面和相区输运，包括扩散和迁移。以含 Mg 照明剂和曳光剂燃烧为例，在经历 PIR 反应、氧化剂晶格松弛直至熔融释氧后，Mg 金属表面即吸着氧，随后在吸附氧的界面上发生氧化反应，接着在界面上生成 MgO 的核，并逐步形成 MgO 膜。然后 Mg 与 MgO 以及 MgO 与 O 进行界面反应，通过 MgO 膜的扩散和输运作用，反应才继续往下进行。在各步骤中，总有某一步反应进行较慢，整个反应过程的速度取决于其中最慢的一步。

随着 $S-KClO_3$ 一类的烟火药固相反应理论研究的深入，烟火反应界面化学物理、烟火光谱学、气溶胶烟幕理论及烟火药反应的统计物理学等前沿课题的研究也在展开，不久的将来，一个能预测烟火药反应微观信息的时代必将到来。

无论是理论研究还是应用研究，都需要获取烟火药固相反应的微观信息。因此，借助现代分析技术、测试技术和计算机技术，在深入广泛地开展烟火药关键技术研究的同时，建立起系统的理论模型，给出能预测结果的数值模拟软件，是烟火药固相反应技术发展的必然趋势。

3.4　烟火药的燃烧性质

燃烧是烟火药化学反应的基本形式。烟火药剂是一种特殊的含能材料。烟火药剂在多数情况下为混合药剂，主要由氧化剂、可燃剂和黏结剂组成。按其产生的光、声、烟、热、气动、延期等烟火效应来分类，也可根据烟火药剂在燃烧过程的特点来分类。它可以分成火焰剂、高热剂、发烟剂和借空气中氧燃烧的物质及混合物等。利用烟火药剂的烟火效应可制造出各种军用的或民用的烟火制品和烟火器材。

烟火药剂的燃烧反应发生在直接靠近火焰面的一层极薄的药剂内。燃烧时需经过蒸发、升华、热分解、预混合和扩散等中间阶段才能转变成燃烧的最终产物。燃烧过程是传质、传热等物理过程及化学反应过程。燃烧在凝聚相中开始，在气相中结束。

烟火药剂是多组分的机械混合物，是一种非均匀体系，它的燃烧不同于可燃物或炸药，它有自己的特征。通常烟火药剂的燃烧无须外界供氧，属自供氧体系（负氧平衡的药剂利用部分空气中的氧气）；在燃烧反应的所有区域内热量保持平衡，凝聚相中反应的进行由气相反应中放出的热量实现，因此烟火药剂的燃烧能够自持续。此外，烟火药剂燃烧时能产生热、光、烟、声响等特种效应。在一定条件下，烟火药剂的燃烧也会转为爆轰，一般希望烟火药剂的爆炸性能极小或完全不具备爆炸性能。

烟火药剂的燃烧过程可分成下列三个阶段：点火、引燃和燃烧。

点火阶段：在外界能源作用下，烟火药剂表面的一部分温度升高到某一极限温度以上，发生激烈化学反应即着火，这一过程称为点火。一般烟火药剂是用热冲击能来点火。热冲击能仅作用在烟火药剂表面的一个小区域内。

引燃阶段：点火后，火焰传播到药剂的全部表面。

燃烧阶段：火焰传播到药剂的内部，燃烧向药剂纵横推进。从燃烧过程的物理化学本质来看，引燃与燃烧并无区别，只是在空气中烟火药剂的引燃速度大于燃烧速度，因此，引燃只是烟火药剂燃烧的一种特殊情况。从燃烧机理来看，可以把烟火药剂的燃烧过程分为点火和燃烧两个阶段。

烟火药剂点燃后，火焰自动传播下去，燃烧是有规律地逐层进行的。在外界条件一定时，燃烧速度不随时间变化的燃烧过程称为稳定燃烧；反之，称为不稳定燃烧。

表征烟火药燃烧的主要示性数有燃烧速度、燃烧热效应、燃烧温度、燃烧产物的气－固相含量等，现将烟火药的燃烧速度及其影响因素介绍如下。

3.4.1 燃烧速度

烟火药的燃烧速度是烟火药燃烧的一个重要示性数。烟火药的燃烧速度有线燃烧速度和质量燃烧速度两种表示法。

（1）线燃烧速度 v 是根据一定长度的药柱 L 在 t s 内燃烧完毕所计算出来的一种平均计算值，通常用 $v = L/t$ 表示，单位 mm/s。

（2）质量燃烧速度 v_m 是根据 m g 药剂以 A 燃烧面燃烧，在 t s 内燃烧完而计算出来的计算值，通常用下式表示，单位 $g/(cm^2 \cdot s)$。

$$v_m = \frac{m}{At}$$

线燃烧速度和质量燃烧速度的关系如下：

$$v_m = 0.1v\rho$$

式中，ρ——药剂的密度，g/cm^3。

烟火药燃烧速度稳定性与密度有关。对于压制的烟火药来说，只有当药剂压得相当紧密时才能稳定地燃烧。压紧程度可以用压紧系数 k 表示，k 是药剂实际达到的密度 ρ_i 与药剂极限密度 $\rho_{极限}$ 的比值，$k = \rho_i / \rho_{极限}$。而极限密度由药剂中所含成分的密度计算得出：

$$\rho_{极限} = \frac{100}{n_1/\rho_1 + n_2/\rho_2 + \cdots + n_i/\rho_i}$$

式中，ρ_1、ρ_2、$\cdots$、ρ_i——药剂中各成分密度，g/cm^3；

n_1、n_2、$\cdots$、n_i——药剂中各成分含量，%。

对于大多数压紧药剂而言，其压紧系数一般在 $0.7 \sim 0.9$ 的范围。对于松散的粉状药剂，其密度通常为 $(40\% \sim 60\%)\rho_{极限}$。常用烟火药的燃速见表 3.8。

表 3.8　常用烟火药的燃速

药剂名称	燃速 $v/(mm \cdot s^{-1})$	备注
照明剂	$1 \sim 10$	
曳光剂	$2 \sim 10$	
发光信号剂	$1 \sim 3$	在大气中燃烧，$k \geq 0.85$
铁铝高热剂	$1 \sim 3$	
发烟剂	$0.5 \sim 2$	

3.4.2　影响烟火药燃烧速度的因素

烟火药的燃烧速度既取决于药剂的配方，也取决于药剂的燃烧条件。影响烟火药燃烧速度的主要因素有以下几个方面：

（1）在一定范围内，在同类混合物中，随着金属可燃剂的增多，燃烧速度将加快。

（2）在其他条件相同时，碱金属硝酸盐为氧化剂的烟火药如钠盐、钾盐等比碱土金属硝酸盐为氧化剂的烟火药燃速快。

（3）含有机可燃物（易熔的或易挥发的）的烟火药，较不含有机可燃物的同类烟火药的燃速小。

（4）组成烟火药的成分颗粒度越小，燃速越大，混合越均匀，燃烧越迅速。如黑火药便是烟火效应依赖于均匀度和混合度的一个很好的例子。将 KNO_3、木炭、硫黄按照 75 : 15 : 10 的比例简单地混合几分钟，则很难点燃；而工业黑火药则很容易点燃，原因是为使粒度均匀，工业用黑火药通常在高压下碾磨几个小时。

（5）烟火药装填密度越大，燃速越小（纯粹的固 – 固相反应例外）。

（6）烟火药制品直径在 10 ~ 90 mm 范围内，燃速基本不变，大于 90 mm 时，其燃速将会变快。

（7）压装在金属壳体内的烟火药比压装在绝热外壳内的烟火药的燃速要快。

（8）烟火药的燃速和压力关系为：

$$v = bp^{\alpha}$$

式中，b——系数；

　　　α——压力指数（一般都小于 1）。

在其他条件相同时，气体量越大，燃速越快（对无气体烟火药来说，$\alpha \approx 0$，燃速与压力无关）。

（9）附加物的加入能使燃速或者加快，或者减慢。

（10）烟火药初温上升，其燃速加快。

试验证明，火焰温度最高的药剂，同时也是燃烧速度最快的药剂。这在理论上可以用化学反应速度定律来解释：

$$v = B \cdot e^{-E/(RT)}$$

式中，B——比例系数；

　　　E——活化能，kJ/mol。

但是，依据上述公式，即使知道了反应过程中的最高温度和活化能，也不能预计出燃烧速度，因为"所有的燃烧现象是和在非等温条件下进行的化学反应速度相联系"。

3.4.3 温度系数

烟火药的温度系数定义为：在 100 ℃ 时烟火药的燃烧速度与在 0 ℃ 时的燃烧速度的比值。烟火药的温度系数比炸药或无烟火药的均小得多。所有研究出的药剂的温度系数一般不超过 1.3。黑火药的温度系数为：

$$\frac{v_{100\ ℃}}{v_{0\ ℃}} = 1.15 \pm 0.04$$

3.5 烟火药的爆炸性质

烟火药的主要作用形式是燃烧，使用烟火药的目的主要是利用其燃烧时产生的烟、光、声、色、热、气动等特种烟火效应，而不是像炸药那样用来做功。因此希望烟火药的爆炸性能极小或完全不具备爆炸性能。但是，有些烟火药在密闭条件下或在初始冲能作用很大的条件下燃烧时，燃烧反应也可能转为爆炸，这是人们不希望发生的。

烟火药的意外爆炸危及生命财产的安全。了解它的爆炸性质可以控制引起爆炸的条件，从而防止事故发生，确保安全生产与使用。

3.5.1 烟火药爆炸的必要条件

一般来说，烟火药在燃烧反应中有气体生成物才能具备爆炸的可能。例如，工业上普通颗粒组成的铁铝高热剂在燃烧反应中几乎无气体生成物，所以一般不具备爆炸性能。只有在燃烧时能产生气体的烟火药剂才具有一定爆炸性能。

高放热的化学反应才有导致爆炸的可能。这是因为高放热时反应温度高。烟火药反应温度不低于 500～600 ℃ 时才能产生爆炸分解反应。例如含有 40%～50% 氯化铵的烟幕剂燃烧温度较低，一般来说不具备爆炸性。但烟火药剂中如果含有氯酸钾、氯酸钡等，它们都不需要从外部吸热就能分解，并在分解时产生大量热，由它们组成的烟火药的爆炸性是显而易见的。通常将氯酸钾一类的能自动分解，并在分解时放热的化合物称为爆炸导体。

烟火药的均质性是烟火药爆炸产生和传播的必要条件。正如许多炸药理论中所指出的，固体的爆炸混合物如果本身不含爆炸导体，则猛度通常较小，极难引起爆炸。

烟火药由于是多种固体的混合物，均质性很差，它们仅当内部具有爆炸导体时才具有强烈的爆炸性能。

综上所述，烟火药爆炸必要的条件是：

（1）燃烧反应产生大量的气体，且气体含量在 $0.1\ m^3/kg$ 以上；

（2）燃烧反应放出大量热，燃烧温度不低于 $500 \sim 600\ ℃$；

（3）均质性好，且内部具有爆炸导体。

3.5.2　烟火药的爆炸性质

（1）含氯酸盐类。由于有爆炸导体的存在，它的爆炸反应易于激发，且能稳定传播，也易接受爆轰波而发生爆炸分解反应，所以使用 $KClO_3$ 制造的烟火药不安全。$KClO_3$ 的差热分析图如图 3.2 所示。

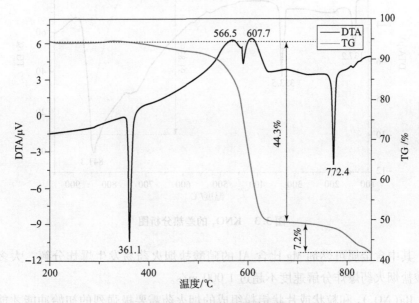

图 3.2　$KClO_3$ 的差热分析图

高氯酸盐比氯酸盐安全得多，因为高氯酸盐分解时要吸热：

$$KClO_4 = KCl + 2O_2 - 2.84\ kJ/mol$$

所以，在高氯酸盐的烟火药中，爆炸分解和传播要比在氯酸盐烟火药中困难得多。但是高氯酸钾的含氧量比相应的氯酸钾高，分解时产生的残渣较少，而生成的气体量较多，一旦引爆，$KClO_4$ 药剂比 $KClO_3$ 药剂威力要大。$KClO_4$ 比 $KClO_3$ 安全就在于它难以爆轰。根据试验，83% 的黑火药、12% 的高氯酸钾和 5% 的铝粉的混合物具有猛炸药的爆炸威力。

氯酸盐和 Mg、Al 金属粉的混合物在爆炸时能产生高温，但气体量少，因此该混合物的爆炸力又比氯酸盐和有机化合物的混合物要小。

$$KClO_3 + 3Mg = 3MgO + KCl$$

（2）含硝酸盐类。硝酸盐分解时需从外部吸收大量的热，其分解反应如下：

$$2KNO_3 = K_2O + N_2 + 2.5O_2 - 631 \text{ kJ/mol}$$

因此仅用硝酸盐作氧化剂的烟火药发生爆炸分解较困难（含硝酸铵的药剂除外）。KNO_3 的差热分析图如图 3.3 所示。

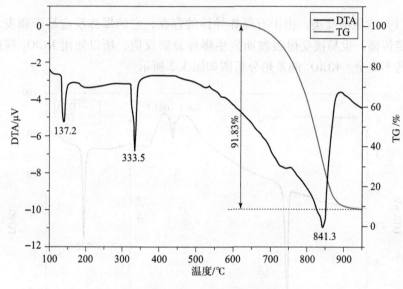

图 3.3　KNO_3 的差热分析图

　　其中含金属可燃剂 Mg 比含 Al 的硝酸盐烟火药易发生爆炸分解。大多数硝酸盐烟火药爆炸分解速度不超过 1 000 m/s。

　　$Ba(NO_3)_2$ 和粒状或片状铝粉组成的烟火药需要极强烈的初始冲能才能使其发生爆炸分解。几种常用烟火药的爆炸示性数见表 3.9。

表 3.9　几种烟火药的爆炸性能

成分配比/%		威力（10 g 药的铅铸扩张量）/cm³	爆速试验	
氧化剂	可燃物		密度/(g·cm⁻³)	爆速/(m·s⁻¹)
氯酸钾　75	铝粉　25	160	0.9	1 500（黑火药引爆）
氯酸钾　75	木粉　25	220	0.9	2 600
高氯酸钾　66	铝粉　34	172	1.2	760
硝酸钡　73	铝粉　27	34	1.4	瞎火

3.5.3 烟火药爆炸性能测定

表征烟火药的爆炸性能，通常参照炸药的试验方法，如做功能力试验、猛度试验、爆速试验等。但是其测试结果不一定能够完全反映烟火药的爆炸性能，因为只有烟火药具有稳定爆炸分解传播性能时，试验才有实际意义。然而大多数烟火药很难具备这一条件，只有含氯酸盐（含量不少于60%）或含有炸药的烟火药爆炸分解才容易激发并能稳定传播。大多数烟火药的爆炸性能随密度增高而降低。压制好的烟火药相对安定，最危险的工序是药剂处在未压制状态的那些工序。

一、烟火药做功能力的测定

依据 GB 12436—90 炸药做功能力试验铅铸法，将一定质量、一定密度烟火药置于铅铸孔内，爆炸后以铅铸孔扩大部分的容积来衡量烟火药的做功能力。其试验装置如图 3.4 所示。

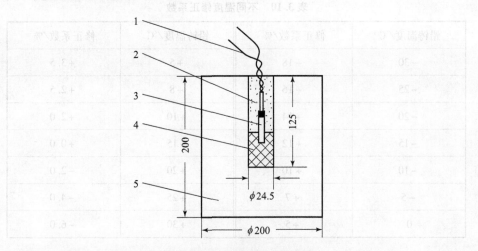

图 3.4 做功能力试验装置
1—雷管线；2—石英砂；3—铜壳电雷管；4—烟火药试样；5—铅铸

1. 试样准备

称取烟火药 10 g，装入纸筒并盖上带孔圆纸板，将纸筒放在内径为 ϕ（24.5±0.1）mm 的专用铜模子中，用冲子中心有 ϕ7.5 mm×12 mm 突出部分的专用铜冲子将烟火药压制成带有中心孔、装药密度计算值为（1.00±0.03）g/cm^3 的药柱。拔出冲子后，在中心孔内插入雷管壳，试验时再换上电雷管。

2. 试验步骤

（1）以水作为介质，用容量瓶或滴定管测量铅铸孔的容积，擦干、备用。

（2）测量铅铸孔温度，然后将装配好的药柱放入铅铸孔内，并小心地用木棒将其送到孔的底部。铅铸孔内剩余的空间用石英砂填满（自由倒入，不准振动或捣固），刮平，起爆。

（3）爆炸后，用毛刷等清除孔内的残留物，用与（1）同样的方法测量铅铸孔的容积。

3. 试验结果的计算和评定

测试烟火药的做功能力按下式计算：

$$X = (V_2 - V_1)(1 + K) - 22$$

式中，X——烟火药做功能力，以铅铸孔扩大值表示，mL；

V_1——爆炸前铅铸孔的容积，mL；

V_2——爆炸后铅铸孔的容积，mL；

K——温度修正系数，见表 3.10；

22——铜壳电雷管在 15 ℃时的做功能力，mL。

表 3.10 不同温度修正系数

铅铸温度/℃	修正系数/%	铅铸温度/℃	修正系数/%
−30	+18	+5	+3.5
−25	+16	+8	+2.5
−20	+14	+10	+2.0
−15	+12	+15	+0.0
−10	+10	+20	−2.0
−5	+7	+25	−4.0
0	+5	+30	−6.0

试验时每种试样平行做两次测定，取其平均值，精确至 1 mL，平行测定误差应不超过 20 mL。如果超过 20 mL，则需再补做一个试验。若其结果同前两个结果的平行误差均没超过 20 mL，则可取相差较小的二者的平均值。若有的结果超过 20 mL，则可取不超差的数值求其平均值。

二、烟火药猛度的测定

依据 GB 12440—90 炸药猛度试验铅柱压缩法，在规定参量（质量、密度和几何尺寸）及一定试验条件下，烟火药爆炸时对铅柱进行压缩，用压缩值来衡量烟火药的猛度。试验装置如图 3.5 所示。

1. 试样准备

（1）粉状试样装药。先将纸筒送入钢套中，纸筒底部与钢套一端齐平，

图 3.5　烟火药猛度试验装置

剪去多余部分。称量试样（20.0±0.1）g，缓慢倒入桶底，轻轻充分振动使药面平整。用游标卡尺从垂直方向测量带孔圆纸板厚度，取算术平均值作为其厚度值（精确到 0.01 mm）。将电点火头的电线穿过带孔圆纸板和压膜中心孔，拉直电线，让电点火头根部顶住带孔圆纸板，然后一同贴放在药面上，保证电点火头相对垂直插入药物。

　　在保证压药安全的前提下，根据试验目的的不同，允许采用满足不同试验目的的密度进行试验。

　　如按试样自然密度进行试验，只需轻轻一压，拧紧定位螺丝，然后退出压药模具。退模时不应将电点火头带出，并避免试样外泄到带孔圆纸板上。记录压模高度，计算药柱高度，用 h_m 表示（精确到 0.1 mm）。

　　如采用大于自然密度的试样密度，应按下述方式对试样施压。压药前，如对药物机械感度或安全试验密度经验值有确切了解，在确认压药操作安全的前提下，可根据压药密度算出药柱高度，确定紧圈位置并拧紧固定螺丝，手动施压。如对药物机械感度缺乏了解，宜采用 5 kg 铜锤施压，具体方法是保持装置在同一轴线上与地面垂直放置，将铜锤放在压药模具圆形平板上，利用铜锤自重自然施压，待稳定后拧紧固定螺丝。两种压药方式都应在防护装置放置好后完成，装置垂直放置于水平、光滑、坚实的地面或木板上，双手前伸并护住装置，保持装置与地面垂直，缓慢施压，直到药柱高度达到试验要求。

　　压药完毕后退模，退模时不应将点火头带出，并避免试样外泄到带孔圆纸板上。记录压模高度，计算药柱高度，用 h_m 表示（精确到 0.1 mm）。

（2）颗粒状烟火药装药。将纸筒送入钢套中，纸筒底部与钢套一端齐平，剪去多余部分。称量试样（20.0±0.1）g，缓慢倒入纸筒中，自然堆集，轻轻振动使药面平整。用游标卡尺从垂直方向测量带孔圆纸板厚度，取算术平均值作为其厚度值（精确到 0.01 mm）。将电点火头线穿过带孔圆纸板中心孔，并将电点火头根部贴紧纸板，然后一同放在药面上，保证电点火头相对垂直于药面并完全插入试样。用深度尺测量纸板到钢套端面距离，计算药柱高度，用 h_m 表示（精确到 0.1 mm）。

2. 试验步骤

（1）测量铅柱高度。

在铅柱一端，经过圆心用铅笔画上十字线，并注明序号。在十字线上距交点 7.5 mm 处再轻轻画上交叉短线，用游标卡尺沿十字线依次测量铅柱高度（精确到 0.02 mm）。测量时，游标卡尺端部应伸到交叉短线处，取 4 个测量值的算术平均值作为试验前铅柱高度，用 h_0 表示（精确到 0.01 mm）。

（2）爆炸试验。

①安放试验装置。钢底座水平放置在坚硬的基础（混凝土厚度不小于 100 mm）上，依次放置铅柱（画线端面朝下）、钢片、钢套（已装药），使系统在同一轴线上（目测），在确认电线另一端起爆器或起爆电池处于断开状态下后，将电点火头线与电线连接，然后进行起爆。

②擦去试验后铅柱上的脏物，用游标卡尺依次测量 4 个高度（精确到 0.02 mm），取算术平均值作为试验后铅柱高度，用 h_1 表示（精确到 0.01 mm）。

3. 试验结果的计算

（1）铅柱压缩值按下式计算：

$$\Delta h = h_0 - h_1$$

式中，Δh——铅柱压缩值，mm；

　　h_0——试验前铅柱高度，mm；

　　h_1——试验后铅柱高度，mm。

（2）每个试样做两个平行试验。对粉状试样，其平行试验的压缩值相差不得大于 2.0 mm；对于颗粒状的试样，其平行试验压缩值相差不得大于 3.0 mm。然后再取平行试验的算术平均值（精确至 0.1 mm），该值即为试样的铅柱压缩值。

（3）若试验不平行，则重新取样，直至试验平行为止。

试验结果以铅柱压缩值报出，报出时应当注明药柱高度 h_m 和试样的状态（粉末状或颗粒状）。

3.6　烟火药的感度测定

烟火药的感度试验通常指机械感度、热感度和静电感度的试验测定。它们是烟火药设计、制造和使用的必要示性数。现将其测定原理、试验步骤和结果评定分别介绍如下。

3.6.1　机械感度测定

机械感度试验包括摩擦感度和撞击感度的试验测定。机械感度测定的作用主要有以下三个方面：

（1）给出被测试样在一定条件下的发火感度值，通过数据处理推断在一定工艺条件下生产的这种药剂的机械感度数据。

（2）对不同品种、不同组分配比药剂机械感度测定结果进行比较，评定它们对机械作用的安全性高低。

（3）为含能材料的新配方研究进行不同配方、不同工艺条件下的样品机械感度数据测定，给研制人员选定方案提供主要参数依据，以保证新配方药剂的安全性。

3.6.1.1　机械感度测定原理及测定方法

烟火药剂及固体炸药都属于含能材料，是活化能较低的不稳定物质。它能在一定机械作用下发生分解、燃烧或爆炸，一般认为是当机械作用于药剂时，药剂颗粒发生震动，颗粒之间发生摩擦，机械能转变为热能，使药剂分子运动加剧，导致晶格破裂或强烈化学反应，当某些局部的热点、热点温度达到爆炸或发火时，产生连锁反应，最后引发整个药剂反应，以燃烧或爆炸形式把大量的能量释放出来。

测定各种固体药剂的机械感度，首先需要提供一定的机械能。为适应各种不同药剂测定感度的需要，要求能量大小是可调的，能量值的大小必须可测、可计算，并且必须保证一定精度。

目前固体含能材料机械感度测定方法，按能量的作用方法主要分为撞击和摩擦两类，世界各国也基本是按此进行分类的。

在理论上，撞击和摩擦的作用是可以明确区分的，而在药剂的实际生产过程中，机械能量对药剂的作用方式很难区分开，往往是撞击和摩擦同时作用，这一点在分析具体问题时必须准确认识。

3.6.1.2　影响药剂机械感度性能的主要因素

不同种类，不同组分的烟火药剂对机械作用的敏感程度是大不相同的。其主要影响因素有以下三个方面。

（1）各种药剂的机械感度性能主要取决于药剂各组分的化学成分、分子结构的稳定性，这就是说内因起决定的作用。

（2）药剂各组分的结晶形状、硬度、粒度、含水量、混合物的混合均匀度对药剂机械感度性能也有很大影响，这些大都是与生产工艺有直接关键的因素。

（3）药剂组合中加入适量摩擦系数不同的可燃物质可能改变其机械感度。如将摩擦系数只有 0.02 左右的聚四氟乙烯粉掺入某些药剂配方中，就可以达到钝化机械感度的作用。

3.6.1.3　摩擦感度仪的类型

（1）常用摩擦感度试验机。最初由联邦德国设计使用，日本在后来引进这一技术。其作用原理：将试样放于陶瓷片与陶瓷柱之间，陶瓷柱对试样有一定的压力作用，当推动陶瓷片与试样一齐滑动后，试样会受到陶瓷柱的摩擦作用。本试验方法的关键技术是陶瓷烧结质量，保证原料粒度均匀性及烧结后硬度的一致性。由于这种材料摩擦系数大，所以试验时只需施加较小的正压力。

（2）摩擦摆。这是国外使用比较早的一种方法。其作用原理：平摆式摆锤可以绕定轴旋转，将锤抬起一个角度（与铅垂线间夹角），将试样放在摩擦板上，释放摆锤后，锤头从试样表面掠过，使试样受到摩擦。摆头材料根据药剂性能更换，有金属的，也有纤维板材料的。这种方法的试验重复性差。钝感药剂很难测出它们的摩擦感度。

（3）摆式摩擦感度仪。这是目前国内广泛使用的摩擦感度测定仪器。第一代产品是 20 世纪 40 年代苏联设计制造的，50 年代中期我国进行了测绘仿制，其后又进行过大的改进，今天普遍使用的是 WM - 1 型摆式摩擦感度测定仪。

WM - 1 型摆式摩擦感度测定仪是用于测定火炸药、烟火药、火工药剂摩擦感度值的专用仪器。该仪器对涉及与摩擦能量参数有关的零件尺寸与苏联 K44Ⅲ型摆式摩擦仪基本保持一致，这是为了使国内现有新旧仪器测定药剂感度值时能互相对比而做的必要保留。但是现在的 WM - 1 型摆式摩擦感度测定仪的可靠性、操作性、维修性及精度已大大提高。WM - 1 型摆式摩擦感度测定仪的结构如图 3.6 所示。

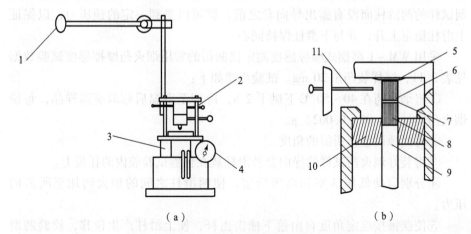

（a）　　　　　　　　　　　　（b）

图 3.6　WM－1 型摆式摩擦感度装置示意图

1—摆锤；2—行程装置；3—油压装置；4—压力表；5—上顶柱；6—上滑柱；

7—炸药试样；8—下滑柱；9—顶杆；10—滑柱套；11—击杆

WM－1 型摆式摩擦感度测定仪主要由油压装置、行程装置和摆锤装置三大部件组成。其中的油压装置是仪器用于手动加压时的正压力动力源。缸体左下侧放油阀关闭时，通过手动压力泵将缸体下部油箱内液压油压入油缸，推动活塞上升，油缸内的油压由安装在缸体右侧的压力表指示，打开放油阀时，油缸内的液压油重新流入油箱。缸体左后侧有一螺塞孔，可以供加液压油使用，当油箱内的液压油不足时，旋开螺塞，即可加油。

行程装置的爆炸室供安放试验装置使用，试验装置由导向套、滑柱、药剂试样组成。当活塞上升时，将能量传递给冲子，推动试验装置上升；当上滑柱与上顶柱接触后，试样开始受到预压，继续加压，试验装置克服上顶柱弹簧的弹性变形，再升一段距离后，导向套受到限位控制而不能再上升，而滑柱推着上顶柱继续上升。上顶柱不能再退时，可加压到所需要的正压力。本体下端大螺环起着限制冲子上升位置量的作用，可以防止因操作失误而造成压损本体内套零件的事故发生。本体上的拉杆组合件供从爆炸室退出导向套用，本体通过前后两只锥销与摆体装置的连接盘紧紧相连，正常情况下，手摇本体不能晃动。摆锤装置与油泵通过四根支柱连接。摆臂回转轴两端装有一对滚动轴承，在装配和润滑良好的条件下，它对运动能量的损耗很小，摆臂回转轴心至摆锤的轴心距离在仪器装配时已保证为 76 cm。摆锤支架与支柱的连接由一螺栓固定，调整摆锤与击杆的同心度时，可将螺栓抬开，调好后再拧紧。有机玻璃防护罩可沿上顶板的下沿回转，在装有药剂的试验装置放入爆炸室推到位后，可将防护罩拉向正面，以防爆炸产物对操作者造成危害。上顶板正中央的预压力装置以一定的弹簧压力将上顶柱推下,在夹有药剂试样的两滑柱面没有露出导向套之前,就可以受到一定的预压力,以保证上滑柱稳定上升,并与下滑柱保持同心。

采用 WM - 1 型摆式摩擦感度测定仪测得的常用烟火药摩擦感度试验数据见表 3.11,试样装药量 20 mg。试验步骤如下:

①将烟火药在 40 ~ 50 ℃下烘干 2 h,冷却至室温后称取所需样品,每份烟火药质量 (0.02 ± 0.002) g。

②将摆锤调整至所需的角度。

③将装好烟火药试样的导向套及滑柱放在仪器试验腔内的托板上。

④分别启动低压活塞和高压活塞,使两滑柱之间的烟火药加至所需的压力。

⑤使摆锤按选定角度自由落下撞击击杆,使上滑柱产生位移,检验两滑柱之间的烟火药是否发火。

试验时,按烟火药是否发出声响及在滑柱工作面上留有的烟痕等现象来评定摩擦发火率。

表 3.11　常用烟火药摩擦感度测试数据

药物类别	编号	药物名称	指标	摩擦感度值 (摆角/压力)/ $[(°) \cdot kg^{-1} \cdot cm^2]$			
				60/12	70/18	80/25	85/32
黑火药类	1	低硫粉状黑火药	含硫量 8% 以下	0	0	0	0
	特1	低硫粉状黑火药	含硫量 8% 以下	0	0	0	20
	3	无硫黑火药		0	0	0	0
	4	红炮黑火药		0	0	0	0
响药类	9	硫化锑响药		50	100	100	100
	11	白火药响药		90	100	100	100
哨音类	14	普通笛音剂药		0	0	0	0
	15	带花笛音剂		0	0	0	20

3.6.1.4　撞击感度测定

烟火药受一定冲击能量作用而发生燃烧或爆炸的能力称为烟火药的撞击感度。烟火药的撞击感度通常采用 WL - 1 型撞击感度仪进行测定。

一、撞击感度仪的原理

使用机械撞击落锤仪来鉴定各种敏感的固体药剂的安定性在国内外已经

有几十年的历史。测试仪器是靠一个自由落下的重锤，从不同的选定高度落到样品上，然后记下每次撞击样品后产生的正（燃或爆）、负（不燃或不爆）反应结果。再用统计分析法处理这些数据，得出相对的冲能值。通常用规定重量落锤的落高表示某种发火概率（如 0%、50%、100%）的对应值，作为被测样品的撞击感度值；也有用规定重量落锤、规定落高下的样品发火率表示样品的撞击感度值的。

针对各种固体药剂，具体使用的撞击感度测定仪器和测定方法可以随药剂的种类不同、实验室的不同而有所不同。因此，在不同仪器及不同试验条件下，测得各种药剂的感度值可能有所不同。如果没有严格的统一标准规定，将使各自测定的数据无法进行比较。尽管如此，在同一仪器、同一实验室条件下取得的各种药剂的测试结果可以进行感度等级的排序工作，并对样品的感度性能进行相对评定。

二、撞击感度仪的种类

测定火炸药撞击感度的仪器一般采用架高 2~3.5 m，落锤质量分别为 2 kg、5 kg、10 kg 三个等级的大型机械落锤仪。

对于烟火药剂撞击感度的测定，由于这类药剂不同品种的敏感度差异较大，目前还没有统一的测定标准，所以各单位根据不同条件和需要，借用火炸药的测定仪及方法或火工品药剂的测定仪器及方法。

国内典型的大型机械落锤仪是用于固体炸药撞击感度测定的标准规格测定仪器 WL-1 型立式落锤仪，该仪器主要能量参数与结构特点同日本、美国、苏联等国测定火炸药机械撞击感度的仪器和试验装置基本一致。WL-1 型立式落锤仪的结构如图 3.7 所示，其主要结构特征是两条导轨和带有齿板的中心导轨垂直于地面并固定在钢结构支架上。钢制落锤在两导轨中间自由落下，锤的质量为 2 kg、5 kg、10 kg。落锤由本体构成，在落锤的下部固定有击头。在落锤的上部装有卡钮，卡钮夹紧在弹簧脱锤器的钢爪中间。脱锤器上装有标尺指针，用于读出落高。在脱锤器钢爪松开时，落锤就由一定高度脱出。当落锤落下后，落锤的击头冲击到用击柱套座安装在钢砧上的撞击装置的端面上。钢砧在导轨下方用地脚螺钉固定在混凝土基础上。

由于承受冲击部件的弹性，在冲击时，落锤弹跳至某一高度。落锤上装有夹具，以防第二次落下，夹具由连有弹簧的杠杆和连有弹簧的卡舌组成，当冲击到钻砧时，卡舌的弹簧受压缩，卡舌松开杠杆。在落锤跳起时，杠杆沿着齿条滑上，而在第二次下落时，杠杆便卡入齿板的齿中，就阻止了落锤的第二次撞击。

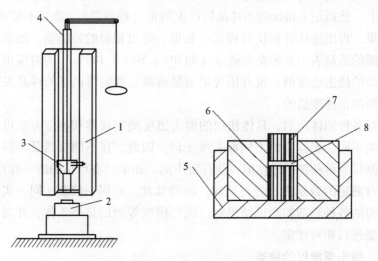

图 3.7 WL-1 型撞击感度装置示意图

1—标尺；2—撞击装置；3—落锤；4—导轨；5—底座；6—导向套；7—击柱；8—试样

撞击装置由底座、击柱套和放入击柱套内的击柱组成。击柱间均匀散布被测试样。

三、撞击感度试验方法

采用 WL-1 型撞击感度仪测定烟火药撞击感度的试验步骤如下：

①准备 25 组击柱套并放入底座内，每组击柱套中烟火药质量为（0.05 ± 0.002）g。

②将落锤调整到（25 ± 0.1）cm 的高度。

③将击柱套放到撞击感度仪的击砧上。

④使落锤沿导轨自由落下，撞击击柱套，检查烟火药受到撞击后是否发生燃烧或爆炸。

按上述步骤做完 25 个试样，在测试中受试烟火药有声响、发火、发烟或烧焦等现象，则认为烟火药发生了爆炸。

烟火药撞击感度通常以锤重 10 kg、落高 25 cm，做 25 次平行试验发生爆炸的百分数表示。试验中的爆炸百分数按下式计算：

$$P = \frac{a}{25} \times 100\%$$

采用 WL-1 型撞击感度测定仪测得的常用烟火药撞击感度试验数据见表 3.12。试验中的落锤质量为 10 kg，试样装药量为 40 mg。

表 3.12 常用烟火药撞击感度测试数据

编号	药物类别	药物名称	指标	撞击感度值（落锤/落高）/ $(kg \cdot mm^{-1})$				
				10/50	10/150	10/250	10/350	10/450
1	黑火药类	低硫粉状黑火药	含硫量8%以下	0	10	90	100	100
		低硫粉状黑火药（特1）	含硫量8%以下	10	50	80	100	100
		无硫黑火药		0	0	30	80	90
		红炮黑火药		0	20	100	100	100
2	响药类	硫化锑响药		0	0	0	0	0
		白火药响药		0	0	70	100	100
3	哨音类	普通笛音剂药		0	0	10	80	90
		带花笛音剂		0	0	10	90	100
4	白闪光类	高合金白闪光药	合金含量35%以下	0	0	0	20	30
		高硫白闪光药	硫含量35%以下	0	70	100	100	100
		白闪光药		0	0	20	40	90
5	红光类	含硫红光药		0	0	70	100	100
		普通红光药		0	10	70	100	100
		高合金红光药	合金含量20%以下	0	0	10	20	70
		无合金红光药		0	60	90	100	100
		氯酸盐红光药		10	60	100	100	100
6	绿光类	含硫绿光药		0	0	70	80	100
		高合金绿光药	合金含量20%以下	0	0	10	40	
		氯酸盐绿光药		0	20	80	100	100
7	黄光类	高合金黄光药	合金含量20%以下	0	0	0	0	10
		无常用氧化剂黄光药	无硝酸盐、氯酸盐和高氯酸盐	0	0	20	50	100
		带光黄光药		0	10	80	90	100

3.6.2 热感度的测定

大多数的烟火药是用点火的方式来激发其作用的，只有极少数的情况下才用爆炸等方式来引发作用。因此，为了选择适当的烟火药剂，以保证烟火药的可靠点火与生产、使用、运输、贮存等安全这对矛盾的统一性，就需要研究烟火药剂对热能敏感的难易程度，将烟火药剂用高温加热或用直接与火焰、火花和高温赤热物体等接触形式的刺激进行表征，即进行烟火药剂的热感度试验。

烟火药的热感度包括火焰感度和加热感度两种。烟火药在均匀加热作用下发火的原理与炸药爆炸相同，即烟火药加热至某一温度时，由于自身化学反应而放热，当放热量大于热损失量时，则产生热积累，促使反应加速，最终导致发火。烟火药在火焰作用下，能使药剂局部温度升高而发火，从而引起周围甚至全部药剂燃烧。

3.6.2.1　火焰感度测定

火焰感度所反映的是在一定面积的试样表面，受到瞬时很高温度和压力的火焰及质点作用后，发生燃烧或爆炸的难易程度。就一般条件下的规律而言，发火点较低的药剂，其火焰感度较敏感。但是发火点主要与药剂的组成成分有关，火焰感度不仅取决于药剂的组成成分，还与药剂的粒度、密度等工艺因素关系密切。目前人们为了获得不同用途的火工烟火药剂，除了选择不同组成，还通过改变药剂的粒度和密度来调整药剂的火焰感度。因此，测定不同组分、不同工艺条件下的药剂火焰感度，用于评价药剂的性能优劣具有重要的实际意义。

一、国内外火焰感度试验概况

1. 国内火焰感度试验。目前国内火焰感度试验的原理基本相同，只是火焰源的形式不同，主要有黑火药柱火焰源、导火索火焰源和黑火药粉火焰源三种。用黑火药柱作火焰源的试验方法有 GJB 770B—2005 火药试验方法604.1 火焰感度黑火药法、GJB 5891.25—2006 火工品药剂试验方法第 25 部分、火焰感度试验和 QB/T 1941.6—1994 烟花爆竹药剂火焰感度测定。用导火索作火焰源的试验方法有 GJB 770B—2005 火药试验方法 604.2 火焰感度导火索法、GJB 5383.6—2005 烟火药感度和安定性试验方法第 6 部分和火焰感度试验导火索法。用黑火药粉作火焰源的试验方法有 GJB 5383.5—2005 烟火药感度和安定性试验方法第 5 部分和火焰感度试验导向管法（黑火药粉作火焰源）。

2. 国外火焰感度试验（耐热感度试验）。在第八届国际应用化学会议上制定的国际火焰感度试验有导火索试验、赤热铁锅试验和赤热铁棒试验三项。前两项试验用于测试发火性能，后一项用于测试试样的耐热性能。联邦德国联邦材料试验所除了使用上述试验外，还增加了铈铁火花试验和小气体火焰试验。

导火索试验：取粉状炸药试样 3 g 置于直径 2 cm 的短玻璃试管中，试样在管中呈水平状，在试样表面插入一条长 5 cm 的缓燃导火索（燃速 1 cm/s）。试样如果发火，则为易燃炸药；如果不发火，则进行赤热铁锅试验。

联邦德国联邦材料试验所的导火索试验方法：用夹子夹住一段 5 cm 长的导火索，导火索端头离试样约 5 cm，试验 5 次，观察试样是否发火。

赤热铁锅试验：将直径 12 cm、壁厚 1 mm 的半球形铁锅加热至赤热状态（700~900 ℃），投入 0.5 g 以下的试样。如未发生爆炸，逐步增加试样（一般每次递增量为 0.5 g）连续试验，直至达到 5 g。用 5 g 试样重复试验 3 次。观察试验燃烧的形式，并记录投入试样到火焰熄灭的时间。联邦德国联邦材料试验所规定，最初投入少量试样，如不发火，再投入 5 mL 粉状试样，记录是否发火、延迟发火及燃烧持续时间、燃烧经过和有无残渣等。最后做 3 次试验，记录从发火到火焰消失的最短燃烧时间。

赤热铁棒试验：将约 100 g 试样放在石棉板上，用一个加热至赤热状态（约 900 ℃）的铁棒（直径 15 mm、长 120 mm）插在试样中，观察试样是否发火和爆炸、取掉铁棒后是否继续燃烧。联邦德国联邦材料试验所采用直径 5 mm，加热至约 800 ℃ 的钢棒进行试验，和试样接触时间最长 10 s。试验结果分为不发火、发火后又熄灭、立即发火并燃尽、燃烧发出明亮火焰、发烟燃烧、爆燃、爆轰、无火焰发烟等。

小气体火焰试验：用本生灯喷出的煤气火焰或丙烷气火焰（火焰长 20 mm、宽 5 mm）的前端接触试样，接触时间不超过 10 s，观察是否发火。

火焰摆试验：对易发火试样采用火焰摆试验方法，即将试样以一定摆角（最大 45°）摆下后，通过一个固定的火焰。测出两次试验中 3 次发火（试样一次通过）的角度。也可通过多次试验测出试样发火时所需穿过火焰次数的平均数。

以上火焰感度试验都是在开放条件下进行的，因为炸药类物质点火和燃烧性受压力的影响很大，所以，如果在密闭条件下，试验将会得到明显不同的结果。

二、火焰感度测定原理

在烟火药剂的实际使用过程中，火焰作用的传火过程是比较直观的。例如烟花的传火可以简单地表示为：

点火源—传火线—松装炮药

烟火药火焰感度的测定，其基本原理可以说是对以上传火序列的模拟。

截至目前，几十年来火工品及其药剂的试验感度测定都遵循这样的试验原理。但在试验工艺因素方面，通过不断研究、改进，已有了很大的发展。

点火源曾经使用过火柴、香头等，由于它们不能提供均匀一致的高温条件，影响后一级传火效果，后来被电热丝取代。

火焰感度试验的火焰源，相当于烟花传火序列中的传火线。过去使用的传火线有导火索、黑火药点火管、黑火药柱等。现在已经被通用的标准黑火药柱代替。

被试烟火剂样品一般是装入一个金属试样盂中。对于火工品药剂试样，规定要在一定的压力下压紧。对于火药和烟火剂，由于实际使用对药剂的造粒和成型要求差别较大，不可能像火工品药剂那样制备试样，而需要根据不同情况另加规定。根据以上介绍就可知道目前火焰感度测定的传火序列为：

点火件（电热丝）—火焰源（标准黑火药柱）—被试样品

火焰感度试验原理：用定量黑火药燃烧的火焰作为热冲能，该能量可以使烟火药发火或瞎火的距离则为被测药剂火焰感度的上限和下限。使烟火药96%～100%发火时，点火药面至被试烟火药表面间的最大距离称为感度上限，它表征烟火药的发火能力；使烟火药96%～100%瞎火时，点火药面至被试烟火药表面间的最小距离称为感度下限，它表征烟火药在制造和使用过程中的安全性能。

火焰感度通过火焰感度测定仪进行测试，其装置如图3.8所示。试验步骤如下：

①称取0.1 g军用小粒黑火药（2号），放入上引燃装置中。

②将被试烟火药放入下引燃装置中。

③用适当长度的导管将上、下引燃装置连接在一起，导管应卡牢。

④用发火机构点燃黑火药，观察烟火药能否被点燃。

在预计高度上，按上述方法做6次试验，若其中有两次以上瞎火，应缩短上、下引燃装置间距离，更换较短的导管；若6次试验中全部发火，则增大上、下引燃装置间距离，更换较长的导管，每次调整的距离以20 mm为宜，在6次试验全部发火时对应的最大长

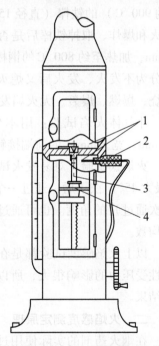

图3.8　火焰感度测试装置

1—引燃装置；2—发火机构；

3—导管；4—下引燃装置

度条件下，再继续做 19 次。在总数为 25 次的试验中，全部发火或瞎火的次数不高于 1 次时，可以认为该距离是烟火药的感度上限值，感度下限值的测定方法同上，测出 96% ～100% 瞎火时的最小距离。

3.6.2.2　加热感度测定

烟火药的加热感度用发火点来表示，发火点是烟火药自加热起在 5 min 内发火的最低温度。烟火药的发火点通常在伍德合金浴中进行测定，其装置如图 3.9 所示。测定试验步骤如下：

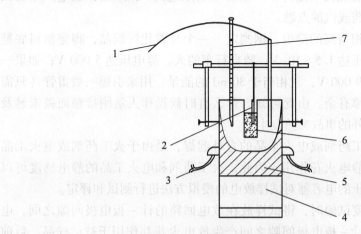

图 3.9　烟火药发火点测定装置
1—接热电偶；2—试样管；3—接变压器；4—铜块；
5—加热单元；6—伍德合金浴；7—温度计

①将电炉升温至预定温度。

②称取 0.5 g 烟火药放入装药小皿中，装药的小皿用小皿夹持器吊挂在电炉内。

③记录感应时间。

在每一选定温度下做 10 次试验，求出平均感应时间，直至得出 5 min 发火的最低温度即为烟火药的发火点。

3.6.2.3　静电感度测定

烟火药在生产、处理和运送过程中的很多偶然爆炸事故是由静电放电造成的。自 1942 年这种静电危害问题被认识以来，各国对此做了大量研究，研究内容主要包括两个方面：一是静电危害源的模拟和消除；二是定性或定量测量炸药和起爆药由静电火花（或电弧）起爆的难易程度，即静电感度。现在，静电感度已经成为起爆药最重要的性能参数之一，它提供了火炸药在生产、处理过程中有关危险性的重要量度。目前一般以试验测定的静电激发火炸药爆轰或爆燃所需的阈值能量（最小能量）来表示起爆药的静电感度。

通常将烟火药在静电火花作用下引起燃烧或爆炸的难易程度称为烟火药的静电感度。

在混制和压制烟火药的过程中，由于烟火药颗粒间或药粒与设备间的摩擦均会产生静电，随着药量的增大和摩擦次数的增多，静电积累增多。当带电药剂与其他接地物体或电位差很大的带电体接近时，由于放电产生火花，往往药剂会发火燃烧乃至爆炸。一般静电电压达到300 V时，放电产生的火花就能够把烟火药或汽油点燃。

人体可以带相当高的静电，据测定，一个身着化纤织品，脚穿塑料底鞋运动的人，静电压达1.5×10^5 V；骑自行车的人，静电压达5 000 V；如果一个人身带静电压9 000 V，就相当于30 mJ的能量，用来引爆一般雷管（只需2～10 mJ）是绰绰有余。由此可知为什么有时候操作人员刚接触而尚未触及某危险品时，意外的事故突然发生了。

静电引起火工药剂或电火工品的意外起爆，是由于火工药剂或电火工品受到一定能量的静电火花作用。因此，火工药剂和电火工品的静电感度可以用充电至一定电压的电容器对试样放电的模拟方法进行测试和评定。

药剂静电感度试验时，将试样放在放电回路的针－板电极间隙之间，电容放电时，将在针－板电极间隙之间产生放电火花并作用于被试样品。目前烟火药的静电感度主要用JGY－50型静电感度仪测定，其原理如图3.10所示。将交流电变为直流电充入电容器内，根据不同条件使电容器两极间放电，烟火药置于两放电电极之间，观察是否因放电引起燃烧或爆炸，测定结果以引起烟火药燃烧或爆炸的最小能量 E 表示：

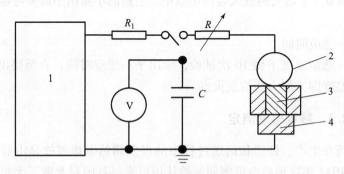

图3.10 静电感度测定原理图

1—直流高压电源；2—极针；3—试样；4—击柱

$$E = \frac{CU^2}{2}$$

式中，E——放电能量，J；

　　C——电容器电容，F；

　　U——电压，V。

思考题：

1. 影响烟火药吸湿性大小的因素有哪些？可以采取什么措施予以控制？

2. 为何含有 $KClO_3$ 的烟火药药剂比较敏感？

3. 在其他条件都相同的前提下，为什么以 $Ba(NO_3)_2$ 为氧化剂的烟火药在长贮过程中发生化学变化的烟火药的量最少？

第4章
烟火药的配方设计及计算

选定烟火药的成分之后，必须确定每种成分在药剂中的质量比例。所采用的方法是理论计算和试验相结合。理论计算的原则是药剂中的可燃剂借氧化剂中的氧全部或部分燃烧。下面介绍计算配方组成的简便方法。

假设：

①药剂中氧化剂提供的氧气完全与可燃剂发生反应；

②不考虑空气中的氧气参加反应。

4.1 烟火药的氧平衡及其计算

烟火药自身含氧量与它所含可燃剂完全氧化所需氧量之差被定义为烟火药的氧平衡。当差值为正值时，称为正氧平衡；当差值为负值时，称为负氧平衡；当差值为零时，称为零氧平衡。氧平衡的表示符号为 OB（Oxygen Balance），单位：克氧/克药剂。

烟火药组成元素远比含 C、H、O、N 的炸药要复杂得多，因此不可简单套用炸药的氧平衡计算式进行计算，而要采用简便化学方程式进行分析后计算。例如，计算硝酸锶的氧平衡时，已知 $Sr(NO_3)_2$ 的分解方程式为：

$$Sr(NO_3)_2 = SrO + N_2 + 2.5O_2$$

即 1 mol $Sr(NO_3)_2$ 分解时，除所含 N 元素生成 N_2，以及 Sr 原子与 O 原子结合生成 SrO 外，尚有富余氧，其 OB 值应为：

$$OB = \frac{2.5 \times 2 \times 16}{212} = 0.377$$

其中，212 为 $Sr(NO_3)_2$ 的摩尔质量。

常用烟火药原材料的氧平衡值见表 4.1。

表 4.1　常用烟火药原材料的氧平衡值

名称	分子式	氧平衡值
硝化纤维素（11.96%N）	$C_{24}H_{31}N_9O_{38}$	-0.387
硝化纤维素（13.74%N）	$C_{24}H_{29}N_{11}O_{42}$	-0.286
硝酸钾	KNO_3	+0.396
氯酸钾	$KClO_3$	+0.392
高氯酸钾	$KClO_4$	+0.462
硝酸锶	$Sr(NO_3)_2$	+0.377
氧化铜	CuO	+0.13
二氧化锰	MnO_2	+0.18（分解为 MnO） +0.37（分解为 Mn）
四氧化三铁	Fe_3O_4	+0.28
硝酸钡	$Ba(NO_3)_2$	+0.30
铝	Al	-0.89
镁铝合金	Mg_4Al_3	-0.59
硫化锑	Sb_2S_3	-0.42
碳	C	-1.33（生成 CO） -2.667（生成 CO_2）
硫	S	-1.00
钛	Ti	-0.67
石蜡	$C_{18}H_{38}$	-3.46
萘	$C_{10}H_8$	-3.00
松香	$C_{20}H_{30}O_2$	-2.81

混合药剂氧平衡的计算比单体药剂氧平衡的计算要复杂得多。方法之一是将组成混合药剂的各个组分氧平衡计算出来，然后将各组分在混合药剂中占的质量分数乘以该组分的氧平衡，再将各乘积的代数值相加，即为该混合药剂的氧平衡值。例如计算标准黑火药（配方为：$KNO_3$75%、C 15%、S 10%）的氧平衡值，已知 KNO_3 的 OB = +0.396，C 的 OB = -2.667（生成 CO_2），S 的 OB = -1.00，则标准黑火药的 OB = 0.396 × 75% + (-2.667 × 15%) + (-1.00 × 10%) = -0.203 克氧/克药剂。

4.2 烟火药燃烧反应方程式的建立

烟火药配方计算基于燃烧反应方程式，而燃烧方程式建立的原则主要有以下几个方面：

（1）烟火药燃烧时产生的微量产物忽略不计。

（2）烟火药中的氮（N）全部生成氮气（N_2）。

（3）烟火药中的氧首先将可燃的金属元素氧化成金属氧化物，如 $Mg \rightarrow MgO$，$Al \rightarrow Al_2O_3$。

（4）当氯和氟的化合物为氧化剂时：

$$Mg \rightarrow MgCl_2(MgF_2)$$

$$Al \rightarrow AlCl_3(AlF_3)$$

$$H \rightarrow HCl(HF)$$

$$Cl(F) \rightarrow Cl_2(F_2)$$

（5）烟火药中的氧将 $H \rightarrow H_2O$（氧不足，则 $H \rightarrow H_2$）。

（6）剩余的氧将 $C \rightarrow CO$，若还有剩余，则将 $CO \rightarrow CO_2$，多余的 O 则成游离氧（氧不足时，碳生成游离 C 析出）。

（7）烟火药中的聚合物在计算时采用单体，即不计 n。

例 4.1 建立二元混合物 $Ba(NO_3)_2$ 和 Mg 的燃烧反应方程式。

解：因为 $Ba(NO_3)_2 \rightarrow BaO + N_2 + 2.5O_2$，放出的 $2.5O_2$ 应首先将金属 Mg 氧化，即

$$5Mg + 2.5O_2 \rightarrow 5MgO$$

所以反应方程式为：

$$Ba(NO_3)_2 + 5Mg \rightarrow BaO + 5MgO + N_2 \tag{4.1}$$

需要指出的是，这里建立的 $Ba(NO_3)_2$ 和 Mg 的反应方程式只能是一个近似的方程式，因为 Mg 有可能与 N_2 反应生成 Mg_3N_2，反应方程式如下：

$$Ba(NO_3)_2 + 8Mg \rightarrow BaO + 5MgO + Mg_3N_2 \tag{4.2}$$

但是，根据化学反应最大放热原则，放热量大的比放热量小的反应更为可能。MgO 比 Mg_3N_2 放热量大，所以 Mg_3N_2 的生成是很困难的。因此，方程式（4.1）比方程式（4.2）更可能发生。

例 4.2 建立 $KClO_3$ 和酚醛树脂混合物的燃烧反应方程式。

解：按照方程式建立的原则，聚合物采用单体，故酚醛树脂分子式简化为 $C_{13}H_{12}O_2$。假定配方不是负氧平衡，则可燃物 $C_{13}H_{12}O_2$ 中的 $H \rightarrow H_2O$，$C \rightarrow CO_2$。则反应方程式如下：

$$12KClO_3 + C_{13}H_{12}O_2 = 6K_2O + 6Cl_2 + 6H_2O + 13CO_2 \qquad (4.3)$$

假定配方为负氧平衡，则 $C_{13}H_{12}O_2$ 中的 $H \rightarrow H_2O$，$C \rightarrow CO$（氧不足，则生成游离态的碳）。则反应方程式为：

$$34KClO_3 + 5C_{13}H_{12}O_2 = 17K_2O + 17Cl_2 + 30H_2O + 65CO \qquad (4.4)$$

例 4.3 建立照明剂 $Ba(NO_3)_2$ 75.3%、Mg 20.7%、酚醛树脂 4% 的燃烧反应方程式。

解： 综合例 4.1、例 4.2，并考虑到氧平衡为零氧平衡，则该照明剂反应产物为 BaO、MgO、N_2、H_2O、CO_2。反应方程式的平衡系数为：

$Ba(NO_3)_2$：$75.3/261 = 0.288$（mol）；

Mg：$20.7/24.3 = 0.852$（mol）；

$C_{13}H_{12}O_2$：$4/200 = 0.020$（mol）。

以 $C_{13}H_{12}O_2$ 为 1 mol 作为单位来归整，则：

$Ba(NO_3)_2$ 的物质的量为：$0.288/0.020 = 14.4$（mol）；

Mg 的物质的量为：$0.852/0.020 = 42.6$（mol）。

所以照明剂的燃烧反应方程式为：

$$14.4Ba(NO_3)_2 + 42.6Mg + C_{13}H_{12}O_2 = 14.4BaO + 42.6MgO + 14.4N_2 +$$
$$6H_2O + 11.8CO_2 + 1.2CO$$

4.3 烟火药零氧平衡药剂的配方计算

依据燃烧反应方程式，即可计算烟火药零氧平衡下二元、三元或多元混合物的配比。

4.3.1 二元混合物的配方计算

例 4.4 求 $Ba(NO_3)_2 + Mg$ 二元混合物的配比。

解法 1： 首先建立燃烧反应方程式：

$$Ba(NO_3)_2 + 5Mg \rightarrow BaO + 5MgO + N_2 \qquad (4.5)$$

$Ba(NO_3)_2$ 的相对分子质量为 261；

Mg 的相对原子质量为 24.3。

由方程式（4.5）可知 261 g 的 $Ba(NO_3)_2$ 可氧化 $24.3 \times 5 = 121.5$（g）金属 Mg，则：

$Ba(NO_3)_2$ 的含量为：$\dfrac{261}{261 + 24.3 \times 5} \times 100\% = 68\%$

Mg 的含量为：$\dfrac{5 \times 24.3}{261 + 24.3 \times 5} \times 100\% = 32\%$ 或者 $1 - 68\% = 32\%$

以上是利用燃烧反应方程式进行的配方计算。对于一些成分较复杂，分析判断产物和计算平衡系数的工作极为烦琐的情况，解法 2 则是一种比较简便的方法。

解法 2：由表 2.3 可知，产生 1 g O_2 需要消耗 $Ba(NO_3)_2$ 的量为 3.27 g。

由表 2.4 可知，1 g O_2 可氧化 Mg 的量为 1.52 g。

即 3.27 g $Ba(NO_3)_2$ 能氧化 1.52 g 金属 Mg，混合物的总量即为 3.27 + 1.52 = 4.79（g），则

$Ba(NO_3)_2$ 的含量为：$\dfrac{3.27}{4.79} \times 100\% = 68\%$

Mg 的含量为：$\dfrac{1.52}{4.79} \times 100\% = 32\%$

由此可归纳二元混合物配方计算公式如下所示：

$$A = \frac{a}{a+b}$$

$$B = \frac{b}{a+b}$$

式中，A——氧化剂的质量分数，%；

B——可燃剂的质量分数，%；

a——放出 1 g O_2 所需氧化剂的质量，g；

b——1 g O_2 能完全氧化的可燃物质量，g。

4.3.2 三元混合物的配方计算

计算三元混合物组成时，可将其分成由两种含同一氧化剂的二元混合物组成，如由 $Ba(NO_3)_2$ + Mg + $C_{13}H_{12}O_2$ 组成的照明剂，可看作是二元混合物 $Ba(NO_3)_2$ + Mg 和 $Ba(NO_3)_2$ + $C_{13}H_{12}O_2$ 组成。

例 4.5 照明剂的组成为 $Ba(NO_3)_2$ + Mg + $C_{13}H_{12}O_2$，当药剂中酚醛树脂（$C_{13}H_{12}O_2$）的含量为 4% 时，可以保证其有足够的强度。试求其百分组成。

解：将三元混合物分成两组元混合物：

$$\text{I} \begin{cases} Ba(NO_3)_2 \\ C_{13}H_{12}O_2 \end{cases} \qquad \text{II} \begin{cases} Ba(NO_3)_2 \\ Mg \end{cases}$$

利用二元混合物的配方计算方法即可分别求出各物质的量。

对于 I 组，已知 $C_{13}H_{12}O_2$ 的含量为 4%，设 100 g 药剂中，4 g $C_{13}H_{12}O_2$ 所需 $Ba(NO_3)_2$ 的量为 x，产生 1 g 氧气需 3.27 g $Ba(NO_3)_2$，1 g 氧气能够使 0.42 g 的 $C_{13}H_{12}O_2$ 完全燃烧，所以：

$$3.27 : 0.42 = x : 4$$

解得：$x = 31.1$ g。

Ⅰ组二元混合物的质量为 $31.1 + 4 = 35.1$（g）。

对于Ⅱ组，从 100 g 药剂中减去Ⅰ组二元混合物的质量，剩下的 64.9 g 即为 $Ba(NO_3)_2 + Mg$ 的量。在 64.9 g 药剂中，$Ba(NO_3)_2$ 的含量为：

$$\frac{3.27}{3.27 + 1.52} \times 64.9 = 44.2（g）$$

Mg 的含量为 $64.9 - 44.2 = 20.7$（g）。

照明剂的百分组成为：

$$\begin{cases} Ba(NO_3)_2 \cdots\cdots 44.2\% + 31.1\% = 75.3\% \\ Mg \cdots\cdots 20.7\% \\ C_{13}H_{12}O_2 \cdots\cdots 4\% \end{cases}$$

4.3.3 含卤素混合物的配方计算

对于含氯或含氟的四元混合物药剂，其与只含有金属氧化物的药剂的区别是，含氯有机物药剂还可以起氧化剂的作用，反应中放出的氯与金属作用生成化合物。有关含氯或含氟化合物分解放出 1 g 氯或 1 g 氟时所需氯化物或氟化物的量，以及与 1 g 氯或 1 g 氟化合所需的金属可燃剂的量见表 4.2 和表 4.3。

表 4.2　分解放出 1 g 氯所需氯化物的量及与 1 g 氯化合所需的金属量

含氯化合物（氧化剂）	相对分子质量	放出 1 g 氯的氯化物质量/g	金属（可燃剂）	相对原子质量	与 1 g 氯化合所需的金属量/g
四氯化碳 CCl_4	154	1.08	锌	65.4	0.92
六氯乙烷 C_2Cl_6	237	1.11	铝	27.0	0.27
六氯苯 C_6Cl_6	285	1.34	镁	24.3	0.34
六氯环己烷 $C_6H_6Cl_6$	291	1.37	铁	55.8	0.53（生成 $FeCl_3$） 0.79（生成 $FeCl_2$）
聚氯乙烯 $(C_2H_3Cl)_n$	62.5	1.76	锆	91.2	0.64

表 4.3　分解放出 1 g 氟所需氟化物的量及与 1 g 氟化合所需的金属量

含氟化合物（氧化剂）	相对分子质量	放出 1 g 氟的氟化物质量/g	金属（可燃剂）	相对原子质量	与 1 g 氟化合所需的金属量/g
CuF_4	104	2.74	Be	9.0	0.24
AgF	127	6.68	Mg	24.3	0.64
PbF_2	245	6.45	Al	27.0	0.47
$(C_2F_4)_n$	100	1.32	Zr	91.2	1.20

例 4.6 试计算绿光信号剂 $C_2Cl_6 + Ba(NO_3)_2 + Mg + C_{16}H_{24}O_5$（虫胶）的组成，其中 C_2Cl_6（六氯乙烷）的含量为 15%，虫胶的含量为 5%（$C \rightarrow CO$）。

解：该信号剂可组成下列四种二元混合物，且设配方比如下：

①$\begin{cases} Ba(NO_3)_2 \cdots\cdots\cdots\cdots A_1 \\ Mg \cdots\cdots\cdots\cdots\cdots\cdots B_1 \end{cases}$

②$\begin{cases} Ba(NO_3)_2 \cdots\cdots\cdots\cdots A_2 \\ C_{16}H_{24}O_5 \cdots\cdots\cdots\cdots C \ (5\%) \end{cases}$

③$\begin{cases} C_2Cl_6 \cdots\cdots\cdots\cdots D \ (15\%) \\ Mg \cdots\cdots\cdots\cdots\cdots\cdots B_2 \end{cases}$

④$\begin{cases} Ba(NO_3)_2 \cdots\cdots\cdots\cdots A_3 \\ \text{碳}^* \cdots\cdots\cdots\cdots\cdots C_1 \ (1.5 \text{ g}) \end{cases}$

（碳* 为 C_2Cl_6 分解出的碳，15 g C_2Cl_6 含碳 $15 \times 24/237 = 1.5$（g），其中 24 是 2 个碳相对原子质量，237 为 C_2Cl_6 相对分子质量）

以 100 g 药剂为计算单位，参照三元混合物计算。

由②得：

$$A_2 = \frac{a}{c} \times C = \frac{3.27}{0.80} \times 5 = 20.4 \cdots\cdots\cdots Ba(NO_3)_2$$

由③得：

$$B_2 = \frac{b}{a} \times D = \frac{0.34}{1.11} \times 15 = 4.6 \text{ g} \cdots\cdots\cdots Mg$$

由④得：

$$A_3 = \frac{a}{b} \times C_1 = \frac{3.27}{0.75} \times 1.5 = 6.5 \text{ g} \cdots\cdots\cdots Ba(NO_3)_2$$

①中的混合物质量为：

$$m_1 = 100 - (5 + 20.4) - (15 + 4.6) - 6.5 = 48.5 \text{（g）}$$

所以根据二元混合物的计算：

$$A_1 = \frac{a}{a+b} \times m_1 = \frac{3.27}{3.27 + 1.52} \times 48.5 = 33 \text{（g）} \cdots\cdots\cdots Ba(NO_3)_2$$

$$B_1 = 48.5 - 33 = 15.5 \text{（g）} \cdots\cdots\cdots Mg$$

故混合物配方为：

$$\begin{cases} Ba(NO_3)_2 \cdots\cdots 33\% + 6.5\% + 20.4\% = 59.9\% \\ Mg \cdots\cdots\cdots\cdots 4.6\% + 15.5\% = 20.1\% \\ C_2Cl_6 \cdots\cdots\cdots\cdots\cdots\cdots\cdots 15\% \\ \text{虫胶} \cdots\cdots\cdots\cdots\cdots\cdots\cdots\cdots 5\% \end{cases}$$

4.4　负氧平衡混合物的配方计算

在很多情况下，烟火药剂在燃烧过程中除依靠氧化剂中的氧进行反应外，空气中的氧也参加反应。此时药剂的烟火效应非但不会降低，反而会提高。这种情况下药剂应该按照负氧平衡配制。负氧平衡药剂通常用氧差（n）或氧化剂对可燃剂的保证系数（k）来表示其缺氧数量。

氧差（n）用 100 g 烟火药中所有可燃剂完全氧化所需氧量和药剂所含氧量之差表示（以克数表示）。

对于二元混合物：

$$n = \frac{A}{a} - \frac{B}{b}, A + B = 100$$

对于三元混合物：

$$n = \frac{A}{a} - \frac{B}{b} - \frac{C}{c}, A + B + C = 100$$

式中，A——药剂中氧化剂的含量，g；

B——药剂中可燃剂的含量，g；

C——药剂中黏结剂的含量，g；

a——分解出 1 g 氧所需氧化剂的质量，g；

b——1 g 氧能燃烧的可燃剂的质量，g；

c——1 g 氧能燃烧的黏结剂的质量，g。

显然，药剂在零氧平衡时，$n = 0$；在负氧平衡时，$n < 0$；在正氧平衡时，$n > 0$。

保证系数（k）为药剂中氧化剂的含量和药剂中可燃剂所需氧化剂量之比。

对于二元混合物：

$$k = \frac{A/a}{B/b}$$

对于三元混合物：

$$k = \frac{A/a}{B/b + C/c}$$

显然，当 $k < 1$ 时，为负氧平衡；当 $k = 1$ 时，为零氧平衡；当 $k > 1$ 时，为正氧平衡。

由以上可以看出，保证系数（k）和氧差（n）之间的关系为：

$$\begin{cases} k < 1, n < 0 \\ k = 1, n = 0 \\ k > 1, n > 0 \end{cases}$$

在许多情况下，用保证系数（k）或氧差（n）检查烟火药配方是否合理，判断其在燃烧时借用空气中氧的程度，为分析配方燃烧异常现象原因和开展配方调整试验提供依据。

例 4.7 已知黄光剂组成如下：

$$\begin{cases} KClO_3 & 60\% \\ Na_2C_2O_4 & 25\% \\ 虫胶 & 15\% \end{cases}$$

求保证系数和氧差。

解：根据保证系数和氧差的定义：

$$k = \frac{A/a}{B/b + C/c} = \frac{60/2.55}{25/8.37 + 15/0.47} = 0.67$$

$$n = \frac{A}{a} - \frac{B}{b} - \frac{C}{c} = \frac{60}{2.55} - \frac{25}{8.37} - \frac{15}{0.47} = -11.4(g)$$

例 4.8 计算 $n = -32$ g 的 $Ba(NO_3)_2$ 与 Mg 二元混合物的配方。

解：根据氧差的定义：

$$n = \frac{A}{a} - \frac{B}{b}$$

$$A + B = 100$$

解得

$$B = \frac{b}{a+b}(100 - an)$$

即

$$B = \frac{1.52}{3.27 + 1.52} \times [100 - 3.27 \times (-32)] = 65(g)$$

$$A = 100 - 65 = 35(g)$$

故配方为：

$$\begin{array}{ll} Ba(NO_3)_2 & 35\% \\ Mg & 65\% \end{array}$$

例 4.9 计算保证系数 $k = 0.9$ 的 $Ba(NO_3)_2$ 与 Al 的配方。

解：根据保证系数的定义：

$$k = \frac{A/a}{B/b}$$

$$A + B = 100$$

求解得：

$$A = \frac{ak}{ak + b} \times 100 = \frac{3.27 \times 0.9}{3.27 \times 0.9 + 1.12} \times 100 = 72.4 \text{（g）}$$

$$B = 100 - 72.4 = 27.6 \text{（g）}$$

故配方为：

$$Ba(NO_3)_2 \quad 72.4\%$$
$$Al \quad\quad\quad 27.6\%$$

　　烟火药的配方计算还可以采用图算法，即利用数学的诺模图（Nomogrophs）原理，制成烟火药组分配比算图来求得药剂的百分配比。它可以免除某些烦琐的计算，并能核算组分有关数据正确与否。

　　在多元混合物中，常常含有不参加燃烧反应的成分，如在 $KClO_3 + SrCO_3 +$ 虫胶的红光信号剂配方中的 $SrCO_3$ 是不参加燃烧反应的，故在计算时，可先在 100 g 药剂中减去它再进行计算。

　　由以上示例可知，计算中都有一些附加条件，这些附加条件都有试验根据。一般来说，只有在试验基础上进行多次调整，才能获得最佳配比。

思考题：

　　1. 计算 KNO_3 和酚醛树脂二元混合物燃烧生成 CO_2 和 H_2O 及燃烧生成 CO 和 H_2O 的配方。

　　2. 计算 $n = -32$ g 的 $Ba(NO_3)_2$ 与 Al 二元混合物的配方。

　　3. 计算保证系数 $k = 0.9$ 的 $Ba(NO_3)_2$ 与 Mg 的配方。

第 5 章

烟火药的燃烧

烟火药燃烧是极其复杂的物理化学现象，在不同条件下具有不同的燃烧方式，燃烧速度也在每秒几米至几千米的范围内变化。燃烧火焰中含有反应生成的灼热液体、固体微粒和气相产物等。烟火药的不同燃烧特性决定了其特种效应。

5.1 烟火药燃烧的理论基础

5.1.1 烟火药的燃烧本质

一般燃烧是指物质间相互化合进而放热、发光的氧化反应。如纸张点燃后借空气中的氧气进行放热发光的反应属于燃烧，磷或钠在氯气中的氧化反应也属于燃烧。而烟火药燃烧略有不同，它是将氧化剂和可燃物混在一起，从而做到不借助大气中的氧气也能进行燃烧，属于自供氧体系。如氯酸钾与镁混合的燃烧，一方面氧化剂氯酸钾被还原，另一方面可燃物镁被氧化，其反应方程式为：

$$KClO_3 + 3Mg \rightarrow KCl + 3MgO$$

由此可见，烟火药燃烧的三个必要条件如下。

（1）可燃物。凡能与氧化剂起剧烈反应的物质都是可燃物，如硫、铝粉等。

（2）氧化剂。氧化剂一般含有氧或氯等电负性大的元素，在一定条件下放出这些元素并与可燃物起剧烈化学反应，如硝酸钾、氯酸钾等。氧化剂不能燃烧，但能帮助和支持燃烧。

（3）点火源。点火源有时也称为激发冲能。凡是能够引起可燃物燃烧或爆炸的热能如热量、火焰、火星，机械能如摩擦、撞击、电能、光能及化学能等，都是点火源。

5.1.2 烟火药的燃烧过程

烟火药燃烧时，其燃烧过程大致可分为三个阶段。

一、初始阶段

在燃烧初始阶段，烟火药反应刚刚开始，主要表现为燃速慢、火焰短、光度弱。其原因主要有以下四个方面。

（1）药剂底温不高。烟火药刚被涂在表面层的传火药点燃，燃烧时间较短，不可能将底温提得很高。

（2）药剂所受压力不足。在此阶段，火焰本身尚处于初始状态，没有生成足够的气态产物，药剂所受压力不大，对下层药剂的渗透力较低。

（3）药剂内固相吸热量与气相放热量的比值大。烟火药的燃烧是物质吸热、放热及导热的物化综合过程，其中固相是吸热的（所谓达到分解温度），气相是放热的。也可以说，其燃烧过程是从固相分解开始至气相火焰熄灭为止。例如，硝酸钾加热到 400 ℃时开始分解，这种加热热量的提供，除了起初外界"点火源"之外，其余都要从气相放出的热量中获得。在燃烧初始阶段，固相分解出的气相并不多，相对来说，固相吸热量与气相放热量的比值较以后火越烧越旺时的比值要大。

（4）药剂分解和重新组合反应仅在小范围内进行。包括黏结剂在内的所有药剂几乎都是以固相存在的，尽管各反应物经过研磨、搅拌，被压成一个整体，但它们之间仍然是以微粒或晶体的棱角接触的，不可避免地存在着大量空隙，两种或数种物质之间尚未达到大面积接触状态的结合，因此分解和重新组合反应仅在小范围进行。

二、剧烈化学反应阶段

此阶段的特点是燃烧快、火焰长、光度强。这表现在以下三个方面。

（1）药剂底温已迅速提高，下层尚未参加反应的微粒、分子、元素呈活跃状态。

（2）气相压力高。燃烧时气、固相产物迅速增加，并由于壳体的限制，下层药剂的压力大幅度增大，即灼热的氧、固体微粒、分子、元素向下层药剂扩散，在数量和深度上都有大幅度的增加，燃烧具有连续性且更猛烈。

（3）出现了某些反应物大面积熔化，这种熔化造成了各反应物间有效的接触，给各元素之间的重新组合创造了必要条件。例如，烟火药中氯酸钾在 400 ℃时熔化成液态并分解出氧，继续加热至 660 ℃以上时，可燃物铝开始熔化并和氧发生如下反应：

$$KClO_3 + 2Al \rightarrow KCl + Al_2O_3 + 2\ 060.74\ kJ$$

此时燃烧温度高达 3 000 ℃，氯化钾完全汽化，这是药剂稳定燃烧的阶段。

三、结束阶段

结束阶段的特点是燃速快、火焰短、光度弱。这是由于药剂燃烧殆尽，即参加反应的物质逐渐减少。与燃烧初始阶段相比，其主要区别是燃速并未减慢。

5.1.3　烟火药的燃烧形态

烟火药燃烧时，体系内部存在着反应产物区、高温反应区和未反应区，如图 5.1 所示。

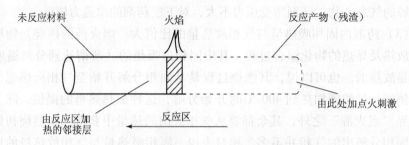

图 5.1　燃烧中的烟火药反应示意图

经典学说认为，烟火药燃烧反应发生在靠近反应区界面上一层极薄的药剂内，反应要经过蒸发、升华、热分解、预混合和扩散等中间阶段才能转变成燃烧的最终产物。燃烧是传质、传热等物理化学反应过程，燃烧在凝聚相中开始，在气相中结束。很多学者研究过烟火药的燃烧形态，认为烟火药燃烧有连续燃烧、脉动（或振荡）燃烧和"爆炸燃烧"三种形态。

（1）连续燃烧是指不间断均匀性燃烧。燃烧由表及里，或者从一端向另一端不间断地进行，既不停顿，也不跨跃，直至药剂全部燃毕。连续燃烧的特征量是匀速燃烧速度，调整药剂的燃烧速度即可满足制品要求的燃烧时间指标。例如黑火药，用作发射药时，要求它具有较高的燃烧速度；用作花筒喷射药时，要求它具有较低的燃烧速度，以延长产品的观赏时间；而用作延期导火索时，其燃烧速度则要求非常缓慢。这种燃烧形态在自然界中较为普遍，相关文献资料也较多。

（2）脉动燃烧是指不连续的呈脉动性燃烧。燃烧虽然也是由表及里，或从一端向另一端传递，但燃烧过程是不连续的，一会儿慢，一会儿快，表现出断断续续的特点。脉动燃烧示性数是脉动频率。典型脉动燃烧的烟火药有闪烁药和笛音药。烟花闪烁药多由硝酸钡和镁铝合金组成，闪烁光为银白色，闪烁频率随药剂中镁铝合金的增加而加快。一般镁铝合金含量在18%左右时，闪烁视觉效果较好。通常在硝酸钡和镁铝合金闪烁药中加入硫时，其脉动燃烧特性不会改变，但加入高氯酸钾后，其脉动燃烧特性会遭到破坏，变为连续燃烧。笛音药多由氯酸钾或高氯酸钾和苯类化合物组成。笛音药脉动燃烧的频率远远高于闪烁药，闪烁药的实用频率为 3～5 次/s，而笛音药的频率高达 3 000～5 000 次/s。往笛音药中加入 2% 的 100 目钛粉，药剂燃烧发出笛声的同时，还喷出银白色爪状火花，这就是所谓的"带花笛音剂"。

对具有脉动燃烧现象的烟火药体系进行了研究，该烟火药由 $C_6H_{12}N_4$、Mg、$KClO_4$ 和 $SrSO_4$ 组成，用光电转换器和 $X-Y$ 函数记录仪记录光强随时间的变化曲线，如图 5.2 所示。

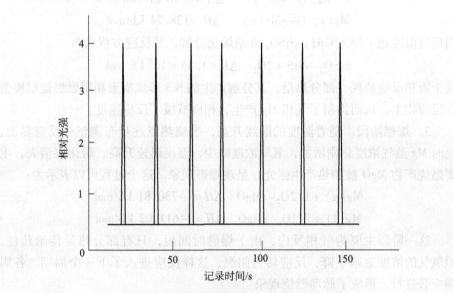

图 5.2　燃烧过程中光强随时间的变化曲线

试验结果表明，该烟火药燃烧表现为引燃和爆燃两种现象交替进行，呈现出较强的非线性化学振荡特性。这两种燃烧状态具有完全不同的燃烧机理，并在燃烧过程中呈周期变化，以一个周期为例讨论可能的燃烧机理。

1）初始反应阶段。药柱点燃后，$C_6H_{12}N_4$ 与空气中的氧气发生燃烧反应，不完全燃烧和完全燃烧的方程式为：

$$C_6H_{12}N_4 + 10O_2 \rightarrow 4NO_2 + 6H_2O + 6CO \quad \Delta H = -2.19 \times 10^3 \text{ kJ/mol}$$

$$C_6H_{12}N_4 + 13O_2 \rightarrow 4NO_2 + 6H_2O + 6CO_2 \quad \Delta H = -3.89 \times 10^3 \text{ kJ/mol}$$

该反应是放热反应，其结果使反应温度上升，此过程的光强较弱。

2）引燃阶段。随着 $C_6H_{12}N_4$ 不断燃烧，夹在可燃载体内的 $KClO_4$、$SrSO_4$ 和 Mg 粒子暴露出来，当温度升到 610 ℃时，$KClO_4$ 开始分解，其反应方程式为：

$$2KClO_4 \rightarrow 2KCl + 4O_2 \quad \Delta H = 71.05 \text{ kJ/mol}$$

$KClO_4$ 分解的同时，一部分 $KClO_4$ 和 Mg 粉反应，放出热量。其反应方程式为：

$$KClO_4 + 4Mg \rightarrow KCl + 4MgO \quad \Delta H = -2.41 \times 10^3 \text{ kJ/mol}$$

整个反应过程表现为 $KClO_4$ 分解放出大量的热量和氧气，使温度不断上升，同时 Mg 粉也开始燃烧，放出热量。一部分 Mg 熔化成液相 Mg，另一部分汽化，生成气相 Mg，吸收热量。这个过程可以表示为：

$$Mg(s) + 1/2O_2 \rightarrow MgO \quad \Delta H = -602.06 \text{ kJ/mol}$$

$$Mg(s) \rightarrow Mg(l) \quad \Delta H = 8.96 \text{ kJ/mol}$$

$$Mg(s, l) \rightarrow Mg(g) \quad \Delta H = 128.74 \text{ kJ/mol}$$

当反应温度达 1 580 ℃时，$SrSO_4$ 开始熔化分解，其反应方程式为：

$$SrSO_4 \rightarrow SrS + 2O_2 \quad \Delta H = 1.45 \times 10^3 \text{ kJ/mol}$$

这个吸热反应消耗一部分热量，其分解产生的 SrS 形成凝聚相阻燃燃烧层覆盖在反应物上，从而抑制了气相 Mg 产生，相应减缓了反应速度。

3）爆燃阶段。随着温度的继续升高，燃烧热点逐步布满整个反应界面，此时 Mg 蒸气浓度急剧增加，氧气浓度减少，温度迅速升高，熔化层消失，主要燃烧产物 MgO 被加热产生强光，呈现爆燃现象。这个过程可以表示为：

$$Mg(g) + 1/2O_2 \rightarrow MgO \quad \Delta H = -730.81 \text{ kJ/mol}$$

$$Mg(l) + 1/2O_2 \rightarrow MgO \quad \Delta H = -611.02 \text{ kJ/mol}$$

这一阶段主要为气相反应，由于爆燃时间短，只有部分热量传给药柱，但氧气的浓度急剧下降，反应转为阴燃，这样反应进入了下一个周期。各周期交替进行，形成了脉动燃烧现象。

研究烟火药的脉动燃烧现象具有非常重要的意义。例如，发光信号剂的最新发展是红光脉冲信号剂，它燃烧时既不是稳速燃烧，也不是渐增燃烧，而是周期性的脉冲燃烧。当改变药剂的组成时，脉冲频率可在 0.1 ~ 1 000 Hz 范围内变化，特别适用于编码序列。这种新概念发光信号剂已引起人们极大的兴趣和关注。

（3）爆炸燃烧是指外加点火刺激后经一段"延滞时间"产生爆发性的燃烧。20 世纪 70 年代，中国发明并成功应用了两种新效果的烟花药剂，即"炸花"和"响花"。它们具有一种新的燃烧特征，被研究者定义为"爆炸燃烧"。与连续燃烧和脉动燃烧相比，"爆炸燃烧"在目观上似乎是一种没有时间概念的燃烧。当时有人试验由硝酸钡和镁铝合金组成的闪烁药配比时，发现硝酸钡与镁铝合金接近 1∶1 时，粉状药在点火后经一短时间"沉默"，突然间爆发性全烧掉了。针对这一燃烧特征，研究出了"炸花"药剂，将"炸花"药剂制成药粒，能炸开成一朵花。一颗 3 mm 药粒，可炸成直径达 1 m 的球形花朵。在"炸花"技术基础上又研制出由氧化铜和镁铝合金构成的能发出清脆爆炸声的"响花"药。"炸花"和"响花"药的燃烧特征都是在点火后有一段时间的"沉默"（即"延滞时间"），然后才产生爆发性的燃烧。"爆炸燃烧"的示性数是"延滞时间"。没有"延滞时间"药剂的燃烧不能称为"爆炸燃烧"。"爆炸燃烧"药剂在延滞时间内并非毫无变化，实际上也在进行热的积累和传递，只是肉眼观察不到动静而已。

三种燃烧形态的药剂中，连续燃烧药剂的性能最为稳定，脉动燃烧药剂和"爆炸燃烧"药剂都极易受外加成分的影响而失去其固有的燃烧特性。

5.2　烟火药的燃烧模型

烟火药燃烧模型的研究一直受到烟火学家的高度重视，很多学者为烟火药燃烧模型的建立付出了艰苦卓绝的努力，取得了一系列的研究成果。

5.2.1　火焰结构物理模型

希洛夫于 20 世纪 30 年代研究了烟火药燃烧时的火焰发光现象，提出了烟火药燃烧时的火焰结构物理模型，如图 5.3 所示，其中图 5.3（a）为负氧平衡烟火药的燃烧火焰结构，图 5.3（b）为零氧或正氧平衡烟火药的燃烧火焰结构。

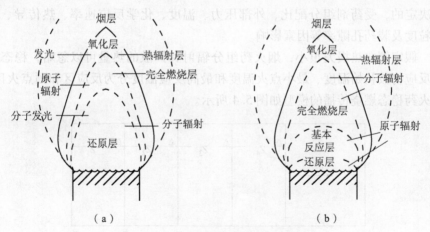

图 5.3　烟火药燃烧火焰结构物理模型
（a）负氧平衡；（b）零氧或正氧平衡

由图可见，烟火药燃烧火焰结构分为还原层、完全燃烧层、热辐射层、氧化层和烟层等。带还原性介质的负氧平衡烟火药燃烧时，还原层显著增大，氧化层非常狭小，并且直接贴近在同样相当狭小的完全燃烧层上。燃烧火焰的温度层分布表现为，火焰内部的还原层内温度最低，因而此处主要是分子发光；贴近火焰表面附近温度较高，此处产生燃尽的反应生成物。还原层内因为温度较低，只能将反应物质解离为原子，但通常不能激发这些原子产生原子辐射。

对于零氧或正氧平衡的烟火药的燃烧火焰结构来说，还原层显著变小，还原层内的温度最高，因而此处可能产生原子辐射，甚至还原生成的元素的原子和尚未来得及参与反应的原子都能产生辐射。离反应较远的火焰部分内及温度较低的火焰部分内，燃烧生成物产生分子辐射。

上述两种情况下，火焰外围燃烧层都因空气中含有氧而具有氧化性能。外围燃烧层内产生辐射的物质即为已冷却的固体反应生成物，因此该层为热辐射层。

5.2.2　稳态燃烧模型

埃利·弗里曼研究了烟火药燃烧从初始温度开始到转变生成火焰温度时的气、液和固体燃烧产物的复杂过程。他认为，燃烧初期未反应物的温度是不受燃烧影响的，随着燃烧的传播，未反应物被加热，温度逐渐上升，直到反应物分解为挥发成分。在这个过程中，某些反应物在反应前还会有液化的过程。稳态燃烧的传播速度，基本上是由反应温度及传导至未燃物中的热量所决定的，受药剂组分配比、外部压力、温度、化学反应速率、热传导、药剂粒度及装药孔隙率等因素影响。

假定侧向热损失很小，烟火药组分辐射和扩散的热量可以忽略，稳态燃烧反应物按初始温度、最小点火温度和最高反应温度分为反应区和预点火区。烟火药稳态燃烧传播的模型如图 5.4 所示。

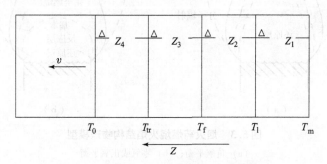

图 5.4　埃利·弗里曼稳态燃烧模型

图中，T_m 是最大反应温度；T_1 是最小点火温度；T_f 是熔化温度；T_{tr} 是转变温度；T_0 是环境温度；Z_1 是反应区；Z_2 是熔化区；Z_3 是晶体转变区；Z_4 是热传导区；v 是燃速。

反应区的化学反应热传到邻近预点火区未反应物中引起物理转变并开始预点火反应。假定跨过反应区和预点火区的温度梯度不随时间变化，反应区随时间呈线性变化，比热容、热传导及混合物密度在所涉及的温度区域内不变，则该模型可以表示为：

$$v = \frac{\sum_i QN_i n_i (A_i)^{X_i} S \exp\left(\frac{E_a}{RT}\right)}{\sum_i \rho c_m \nabla T}$$

式中，Q——反应热；

S——阿仑尼乌斯频率因子；

N_i——单位体积内可燃物个数；

n_i——i 组分的分子数；

A_i——i 组分的活度；

X_i——反应级数；

E_a——活化能；

R——气体常数；

ρ——密度；

c_m——平均比热容；

∇T——温度梯度。

可见，烟火药燃烧速度正比于反应热、特征速度、反应物活度及比表面积，反比于混合物密度、平均比热容及温度梯度。该模型没有考虑外界压力及粒度的影响，适用于理想状态下的稳定燃烧。

5.2.3 希特洛夫斯基燃烧模型

希特洛夫斯基研究了烟火药的燃烧历程。他认为，燃烧在凝聚相中开始，在气相中结束，燃烧历程如图 5.5 所示。

希特洛夫斯基以 $KClO_3$ 和 Mg 粉组成的烟火药剂燃烧为例做了说明，其燃烧历程如下（氯酸钾在 370 ℃熔化并稍有分解；Mg 在 650 ℃时熔化，在 1 100 ℃时沸腾）。

（1）各成分开始相互反应，则有：

$$KClO_3 \text{（l）} + Mg \text{（s）} \qquad \text{（凝聚相）}$$

（2）与此同时，在 400～600 ℃下进行反应：

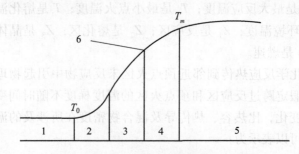

图 5.5　燃烧反应历程图

1—烟火药剂；2—受热区域；3—凝聚相中的反应区域；
4—气相中的反应区域；5—反应生成物区域；6—气相分界上的反应

$$KClO_3 \text{（l）} \rightarrow KCl + 3O \qquad \text{（凝聚相）}$$

（3）这时放出的氧和 Mg 起反应，故有：

$$Mg \text{（s）} + O \text{（g）} \qquad \text{（凝聚相和气相的分界面）}$$

（4）在 650 ℃下 Mg 熔化并产生下列反应：

$$Mg \text{（l）} + O \text{（g）} \qquad \text{（凝聚相和气相的分界面）}$$

（5）最后在高温下（空气中氧也参加反应）产生如下反应：

$$Mg \text{（g）} + O \text{（g）} \rightarrow MgO \qquad \text{（气相）}$$

5.2.4　Ladouceur 数值模拟模型

Ladouceur 针对 Mg 与聚四氟乙烯（PTFE）的燃烧反应开展了计算机编码数值模拟研究。研究目的是获得气相燃烧反应组分，用于测定控制燃速参数，解决如何提高化学能转换为机械能或辐射能的效率。数值模拟动力学模型研究，利用了参与反应的化学组分、热力学性质、动力学历程及速度常数等相关参数，采用完全搅拌反应的 SANDLA 编码进行计算。

利用 Ladouceur 模型预测出的 Mg 与 PTFE 在 1 500 K 反应的热力学平衡产物，如图 5.6 所示。

PTFE 分解生成 C_2F_4，而 C_2F_4 在不到 1 ms 时间内离解成 CF_2。Ladouceur 燃烧模型得出 Mg 与 PTFE 燃烧反应结论是，与 Mg 反应的主要活性化学物质可能是 CF_2，而不是以往提出的与 Mg 反应的主要活性化学物质是原子氟（F）和分子氟（F_2）。因为反应物中原子氟和分子氟比 CF_2 小几个数量级，金属 Mg 或 Mg 蒸气与游离氟直接反应是不可能的。此外，计算结果表明，Mg 与 PTFE 燃烧反应中约 80% 的燃烧热用于聚四氟乙烯分解。

另一结论是，PTFE 与 O_2 的燃烧反应生成大量 C_2F_4，这种具有高热容量的产物会降低有效火焰的温度，并且将氟束缚成不反应物种。O_2 可以通过与

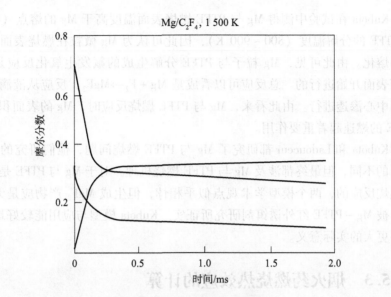

图 5.6　热力学平衡组分模拟

PTFE 生成 C_2F_4 的方式影响 Mg 与 PTFE 反应的点火过程。C_2F_4 这种不反应物种有助于点火延期。

5.2.5　Kubota 燃烧模型

Kubota 对 Mg 与 PTFE 也开展了燃烧机理研究，他给出了 Mg/PTFE 燃烧反应物理模型示意图，如图 5.7 所示。

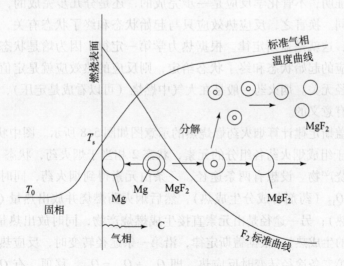

图 5.7　Mg 与 PTFE 燃烧反应示意图

Kubota 在试验中测得 Mg 与 PTFE 燃烧表面温度高于 Mg 的熔点（923 K）和 PTFE 的分解温度（800～900 K），因此可认为 Mg 微粒在燃烧表面或其上方即熔化。由此可见，Mg 粒子与 PTFE 分解生成的氟发生氧化反应是从 Mg 液滴表面开始进行的。总反应可以看成是 $Mg + F_2 \rightarrow MgF_2$，反应从液滴表面向液滴中心渗透进行。由此看来，Mg 与 PTFE 燃烧反应时，Mg 的表面积对 Mg/PTFE 的燃速起着重要作用。

Kubota 和 Ladouceur 都研究了 Mg 与 PTFE 燃烧问题，他们研究的出发点和目的不同，但最终都涉及 Mg 与 PTFE 燃烧机理。对于 Mg 与 PTFE 是如何进行燃烧反应的，两个模型学术观点似乎相悖，但生成 MgF_2 产物应是无疑的，这已被 Mg－PTFE 红外诱饵剂研究所证实。Kubota 模型与应用能较好地结合，具有更大的实际意义。

5.3 烟火药燃烧热效应的计算

5.3.1 烟火药的燃烧热

烟火药燃烧时放出的热量决定着其特种效应。在一定条件下，1 g 烟火药燃烧时放出的热量称为烟火药的燃烧热，以"kJ/g"表示。获得烟火药燃烧热的方法有基于盖斯定理的理论计算法和利用量热计测量的试验法两种。这里介绍基于盖斯定理的理论计算法。

试验证明，不管化学反应是一步完成的，还是分几步完成的，该反应的热效应相同。换言之，反应热效应只与起始状态和终了状态有关，与反应的途径无关，这就是盖斯定律。根据热力学第一定律，因为焓是状态函数，只要化学反应的起始状态和终了状态给定，则反应的热效应就是定值，与通过的具体途径无关。烟火药一般是在大气中燃烧（可以看成是定压），用盖斯定律计算是有意义的。

利用盖斯定律计算烟火药燃烧热的示意图如图 5.8 所示。图中状态 1（初态）相当于组成烟火药各组分的元素，状态 2 相当于烟火药，状态 3（终态）相当于燃烧产物。设想有两条途径，一条由元素得到烟火药，同时放出或吸收热量为 Q_{12}（药剂各成分生成热），然后烟火药燃烧并放出热量 Q_{23}（烟火药的燃烧热）；另一途径是由元素直接生成燃烧产物，同时放出热量 Q_{13}（燃烧生成物的生成热）。根据盖斯定律，沿第一条途径转变时，反应热的代数和应等于沿第二条途径转变时反应热，即 $Q_{12} + Q_{23} = Q_{13}$，移项，有 $Q_{23} = Q_{13} - Q_{12}$，所以烟火药的燃烧热等于燃烧产物的生成热减去药剂各成分的生成热。

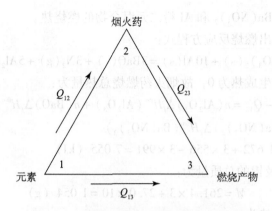

图 5.8　计算烟火药燃烧热的盖斯三角形

一般烟火药在大气中燃烧时速度较小，根据这一点可以认为燃烧是在定压下进行的。烟火药燃烧热 Q_p 与炸药分解热的计算不同，炸药的分解热是用等容热 Q_V 表示，只有烟火药爆炸分解时才相似，所以二者数值不相等。如果燃烧生成的气体产物视为理想气体，Q_p 与 Q_V 关系为：

$$Q_p = Q_V + \Delta n R T$$

式中，Δn——气态产物和气态反应物之差；

　　　T——反应的热力学温度。

烟火药中一些常用化合物在 25 ℃下的生成热见表 5.1。

表 5.1　烟火药中常用化合物的生成热

名称	生成热/ （kJ·mol^{-1}）	名称	生成热/ （kJ·mol^{-1}）	名称	生成热/ （kJ·mol^{-1}）
Al_2O_3	1 672	$KClO_3$	397.5	H_2O（l）	285.5
MgO	602	$KClO_4$	432.2	H_2O（g）	238
BaO	557.6	$Ba(NO_3)_2$	991	KCl	435
Na_2O	414	KNO_3	494	CS_2	-88
BaO_2	633.7	$BaCrO_4$	1 444.6	$C_{10}H_8$	-67
CaO	635	NH_3	46	$C_{14}H_{10}$	-134
CO	110.4	NH_4Cl	314	C_2Cl_6	226
CO_2	393.3	Pb_3O_4	717.4	$C_6H_{12}N_4$	-125
Fe_2O_3	823.5	$Sr(NO_3)_2$	977.3	淀粉	949
MnO_2	523	$SrCO_3$	1 212	乳糖	2 721
Fe_3O_4	1 117.3	SrO_2	869	虫胶	949
K_2O	361.2	SO_2	297	酚醛树脂	623

例 5.1 求 $Ba(NO_3)_2$ 和 Al 粉二元混合物的燃烧热。

解：首先写出燃烧反应方程式：

$$3Ba(NO_3)_2(s) + 10Al(s) = 3BaO(s) + 3N_2(g) + 5Al_2O_3(s)$$

因为单质的生成热为 0，故烟火药燃烧总热量为：

$$Q_{23} = Q_{13} - Q_{12} = n(Al_2O_3)\Delta_f H^{\theta m}(Al_2O_3) + n(BaO)\Delta_f H^{\theta m}(BaO) +$$
$$n(Ba(NO_3)_2)\Delta_f H^{\theta m}(Ba(NO_3)_2)$$
$$= 5 \times 1\,672 + 3 \times 556 - 3 \times 991 = 7\,055 \quad (kJ)$$

$Ba(NO_3)_2$ 及铝的总质量为：

$$M = 261.4 \times 3 + 27.0 \times 10 = 1\,054 \quad (g)$$

药剂的燃烧热为：

$$Q = Q_{23}/m = 7\,055/1\,054 = 6.69 \quad (kJ/g)$$

某些光效应烟火药的热效应见表 5.2，它是按盖斯定律计算的零氧平衡药剂的热值。假如不算类似镁、铝及其合金一类借空气中氧燃烧的药剂，摄影剂燃烧热最大，其次是照明剂和曳光剂，燃烧时放热量最少的是发光信号剂。一些负氧差药剂在燃烧过程中有空气参加，其燃烧热比零氧平衡药剂要大。

表 5.2　某些光效应烟火药的热效应

药剂配方	配方	燃烧产物	热效应/ $(kJ \cdot g^{-1})$	药剂用途
$KClO_4 + Mg$	60/40	KCl，MgO	9.36	摄影剂
$KClO_3 + Mg$	63/37	KCl，MgO	9.57	
$Ba(NO_3)_2 + Mg$	68/32	MgO，N_2，BaO	7.23	
$KClO_4 + Al$	66/34	KCl，Al_2O_3	10.24	燃烧剂
$NaClO_3 + Al$	60/40	Al_2O_3，N_2，Na_2O	8.36	
$Ba(NO_3)_2 + Mg + 合成树脂$	75/21/4	MgO，N_2，BaO，H_2O，CO_2	5.14	照明剂
$Ba(NO_3)_2 + Al + S$	63/27/10	Al_2O_3，N_2，BaO，Al_2S_3	5.85	
$Sr(NO_3)_2 + Mg + 树脂酸钙$	69/25/6	SrO，N_2，BaO，CaO，H_2O，CO	6.19	曳光剂
$Ba(ClO_3)_2 \cdot H_2O + 虫胶$	88/12	$BaCl_2$，H_2O，CO_2	4.14	绿光剂
$KClO_4 + SrCO_3 + 虫胶$	57/25/18	SrO，KCl，H_2O，CO	2.55	红光剂

例如，44% $KClO_3$ + 56% Mg，氧差 $n = -20$ g O_2 时燃烧反应方程式为：

$$KClO_3(s) + 6.5Mg(s) + 1.75O_2(g) = KCl(s) + 6.5MgO(s)$$

经计算，该药剂燃烧热为 14.1 kJ/g，与零氧平衡的同药剂相比，燃烧热增加了 49%。

5.3.2 烟火药的燃烧温度

烟火药燃烧温度是评定烟火药性能的重要依据。获得烟火药燃烧温度的方法有计算法和试验测量法两种。这里介绍烟火药燃烧温度的理论计算法。

烟火药燃烧反应的最高温度,可按下式进行计算:

$$T = \frac{Q - \sum (Q_S + Q_K)}{\sum c_p}$$

式中,Q——燃烧反应放出的热量,kJ;

  T——燃烧温度,℃;

  $\sum (Q_S + Q_K)$——燃烧生成物的熔化热和汽化热的总和;

  $\sum c_p$——燃烧生成物的总比热容。

有些化合物的熔化热和汽化热目前尚未获得精确值,再加上许多化合物在高温下缺少正确的比热容数据,所以计算法受到限制。同时,由于热传导、热对流、热辐射的影响,以及燃烧生成物的热解离,计算结果往往比实际测定结果要大得多。下面简要介绍计算中涉及的相关参量。

(1) 生成物热容计算。烟火药多在空气中燃烧,取定压下热容数据较合理。气体分子摩尔定压比热容与摩尔定容比热容关系为:

$$c_{p,m} - c_{V,m} = R$$

对于单原子气体来说,$c_{V,m} = 3R/2$,$c_{p,m} = 5R/2$;双原子气体,$c_{V,m} = 5R/2$,$c_{p,m} = 7R/2$;多原子气体,$c_{V,m} = 3R$,$c_{p,m} = 4R$。

对于由 B,C,…形成的理想气体混合物,其摩尔热容可按下式计算:

$$c_{p,m}(\text{mix}) = \sum_B y(B) c_{p,m}(B)$$

$$c_{V,m}(\text{mix}) = \sum_B y(B) c_{V,m}(B)$$

即理想气体混合物的摩尔比热容等于各气体摩尔比热容与其摩尔分数的乘积之和。实际上气体 c_p 理论值与试验值也有差别,计算时可参照表 5.3。

表 5.3 气体 c_p 的试验值 $J \cdot (mol \cdot ℃)^{-1}$

温度范围/℃	N_2、O_2、CO	H_2	H_2O	CO_2
0~100	7.0	6.9	8.0	9.1
0~500	7.1	7.0	8.3	10.3
0~1 000	7.3	7.1	8.8	11.3
0~1 500	7.5	7.4	9.5	11.9

温度范围/℃	N_2、O_2、CO	H_2	H_2O	CO_2
0～2 000	7.7	7.6	10.3	12.3
0～2 500	7.8	7.7	11.4	12.5
0～3 000	8.0	7.8	12.8	12.7

对 1 000 ℃以上的单质固体，按杜明-普蒂定律，可粗略地认为 $c_p = 26.8$ J/(mol·℃)。对于高温下固体化合物来说，按尼曼-高伯定理，复杂固体化合物的比热容等于组成该化合物各元素原子比热容的总和。至于 1 000 ℃以上液体的比热容，要指出一定的规律性较困难，当没有液体比热容的数据时，可以按该物质在固态时的比热容计算，这样做会不可避免地引入一些误差。应注意，物体的液体比热容大于其固态比热容。固体 c_p 的试验值见表 5.4。

表 5.4　固体 c_p 的试验值　　　　　　J·(mol·℃)$^{-1}$

物质	温度/℃	c_p	物质	温度/℃	c_p	物质	温度/℃	c_p
Fe	1～1 000	25.9		30～300	96.1		20～1 735	50.6
	20～1 500	40.1		30～1 100	115.8	MgO	20～2 370	58.5
NaCl	20～785	56.8	Al_2O_3	30～1 500	117.5		20～2 780	59.8
Cu	20～100	24.7		20～2 030	119.1	BaCl	100	81.9
	20～1 500	30.3		570～600	132.9	$NaCO_3$	1 000	132.9
KCl	400	55.6		965～973	138.8			

（2）熔化热和汽化热。大多数单质熔化热和熔化温度有下列关系：

$$Q_S/T_S = 0.008 ～ 0.013$$

式中，Q_S——熔化热，kJ/mol；

　　　T_S——熔化温度，K。

对于许多无机化合物熔化热，可近似按下列经验公式计算：

$$Q_S/T_S = 0.002n$$

式中，n——化合物分子中的原子数。

某些物质的 Q_S 和 T_S 试验值见表 5.5。

表 5.5　某些物质的 Q_S 和 T_S 试验值

物质	$Q_S/(kJ \cdot mol^{-1})$	T_S/K	物质	$Q_S/(kJ \cdot mol^{-1})$	T_S/K
Cr	7.1	1 823	KNO$_3$	509	20.1
Fe	15.9	1 803	LiNO$_3$	523	25.5
Mn	8.4	1 483	SrCl$_2$	1 145	16.7
NaCl	1 073	30.1	S（单斜）	388	1.3
KCl	1 041	26.3	P（黄磷）	317	0.7
MgCl$_2$	991	41.0	NaF	1 265	32.6
Al	930	8.4	Na$_3$AlF$_6$	1 273	69.4
Mg	10.1	930	Al$_2$O$_3$	2 323	33.4±8
Pb	5.9	920	PbCl$_2$	758	24.2

同一物质的汽化热，通常随着汽化温度的升高而降低。在常压下液体沸点 T_K（K）时的分子汽化热 Q_K 可由特鲁顿公式估算：

$$Q_K/T_K = 0.08$$

某些物质的 Q_K 和 T_K 试验值见表 5.6。

表 5.6　某些物质的 Q_K 和 T_K 试验值

物质	$Q_K/(kJ \cdot mol^{-1})$	T_K/K	物质	$Q_K/(kJ \cdot mol^{-1})$	T_K/K
S	46.0	589	MgF	2 512	217.7~280.1
Zn	1 191	129.6	AlF	1 564	342.8
NaCl	1 712	183.9	BaF$_2$	2 410	250.8~263.3
KCl	1 690	167.2	Cu	292.6	2 633
MgCl$_2$	991	146.3	Al$_2$O$_3$	3 253	484.9
BaCl$_2$	1 833	250.8	AlCl$_3$	456	108.7
Mg	137.9	1 393	HCl	134	19.6
Pb	150.5	1 443	ZnCl$_2$	1 003	137.9
NaF	1 968	234.1	H$_2$O	373	40.5

许多无机化合物（尤其是沸点高的）的汽化热可以按下列经验式计算：

$$Q_K/T_K = 0.046n$$

（3）计算实例。

例 5.2　计算含 75% Fe$_2$O$_3$ 及 25% Al 的高热剂的燃烧反应温度。

解：①写出燃烧反应方程式：

$$Fe_2O_3(s) + 2Al(s) = Al_2O_3(s) + 2Fe(s) + Q$$

②计算 Q：

$$Q = n(Al_2O_3)\Delta_f H^{\theta m}(Al_2O_3) - n(Fe_2O_3)\Delta_f H^{\theta m}(Fe_2O_3) = 1\,672 - 815 = 857\ (kJ)$$

③查表得，Al_2O_3 的熔点为 2 050 ℃，沸点为 2 980 ℃；Fe 的熔点为 1 535 ℃，沸点为 2 740 ℃。

④求 $\sum(Q_S + Q_K)$，查表得：$T_S = 1\,535\,℃(1\,808\,K)$ 时，$Q_S(Fe) = 15.9$ kJ；$T = 2\,050\,℃(2\,323\,K)$ 时，$Q_S(Al_2O_3) = 33.44$ kJ；$T_K = 2\,740\,℃(3\,013\,K)$ 时，$Q_K(Fe) = 0.08 \times 3\,013 = 241.0$ kJ；$T_K = 2\,980\,℃(3\,253\,K)$ 时，$Q_K(Al_2O_3) = 484.9$ kJ。

显然，$Q_K = 484.9 + 241.0 \times 2 = 966.91\ (kJ)$，汽化总热超过了反应热 $Q = 857$ kJ，因此，最高沸点物质 Al_2O_3 是不可能汽化的，故计算时应除去 $Q_K(Al_2O_3)$，故

$$\sum(Q_S + Q_K) = 2 \times (15.9 + 241.0) + 33.4 = 547.21\ (kJ)$$

⑤求 $\sum c_p$：Fe 在 20 ~ 1 500 ℃时，$c_p = 40.1\,J/(mol \cdot ℃)$，温度升高，$c_p$ 将上升，在 20 ℃ ~ t 范围内，近似选用 $c_p(Fe) = 46\,J/(mol \cdot ℃)$，同理，$c_p(Al_2O_3) = 129.6\,J/(mol \cdot ℃)$。

$$\sum c_p = 46 \times 2 + 129.6 = 221.6\,J/(mol \cdot ℃)$$

则得：

$$T = \frac{Q - \sum(Q_S + Q_K)}{\sum c_p} = \frac{857 - 547.2}{221.6 \times 10^{-3}} = 1\,398\ (℃)$$

必须看到，在计算时，铁的汽化热已经考虑进去，而所得温度反而低于铁的沸点，有矛盾。如果将 $Q_K(Fe)$ 去掉，则有：

$$T = \frac{Q - \sum Q_S}{\sum c_p} = \frac{857 - 65.2}{221.6 \times 10^{-3}} = 3\,573\ (℃)$$

但是，经过这一处理又有矛盾，所得数值比 Al_2O_3、Fe 的沸点都高，而计算中又把它们的 Q_K 去掉了。不过，由上述两项计算可以得出这样结论：该药剂燃烧温度比 Al_2O_3 的熔点（2 050 ℃）高，比 Fe 的沸点（2 740 ℃）低，故该高热剂的燃烧温度是在 2 050 ~ 2 740 ℃。该例表明，烟火药的燃烧温度的计算结果不太准确，只能粗略估计一个大致温度范围。至于较为精确的结果，需要通过试验来测定。

5.3.3　烟火药燃烧生成物的气、固相含量

实际采用的烟火药中，燃烧时完全不产生气态产物的，大概只有铁铝高热剂。几乎所有烟火药燃烧时均产生一定量的气体和固体产物，烟火药的用途及其特种效应要求决定着烟火药燃烧时产生气态和固态产物之比。例如照明剂和曳光剂的反应气态产物为药剂质量的 15% ~ 25%，气体的存在不仅可以得到火焰，而且能够扩大火源体积；大量固态、液态微粒的产生则有利于发光强度的提高。

1 g 烟火药在标准状况下燃烧所生成的气体体积，称为烟火药的比容。比容是烟火药热化学的重要参数之一。

烟火药燃烧生成气体和固体产物的量可用计算法和试验测定法获得。试验法与测定火药气体和固体生成物方法相同，在此不做叙述。比容可按下面公式计算：

$$V_0 = \frac{22.4 \times n \times 1\,000}{m}$$

式中，V_0——烟火药的比容，cm^3/g；

　　　n——气体产物的摩尔数；

　　　m——烟火药质量，g。

在燃烧温度下，气态生成物的体积 V_t 按下式计算：

$$V_t = V_0\left(1 + \frac{t}{273}\right)$$

式中，t——药剂燃烧反应的温度。

几点说明：①水蒸气要按照燃烧生成的气体产物来计算；②计算时不仅要注意实际气体和水蒸气，还要注意燃烧温度下所有的汽化物；③要得到大量的气态燃烧产物，必须选含氢多的有机物作可燃物。

固体残渣量可按下式进行计算：

$$H = \frac{n_1 H_1 + n_2 H_2 + \cdots}{m}$$

式中，H_1，H_2，$\cdots$——固体产物摩尔质量；

　　　n_1，n_2，$\cdots$——固体产物摩尔数；

　　　m——烟火药质量。

例 5.3　计算配比为 26% $Ba(NO_3)_2$、50% Fe_3O_4 和 24% Al 高热燃烧剂的比容 V_0 和固体残渣量 H_0。

解：$Ba(NO_3)_2$ 的相对分子质量为 261，BaO 的相对分子质量为 153，Fe_3O_4 的相对分子质量为 232，Al_2O_3 的相对分子质量为 102，Al 的相对原子

质量为 27，Fe 的相对原子质量为 56。根据题意可得：

$$n[Ba(NO_3)_2] = 26/261 = 0.099\ 62$$

$$n(Al) = 24/27 = 0.888\ 89$$

$$n(Fe_3O_4) = 50/232 = 0.215\ 52$$

可得高热燃烧剂的燃烧反应方程式为

$$Ba(NO_3)_2 + 9.0Al + 2.2Fe_3O_4 = 4.5Al_2O_3 + BaO + 0.3FeO + 6.3Fe + N_2$$

$$V_0 = 22.4 \times 1 \times 1\ 000/(261 + 9 \times 27 + 2.2 \times 232) = 22\ 400/1\ 014.4 = 22.08(cm^3/g)$$

$$H_0 = (4.5 \times 102 + 153 + 0.3 \times 72 + 6.3 \times 56)/(261 + 9.0 \times 27 + 2.2 \times 232)$$

$$= 0.972\ 4\ (g/g)$$

5.4　烟火药燃烧平衡产物的计算

烟火药燃烧反应平衡产物可以通过平衡常数法和最小吉布斯自由能法来计算。平衡常数法借助化学反应的解离方程来计算。最小吉布斯自由能法则是应用系统达到平衡状态时其自由能为最小值的条件进行计算。就燃烧平衡产物组分的计算而言，两种方法在数学上都可以归结为求解数目相同的非线性迭代方程组。由于平衡常数法存在程序冗长、不易检验是否有凝聚相存在等缺点，因此多数情况下是应用最小吉布斯自由能法计算烟火药燃烧反应平衡产物。下面介绍最小吉布斯自由能法。

5.4.1　平衡产物计算的基本原则

研究烟火药燃烧反应平衡产物时，最根本的原则是遵循化学反应的质量守恒定律。无论烟火药燃烧化学反应如何，烟火药中物质原子只是进行重新组合而生成新的分子，原子数目既不增加，也不减少，反应前后各元素的原子总数总是保持不变，即烟火药经燃烧变为燃烧产物后原子总数是守恒的。设一种烟火药由 l 种元素组成，燃烧后生成 n 种产物，则烟火药中第 j 种元素的摩尔原子数为

$$N_j = \sum_{i=1}^{n} a_{ij} n_i \quad (j = 1, 2, \cdots, l)$$

式中，n_i——烟火药第 i 种燃烧产物的物质的量；

a_{ij}——烟火药中第 i 种燃烧产物第 j 种元素的原子物质的量。

烟火药燃烧产物的组成在遵守化学反应质量守恒定律的同时，互相之间还受一系列化学反应平衡的制约。对于含有多种元素的复杂系统平衡组成的计算，需要借助计算机求解。

5.4.2　最小吉布斯自由能法

最小吉布斯自由能法是由怀特（W. B. White）等人于 1958 年首先提出来的，他们当时是以寻找化学平衡状态为出发点来考虑的，但实际上要解出复杂系统化学平衡组成，必须借助计算机才有可能。随着计算机的发展，用最小吉布斯自由能法计算燃烧产物平衡组成得到了广泛应用。

根据热力学原理，在高温条件下，烟火药燃烧的气体产物可以视为理想气体，这时整个系统的自由能就等于组成该系统各组分自由能之和，即

$$G(n) = \sum G_i(x_i)$$

一种物质的自由能是温度、压力和浓度的函数。当该体系达到化学平衡时，体系的自由能最小。因此，在一定温度和压力下，求出既使体系自由能最小，又能满足体系质量守恒的一组组分值，即为该条件下系统的平衡组成，这就是最小吉布斯自由能法计算复杂系统平衡组成的基本原理。根据最小自由能原理，在给定温度和压力的条件下，求解一组既含气态产物又含凝聚态产物的平衡组成，可按以下步骤进行。

设一个系统由 l 种化学元素组成，燃烧后该系统生成 m 种气态产物和（$n - m$）种凝聚态产物，则系统的自由能函数之和可表示为：

$$G(n) = \sum_{i=1}^{m} G_i^g(x_i^g) + \sum_{i=m+1}^{n} G_i^{cd}(x_i^{cd})$$

每一组分的自由能函数为：

$$G_i^g(x_i^g) = x_i^g(C_i^g + \ln x_i^g - \ln \overline{x^g})$$

$$\overline{x^g} = \sum_{i=1}^{m} x_i^g$$

$$C_i^g = \left(\frac{G_m^\theta}{RT}\right)^g + \ln p$$

$$G_i^{cd}(x_i^{cd}) = x_i^{cd} C_i^{cd}$$

$$C_i^{cd} = \left(\frac{G_m^\theta}{RT}\right)_i^{cd}$$

$$n = \sum_{i=1}^{m} x_i^g + \sum_{i=m+1}^{n} x_i^{cd}$$

则系统的总自由能函数为：

$$G(n) = \sum_{i=1}^{m} \left[x_i^g \left(\frac{G_m^\theta}{RT}\right)_i^g + x_i^g \ln p + x_i^g \ln \frac{x_i^g}{\overline{x^g}} \right] + \sum_{i=m+1}^{n} x_i^{cd} \left(\frac{G_m^\theta}{RT}\right)_i^{cd}$$

式中，$G(n)$ ——系统的总吉布斯自由能函数；

$G_i^g(x_i^g)$ ——第 i 种气态组分的吉布斯自由能函数；

$G_i^g(x_i^{cd})$ ——第 i 种凝聚态组分的吉布斯自由能函数；

G_m^θ ——物质的标准吉布斯自由能函数；

x_i^g ——第 i 种气体组分的物质的量；

x_i^{cd} ——第 i 种凝聚态组分的物质的量；

n ——系统组分的物质的量之和；

p ——系统压力；

T ——系统的温度；

R ——摩尔气体常数。

对于复杂体系的元素原子守恒方程为：

$$\sum_{i=1}^{m} a_{ij}x_i^g + \sum_{i=m+1}^{n} a_{ij}x_i^{cd} = n_j$$

上式是计算系统平衡组分的基本方程。计算时，先任意假设一组满足上式中的正值，即 $y_i^g > 0$（y_i^g 为 y_1^g，y_2^g，…，y_m^g）和 $y_i^{cd} > 0$（y_i^{cd} 为 y_{m+1}^{cd}，y_{m+2}^{cd}，…，y_n^{cd}）作为平衡组成的近似值，在这个基础上，将总自由能函数 $G(n)$ 按照泰勒级数展开式的前三项作为 y 附近系统自由能函数的近似值，然后用拉格朗日乘数法求自由能函数的条件极值点，从而得出一组改善了的近似平衡组成，然后把这组近似平衡组成作为下一次计算的初值，如此反复迭代计算，直至两次相邻计算结果之差符合精度要求为止。

思考题：

1. 影响烟火药燃烧速度的因素有哪些？试举例说明。

2. 简述烟火药的燃烧模型。

3. 试计算 $NaNO_3$ 75% + Mg 21% + $C_{48}H_{42}O_7$ 4% 的比容和反应后的固体残渣质量。

第 6 章
烟火技术的理论基础

烟火药燃烧时，能发出可见的和不可见的光。利用烟火药的光效应，可以制造照明弹、信号弹、曳光弹、红外诱饵弹及五彩缤纷的烟火娱乐制品。烟火学中的光效应涉及辐射度学、光度学和色度学的基础知识。辐射度量是用能量单位描述辐射能的客观物理量。光度量是光辐射能被人眼接收所引起视觉刺激大小的度量，即光度量是具有平均人眼视觉响应特性的人眼所接收到的辐射度的度量。因此，辐射度量和光度量都可定量描述辐射能强度，但辐射度量是辐射能本身的客观度量，是纯粹的物理量；而光度量还包括了生理学、心理学的概念。

6.1 辐射度学基础知识

6.1.1 度量辐射度和光度的参量

在可见光范畴，已经有完善的光度学术语和计量单位，如光通量单位为流明（lm）、发光强度单位为坎德拉（cd）及光照度单位为勒克斯（lx）等。光度学物理量主要根据光学引起观察者的视觉感知来计量，其度量单位不由质量、长度和时间等最基本的物理单位构成。

辐射学的物理量用辐射能量度量，其辐射术语可应用于整个电磁频谱，包括微波、红外、紫外和 X 射线等谱段。如果将辐射量转换为光度量，必须计入人眼视觉特性，如 1 W 辐射通量相当于多少流明光通量，这就与视见函数有关。

6.1.1.1 视见函数

把对人眼最灵敏的波长 $\lambda = 555$ nm 的视见函数规定为 1，即 $V(555) = 1$（视见函数的最大值）。假定人眼同时观察两个位于相同距离上的辐射体 A 和

B，这两个辐射体在观察方向上的辐射强度相等，A 辐射的电磁波长为 λ，B 为 555 nm，人眼对 A 的视觉强度与人眼对 B 的视觉强度之比，作为 λ 波长的视见函数 $V(\lambda)$，$V(\lambda) \leqslant 1$。有了视见函数，就能比较两个不同波长的辐射体对人眼产生视觉的强弱。例如，人眼同时观察距离相同的两个辐射体 A 和 B，假定 A、B 在观察方向上的辐射强度相等，辐射体 A 的辐射波长为 600 nm，B 为 500 nm，根据"明视觉视见函数国际标准"表可查得，$V(600) = 0.631$，$V(500) = 0.323$，这样辐射体 A 对人眼产生的视觉强度是辐射体 B 的 0.631/0.323 倍。反之，欲使辐射体 A 和辐射体 B 对人眼产生相同的视觉强度，则辐射体 A 的辐射强度应该是辐射体 B 的辐射强度的一半。

6.1.1.2 立体角 Ω

立体角 Ω 是辐射度学和光度学中十分重要的概念。它是描述辐射能向空间发射、传输或被某一表面接收时会聚或发散的角度。定义：以锥体的顶点 O 为球心作一球表面，该锥体在球面上所截取部分的表面积 S 和球半径 r 平方之比，如图 6.1 所示。

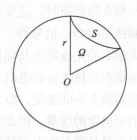

图 6.1　立体角的概念

$$\Omega = \frac{S}{r^2} = \frac{r^2}{r^2} = 1 \text{ sr}$$

立体角的单位是球面度（sr）。

半径为 r 的球的表面积等于 $4\pi r^2$，所以一个光源向整个空间发出辐射能或者一个物体从整个空间接受辐射能时，相应立体角为 4π 球面度。求空间任一表面 S 对空间某一点 O 所张的立体角，可由 O 点向空间表面 S 的外边缘作一系列射线，由射线围成的空间角即为表面 S 对 O 点所张的立体角。不管空间表面凸凹如何，只要对同一点 O 作射线束围成的空间角是相同的，那么它们就有相同的立体角。

6.1.2　辐射度量的定义

1970 年国际照明委员会（CIE）推荐了一套辐射度量和光度量的单位，这套单位基本上和国际单位制（SI）一致，现在被世界上许多国家（包括我国）采纳。基本辐射度量的名称、符号、定义方程、单位名称及单位符号见表 6.1。

表 6.1　基本辐射度量的名称、符号、定义方程、单位名称及单位符号

量的名称	符号	定义方程	单位名称	符号单位
辐射能	Q, W		焦（耳）	J
辐能密度	ω	$\omega = \mathrm{d}Q/\mathrm{d}V$	焦耳每立方米	$J \cdot m^{-3}$
辐射通量，辐射功率	Φ, P	$\Phi = \mathrm{d}Q/\mathrm{d}t$	瓦（特）	W
光谱辐射功率	P_λ	$\mathrm{d}P = P_\lambda \mathrm{d}\lambda$	瓦（特）每微米	$W \cdot \mu m^{-1}$
辐射强度	I	$I = \mathrm{d}\Phi/\mathrm{d}\Omega$	瓦（特）每球面度	$W \cdot sr^{-1}$
光谱辐射强度	I_λ	$\mathrm{d}I = I_\lambda \mathrm{d}\lambda$	瓦（特）每球面度微米	$W \cdot sr^{-1} \cdot \mu m^{-1}$
辐射亮度	L	$L = \mathrm{d}^2\Phi/(\mathrm{d}\Omega \mathrm{d}A\cos\theta)$ $= \mathrm{d}I/(\mathrm{d}A\cos\theta)$	瓦（特）每球面度平方米	$W \cdot m^{-2} \cdot sr^{-1}$
光谱辐射亮度	L_λ	$\mathrm{d}L = L_\lambda \mathrm{d}\lambda$	瓦（特）每球面度平方米微米	$W \cdot sr^{-1} \cdot m^{-2} \cdot \mu m^{-1}$
辐射出射度	M	$M = \mathrm{d}\Phi/\mathrm{d}A$	瓦（特）每平方米	$W \cdot m^{-2}$
光谱辐射出射度	M_λ	$\mathrm{d}M = M_\lambda \mathrm{d}\lambda$	瓦（特）每平方米微米	$W \cdot m^{-2} \cdot \mu m^{-1}$
辐照度	E	$E = \mathrm{d}Q/\mathrm{d}A$	瓦（特）每平方米	$W \cdot m^{-2}$
光谱辐照度	E_λ	$\mathrm{d}E = E_\lambda \mathrm{d}\lambda$	瓦（特）每平方米微米	$W \cdot m^{-2} \cdot \mu m^{-1}$
辐射发射率	ε	$\varepsilon = M/M_0$	—	—
辐射吸收率	α	$\alpha = \Phi_\alpha/\Phi_i$	—	—
辐射反射率	ρ	$\rho = \Phi_r/\Phi_i$	—	—
辐射透射率	τ	$\tau = \Phi_s/\Phi_i$	—	—
说明	M_0 是黑体辐射度；Φ_i、Φ_α、Φ_r 及 Φ_s 分别是入射、吸收、反射和透射的辐射通量			

　　如果某一辐射量带有"光谱"前缀，是指在特定波长上单位波长间隔内测得的，无"光谱"前缀的辐射量是在全光谱范围或特定波段内测得的，两者量纲明显不同。

　　（1）辐射能（Q）。辐射能简称辐能，用来描述以辐射形式发射、传输或接收的能量。当描述辐射在一段时间内积累时，用辐能来表示。为了进一步描述辐射能随时间、空间、方向等的分布特性，分别用以下辐射度量来表示。

（2）辐能密度（ω）。辐能密度定义为单位体积元内的辐射能，即

$$\omega = dQ/dV$$

（3）辐射通量（Φ，P）。辐射通量定义为以辐射形式发射、传输或接收的功率。辐射通量也叫"辐射功率"。"通量"和"功率"含义相同，均表示能量传递的时间速率，即单位时间内的辐能。采用"辐射通量"是与光度学的"光通量"相呼应。辐射通量是一个十分重要的辐射度量。例如，许多光源的发射特性和许多辐射接收器的响应值并不取决于辐射能的时间累计值，而是取决于辐射通量的大小。

$$\Phi = dQ/dt$$

光谱辐射功率定义为波长 λ 时，单位波长间隔内的辐射功率。波长间隔为 λ 和 $\lambda + d\lambda$ 的辐射功率为：

$$dP = P_\lambda d\lambda$$

（4）辐射强度（I）。辐射强度是指辐射源在给定传输方向上单位立体角内的辐射通量，即

$$I = d\Phi/d\Omega$$

辐射强度描述了辐射源辐射的方向特性，对点光源辐射强度的描述具有更重要意义。大多数辐射源向空间各个方向发出的辐射通量是不均匀的，因此辐射强度描述了辐射源在空间某个方向上发射辐射通量大小和分布情况。

光谱辐射强度是指波长为 λ 时单位波长间隔内的辐射强度。波长间隔为 λ 和 $\lambda + d\lambda$ 的辐射强度为：

$$dI = I_\lambda d\lambda$$

（5）辐射亮度（L）。辐射亮度定义为辐射源在垂直于其辐射传输方向上，单位表面积单位立体角内发出的辐射通量，即

$$L = d^2\Phi/d\Omega dA\cos\theta = dI/dA\cos\theta$$

辐射亮度在辐射传输和测量中具有重要作用，是辐射源微面元在垂直于其辐射传输方向上辐射强度特性的描述。如在描述天空辐射特性时，希望知道其各部分的辐射特性，就可以用辐射亮度描述天空各部分亮度分布。

光谱辐射亮度定义为波长 λ 时单位波长间隔内的辐射亮度。波长 λ 和 $\lambda + d\lambda$ 间隔内的辐射亮度为：

$$dL = L_\lambda d\lambda$$

（6）辐射出射度（M）。辐射出射度也叫辐射通量密度，"密度"能表达出"单位面积"的含义，而"出射度"易与"照度"相区分。定义为辐射源

在单位面积上向半球空间发射的功率，即

$$M = \mathrm{d}\varPhi/\mathrm{d}A$$

面元对应的立体角是辐射的整个半球空间。当辐射源辐射面的两个方向尺寸（a，b）均远小于它到观测点的距离 r 时，此辐射源可视为点辐射源。

（7）辐照度（E）。辐照度定义为单位面元上接收到的辐射通量，单位为 $\mathrm{W \cdot m^{-2}}$，即

$$E = \mathrm{d}Q/\mathrm{d}A$$

辐照度和辐射出射度具有相同的定义方程和单位，但是分别被用来描述微面元发射和接收辐射通量的特性。如果一个表面元能反射入射到它表面上的全部辐射通量，那么该面元可看作一个辐射源表面，即其辐射出射度在数值上等于照射辐照度。

光谱辐照度定义为波长为 λ 时单位波长间隔内的辐射照度。波长为 λ 和 $\lambda + \mathrm{d}\lambda$ 间隔内的辐射照度为：

$$\mathrm{d}E = E_\lambda \mathrm{d}\lambda$$

6.1.3　黑体辐射定律

黑体是一个能完全吸收入射到它上面的辐射能的理想物体，在辐射度学中占有十分重要的位置。只有黑体光谱辐射量与温度之间存在精确的定量关系。光辐射度量的绝对值无法直接测量，它们常常转换成一些可测物理量（如电量、热量等）进行测量。因此，黑体温度的测量起到了确定辐射度量的作用，即黑体辐射在辐射度学中起到了基准作用。现实世界中许多光源可以认为或近似认为是黑体，例如太阳、月亮、地球、星星等。另外，还有许多光源和辐射体，尽管它们的辐射特性和黑体相差很大，甚至还有吸收带，但也常用与黑体相当的某些特性来近似表征。

6.1.3.1　吸收、反射、透过率

如果辐射到某一物体的总功率为 P_0，其中一部分 P_a 被吸收，部分 P_ρ 被反射，另一部分 P_τ 穿透该物体，如图 6.2 所示，则：

$$P_0 = P_a + P_\rho + P_\tau$$

将上式两边各除以 P_0，得：

$$\frac{P_\alpha}{P_0} + \frac{P_\rho}{P_0} + \frac{P_\tau}{P_0} = 1$$

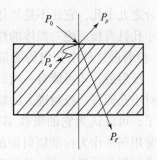

图 6.2　吸收、反射和投射示意图

上式左边第一项比值称为物体的吸收率 α，第二项称为物体的反射率 ρ，第三项则称为物体的透过率 τ，则：

$$\alpha + \rho + \tau = 1$$

一种材料的吸收率 α、反射率 ρ 和透过率 τ 是指对该材料的标准试样（规定了表面处理、表面粗糙度及厚度等条件的试样）进行相应测试得到的数据。当具体试件的表面状态、厚度等不同时，所得测试数据可能会与标准试样的数据相差很大。为了区别这两种情况的数据，目前国际上已经习惯将标准试样的数据称为吸收率、反射率和透过率；而将具体试件的相应数据称为吸收系数、反射系数和透过系数。

由上式可知，若 $\alpha = 1$，则 $\rho = \tau = 0$，这意味着所有落在物体上的辐射能完全被该物体吸收，这一类物体称为绝对黑体或简称黑体；若 $\rho = 1$，则 $\alpha = \tau = 0$，所有落在物体上的辐射能完全被反射出去。如果反射的情况是正常反射，即符合几何光学中反射定律规定的反射角等于入射角，该物体称为镜体；如果是漫反射，则该物体称为白体；若 $\tau = 1$，则 $\alpha = \rho = 0$，此时不存在绝对黑体、绝对白体和绝对透明体。α、ρ、τ 的值与物体的材料、表面状况、温度及辐射线波长有关。例如，石英玻璃对 $\lambda > 4$ μm 的红外线是不透明的，但对 $\lambda < 4$ μm 的红外线则透过率很好；普通窗玻璃则不然，它仅仅是可见光的透明体，几乎不让紫外线和红外线通过。对吸收和反射来说，也存在上述情况。白色表面能很好地反射可见光，但不管什么颜色的油漆，在红外区的吸收率均很高。对红外线辐射的吸收和反射具有重要影响的不是物体表面的颜色，而是表面材料、表面粗糙度等。不管什么情况，光滑表面要比粗糙表面的反射率高几倍。

要想增加物体的吸收率，通常把物体表面蒙上一层不光滑的黑色涂料。即使这样，也只能吸收百分之九十几，它还不是黑体。一个空腔壁面上的小孔具有接近绝对黑体的性质（如图 6.3 所示）。投射进这种小孔内的能量，经过许多次的吸收、反射后，才可能有一丝的能量从孔中漏出去。对小孔而言，投射进去的辐射线基本上被吸收掉了，可以认为它的吸收率 $\alpha = 1$。红外测试

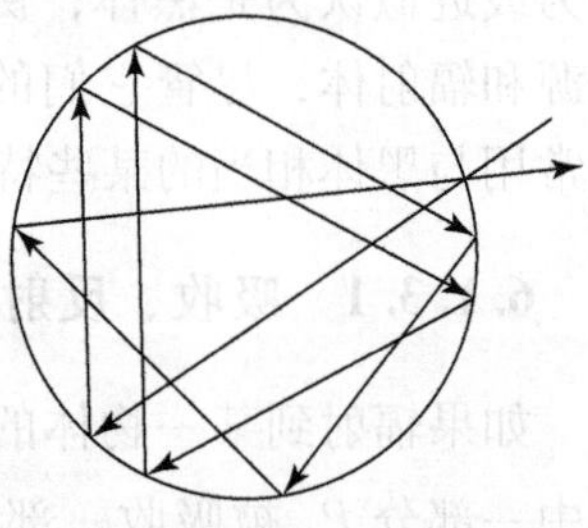

图 6.3　黑体原理示意图

中经常用到的作为标准辐射源的黑体炉就是基于这一原理制成的。工业中作为标准辐射源的黑体炉，其常见的腔型如图 6.4 所示。

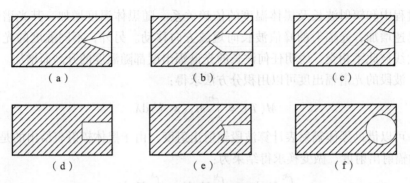

图 6.4 常见黑体炉的腔型

(a)~(c) 圆锥腔；(d)、(e) 具有光滑和波纹底部的圆柱腔和匣形腔；(f) 球腔

6.1.3.2 普朗克定律

1879 年，斯蒂芬从他的试验测量中得出结论：黑体辐射的总能量与其绝对温度的四次方成正比。1884 年，玻尔兹曼应用热力学的关系也得到同样结论。这个结果就是熟知的斯蒂芬－玻尔兹曼定律。1894 年，维恩发表位移定律，给出了黑体辐射光谱分布的一般形式，遗憾的是，它仅与低温时短波段的试验数据相符。1900 年，瑞利基于经典物理的概念，推导出与高温时长波段试验数据相吻合的表达式，可是表达式预言能量随波长减小会无限增加，被人称为"紫外灾难"。

1900 年，普朗克发表了辐射定理，用量子物理的新概念补充了经典物理理论，完整叙述了黑体辐射的光谱分布。普朗克定理指出，黑体的光谱辐出度 M_λ 与波长 λ 及温度 T 的关系可表示为：

$$M_\lambda = \frac{2\pi h c^2}{\lambda^5} \frac{1}{e^{C_2/(\lambda T)} - 1}$$

通常也可以写为：

$$M_\lambda = \frac{C_1}{\lambda^5 \left(\exp\dfrac{C_2}{\lambda T} - 1 \right)}$$

式中，M_λ——绝对黑体的光谱辐射出射度，$W \cdot cm^{-2} \cdot \mu m^{-1}$；

λ——波长，μm；

T——绝对温度，K；

C_1——第一辐射常数，$3.741\ 8 \times 10^{-12}\ W \cdot cm^{-2}$；

C_2——第二辐射常数，$1.438\ 84\ cm \cdot K$。

普朗克定律描述了黑体辐射的光谱分布规律，揭示了辐射与物质相互作用过程中和辐射波长及黑体温度的依赖关系。随黑体温度增加,其光谱辐出度迅速增加,光辐射的峰值波长向短波方向移动。另外,不同温度的光谱分布曲线彼此不相交,说明任何波长的光谱辐出度都随温度的升高而增加。

波段的光谱辐出度可以用积分方法求得:

$$M(T) = \int_{\lambda_1}^{\lambda_2} M_\lambda(\lambda, T) d\lambda$$

可以借助黑体辐射表计算波段辐射出射度。由于黑体辐射表给出的是 $0 \sim \lambda$ 的辐射出射度,做变换求得结果为:

$$\int_{\lambda_1}^{\lambda_2} M_\lambda d\lambda = \int_0^{\lambda_2} M_\lambda d\lambda - \int_0^{\lambda_1} M_\lambda d\lambda$$

例如,热成像系统经常用到常温黑体(300 K)在 $8 \sim 14$ μm 的辐射出射度,可有:

$$\int_8^{14} M_\lambda d\lambda = \int_0^{14} M_\lambda d\lambda - \int_0^8 M_\lambda d\lambda$$
$$= 2.369\ 5 \times 10^{-2} - 6.440\ 3 \times 10^{-3}$$
$$= 1.725\ 5 \times 10^{-2}\ (\text{W} \cdot \text{cm}^{-2})$$

6.1.3.3 斯蒂芬 – 玻尔兹曼定律

从零到无穷大的波长范围内,对普朗克光谱分布函数积分,可以得到黑体辐射到半球空间的辐射通量密度:

$$M = \int_0^\infty M_\lambda d\lambda = \sigma T^4$$

式中,M——黑体的总辐射出射度,W · cm^{-2};

σ——斯蒂芬 – 玻尔兹曼常数,$5.670\ 32 \times 10^{-2}$ W · cm^{-2} · K^{-4}。

斯蒂芬 – 玻尔兹曼定律表明,黑体在单位面积单位时间内辐射总能量与黑体绝对温度的四次方成正比。因此,相当小的温度变化都会引起辐射能量的较大变化。

6.1.3.4 维恩位移定律

求普朗克光谱分布函数对波长的偏微分,并令其为零,可得黑体的光谱辐射出射度的峰值波长 λ_m 和黑体绝对温度 T 之间的关系,即

$$\lambda_m T = 2\ 897.8\ \mu m \cdot K$$

维恩位移定律指出,当黑体温度升高时,其光谱辐射峰值波长向短波方向移动。在实际可以达到的温度范围内,光谱辐射峰值波长均位于红外区域。如 300 K 室温条件下,峰值波长为 9.66 μm,因此,$8 \sim 14$ μm 红外波段有时也称为热红外波段。峰值波长的光谱辐射出射度与绝对温度的五次方成正

比，即

$$M_{\lambda_m} = bT^5$$

式中，b 为 $1.286\ 2 \times 10^{-11} \mathrm{W} \cdot \mathrm{m}^{-2} \cdot \mu\mathrm{m}^{-1} \cdot \mathrm{K}^{-5}$。

6.2　光度学基础知识

6.2.1　度量光度学的基本参数

光度量和辐射度量的定义、定义方程是一一对应的，基本光度量的名称、符号、定义方程、单位名称和单位符号见表 6.2。若发生混淆，则在辐射度量符号上加下标"e"，在光度量符号上加下标"v"，例如辐射度量 Q_e、Φ_e、E_e 等，光度量 Q_v、Φ_v、E_v 等。

表 6.2　基本光度量的名称、符号、定义方程、单位名称和单位符号

量的名称	符号	定义方程	单位名称	符号单位
光量	Q		流明·秒，流明·小时	lm·s, lm·h
光通量	Φ	$\Phi = \mathrm{d}Q/\mathrm{d}t$	流明	lm
发光强度	I	$I = \mathrm{d}\Phi/\mathrm{d}\Omega$	坎德拉	cd
光亮度	L	$L = \mathrm{d}^2\Phi/(\mathrm{d}\Omega \mathrm{d}A\cos\theta)$ $= \mathrm{d}I/(\mathrm{d}A\cos\theta)$	坎德拉每平方米	cd·m^{-2}
光出射度	M	$M = \mathrm{d}\Phi/\mathrm{d}A$	流明每平方米	lm·m^{-2}
光照度	E	$E = \mathrm{d}\Phi/\mathrm{d}A$	勒克斯（流明每平方米）	lx（lm·m^{-2}）
光视效能	K	$K = \Phi_v/\Phi_e$	流明每瓦	lm·W^{-1}
光视效率	V	$V = K/K_m$	——	——

光通量和辐射通量可以通过人眼的视觉特性进行转换，即

$$\Phi_v(\lambda) = K_m V(\lambda) \Phi_e(\lambda)$$

$$\Phi_v = K_m \int_0^\infty V(\lambda) \Phi_e(\lambda) \mathrm{d}\lambda$$

式中，$V(\lambda)$ 是平均人眼的光谱光视效率（也叫视见函数）。对于明视觉，它是对应波长为 555 nm 的辐射通量 $\Phi_e(555)$ 与某波长 λ 能对平均人眼产生相同光视刺激的辐射通量 $\Phi_e(\lambda)$ 的比值。$K(\lambda)$ 是光谱光视效能，定义为目视引起刺激的光通量与光源发出的辐射通量之比，单位 lm/W，最大值为 K_m（K_m 叫作最大光谱光视效能）。

$$K = \frac{\Phi_v}{\Phi_e} = \frac{K_m \int_0^\infty V(\lambda)\Phi_e(\lambda)\mathrm{d}\lambda}{\int_0^\infty \Phi_e(\lambda)\mathrm{d}\lambda} = K_m V$$

（1）发光强度。发光强度是指光源在给定方向上单位立体角内传输的光通量，用符号 I 表示，单位是坎德拉（cd）。

$$I = \mathrm{d}\Phi/\mathrm{d}\Omega$$

式中，I——发光强度，cd。

国际计量大会对发光强度单位坎德拉定义为："坎德拉是发出频率为 540×10^{12} Hz 的单色辐射的光源在给定方向的发光强度，该方向的辐射强度为 1/683 瓦特每球面度。"球面度是一个立体角，其顶点位于球心，而它在球面上所截取的面积等于以球半径为边长的正方形面积。

（2）光通量。光通量是指能引起眼睛视觉强度的辐射通量，用符号 Φ 表示，单位是流明（lm）。流明是发光强度为 1 cd 的均匀点光源在 1 sr 立体角内发射的光通量。

（3）光照度。光照度也称照度，是单位面积上接收的光通量，用符号 E 表示，单位是勒克斯（lx）。1 lx = 1 lm/m^2，勒克斯是 1 lm 的光通量均匀分布在 1 m^2 表面上产生的光照度。

（4）辐（射）照度。辐（射）照度也称辐照度。表面上一点的辐照度是入射在包含该点的面元上的辐射通量 $\mathrm{d}\Phi_e$ 除以该面元面积 $\mathrm{d}A$ 之商，用符号 E_e（或 E）表示，单位是瓦（特）/米^2（1 W/m^2 = 100 μW/cm^2）。

$$E_e = \mathrm{d}\Phi_e/\mathrm{d}A$$

式中，E_e——辐照度，W/m^2。

（5）光亮度。光亮度也称亮度，是指在给定方向单位立体角的垂直光照度，用符号 L 表示，单位是坎德拉每平方米（cd/m^2）。

$$L = \mathrm{d}^2\Phi/(\mathrm{d}\Omega\mathrm{d}A\cos\theta) = \mathrm{d}I/(\mathrm{d}A\cos\theta)$$

式中，L——亮度，cd/m^2。

自然光的照度在不同光线情况下为：晴天阳光直射地面照度约为 100 000 lx，晴天背阴处照度约为 10 000 lx，晴天室内北窗附近照度约为 2 000 lx，晴天室内中央照度约为 200 lx，晴天室内角落照度约为 20 lx，阴天室外为 50 ~ 500 lx，阴天室内为 5 ~ 50 lx，月光（满月）时为 2 500 lx，日光灯为 5 000 lx，电视机荧光屏为 100 lx，阅读书刊时所需的照度为 50 ~ 60 lx，在 40 W 白炽灯下 1 m 远处的照度约为 30 lx，晴朗月夜照度约为 0.2 lx，黑夜为 0.001 lx。

辐射强度与照度的关系为：

$$1 \text{ W} = 683 \text{ lm}$$

$$1 \ W/m^2 = 683 \ lm/m^2$$
$$100 \ \mu W/cm^2 = 683 \ lx$$
$$1 \ \mu W/cm^2 = 6.83 \ lx$$

6.2.2　光辐射测量定律

6.2.2.1　朗伯定律

对于大多数发光物体，不论其发光表面的形状如何，在各个方向上的亮度都相等。例如我们看到的太阳是一个圆球，但人眼的感觉是中心和边缘一样亮，和看到一个均匀发光的圆形平面相同。下面讨论辐射体在各个方向的亮度及不同方向上光强变化的规律。

设 dA 为一发光面，由亮度的定义可知，在与法线成 θ 角方向上的亮度为：

$$L_\theta = I_\theta / (dA\cos\theta)$$

式中，I_θ——θ 方向上的发光强度，如图 6.5 所示。

同理，在法线方向上的亮度为：

$$L_0 = I_0 / dA$$

如果发光面或漫射光表面的亮度不随方向改变，则在法线方向和成 θ 角方向的亮度相等，因此有：

$$L_\theta = L_0 = I_\theta / (dA\cos\theta) = I_0 / dA$$

即

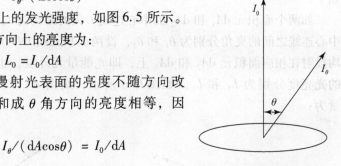

图 6.5　发光强度示意图

$$I_{\theta} = I_0\cos\theta$$

上式为朗伯定律（或发光强度的余弦定律）的数学表达式。遵从朗伯定律的光源称为朗伯光源，它的亮度不随观察方向改变而变化。严格地讲，只有绝对黑体才是朗伯光源。被均匀照明的烟熏的氧化镁表面、毛玻璃和乳白玻璃表面，都可近似地看作遵从朗伯定律的光源。

自然界中，我们所看到的大多数物体本身并不发光，而是被光源照射后，光线在物体表面进行漫反射。现在讨论遵从朗伯定律本身不发光物体的表面亮度问题。

设一遵从朗伯定律的漫射光表面 dA，它的光照度为 E，根据光通量和光照度之间的关系，面积元 dA 所接收到光通量为：

$$d\Phi = EdA$$

设漫射光表面的漫射系数为 ρ，面积元 dA 反射出来的总光通量为

dφ'，则：

$$d\varphi' = \rho E dA$$

根据朗伯定律，漫射光表面的亮度不随方向改变。因此，漫射光表面所发出的总光通量和亮度之间的关系为：

$$d\varphi' = \pi L dA$$

将 d$\varphi' = \rho E dA$ 代入，则得：

$$\rho E dA = \pi L dA$$

$$L = \rho E / \pi$$

根据光出射度和光照度之间的关系，可以写为

$$L = M/\pi \text{ 或 } M = \pi L$$

即单位面积发射的光通量为其亮度的 π 倍。因此，只要测出漫射光表面发射的总光通量，就可以计算出发光面在各个方向上的光亮度。

光辐射传播过程的能量损失对光通量和光亮度有着重要的影响。现讨论如下。

如两个面积元 dA_1 和 dA_2 的中心连线 OO' 的距离为 l，两面积元的法线与中心连线之间的夹角分别为 θ_1 和 θ_2，设两面积元沿 OO' 方向所传递的光能量均投射在相应面积元 dA_2 和 dA_1 上，即光能量无外溢，也无损失，两面积元的光亮度分别为 L_1 和 L_2，如图 6.6 所示。则由 dA_1 发射到 dA_2 上的光通量为：

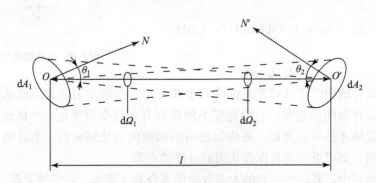

图 6.6　光辐射传播示意图

$$d\Phi_{12} = L_1 \cdot dA_1 \cdot \cos\theta_1 \cdot d\Omega_1 = \frac{L_1}{l^2}\cos\theta_1\cos\theta_2 dA_1 dA_2$$

根据几何光学中光线的可逆性原理，相应 dA_2 发射到 dA_1 上的光通量为：

$$d\Phi_{21} = L_2 \cdot dA_2 \cdot \cos\theta_2 \cdot d\Omega_2 = \frac{L_2}{l^2}\cos\theta_2\cos\theta_1 dA_1 dA_2$$

假设光辐射在所限定的空间内传播时无能量损失，则：

$$d\Phi_{21} = d\Phi_{12}$$

相应可以得到：

$$L_1 = L_2$$

从以上讨论可知，光辐射在同一均匀介质和限定空间内传播时，如果无能量损失，则在传播方向上任一截面上的光通量和光亮度均保持不变。如果光辐射在传播过程中有能量损失，则 $\Phi_{21} \neq \Phi_{12}$，相应 $L_1 \neq L_2$。

如果 dA_1 为发光面，dA_2 为接收面（如光电探测器表面），则由 dA_1 发射、dA_2 接收到的光通量为：

$$d\Phi = \frac{L}{l^2} = \cos\theta_1\cos\theta_2 dA_1 dA_2$$

式中，L——发光面的光亮度。

从该式可看出，只要测得 $d\Phi$，就可以计算出光亮度。特别是发光面遵从朗伯定律时，其计算更简单。

6.2.2.2　两种典型光辐射量的计算

任何辐射源都有一定尺寸，不可能是一个几何点。所谓点源、面源，不是根据辐射源尺寸大小来划分的，而是根据辐射源面积是否充满仪器的测量视场。如果辐射源的面积小于仪器视场，辐射源面积都是有效的，这样的辐射源称为点源。当一个红外搜索系统对远方来袭导弹的张角远小于系统瞬时视场角时，尽管测到的辐射可能来自导弹的蒙皮、喷管或尾焰，可以认为全部辐射来自一点。此时可以按照点源计算产生的辐照度。当在近距离用热像仪测量导弹的尾焰辐射特性时，可以得到尾焰温度场空间分布的热图像。尾焰热像由许多像素组成，每个像素的测量视场很小，它不能探测到全部尾焰。此时尾焰辐射面积只有部分是有效的，应按面源计算产生的辐照度。

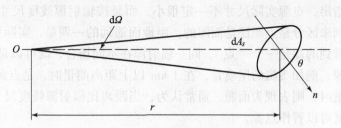

图 6.7　点辐射示意图

一、点光源照度的计算

点光源的特点是向周围 4π 空间以相同的发光强度发出光辐射，如图 6.7

所示。设辐射源为点源 O，辐射源 O 到受照微面元为 dA_s。中心所引的径向量 r 与该面法线成 θ 角，从点源看，受照微面元 dA_s 所张的立体角为 dΩ，根据辐射强度定义，有：

$$d\Phi = Id\Omega$$

$$d\Omega = \frac{dA_s\cos\theta}{r^2}$$

$$d\Phi = \frac{IdA_s\cos\theta}{r^2}$$

$$E = \frac{d\Phi}{dA_s} = \frac{I\cos\theta}{r^2}$$

式中，Φ——辐射通量；

I/r^2——点光源垂直于传播方向上被照表面的光照度，用 E_0 表示，E_0 为光线以倾角 θ 斜射到被照面的光照度，即

$$E = E_0\cos\theta$$

由上式可以看出，当 θ 角为零时，照度值最大。随 θ 角不断增大，照度值将变小。该公式就是照度余弦定律。照明工程中，在计算各种物体表面的光照度或用照度计直接测量光照度时，必须考虑由 θ 角的变化所带来的测量和计算误差。

当被辐照面法向指向点源时，$\cos\theta = 1$，则有：

$$E = I/r^2$$

根据上式可以由辐照度 E 值计算出光辐射强度 I。

光辐射源在被辐照面积上产生的辐照度与该点源辐照强度 I 成正比，与离点源距离 r 的平方成反比，这被称为距离平方反比定律。此定律包含了发光强度、照度和光通量三个常用量之间关系，在光度学和辐射度学中广泛应用，具有十分重要的意义。

应该指出，点源实际尺寸不一定很小，而是按辐射源线度尺寸与接收面距离的比例来区分是点源还是面源的。距地面遥远的一颗星，实际尺寸很大，但观察者看到的却是一个"点"。同一辐射源在不同场合，既可以是点源，又可以是面源，例如飞机的尾喷管，在 1 km 以上距离测量时，是点源；在 3 m 的距离测量时，则表现为面源。通常认为，当距离比辐射源线度尺寸大 10 倍以上时，就可以看作点源。

二、面光源照度的计算

任何实际光源都有一定的尺寸或发光面积，因此不能直接利用上面的公式计算受照面的强度，否则会产生一定的误差。

设一圆盘形余弦辐射源半径为 R、面积为 S_0、亮度为 L，如图 6.8 所示，

距其 l 处为一受照面的小面元 A_d。该面光源上的面元 dS 沿 l 向 A_d 发出的光通量为：

$$d\Phi = LdS\cos\theta d\Omega$$

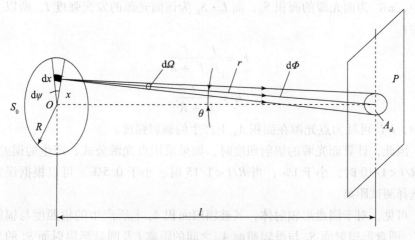

图 6.8　面光源辐射示意图

式中，$dS = xd\varphi dx$，$d\Omega = \dfrac{A_d\cos\theta}{r^2}$，代入上式得：

$$d\Phi = L\frac{xd\varphi dxA_d\cos^2\theta}{r^2}$$

由图 6.8 可知：

$$\cos\theta = \frac{l}{r} = \frac{l}{\sqrt{x^2+l^2}}, \quad r = \sqrt{x^2+l^2}$$

则得到：

$$d\Phi = LA_d\frac{d\varphi xdxl^2}{(x^2+l^2)^2}$$

该面光源向小面积 A_d 发出光的总通量为：

$$\Phi = LA_d\int_0^{2\pi}d\varphi\int_0^R\frac{xl^2dx}{(x^2+l^2)^2}$$

令 $x^2 + l^2 = u$，则 $2xdx = du$，$dx = \dfrac{du}{2x}$，代入上式，有：

$$\Phi = 2\pi LA_d l^2\int_0^R\frac{du}{2u^2} = A_d\pi Ll^2\left|-\frac{1}{u}\right|_0^R = A_d\pi Ll^2\frac{R^2}{l^2(R^2+l^2)}$$

按照定义，可得面光源 S_0 在 A_d 面上引起的照度为：

$$E = \frac{\Phi}{A_d} = \pi L\frac{R^2}{R^2+l^2} = \pi L\sin^2\theta$$

上式也可写为：

$$E = \pi L \frac{R^2}{R^2 + l^2} = \frac{L\pi R^2}{l^2} \frac{l^2}{l^2 + R^2}$$

其中，πR^2 为面光源的面积 S_0，而 $L \cdot S_0$ 为该面光源的发光强度 I，所以上式变为：

$$E = \frac{I}{l^2} \frac{l^2}{l^2 + R^2}$$

$$E = \frac{I}{l^2 + R^2}$$

其中，I/l^2 可视为点光源在面积 A_d 上产生的辐射强度。

因此，计算面光源的辐射照度时，如果采用点光源公式，产生的误差为：当 $R/l < 1/10$ 时，小于 1%；当 $R/l < 1/15$ 时，小于 0.5%。可以根据误差要求选择测试距离。

可见，对于圆盘形辐射体，其被辐照面积 A_d 上所产生的辐照度与辐射强度 I、圆盘形辐射面 S_0 与被辐照面 A_d 之间的距离 l 及圆盘形辐射面 S_0 的半径 R 有关。

6.3　色度学基础知识

颜色分为彩色和非彩色。彩色是指黑白系列以外的颜色，具有明度、色调和饱和度三种特性。物体颜色的定量度量十分复杂，涉及观察者的视觉生理、视觉心理、观察条件、照明条件等许多问题。为了得到一致的度量效果，国际照明委员会（CIE）规定了一套标准色系统，称为 CIE 标准色度系统。其根据是，任何一种颜色都能用三个选定的原色按适当的比例混合而成。

6.3.1　颜色的表示方法

6.3.1.1　颜色的基本术语

颜色：目视感知的一种属性，可以用白、灰、黑、黄、红、绿等颜色名称进行描述。美国光学学会（Optical Society of America）的色度学委员会曾经把颜色定义为：颜色是除了空间的和时间的不均匀性以外的光的一种特性，即光的辐射能刺激视网膜而引起观察者通过视觉而获得的景象。在我国国家标准 GB 5698—85 中，颜色的定义为：色是光作用于人眼引起除形象以外的视觉特性。

光源色：由光源发射的光的颜色。

物体色：光被物体反射或透射后的颜色。

表面色：漫反射、不透明物体表面的颜色。

光谱分布：光谱密度与波长之间的函数关系。

CIE 标准照明体：由 CIE 规定的入射在物体上的一个特定相对光谱功率分布，包括标准照明体 A、C、D_{65}、D_{55}、D_{75}。

色刺激：进入人眼能引起彩色或无彩色感觉的可见光辐射。

三刺激值：在三色系统中，与待测光达到色匹配所需的三种原刺激的量。

光谱三刺激值：在三色系统中，等能单色辐射的三刺激值。在 CIE 1931 和 CIE 1964 标准表色系统中，分别用 $\bar{x}(\lambda)$，$\bar{y}(\lambda)$，$\bar{z}(\lambda)$ 和 $\overline{x_{10}}(\lambda)$，$\overline{y_{10}}(\lambda)$，$\overline{z_{10}}(\lambda)$ 表示。

色品坐标：三刺激之值与它们之和的比值。

色空间：表示颜色的三维空间。

均匀色空间：能以相同距离表示相同知觉色差的色空间。

色差 ΔE：以定量表示的色知觉差异。

显色性：与参考光源比较时，光源显现物体颜色的特性。

显色指数：光源显色性的度量。以被测光源下与参考光源下物体颜色的相符程度表示。

特殊显色指数：光源对某一选定标准颜色样品的显色指数。

一般显色指数：光源对 CIE 规定的 8 种颜色的特殊显色指数的平均值。

色温 T_e：当某一光源的色品与某一温度下黑体的色品相同时黑体的温度。

6.3.1.2　格拉斯曼定律

1854 年，格拉斯曼总结出颜色混合的定性性质，即格拉斯曼定律，为现代色度学的建立奠定了基础。定律内容如下：

（1）人的视觉只能分辨颜色的三种变化（例如明度、色度和饱和度）。

（2）由两个成分组成的混合色中，如果一个成分连续变化，混合色外貌也连续变化。若两个成分互为补色，以适当比例混合时，便产生白色或灰色；若按其他比例混合，便产生近似比重大的颜色成分的非饱和色；若任何两个非补色相混合，便产生中间色，中间色的色调及饱和度随这两种颜色的色调及相对数量不同而变化。

（3）颜色外貌相同的光，不管它们的光谱组成是否一样，在颜色混合中具有相同的效果。即凡是在视觉上相同的颜色，都是等效的。

颜色的代替律：①若两个相同颜色各自与另外两个颜色相同，A≡B，C≡D，则相加或相减混合后的颜色仍相同，即 A+C≡B+D，A-C≡B-D，其中符号"≡"代表颜色相互匹配，即视觉上相等；②一个单位量的颜色与另一个单位量的颜色相同，即 A≡B，那么这两种颜色数量同时扩大或缩小相同倍数，则两种颜色仍相同，即 $nA≡nB$。

根据代替律，只要在感觉上颜色相同，便可互相代替，所得的视觉效果相同。因此，可以利用颜色混合方法来产生或代替所需要的颜色。如设 A+B≡C，如果没有 B 颜色，但 X+Y≡B，那么 A+X+Y≡C。由代替产生的混合色与原混合色具有相同的效果。

(4) 混合色的总亮度等于组成混合色的各种颜色光亮度的总和。

格拉斯曼定律仅适用于各种颜色光的相加混合过程。

6.3.1.3 颜色匹配方程

三原色加成试验的结果可用格拉斯曼定律来阐述，也可以用代数式和几何图形来表示。如以（C）代表被匹配颜色的单位，（R）、（G）、（B）代表产生红、绿、蓝三原色的单位。R、G、B、C 分别代表红、绿、蓝和被匹配色的数量。当试验达到颜色匹配时，颜色方程可表示为：

$$C(C) \equiv R(R) + G(G) + B(B)$$

式中，R、G、B——代数量，可以为负值。

颜色匹配也可以用几何方式来表示。如图 6.9 所示，矢量 S 为被匹配的某一颜色，三原色（R）、（G）、（B）为三维坐标系的坐标轴，S 在各坐标轴上的数量 R、G、B 代表颜色 S 相应于三坐标轴的分量。三个坐标轴只要它们有一个公共的交点 O，且三个轴不在一个平面内，则其空间方向可任意。每个坐标轴上的单位长度（R）、（G）、（B）的选择也是任意的，一种常用的选择方式认为相等数量 R、G、B 混合后产生中性色 N，使代表中性的矢量 N' 与 $R+G+B=1$ 的单位平面相交于三角形的重心处，则三角形与各坐标轴的交点处，$R=1$，$G=1$，$B=1$，由此确定了各坐标轴的单位长度。可以看出单位平面是一个非常重要的平面，每个颜色矢量与它只能有一个交点，交点位置是固定的，各交点与原点 O 的连线长度为各种颜色矢量的单位长度，如图 6.10 所示。

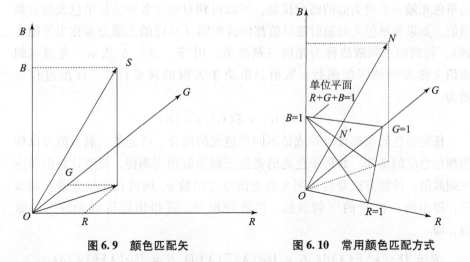

图6.9　颜色匹配矢

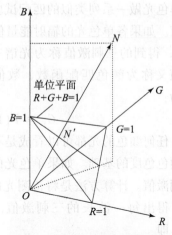

图6.10　常用颜色匹配方式

6.3.1.4　三刺激值和光谱三刺激值

颜色匹配试验中选取三种颜色，由它们相加混合能产生任意颜色，这三种颜色称为三原色，也称为参照色刺激。三原色可以任意选定，但三原色中任何一种颜色不能由其余两种原色相加混合得到。最常用的是红、绿、蓝三原色。在颜色匹配试验中，与待测色达到色匹配时所需要三原色的数量，称为三刺激值，即颜色匹配方程式的 R、G、B 值。一种颜色与一组 R、G、B 数值相对应，颜色感觉可通过三刺激值来定量表示。任意两种颜色只要 R、G、B 数值相同，颜色感觉就相同。

三刺激值单位（R）、（G）、（B）不用物理量为单位，而是选用色度学单位（也称三 T 单位）。其确定方法是，选一特定白光（W）为标准，用颜色匹配试验选定的三原色光（红、绿、蓝）相加混合，与此白光相匹配，如果达到匹配时测得的三原色光通量（R）为 l_R 流明、（G）为 l_G 流明、（B）为 l_B 流明，则比值 $l_R : l_G : l_B$ 被定义为色度学单位（即三刺激值的相对亮度单位）。若匹配 F_C 流明的（C）光需要 F_R 流明的（R）、F_G 流明的（G）和 F_B 流明的（B），则颜色方程为：

$$F_C(C) \equiv F_R(R) + F_G(G) + F_B(B)$$

式中，各单位以 lm 表示。若用色度学单位来表示，则方程为：

$$C(C) \equiv R(R) + G(G) + B(B)$$

式中，$C = R + G + B$；$R = F_R / l_R$；$G = F_G / l_G$；$B = F_B / l_B$。

在颜色匹配试验中，待测色光也可以是某一种波长的单色光（称作光谱色），对应一种波长的单色光可得到一组三刺激值（R，G，B）。对不同波长的单色光做一系列类似的匹配试验，可以得到对应于各种波长单色光的三刺激值。如果各单色光的辐射能量值都保持相同（对应的光谱分布称为等能光谱），得到的三刺激值称为光谱三刺激值，用 $\bar{r}$、$\bar{g}$、$\bar{b}$ 表示。光谱三刺激值又称为颜色匹配函数，数值只取决于人眼的视觉特性。匹配过程表示为：

$$C_\lambda \equiv \bar{r}(R) + \bar{g}(G) + \bar{b}(B)$$

任何颜色的光都可以看成是不同单色光的混合，故光谱三刺激值可以作为颜色色度的基础。如果单色光的光谱三刺激值预先测得，就能计算出相应三刺激值。计算方法是将待测光的光谱分布函数 φ_λ 按波长加权光谱三刺激值，得出每一波长的三刺激值，再进行积分，就得出该待测光的三刺激值，即

$$R = \int_\lambda k\varphi(\lambda)\bar{r}(\lambda)\,\mathrm{d}\lambda, G = \int_\lambda k\varphi(\lambda)\bar{g}(\lambda)\,\mathrm{d}\lambda, B = \int_\lambda k\varphi(\lambda)\bar{b}(\lambda)\,\mathrm{d}\lambda$$

积分的波长范围为可见光波段，一般为 $380 \sim 760$ nm。

6.3.1.5 色品坐标和色品图

当 $C = 1$ 时，颜色方程可写成单位方程，即

$$(\mathrm{C}) \equiv \frac{R}{R+G+B}(\mathrm{R}) + \frac{B}{R+G+B}(\mathrm{B}) + \frac{G}{R+G+B}(\mathrm{G})$$

即两个单位颜色（C）的色品只取决于三原色的刺激值各自在 $R+G+B$ 总量中的相对比例（即色品坐标），用符号 r、g、b 表示。色品坐标与三刺激值之间的关系为：

$$r = \frac{R}{R+G+B}, g = \frac{G}{R+G+B}, b = \frac{B}{R+G+B}$$

且 $r+g+b=1$，于是上式可以写为：

$$(\mathrm{C}) \equiv r(\mathrm{R}) + g(\mathrm{G}) + b(\mathrm{B})$$

色品坐标三个量 r、g、b 中只有两个独立变量。

标准白光（W）的三刺激值为 $R=G=B=1$，故色品坐标为 $r=g=0.333$。以色品坐标表示的平面图称为色品图，如图 6.11 所示。三角形的三个顶点对应于三原色（R）、（G）、（B），纵坐标为色品 g，横坐标为色品 r。只需给定 r 和 g 坐标，就可以确定颜色在色品图的位置。由图 6.10 三刺激值色空间可知，色品图是单位平面 $R+G+B=1$，只是将三维空间的三个坐标轴按一定规则分布，使单位平面成为一个等边三角形。色品图上表示了 $C=1$ 各颜色量的色品。

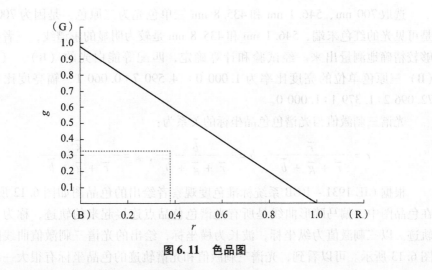

图 6.11　色品图

6.3.1.6　CIE 1931 – RGB 标准色度系统

CIE 1931 – RGB 标准色度系统建立在莱特和吉尔德两项颜色匹配试验的基础上。莱特在 2 度圆形视场范围内选择 650 nm（红）、530 nm（绿）和 460 nm（蓝）三种单色光为三原色，用这三种原色光匹配等能光谱的各种颜色，不同颜色的光达到匹配时所需三原色光的数量不同。三刺激值的单位规定如下：等数量的蓝和绿原色匹配 494 nm 的蓝绿色，等数量的红和绿原色匹配 582.5 nm 的黄色，得出它们的相对亮度单位为 $l_R:l_G:l_B$。由 10 名观察者在设计的目视色度计上进行试验，测得一套光谱三刺激值数据。吉尔德在他设计的目视色度计上由 7 名观察者做了类似试验，观察视场也是 2 度，他选用的三原色波长为 630 nm（红）、542 nm（绿）和 460 nm（蓝），三刺激值单位是以三原色相加匹配 NPL（英国国家物理实验室英文缩写）白色光源，认为三原色的刺激值相等，定出它们的相对亮度单位 $l_R:l_G:l_B$，测得一套光谱三刺激值数据。

CIE 综合了上述两项试验结果，将他们所使用的三原色转换成 700 nm（红）、546.1 nm（绿）和 435.8 nm（蓝），并以相等数量的三原色刺激值匹配等能白光（又称 E 光源）来确定三刺激值的单位。将他们两人的试验结果进行坐标转换后，绘制在新色品坐标图上，发现他们的试验结果一致。1931 年，CIE 采用了他们试验结果的平均值来定义匹配等能光谱色的 RGB 三刺激值，用 $\bar{r}$、$\bar{g}$、$\bar{b}$ 来表示。这一组函数叫作"CIE 1931 – RGB 系统标准色度观察者光谱三刺激值"，简称"CIE 1931 – RGB 系统标准色度观察者"。

选取 700 nm、546.1 nm 和 435.8 nm 三单色光为三原色，是因为 700 nm 是可见光的红色末端，546.1 nm 和 435.8 nm 是较为明显的汞谱线，三者都能够较精确地测量出来。经试验和计算确定，匹配等能白光的（R）、（G）、（B）三原色单位的亮度比率为 1.000 0：4.590 7：0.060 1，辐亮度比率为 72.096 2：1.379 1：1.000 0。

光谱三刺激值与光谱色色品坐标的关系为：

$$r = \frac{\overline{r}}{\overline{r} + \overline{g} + \overline{b}}, \; b = \frac{\overline{b}}{\overline{r} + \overline{g} + \overline{b}}, \; g = \frac{\overline{g}}{\overline{r} + \overline{g} + \overline{b}}$$

根据 CIE 1931 - RGB 系统标准色度观察者绘出的色品图如图 6.12 所示。在色品图中，偏马蹄形曲线是所有光谱色色品点连接起来的轨迹，称为光学轨迹。以三刺激值为纵坐标，波长为横坐标，绘出的光谱三刺激值曲线图如图 6.13 所示。可以看到，光谱三刺激值和光谱轨迹的色品坐标有很大一部分出现负值，其物理意义可从匹配试验来理解。当投射到半视场的某些光谱色用另一半视场的三原色匹配时，不管三原色如何调节，都不能使两视场颜色达到匹配，只有在光谱色半视场加入原色时，才能达到匹配，即出现色品坐标的负值。色品图（图 6.11）的三角形顶点表示红（R）、绿（G）、蓝（B）三原色。在色品图上，负色点的坐标落在原色三角形之外。在原色三角形内的各色品点的坐标均为正值。

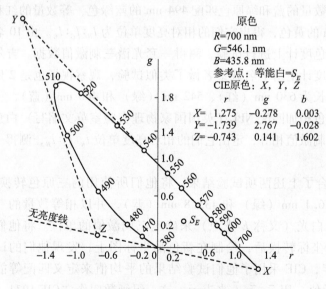

图 6.12　1931 年 CIE - RGB 系统色品图

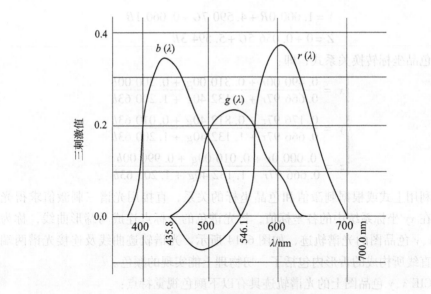

图 6.13　光谱三刺激值曲线图

由于（R）、（G）、（B）三原色的相对亮度比为 $l_R : l_G : l_B = 1.000\ 0 : 4.590\ 7 : 0.060\ 1$。在色品图上，某一颜色的色品坐标为 (r, g, b)，则亮度方程为：

$$l(C) = r + 4.590\ 7g + 0.060\ 1b$$

6.3.1.7　CIE 1931 – XYZ 标准色度系统

利用 CIE 1931 – RGB 系统进行色度学计算时，由于会出现负系统，使用不便且难理解。1931 年，CIE 推荐了一个新的国际通用表色系统，即 CIE 1931 – XYZ 系统，该系统是在 RGB 系统基础上改用三个假想原色 X、Y、Z 建立起来的，确定三个假想原色的条件如下：

（1）在此系统中 X、Y、Z 均为正值。

（2）规定（X）、（Z）两原色只代表色度，没有亮度，光度量只与三刺激值 Y 成比例。XZ 线称为无亮度线，$r - g$ 色品图上的方程应满足零亮度线的条件。如果颜色在无亮度 $l(C) = 0$ 线上，则 $r + 4.590\ 79 + 0.060\ 1b = 0$，代入 $b = 1 - r - g$，整理可得 XZ 线的方程为：

$$0.939\ 9r + 4.530\ 69 + 0.060\ 1 = 0$$

（3）X = Y = Z 时仍代表等量白光。

在如此规定后，经过坐标变换，可求得 XYZ 系统和 RGB 系统之间的转化关系式：

$$X = 2.768\ 9R + 1.751\ 7G + 1.130\ 2B$$

$$Y = 1.000\ 0R + 4.590\ 7G + 0.060\ 1B$$
$$Z = 0 + 0.056\ 5G + 5.594\ 3B$$

以及色品坐标转换关系式，即：

$$\begin{cases} x = \dfrac{0.490\ 00r + 0.310\ 00g + 0.200\ 00b}{0.666\ 97r + 1.132\ 40g + 1.200\ 63b} \\[3mm] y = \dfrac{0.176\ 97r + 0.812\ 40g + 0.010\ 63b}{0.666\ 97r + 1.132\ 40g + 1.200\ 63b} \\[3mm] z = \dfrac{0.000\ 0r + 0.010\ 00g + 0.990\ 00b}{0.666\ 97r + 1.132\ 40g + 1.200\ 63b} \end{cases}$$

利用上式或根据刺激值和色品坐标的关系，直接用光谱三刺激值求得光谱色在 xy 坐标系统中的各坐标值，将光谱色的坐标点连成马蹄形曲线，称为 CIE x,y 色品图的光谱轨迹，如图 6.14 所示。光谱轨迹曲线及连接光谱两端点的直线所构成的舌形内包括了一切物理上能实现的颜色。

CIE x,y 色品图上的光谱轨迹具有以下颜色视觉特点：

（1）靠近波长末端 700～770 nm 光谱波段具有一个恒定的色品值，都是 $x = 0.734\ 7$，$y = 0.265\ 3$，$z = 0$，故在色品图上由一个点来表示。

（2）光谱轨迹 540～700 nm 段是一条与 XY 边基本重合的直线。在这段光谱范围内，任何光谱色都可以通过 540 nm 和 700 nm 两种波长的光以一定比例相加混合产生。

（3）光谱轨迹 380～540 nm 段是曲线，此范围内的一对光谱色混合不能产生二者之间位于光谱轨迹上的颜色，而只能产生光谱轨迹所包围面积内的混合色。光谱轨迹上的颜色饱和度最高。如图 6.14 所示，C 和 E 代表 CIE 的标准光源和等能白光点，等能白光 E 点位于 XYZ 颜色三角形的中心处。越靠近 C 或 E 点，颜色饱和度越低。

（4）连接色度点 400 nm 和 700 nm 的直线称为紫红轨迹，也称紫线。因为将 400 nm 的蓝色刺激和 700 nm 的红色刺激混合后，会产生紫色。

（5）$y = 0$ 的直线（XZ）与亮度没有关系，即无亮度线。

CIE 表色系统通过 x、y、z 值来定量描述颜色。色品图上的色坐标把颜色用数学量表示出来，能够计算和测量。色品图有以下几个用途：①当 X、Y 确定后，便可知道色调和纯度。例如，有一颜色 $X = 0.62$、$Y = 0.35$，利用色品图可知其色调相当于主波长 615 nm、色纯度为 77% 的红色。②知道 X、Y 值后，可以进行光色混合。③可以确定互补色。X、Y 说明了颜色的外貌，X、Y 不同，颜色的外貌就不同。

烟火药中的有色发光剂要求颜色纯度高，但火焰又不可能呈现单色光，因此要合理选择有色发光剂的成分及配比，使火焰着色的染焰剂在火焰光谱

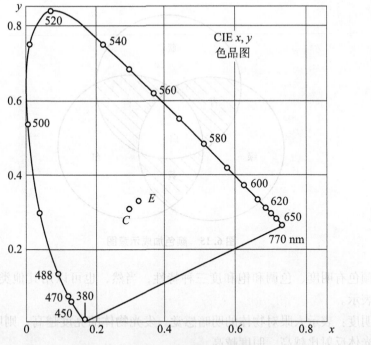

图 6.14　CIE *x*，*y* 色品图的光谱轨迹

的一定波段上产生明亮的谱线或谱带，如 Li、Na、Ti、In 在光谱的某一波段上都会产生明亮的线状光谱；应用色品图可以从理论上指导染焰剂的选择，进行有效颜色混合，达到预期的效果；应用色品图还可以定量描述有色发光剂的颜色，并对其色彩进行评价，指导颜色质量的控制。

6.3.2　人眼的视觉特性

人眼能分辨不同颜色的机理一直是人们研究的课题。现代颜色视觉理论主要有两大类：一是三色学说，另一个是"对立"颜色学说。三色学说认为，红绿蓝为三原色，三原色的适当组合可以产生任意一种颜色。颜色加成原理如图 6.15 所示。红光和绿光按适当比例加合就产生了黄光，如果再加入适当的蓝光，就得到白光。根据三色学说混合规律，可以由红、绿、蓝三原色混合出各种不同的颜色。假设人眼视网膜上有三种神经纤维，每种神经纤维的兴奋都引起一种原色的感觉。光作用在视网膜上虽然能同时引起三种纤维的兴奋，但波长不同，引起三种纤维的兴奋程度不同，人眼就产生不同的颜色感觉。例如可见光谱中长波段的光同时刺激红、绿、蓝三种纤维，但红纤维的兴奋最强烈，因此有红色感觉。若三种纤维的兴奋程度相同，就会产生白色感觉。色光强度是红、绿、蓝三种颜色光强度之和。

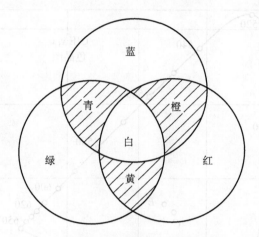

图 6.15　颜色加成示意图

颜色有明度、色调和饱和度三种特性，当然，也可以用其他类似的三种特性表示。

明度：表示人眼对物体的明暗感觉。发光物体的亮度越高，则明度越高；非发光体反射比越高，明度越高。

色调：彩色彼此相互区分的特性，即红、黄、绿、蓝、紫等。不同波长的单色光具有不同的色调。发光物体的色调取决于光辐射的光谱组成。非发光物体的色调取决于照明光源光谱组成和物体本身的光谱反射（透射）的特性。

饱和度：也称纯度，是指颜色的纯洁性。可见光谱中的各种单色光是最饱和的色彩。物体色的饱和度取决于物体反射（透射）特性。物体反射光的光谱带越窄，其饱和度越高。

$$饱和度(P) = \frac{单色部分辐射强度}{整个可见光部分辐射强度} \times 100\%$$

对任何有色火焰的颜色，可以看作是由某一波长的有色光和白光按一定比例混合而成，因此按下式测定火焰的饱和度较为方便。

$$P = \frac{I_\lambda}{I_\lambda + I_W} \times 100\%$$

式中，I_λ——单色光辐射强度；

I_W——白光强度。

饱和度低的火焰，人眼就不能很明显地看出它所发出的特有颜色，而所见的白光仅为白色，只有饱和度大的火焰才能呈现出不同的颜色。

除上述三种特性外，颜色还具有恒常性。当外界条件发生变化时，人的色知觉仍然保持相对不变，这种现象即为颜色恒常性的表现。颜色视觉现象还有色对比和色适应等情况。正常色觉者看到的可见光谱带应包含有红、橙、黄、绿、青、蓝、紫等颜色。感觉最亮的地方在光谱 555 nm 处，如图 6.16 中¤所示。

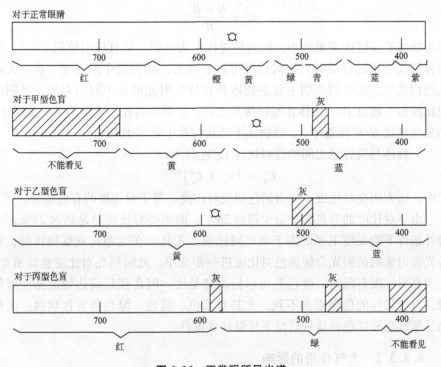

图 6.16　正常眼所见光谱

6.3.3　大气效应和能见度

由于大气层的吸收和散射作用，光辐射的能量会发生变化。对于可见光，主要是散射的影响。一束光在大气层穿过时，辐射强度会衰减，散射作用还会使光的颜色发生变化。

6.3.3.1　视觉对比度

视觉是眼睛所记录的感觉。照射在眼睛上的光刺激作用产生感觉，人眼通过视细胞分辨亮度和颜色感觉。

人眼有锥体细胞和杆体细胞两种视细胞，前者能区分不同颜色，后者能分辨物体的细节。这两种细胞在外界光亮度变化时有不同的视觉规律。在光亮条件下，即亮度在几个 cd/m² 以上时，人眼的锥体细胞起作用，称为锥体细胞视觉，也叫明视觉。在暗条件下，亮度约在百分之几 cd/m^2 以下时，人眼的杆体细胞起作用，称为杆体细胞视觉，也叫暗视觉。

　　一个物体能从其背景中区分出来是因为它有不同的颜色或亮度。试验证明，亮度的不同比颜色的不同重要得多。明亮对比度由下式定义：

$$C = \frac{B - B'}{B'}$$

如果物体的亮度比背景的小，则明亮对比度为负值，且其极限值趋于 -1；当物体的亮度超过背景时，该对比度可以非常大，如黑夜中的亮光。在白天或人造白光中，亮度的差别主要是物体和背景反射光的量不同引起的，其明亮对比度很少超过 10。物体在经过伪装之后，其明亮对比度可以为 0.1 或更小。如果亮度比 B/B' 接近于 1，则物体不能从背景中分辨出来。

　　一物体与其背景之间的总对比度 C_0 近似为：

$$C_0 = (C_b^2 + C_c^2)^{1/2}$$

式中，C_b 为明亮对比度；C_c 为消色明亮对比度，等于对比度的有色部分。

　　由于对比度的有色部分很少超过 25%，而明亮对比度总是超过 25%，在野外条件下能见度主要取决于明亮对比度。尤其是在远距离观察物体时，从各光源射来的散射光会使颜色对比度进一步变小，此时明亮对比度愈显重要。在明亮对比度有限时，颜色差可以提高能见度。但在接近或达到能见度极限时，有色目标的色调观察不到，尤其对紫色、蓝色、绿色和黄色刺激，而橙色、紫红色和红色在这种情况下显微红或褐色。

6.3.3.2　大气作用的影响

　　通过一种能散射和吸收光线的介质观察时，物体与背景之间的总对比度要减小。对于均匀介质，如包含观察者和物体的大气，对比度的减少量取决于从物体发出的光、从背景发出的光和由中间介质发出的光三者之间的平衡。如果介质是分层的，例如物体与观察者之间有烟幕的情况，由多种散射所产生的反射会更进一步减少总对比度。

　　通常物体与其背景之间的固有明亮对比度和隔一定距离观察的总对比度 C_x 由下式给出：

$$C_x = \frac{(B - B') e^{-\beta x}}{B' e^{-\beta x} + G}$$

式中，B——第一物体的亮度；

　　　　B'——第二物体或背景的亮度；

　　　　β——散射系数；

　　　　x——距离；

G——由云反射和散射的光，方向与物体反射光相同。

在特定条件下，如某种特定的照明，总对比度存在一临界值，只有超过这一临界值，物体才可见。

通过大气观察时，远距离的两个物体或物体与背景之间的总对比度会减小，如图 6.17 所示。这种总对比度的减小限制了观察目标和信号的最大距离。

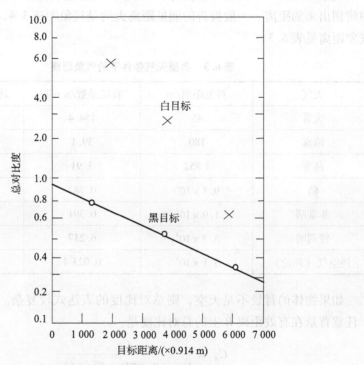

图6.17　总对比度与距离的关系

由大气引起对比度减小的最一般的表达式是：

$$C_{\bar{R}} = \frac{B}{B'} C e^{-\beta \bar{R}}$$

式中，$C_{\bar{R}}$——两个物体或一个物体与背景之间在有效距离 $\bar{R}$ 上的总对比度；

C——固有对比度；

β——散射系数；

B——物体的亮度；

B'——背景的亮度。

如果大气是均匀的介质，即在不同水平上天空的总亮度不变，则此式可以简化为：

$$C_x = Ce^{-\beta x}$$

式中，C_x——在距离 x 上的总对比度。

在水平距离上，大气传输是 2% 时，气象距离为：

$$X_R = \frac{-1}{\beta}\ln 0.02 - \frac{3.912}{\beta}$$

气象距离即一个固有对比度为 -1 的、大的黑色物体恰好能在白天的天空中辨别出来的距离。一般报告的能见距离大约是气象距离 3/4，典型天气下的气象距离见表 6.3。

表 6.3　典型天气条件下的气象距离

天气	可见距离/m	衰减系数/n mile	透射系数/n mile
大雾	45	154.4	0.02^{40}
浓雾	180	39.1	0.02^{10}
薄雾	1 852	3.91	0.02
晴	9.3×10^4	0.782	0.457
非常晴	1.9×10^4	0.391	0.676
特别晴	3.3×10^4	6.217	0.805
纯空气（理论）	3.1×10^5	0.023 4	0.976

如果物体的背景不是天空，则总对比度的表达式较复杂。一个目标相对于任意背景在有效距离 $\bar{R}$ 上的总对比度是：

$$C_{\bar{R}} = \frac{C}{1 + (B_H/B')(e^{\beta\bar{R}} - 1)}$$

式中，C——物体与背景之间的固有对比度；

B_H/B'——物体方向上水平天空的亮度与背景亮度之比。

向上观察物体时，能见度计算由于大气分层而较复杂。如果假定这种分层是连续的，则散射系数将有规则地变化，可以估算出能见度。

6.3.3.3　人工照明下目标的能见度

在一定距离上的船、低空飞行的飞机及一定距离上的信号能否从背景上分辨出来，主要取决于观察者眼睛所适应的亮度水平上的视觉能力、目标与背景间的总对比度及反映在观察者眼睛上的角度。目标面积所对应的角度取决于物体的尺寸和形状。对于距离为 x m 上的圆形物体，目标面积为 A m^2 时所对应的角度为：

$$\alpha = \frac{1.128 \sqrt{A}}{x}$$

距离也是总对比度的函数,确定目标能见距离的计算很复杂,因此有一系列近似计算的方法。此外,由于地球的曲率,在远距离观察时,目标或观察者必须升高。各种高度下的几何距离由下式确定:

$$x = 0.251(H + h)$$

式中,H——目标的高度,m;

　　　h——观察者的高度,m;

　　　x——距离,km。

用照明弹提供照明时,由于实际亮度有限,难以保持正常视力的辨认度,只要求有足够的亮度。如图 6.18 所示。一般照明剂能够达到以上的要求。目标与背景在同一光源下照明时(与日光照射一样),对比度将取决于目标和背景的反射性。一些常见物体的反射率见表 6.4。

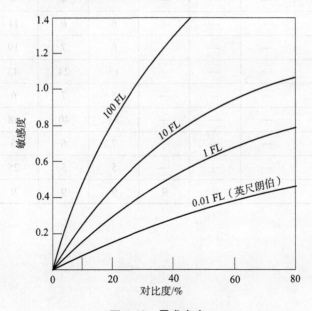

图 6.18　需求亮度

表 6.4　常见地形和建筑材料的反射率　　　　　　　　　　　　　　　%

项目	波长/μm						
	0.4	0.5	0.6	0.7	0.8	0.9	1.0
干黄土	8	16	37	55	69	76	82
干沙	18	28	37	45	52	56	58

项目	波长/μm						
	0.4	0.5	0.6	0.7	0.8	0.9	1.0
干红土	8	8	20	28	33	35	37
干壤	8	12	18	20	20	21	22
湿壤	5	6	7	9	10	11	11
常绿树	3	4	7	6	24	24	24
干草	7	13	20	26	31	35	37
绿地	—	—	—	—	4	7	10
湿泥	—	—	—	—	5	8	9
池水	—	—	—	—	3	2	1
柏油路	—	—	—	—	4	4	4
黑漆	—	—	—	6	6	11	12
土黄漆	—	—	—	6	7	19	21
土红漆	—	—	—	15	24	42	43
深绿漆	—	—	—	5	7	6	6
天灰漆	—	—	—	33	40	48	45
海蓝漆	—	—	—	7	6	5	4
红漆	—	—	—	5	5	25	75
黑混凝土瓦	—	9	9	9	9	9	9

第7章

烟火技术的光效应

产生光辐射效应的烟火药有照明剂、信号剂、曳光剂、红外诱饵剂、红外照明剂，以及五颜六色的花炮药剂等。

7.1 照明剂

在夜晚，黑暗是妨碍军事行动的极其重要因素。因此，夜晚进行有效军事行动的第一需求就是有足够的照明弹。在夜晚进行的军事战斗中，照明弹可以照亮敌人的活动区域，清楚地观察敌人的动向和靶标。为了得到强光，可利用降落伞将照明弹的弹筒悬挂在空中，令照明弹从管状弹壳或特殊的投射器发射出强光。烟火药的光效应也用于弹药筒、曳光弹和信号火箭的照明。持续时间长的白光适用于照明弹，持续时间短的强烈白光适用于晚间的空中摄影，彩色光适用于曳光弹和信号火箭。

常用的可见光照明剂有两类：钡盐（白光）照明剂和钠盐（黄光）照明剂。

钡盐（白光）照明剂主要由 $Ba(NO_3)_2$ 和 Mg 粉混合而成。第一次世界大战期间的钡盐照明剂为 $Ba(NO_3)_2$ + Al 的钡盐照明剂。由于其单位质量光量较低，至第二次世界大战时发展为 $Ba(NO_3)_2$ + Mg_4Al_3 + S （或有机黏结剂）的钡盐照明剂，但单位质量光量也只有 18.75×10^4 lm·s/g。后来又进一步发展成 $Ba(NO_2)_2$ + Mg 的钡盐照明剂。

钠盐（黄光）照明剂是在钡盐（白光）照明剂技术的基础上发展起来的。钠盐照明剂主要由 $NaNO_3$ 和 Mg 构成，它的单位质量光量达到 50×10^4 ~ 62.5×10^4 lm·s/g。由 $NaNO_3$ 36%、Mg 55%、聚酯树脂9%组成的钠盐照明剂的单位质量光量超过 60×10^4 lm·s/g。美国、德国和英国目前使用的钠盐照明剂采用了新的配方和黏结剂后，单位质量光量已经达到 81.25×10^4 ~ 87.50×10^4 lm·s/g。

对可见光照明剂的研究一度侧重于制造工艺和单位质量光量的进一步提高。早在 20 世纪 60 年代就研制出了可浇铸的照明剂。它克服了压装照明剂工艺成型较困难和生产不安全的缺点。一种由顺丁烯二酸酐作固化剂、二硝基三乙基二醇作增塑剂的浇铸照明剂单位质量光量达到了 62.5×10^4 lm·s/g。70 年代出现了气体照明体系,其氧化剂、可燃剂和附加物均为气体,克服了固体照明剂一旦点燃将不可控的缺点。该体系通过改变气体流量即可控制火焰大小和燃烧时间,重现性好,通过使用抛物面反射镜使单位质量光量提高了十多倍。例如,对单位质量光量只有 18.0×10^4 lm·s/g 的气体照明剂,使用抛物面反射镜后,性能提高了 12 倍,相当于单位质量光量达到 212.5×10^4 lm·s/g。

在新型高效的可见光照明剂的研究领域,期待着基础性研究工作的突破和新的适用于可见光照明剂用的高能材料的出现。目前,已经开展了照明剂高温可逆反应时的可逆温度和照明剂的显色性等基础性研究工作,对进一步提高可见光照明剂的性能和配方改进具有重要作用。在新的高能材料未出现前,配方研究仍然基于现有材料,优选合适的氧化剂、可燃剂和黏结剂及其最佳配比。目前照明剂配方研究的重点还是提高钠盐照明剂的单位质量光量。

7.1.1 照明剂的技术要求

除符合常用烟火药的一般技术要求外,照明剂还必须满足下列特殊技术要求:

(1) 单位质量照明剂应产生最大的光能。为保证清晰地观察各类目标,单位质量的照明剂燃烧时应产生最大的光能,并用单位质量光量衡量,以此比较所设计的照明剂的合理性。通常认为单位质量光量在 2.5×10^5 lm·s/g 以上的才属于有效照明剂。

(2) 辐射光谱应适应于人眼观察目标。好的照明剂应该有舒适感的光色和较好的显色性。人眼能接受的光能取决于辐射强度和光谱成分。照度小于 0.2 lx 时,人眼看到的物体是无色而暗淡的。只有当照度增大至 $1 \sim 2$ lx 以上时,才能明显地观察到各类目标。对人眼来说,低照度下舒适感的光色是接近烛焰一类的低色温光色;中等照度下舒适度的光色是接近黎明或黄昏的色温略高的光色;较高照度下舒适度的光色是接近中午阳光或偏蓝的高色温天空光色。照明水平与光色舒适度的关系如图 7.1 所示。

光源光辐射的显色性是人眼观察被照物所呈现的颜色性质,即被照目标的颜色再显示的能力,以显色指数(Ra)来表征其优劣。光源一般显色指数质量分类见表 7.1。

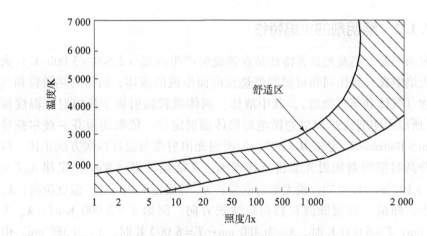

图 7.1　照明水平与光色舒适度的关系

表 7.1　光源显色性的质量分类

一般显色指数 Ra	100 ~ 75	75 ~ 50	50 以下
质量分类	优良	一般	劣

这里所说的显色指数是表示用试验光源照明物体时的色知觉与用参照光源照明物体时的色知觉之间相比较发生变化的程度。通常所说的显色指数是一般显色指数和特殊显色指数的总称。一般显色指数是指用参照光源照明 $i = 1 ~ 8$ 种试验色样时与用试验光源照明时在 CIE – UCS 色坐标上的变化平均值（即 8 种试验色的平均显色性）。参照光源的显色指数定为 100，具有 3 000 K 相关色温的暖白色荧光灯的显色指数定为 50。特殊显色指数是指用参照光源每种试验色（$i = 9 ~ 15$）时与用试验光源照明时在 CIE – UCS 色坐标上的色度变化程度。

通常钡盐（白光）照明剂的一般显色指数 Ra 均在 90 左右，属于优良；钠盐（黄光）照明剂则视配方而异，Ra 在 60 ~ 90 范围内，其显色性为一般或优良。一个好的照明剂，其显色指数不应低于 75。

（3）照明剂制品（照明炬）应具有适当的燃烧速度。夜间照明弹照明地形或观察目标时，其所需最小照明时间经测试为：500 m 处需 4.5 s；1 000 m 处需 6.1 s；1 414 m 处需 10.0 s。实际战术使用照明时间均大于这些数值。因此，照明剂制品应具有适当的燃烧速度。一般大型照明弹照明炬燃烧速度为 1 ~ 2 mm/s，小型照明剂制品（包括手持火箭照明弹、枪用信号弹和照明手榴弹星体等）的燃烧速度以 4 ~ 10 mm/s 为宜。

7.1.2 照明剂的火焰特性

照明剂的火焰发光显著特征是在燃烧时产生高温（2 500～3 000 ℃）火焰，火焰中含有氧化剂和可燃剂燃烧反应而生成的液体、固体灼热微粒和气态产物（气体和蒸气物质），其中液体、固体微粒辐射属于热辐射（温度辐射），所以照明剂火焰辐射遵循绝对黑体辐射定律。依据斯蒂芬－玻尔兹曼（Stefan - Boltzman）定律 $M = \sigma T^4$，照明剂光出射度与温度四次方成正比，故温度升高时照明剂辐射光能将迅速增加。又依据维恩（Wien）定律 $\lambda_m T = 2.898 \times 10^{-3} \text{m} \cdot \text{K}$ 可知，最大辐射能波长 λ_m 与温度 T 成反比，温度越高，λ_m 则越小，即最大辐射能波长移向短波长方向。例如 $T = 2\,000$ K 时，λ_m 为 1 440 nm；$T = 6\,000$ K 时，λ_m 为 480 nm；$T = 8\,000$ K 时，λ_m 为 380 nm。由此可见，温度过高（如 $T = 8\,000$ K）时，最大辐射能将移至可见光谱外面（紫外）。温度过高将有可能使紫外输出占有量增大，相应地，可见光输出则相对减少，这对可见光照明是不利的。

火焰温度低于 2 000 ℃ 的照明剂，由于其光出射度较低，一般不宜使用。实际使用的照明剂火焰温度均在 3 000 K 左右，其辐射光谱分布接近黄光部分。

照明剂火焰辐射，除热辐射外，尚存在原子和分子的发光辐射。产生发光辐射是由于高温作用，激发气体或蒸气中的原子或分子里的电子能级改变。

7.1.3 照明剂的发光示性数

对照明剂进行试验时，获取照明剂的单位质量光量、发光效率、有效光能系数、火焰亮度和燃烧线速度等发光示性数是极其重要的。曾经使用过的"比光能"，鉴于法定计量单位需要，变更为"质量光量"，它是照明剂的重要发光示性数。

7.1.3.1 质量光量 Q_m

1 g 照明剂燃烧时所发出的光量，以 lm·s/g 表示。

$$Q_m = \frac{Q_v}{m} \tag{7.1}$$

$$Q_v = \Phi t \tag{7.2}$$

式中，Q_v——被试照明剂的光量，lm·s；

m——被试照明剂的质量，g；

Q_m——被试照明剂的质量光量，lm·s/g；

Φ——被试照明剂光通量，lm；

t——被试照明剂燃烧时间，s。

单位质量光量 Q_m 与比光能 l_0 存在如下关系式：

$$Q_m = 4\pi l_0 \tag{7.3}$$

7.1.3.2 发光效率 η

发光效率 η 是照明剂发射的光通量 Φ 与获得该光通量所消耗的全部能量 Q 之比，以 lm/W 或 lm·s/J 为单位。即

$$\eta = \frac{\Phi}{Q} \tag{7.4}$$

根据 $Q = \dfrac{W}{t}$ 和上式，则有

$$\eta = \frac{\Phi}{Q} = \frac{4\pi I}{W/t} = \frac{4\pi I t}{1\,000 \times mq} \tag{7.5}$$

式中，W——功，J；

q——1 g 照明剂在燃烧时所放出的热量，kJ；

m——所用照明剂的质量，g。

随着温度的增高，发光效率增大。对于绝对黑体，1 600 K 时，η 为 0.2 lm/W；6 000 K 时，可达 82 lm/W。

从化学反应的观点来看，物质化学反应释放出的能量转变为光能越多，其发光效率越大，所以发光效率可表达各种照明剂的光能利用的经济性。

7.1.3.3 有效光能系数 K_v

照明剂在人眼实际感受的有效波长（430～680 nm）范围内的相对光谱功率分布与整个可见光范围（380～780 nm）的相对光谱功率分布的比值，定义为照明剂的有效光能系数 K_v，用下式表示：

$$K_v = \frac{\displaystyle\int_{\lambda=430\,\mathrm{nm}}^{\lambda=680\,\mathrm{nm}} s(\lambda)\,\mathrm{d}\lambda}{\displaystyle\int_{\lambda=380\,\mathrm{nm}}^{\lambda=780\,\mathrm{nm}} s(\lambda)\,\mathrm{d}\lambda} \tag{7.6}$$

照明剂的发光强度与其有效光能系数成正比关系。

7.1.3.4 火焰平均亮度 L

照明剂火焰发光强度与火焰面积之比，用下式表达：

$$L = \frac{I}{A} \tag{7.7}$$

式中，L——照明剂火焰平均亮度，cd/cm^2；

I——照明剂火焰发光强度，cd；

A——照明剂火焰面积，cm^2。

7.1.3.5　燃烧线速度 v

照明剂燃烧线速度是照明剂药柱单位时间燃烧的长度，以 mm/s 为单位。必须指出，即使是同一种照明剂，其燃烧线速度也并不是常数，它随压制密度的变化而变化。

上述发光示性数是照明剂质量评价的依据。对于照明剂制品来说，例如照明炬，其发光示性数还应包括发光强度 I、燃烧时间 t、照明炬的直径 d 和高度 h、照明炬的质量 m 和照明炬的燃烧火焰面积等相关数值。根据这些数值可以计算出照明半径和质量光量等参数，从而来评价照明制品性能。

7.1.4　影响照明剂发光性质的因素

影响照明剂发光性质的主要因素有燃烧温度、火焰中气－固－液占有量、辐射光谱分布、原材料粒度、黏结剂类型和比例、燃速和附加物等。

7.1.4.1　燃烧温度

由于照明剂的发光辐射属于热辐射，由热辐射定律可知，辐射能与温度的四次方成正比，所以，照明剂的发光强度随温度升高而显著增大。照明剂的燃烧温度对发光强度的影响见表7.2。

表7.2　不同燃烧温度下照明剂发光强度

序号	燃烧温度 T/℃	发光强度 I/($\times 10^4$ cd)
1	1 410	7.2
2	1 750 ~ 1 770	12.1
3	1 800 ~ 1 850	21.6

照明剂的燃烧温度与其反应热及其生成物的热容相关。为此，选用燃烧热值大的可燃剂和生成热值小的氧化剂配制照明剂是提高照明剂燃烧温度的有效技术途径。一般照明剂的燃烧热不应低于 5 016 ~ 8 360 J/g，而燃烧温度应高于 2 000 ℃。

7.1.4.2　火焰中气－固－液占有量

照明剂的发光强度与其燃烧火焰中气－固－液占有量密切相关。没有气体生成，则没有火焰出现。但是照明剂火焰内气体生成量大时，会加快火焰的冷却，使发光强度降低。试验证明，照明剂火焰中气体占有量以占有照明剂质量的15%～25%为佳。照明剂火焰中，需要有大量的固、液微粒，它们的占有量增多，有利于发光强度提高。此外，火焰中固体微粒越小，越有利于发光性能提高。例如，某照明剂火焰中 Al_2O_3 微粒小至 10～90 μm 时，发光性能最好。

7.1.4.3 辐射光谱分布

照明剂火焰的发光效率是由其辐射光谱分布决定的，在可见光以外，辐射能量越小，其发光效率就越高。发光的颜色是由光谱各部分辐射的相对强度决定的。对于某些金属及其氧化物光谱分布，在高温时，在蓝色波长范围内可以接近黑体辐射。例如 Al 燃烧（生成物为 Al_2O_3）温度达 1 900 K 时，在波长为 450 nm 时，它的辐射能力为绝对黑体辐射能力的99%。在照明剂中加入一些钠的化合物（黄光色）和钡的化合物（绿光色），即能增加光谱黄绿部分的辐射，该光谱分布也最适宜人眼观察。

7.1.4.4 原材料粒度

照明剂各成分的粒度（特别是氧化剂和可燃剂的粒度）对发光强度和燃速影响很大。组成照明剂各成分的颗粒越小，比表面积越大，则燃速越快，发光强度越高，见表7.3。

表7.3 氧化剂与可燃剂粒度对光度和燃速的影响

序号	材料粒度		照明剂性能		
	$Ba(NO_3)_2$/mm	Mg/规格	发光强度/($\times 10^4$ cd)	燃烧时间/s	燃速/(mm·s^{-1})
1	0.50	FM_{1-2}	8.6	11.2	4.4
2	0.42	FM_{1-2}	9.5	10.3	4.8
3	0.25	FM_{1-2}	13.9	8.1	6.2
4	0.42	FM_{1-3}	15.5	7.5	6.4
5	0.25	FM_{1-3}	19.2	6.7	7.2

可燃剂颗粒比表面大时，与氧化剂的接触面大，反应性好，因此燃速快，发光强度高。试验证实，降低镁粉的粒子粒径可提高线性燃速和烟火药的发光强度，但对发光效率几乎没有影响。比较具有相同筛分粒度的研磨镁粉和

细镁粉，发现研磨镁粉发光度高，燃速高，这是研磨镁粉的比表面积较大的缘故。

7.1.4.5 黏结剂类型和比例

大量的树脂、石墨、塑料、油和橡胶用作黏结剂，填满了粒子之间的空隙并将粒子黏结在一起，从而增强了烟火药的力学性能，也有利于赋予烟火药最大的密度和燃烧效率。有些黏结剂可使烟火药配方钝感，提高了加工安全性。同时，黏结剂还可保护镁粉免受水分腐蚀、调节燃速及提高照明弹的发光强度。科研人员通过试验研究了黏结剂的功能及其含量对照明剂配方的影响。一般而言，黏结剂的含量在4%~6%时，发光强度和发光效率达到最大值，随后黏结剂含量的增高反而使发光效率和发光强度降低。有研究表明，使用不饱和聚酯和环氧树脂等含氧量高的黏结剂能提高发光效率，因此聚酯和环氧树脂被认为是照明剂最合适的黏结剂。典型的照明剂配方含有镁粉50%（200 μm）、硝酸钠43%（30~500 μm）和黏结剂7%。美国军队的照明剂配方通常使用环氧树脂/多硫化物或VAAR黏结剂体系。

7.1.4.6 燃速

一般情况下，照明剂的发光强度随其燃速增大而增强，但二者并不存在线性关系。通常在一定范围内适当增加金属可燃剂可以提高照明剂的燃速和发光强度，也可以通过添加缓燃剂来降低燃速和发光强度。照明剂中的黏结剂一般为低熔点可燃物质，燃烧时总要消耗一部分热量，使燃速减慢，从而使发光强度降低。

7.1.4.7 附加物

在照明剂中适当加入某些附加物将改变照明剂的发光性能，产生特殊效果。如冷却火焰、通过降低氧化剂和可燃剂的反应来降低燃速。由于草酸盐在热分解过程中生成氧化物熔渣及生成的CO_2具有稀释作用，可以调整燃烧表面的性质而不影响发光，所以草酸盐是最常用的调节剂。例如，乙酸钙燃烧时由于生成CO_2，降低了烟火药燃速，析出的气体使火焰扩散，同时，氧化钙作为白炽氧化物，能提高发光度。通常在钡盐照明剂中加入适量的氟硅酸钠和氯化聚醚，不仅可以改变光谱能量分布，提高发光强度，还能延长燃烧时间，见表7.4。

表 7.4　附加物对发光强度和燃烧时间的影响

照明剂的配方/%	照明剂性能	
	发光强度 I/cd	燃烧时间 t/s
硝酸钡 54：镁粉 40：清油 4：石墨 2	$(67.3 \sim 70.8) \times 10^4$	$46.6 \sim 50.3$
硝酸钡 47：镁粉 43：清油 4：石墨 2：氯化聚醚 2：氟硅酸钠 2	$(70.6 \sim 80) \times 10^4$	$49.1 \sim 52.3$

7.1.5　照明剂的配制原理

照明剂主要是由氧化剂和可燃剂组成的混合物，其他成分（包括增强力学性能与化学安定性的黏结剂，以及改善照明剂的燃烧性能的附加物等）总含量一般不超过 10% ~ 15%。

合理地选择氧化剂、可燃剂和其他成分，并确定最佳比例，将决定着照明剂的性能。

7.1.5.1　氧化剂的选择

照明剂氧化剂的选择有以下两个原则：

（1）含氧量丰富，在较高温度下易于分解，分解热不大。只有这样的氧化剂配制出的照明剂才具有较大的热效应和稳定的燃烧性能。

（2）分解生成物应呈灼热的固体或液体微粒，并应能产生对人眼敏感的黄绿色光谱。选择氧化剂的重要依据之一，是看其所配制的二元混合物的发光示性数。几种不同的氧化剂所配制的二元混合物的发光示性数见表 7.5。

表 7.5　几种氧化剂二元混合物的发光示性数（照明炬直径 $\phi = 24$ mm，纸质壳体）

二元混合物配比/%		密度 ρ/$(g \cdot cm^{-3})$	燃速 v/$(mm \cdot s^{-1})$	质量光量 Q_m/$(\times 10^4 \ lm \cdot s \cdot g^{-1})$
$Ba(NO_3)_2$/Mg	60/40	1.94	8.0	16.25
$NaNO_3$/Mg	60/40	1.71	11.0	19.0
KNO_3/Mg	60/40	1.69	8.7	13.25
NH_4NO_3/Mg	60/40	1.72	1.8	7.0
$Ba(NO_3)_2$/Al	60/40	2.70	4.9	19.5

二元混合物配比/%		密度 ρ/ （g·cm^{-3}）	燃速 v/ （mm·s^{-1}）	质量光量 Q_m/ （×10^4 lm·s·g^{-1}）
NaNO$_3$/Al	60/40	2.17	2.6	19.13
KNO$_3$/Al	60/40	2.18	0.8	1.63
NH$_4$NO$_3$/Al	60/40	2.02	1.6	1.0

从上表可以看出，对于同一可燃剂，用钾盐和铵盐作为照明剂的氧化剂是不合适的，因为由它们配制的二元混合物的质量光量较小。钡盐和钠盐配制的照明剂具有较好的发光示性数，因而被选用。

氧化剂选择是否合适的另一个重要依据是含氧量的多少、分解难易程度及其生成热的大小。钡盐氧化剂的这方面性能见表 7.6。

表 7.6　几种钡盐的特性及与 Mg 的二元混合物热效应

氧化剂	分解放出 1 g 氧的 氧化剂的质量/g	从氧化剂中放出 1 g 氧所消耗的热量/J	与 Mg 的二元混合物	
			Mg 含量/%	1 g 混合物的热效应/J
Ba(ClO$_3$)$_2$	3.25	+1.67	32.4	8 372
Ba(NO$_3$)$_2$	3.27	−5.02	31.7	7 116
BaSO$_4$	3.64	−15.47	22.8	5 023
BaO$_2$	10.59	−2.93	12.6	2 930

从上表可看出，所列钡盐含氧量都相当高。但由于它们在分解时所消耗的热量不同，它们与金属可燃物作用时放出的热量有着很大差异。例如 BaSO$_4$ 分解吸热过多，致使 BaSO$_4$ + Mg 的混合物热效应较小，故 BaSO$_4$ 不能选用。Ba(ClO$_3$)$_2$ + Mg 的混合物虽然热效应高，但其机械敏感度太高，实际上也不选用。钡盐氧化剂中唯 Ba(NO$_3$)$_2$ 性能佳，因此获得广泛应用。

应当指出，在相同的装药条件下，含 NaNO$_3$ 的钠盐照明剂较含 Ba(NO$_3$)$_2$ 的钡盐照明剂发光强度高，燃烧时间长，照明效果好。但由于 NaNO$_3$ 易吸湿，在防潮密封问题未解决好之前，除需要黄光照明外，白光照明剂仍优先选用 Ba(NO$_3$)$_2$ 做氧化剂。

7.1.5.2　可燃剂的选择

可燃剂是照明剂燃烧时产生照明效应的燃料，选择时必须注意两点：

（1）具有尽可能高的燃烧热值；

（2）其燃烧生成物为高熔点和高沸点物质，以促使火焰中含有更多的固体或液体的灼热微粒。

具有较大燃烧热值的可燃剂有 Be、Al、B、Li、H、Mg、Ca、Si、Ti、V、P、C、Zr。由于 H 是气体，P 在空气中燃烧温度不超过 1 500 ℃，C 发光效率低，Be 价格高，V 热效应低，B、Zr 机械敏感度高且发光效率也不理想，Li、Ca 腐蚀性大，Si 燃烧缓慢，所以工程应用上实际选用的是 Al、Mg 及其合金作可燃剂。鉴于 Mg 易燃性好，且其燃烧生成物 MgO 具有高熔点（2 800 ℃）、高沸点（约 3 100 ℃），大多数情况下使用 Mg 作照明剂的可燃剂。

7.1.5.3 黏结剂的选择

照明剂中的黏结剂应选择一些既起黏结作用又具有燃烧特性的可燃物质。选择的原则是：

（1）保证照明剂有足够的机械强度；

（2）生成热要小，燃烧热要大；

（3）有较高的熔点；

（4）能改善药剂的化学安定性。

照明剂常用的黏结剂有清油、松香、松脂酸钙、酚醛树脂、环氧树脂、虫胶、亚麻油、向日葵油、蓖麻油等。随着新型黏结剂不断出现，一种不饱和聚酯树脂（Laminac）已经被用于照明剂中。

由于清油（$C_{16}H_{26}O_2$）作黏结剂的照明剂制备工艺简单，机械敏感度小，生产安全，并能获得较好的照明效应，迄今很多照明剂中仍选用之。

黏结剂性能不同，对照明剂发光性能的影响不一。不同种类的黏结剂对发光强度和燃速的影响见表 7.7，其配方为：硝酸钡 50%，镁粉 46%，黏结剂 4%。

表 7.7 不同黏结剂对发光强度和燃速的影响

黏结剂种类	照明星体发光性能			
	发光强度 I/cd	质量光量 Q_m/ （$\times 10^4$ lm·s·g^{-1}）	燃烧时间 t/s	燃速 u/ （mm·s^{-1}）
酚醛树脂	20.5	42.5	6.6	7.4
虫胶	13.0	35.0	8.8	5.5
亚麻油	9.3	32.5	11.2	4.1
向日葵油	8.9	30.0	11.0	4.2
松香	8.6	30.0	11.2	4.1

续表

黏结剂种类	照明星体发光性能			
	发光强度 I/cd	质量光量 Q_m/ ($\times 10^4$ lm·s·g^{-1})	燃烧时间 t/s	燃速 u/ (mm·s^{-1})
大麻油	6.4	26.25	13.0	3.7
50%酚醛树脂 + 50%松香	20.0	42.5	6.8	7.0
50%亚麻油 + 50%松香	8.0	30.0	12.3	3.8

7.1.5.4 附加物的选择

为了改善照明剂性能，需要在照明剂中加入少量的附加物。例如，为改善火焰光谱能量分布，选用氟硅酸钠、氟铝酸钠；为增加气相产物扩张火焰面积，选用六次甲基四胺；为延长燃烧时间，选用氯化聚醚等。氟硅酸钠和氯化聚醚加入照明剂中后，其发光强度和燃烧时间的变化情况见表 7.8 和表 7.9。

表 7.8 氟硅酸钠含量对发光强度与燃烧时间的影响

氟硅酸钠含量 /%	试验数量	照明炬性能[①]	
		平均发光强度 $\bar{I}$/($\times 10^4$ cd)	平均燃烧时间 t/s
0	3	79.3	48.2
1	3	77.5	49.4
3	3	76.9	51.0
5	3	72.1	55.0
7	3	65.1	59.7
照明剂配方：硝酸钡54%，钝化2号镁粉40%，清油4%，石墨2%，氟硅酸钠外加。压药压力 120 MPa，照明炬直径 94 mm，高度 175 mm。			

表 7.9 氯化聚醚含量对发光强度和燃烧时间的影响

氟硅酸钠含量 /%	试验数量	照明炬性能[①]	
		平均发光强度 $\bar{I}$/($\times 10^4$ cd)	平均燃烧时间 t/s
0	5	2.5	13.2
2	5	1.75	15.5
3	5	1.50	16.9
4	5	1.42	17.6
5	5	1.30	18.0
照明剂配方：硝酸钡54%，钝化2号镁粉40%，清油4%，石墨2%，氯化聚醚外加。			

7.1.5.5 各成分含量的确定

照明剂各成分含量可以采用经验（试验）方法和理论计算方法来确定。

照明剂一般都是由多种成分组成的，而氧化剂和可燃剂仍是其成分的基础。在用计算方法确定多成分照明剂各成分含量时，可以将多成分视为由数个同一氧化剂的二元混合物所构成。

照明剂燃烧时，既可以利用氧化剂中的氧燃烧，又可以部分借空气中的氧进行燃烧。从提高照明剂有效装药载荷和提高发光效率考虑，希望药剂中的氧化剂含量尽量少，而可燃剂尽可能多（部分可燃剂借空气中氧燃烧）。基于这一点，确定各成分含量时，配方设计以负氧平衡为原则。负氧差的大小一般要兼顾到发光强度和燃速。根据实践经验，通常氧差 n 取值为 $-19 \sim -27$ g 为宜。

照明剂的负氧差在一定范围内是随负氧差的绝对值增大而发光强度提高，燃烧时间变长；反之，发光强度下降，燃烧时间缩短。这是负氧差大时照明成分中的可燃剂相应的含量高的缘故。照明剂中氧化剂和可燃剂含量的确定要充分注意到其含量不同时所带来的热效应和发光示性数的变化。$Ba(NO_3)_2$ 和 Mg 组成的二元混合物随 $Ba(NO_3)_2$ 和 Mg 含量不同所获得的试验结果见表 7.10。

表 7.10　$Ba(NO_3)_2$ + Mg 的不同配方与其发光示性数

配方/%		氧差	发光强度 I	燃速	燃烧热/	质量光量	发光效率	有效光
$Ba(NO_3)_2$	Mg	n/g	$/\times 10^4$ cd	$v/mm \cdot s^{-1}$	$J \cdot g^{-1}$	$Q_m/\times 10^4$ $lm \cdot s \cdot g^{-1}$	$\eta/lm \cdot W^{-1}$	能系数 $K/\%$
68	32	0	5.17	2.9	7 022.4	27.6	39.0	6.4
57	43	-11	11.6	6.4	9 806.3	36.25	36.9	5.9
47	53	-20	19.8	7.8	12 932.9	41.25	32.6	5.0
37	63	-30	24.6	9.8	15 094.0	44.13	28.5	4.5
28	72	-39	17.2	8.1	17 689.8	38.0	25.6	4.0

由上表可知，一定程度上（$n \leqslant -30$ g）随可燃剂 Mg 含量增大和氧化剂 $Ba(NO_3)_2$ 含量的减少，发光强度、质量光量均提高。低沸点的 Mg（沸点为 1 100 ℃）作为照明剂的可燃剂时，在一定负氧差范围内，负氧差越大，质量光量越好。这是过量的 Mg 气化后与空气中氧产生二次燃烧作用的结果。

照明剂各成分含量除用经验确定外，多采用计算的方法确定。但必须指出，照明剂的燃烧反应过程相当复杂，不仅与各原材料及其配比有关，还与燃烧时的环境压力、温度等因素相关，以致计算结果往往不够准确。因此，经计算获得的各成分含量尚需通过性能试验后才能确定。具体计算方法如下：

例7.1 试计算硝酸钡、镁粉、清油和石墨组成的照明剂配方（取氧差 $n = -23$ g）。

解： 将照明剂分成由硝酸钡与镁粉、硝酸钡与清油、硝酸钡与石墨构成的三个二元混合物。清油和石墨在照明剂中的比例很小，故根据经验确定为清油5%、石墨2%。

（1）各成分的燃烧反应式：

$$Ba(NO_3)_2 + 5Mg = BaO + 5MgO + N_2$$
$$8Ba(NO_3)_2 + C_{16}H_{26}O_2 = 8BaO + 8N_2 + 13CO_2 + 3CO + 13H_2O$$
$$2Ba(NO_3)_2 + 5C = 2BaO + 5CO_2 + 2N_2$$

（2）查氧化剂、可燃剂和黏结剂性能表知：

放出 1 g 氧需 3.27 g 的硝酸钡；

1 g 氧能氧化 1.52 g 的镁粉；

1 g 氧能氧化 0.36 g 的清油；

1 g 氧能氧化 0.38 g 的石墨。

（3）氧化5%的清油需用硝酸钡的质量：

$$\frac{5}{0.36} \times 3.27 = 45.3 \ (g)$$

（4）氧化2%的石墨需用硝酸钡的质量：

$$\frac{2}{0.38} \times 3.27 = 17.2 \ (g)$$

（5）借空气中氧燃烧的镁粉质量：

$$1.52 \times 23 = 35 \ (g)$$

（6）在100 g 照明剂中，硝酸钡和能够被其氧化的镁粉质量：

$$100 - (45.3 + 17.2) - (5 + 2) = 30.5 \ (g)$$

其中：

硝酸钡 $3.27 \times 30.5 / (3.27 + 1.52) = 20.8$ （g）

镁粉 $1.52 \times 30.5 / (3.27 + 1.52) = 9.7$ （g）

（7）硝酸钡总质量：

$$45.3 + 17.2 + 20.8 = 83.3 \ (g)$$

（8）镁粉总质量：

$$9.7 + 35 = 44.7 \ (g)$$

（9）硝酸钡与镁粉的质量比：

硝酸钡 $83.3 \times (100 - 5 - 2)/(83.3 + 44.7) = 60.6$ （％）

镁粉 $44.7 \times (100 - 5 - 2)/(83.3 + 44.7) = 32.4$ （％）

即该照明剂各成分的含量确定为：

硝酸钡 61％；镁粉 32％；清油 5％；石墨 2％。

现役白光（钡盐）、黄光（钠盐）照明弹所用照明剂的各成分含量见表7.11 和表7.12。表7.12 中的1 号成分是迫击炮照明弹用的黄光照明剂，它与同样配比的表7.11 中的2 号钡盐照明剂相比，光度高一倍，燃烧时间长 1/4 左右。

表 7.11　白光照明剂配方

序号	成分配比/%							照明星体性能				
	硝酸钡	钝化2号镁粉	清油	石墨	铝粉	氟硅酸钠	氯化聚醚	发光强度 I （$\times 10^4$ cd）	燃烧时间 t/s	燃速 v/ mm·s^{-1}	面发光强度 I_A/（$\times 10^4$ cd·cm^{-2}）	质量光量 Q_m/ （$\times 10^4$ lm· s·g^{-1}）
1	55	35	3	2	5			2.3	13.1	2.2	0.6	16.25
2	54	40	4	2				2.7	12.3	2.3	0.6	17.5
3	60	33	5	2				1.9	16.1	1.8	0.5	16.25
4	47	40	4	2		2		1.8	16.5	1.9	0.4	15.0
5	48	40	4	2		2	4	1.4	17.6	1.8	0.3	12.5

表 7.12　黄光照明剂配方

序号	成分配比/%							照明星体性能				
	硝酸钠	钝化2号镁粉	清油	石墨	六次甲基四胺	树脂胶[①]	氯化聚醚	发光强度 I （$\times 10^4$ cd）	燃烧时间 t/s	燃速 v/ mm·s^{-1}	面发光强度 I_A/（$\times 10^4$ cd·cm^{-2}）	质量光量 Q_m/ （$\times 10^4$ lm· s·g^{-1}）
1	54	40	4	2				5.0	16.0	1.7	1.2	50.0
2	51	44	5					5.0	17.3	1.6	1.2	50.0
3	39	53	3				2	5.2	21.8	1.4	1.2	71.25
4	53	40	5		2			3.8	25.0	1.1	0.9	60.0
5	40	54				6		5.1	20.0	1.4	1.2	63.75

①树脂胶配比：618 环氧树脂50％，651 聚酰胺50％。

7.1.6　照明效应的计算

7.1.6.1　照明剂的照度

照明剂的照度是指照明剂燃烧所发射出的可见光照射在被照射目标单位

面积上光通量的大小。照明剂的照度值越大，供人眼观察的目标越清楚。表7.13 列出了一些典型情况下的照度值。

表 7.13　几种典型情况下的照明值

类别	照度 E/lx
辨别方向所必需的照度	1
满月天顶时的地面照度	0.2
无月夜间天空在地面上产生的照度	3×10^{-4}
观看仪器的示值照度	30~50
一般阅读及书写所需照度	50~70
没有阳光的室外照度	2 000~24 000
夏日阳光直射的室外照度	100 000

在空中燃烧着的照明炬可视为点光源，如图 7.2 所示。

被照明平面上任一点 M 的照度 E_i 与光源强度 I 及光源入射角 α 的余弦成正比，而与光源和 M 点间距离 l^2 成反比：

$$E_i = \frac{I}{l^2}\cos\alpha \qquad (7.8)$$

因为 $l = \dfrac{h}{\cos\alpha}$，所以上式又可以写作：

$$E_i = \frac{I}{h^2}\cos^3\alpha \qquad (7.9)$$

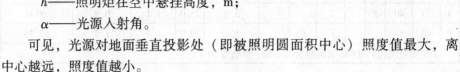

图 7.2　点光源的照明

式中，E_i——照度，lx；

I——照明炬发光强度，cd；

h——照明炬在空中悬挂高度，m；

α——光源入射角。

可见，光源对地面垂直投影处（即被照明圆面积中心）照度值最大，离中心越远，照度值越小。

7.1.6.2　最大照明半径与发光强度及照度的关系

当照明炬发光强度和悬挂高度一定时，照明半径 R 仅与边缘照度 E_m 有关，其值可以根据照度定律和图 7.2 中的几何图求得。

因为

$$E_m = \frac{I}{l^2}\cos\alpha \quad \text{（照度定律）}$$

又因为

$$\cos\alpha = h/l, \ l = \sqrt{h^2 + R^2} \quad \text{（图 7.2 中几何图）}$$

所以

$$E_m = \frac{Ih}{(h^2 + R^2)^{3/2}}, (h^2 + R^2)^{\frac{3}{2}} = \frac{Ih}{E_m}$$

$$R = \left[\left(\frac{Ih}{E_m}\right)^{\frac{2}{3}} - h^2\right]^{\frac{1}{2}} \tag{7.10}$$

式中，E_m 根据使用要求确定，可以取各种值。要求 E_m 大时，R 则小，而要求 E_m 小时，R 则大。因此，评价照明半径时，必须以一定的 E_m 作为前提。通常取 $E_m = 0.5$ lx（即比满月时在月光照明下亮 2.5 倍）作为比较条件。

照明炬是在吊伞制动下逐渐降落过程中进行照明的，悬挂高度 h 自上而下变小。照明炬的发光强度 I 在燃烧过程中变化可近似看作定值。当要求 E_m 一定时，R 将随着 h 改变，其变化规律是随悬挂高度下降 R 逐渐增大，至某一高度 h_m 时，照明半径 R 达一最大值 R_{max}，然后高度继续下降，R 又逐渐减小，直至照明炬接近地面时减为零。

高度 h_m 称为照明炬的最佳悬挂高度，其对应的最大照明半径用 R_{max} 表示。根据式（7.10），令 $\frac{dR}{dh} = 0$，则可求出照明炬最佳悬挂高度 h_m 和相应的最大照明半径 R_{max}：

$$h_m = 0.438\ 7\sqrt{\frac{I}{E_m}} \tag{7.11}$$

$$R_{max} = 0.614\ 2\sqrt{\frac{I}{E_m}} \tag{7.12}$$

在 I 和 E_m 给定的条件下，为了获得较大的照明半径，应使照明炬燃烧接近一半时通过最佳悬挂高度，这样吊伞照明系统能够在有利悬挂高度范围内停留较长时间，由此得出照明弹的有利空抛高度 h_k 为：

$$h_k = h_m + \frac{1}{2}v_{pi}t + \Delta y_H \tag{7.13}$$

式中，h_m——照明炬最佳悬挂高度；

v_{pi}——吊伞照明系统平均下降速度；

t——照明炬空中燃烧时间；

Δy_H——空抛至开伞点吊伞照明系统降落高度，$\Delta y_H \approx L_H \sin|\theta_k|$；

L_H——空抛至开伞点吊伞照明系统运动距离，通常 $L_H = 50$ m；

$|\theta_k|$ ——空抛点弹道倾角。

7.1.6.3 照明炬高度与照明半径的关系

在最有利的入射角 α 时的照明炬高度 h 与照明半径 R 的关系，按照度定律和图 7.2 中的几何图又可以推导出：

$$R = l\sin\alpha，即 \ l^2 = \frac{R^2}{\sin^2\alpha}$$

代入式（7.8），得：

$$E_i = \frac{I\cos\alpha}{l^2} = \frac{I\sin^2\alpha \cdot \cos\alpha}{R^2}$$

令 $\dfrac{\mathrm{d}E_i}{\mathrm{d}\alpha} = 0$，则

$$\frac{\mathrm{d}E_i}{\mathrm{d}\alpha} = \frac{I}{R^2}(2\sin\alpha \cdot \cos^2\alpha - \sin^3\alpha)$$

由于

$$\frac{I}{R^2} \neq 0$$

所以

$$2\sin\alpha\cos^2\alpha - \sin^3\alpha = 0$$

即

$$\sin\alpha(3\cos^2\alpha - 1) = 0$$

显然，当 $\sin\alpha = 0$ 时，得到一最小照度 $E_{\min}$；当 $3\cos^2\alpha - 1 = 0$ 时，得到一最大照度 $E_{\max}$，即 $\cos\alpha = \dfrac{\sqrt{3}}{3}$，$\alpha = 54°54'$。

此时，求得照明炬的高度与照明半径的关系为：

$$\tan\alpha = R/h$$
$$R = h\tan\alpha = h\tan54°54' \approx 1.4h \tag{7.14}$$

7.1.6.4 能见距离

能见距离是指能看清楚目标的基本外形时观测点至目标之间的直线距离，又称最大识别距离。影响能见距离的因素很多，除照度 E 外，还有气象、时间、地形条件和目标种类等。如果忽略大气对光线的吸收，被照目标的能见距离 D_1 为：

$$D_1 = 125\frac{L\cos^2\alpha\sqrt{I}}{h} \tag{7.15}$$

式中，L——目标宽度。

实际能见距离 D 可根据表 7.14 中 D_1 和 ψ 用插值法求得。

表 7.14 能见距离表

D/km		1.0	2.0	3.0	4.0	5.0	6.0	7.0	8.0	9.0	10.0
D_1/km	$\psi = 0.9$	1.05	2.02	3.50	5.00	6.50	8.20	10.10	12.20	14.50	16.90
	$\psi = 0.7$	1.20	2.90	5.10	8.15	12.20	17.50	24.40	33.30	44.80	54.50
备注		晴天 $\psi = 0.9$，阴天 $\psi = 0.7$									

例 7.2 求被照明区域各个不同点上目标的能见度。已知照明炬发光强度 $I = 4 \times 10^5$ cd，照明炬在空中的悬挂高度开始为 $h_1 = 500$ m，燃烧完后为 $h_2 = 200$ m，平均悬挂 $h_{pi} = 350$ m；晴天 $\psi = 0.9$；目标宽度 $L = 20$ m。

解：计算结果见表 7.15。

表 7.15 各个不同点上目标能见度计算结果

$h_1 = 500$ m			$h_{pi} = 350$ m		$h_2 = 200$ m		
$D_1 = 125 \dfrac{L\cos^2\alpha\sqrt{I}}{h} = 3\,170\cos^2\alpha$			$D_1 = 4\,520\cos^2\alpha$		$D_1 = 7\,900\cos^2\alpha$		
$R_{max} = 1.4h = 700$ m			$R_{max} = 1.4h = 490$ m		$R_{max} = 1.4h = 280$ m		
R/m	D_1/m	D/m	D_1/m	D/m	D_1/m	D/m	
0	3 170	2 570	4 520	3 680	7 900	5 820	
100	3 050	2 650	4 350	3 570	7 600	5 650	
200	2 740	2 410	3 900	3 270	6 820	5 180	
300	2 320	2 090	3 320	2 860	5 800	4 110	
400	1 930	1 760	2 750	2 420			
500	1 580	1 460	2 260	2 050			
600	1 300	1 267					
700	1 070	1 010					

7.1.7 照明剂燃烧和火焰辐射机理

7.1.7.1 钠盐照明剂的燃烧机理研究

很多学者对 $NaNO_3$–Mg 钠盐照明剂的燃烧机理开展了研究。有关钠盐照

明剂中 $NaNO_3$ 的分解过程，研究者认为如下：

$$NO_3^- \rightleftharpoons NO_2^- + O$$

$$O + NO_3^- \rightleftharpoons NO_2^- + O_2$$

$$O + O + M \rightleftharpoons O_2 + M$$

接着：

$$2NO_2^- \rightarrow N_2 + 2O_2^-$$

$$2O_2^- \rightarrow O_2^{2-} + O_2$$

$$O_2^{2-} \rightarrow O^{2-} + O$$

$$O + O + M \rightarrow O_2 + M$$

这两个阶段的反应都是吸热的（式中 M 为金属还原剂）。

$NaNO_3$ – Mg 混合物的化学反应与着火过程是 $NaNO_3$ 首先分解成 $NaNO_2$ + O，O 原子将 Mg 氧化成 MgO，反应剧烈放热；然后 $NaNO_2$ 进一步分解成 NaO + N_2 + O_2，促使 Mg 进一步氧化。最后的产物是 NaO 和 MgO。

麦克莱恩（Mclain J. H.）研究了钠盐照明剂高温反应的反向问题。他在 $NaNO_3$ – Mg – 聚酯树脂照明剂燃烧产物中测出了 CO，而其主反应是：

$$9Mg + 2NaNO_3 + O_2 \rightarrow 6MgO + Mg_3N_2 + Na_2O_2$$

他认为 CO 是由照明剂燃烧产物 MgO 与 C 的可逆反应产生的：

$$MgO + C \rightarrow CO + Mg(g)$$

根据 $\Delta H = T\Delta S$ 算得可逆温度 T_{rev}：

$$T_{rev} = \Delta H / \Delta S = 1\ 860\ ℃ \quad （实测为 1\ 950\ ℃）$$

可逆温度具有抑制作用，即 $NaNO_3$ – Mg 反应升至可逆温度（1 860 ℃）时，系统吸热，限制钠盐照明剂的燃速和温度进一步升高。

目前有关照明剂燃烧机理的研究尚不透彻，燃烧物理模型和数学模型尚未很好地解决，燃烧面的界面化学物理过程研究也不完善，还需要进一步努力。

7.1.7.2 照明剂火焰辐射机理研究

70 年代以来，人们在进一步提高照明剂性能的研究中遇到了困难，开展了照明剂火焰辐射机理研究。（美）杜达（Douda B. E.）最先系统地开展了有关辐射传播的研究。他首先假设镁、硝酸钠和黏结剂火焰的辐射通量主要由钠 D 线共振跃迁的光子组成。关于火焰辐射传播方程按图 7.3 所示的物理模型进行推导。取火焰气体厚度为 dz，其横截面积为 $d\sigma$，辐射强度为 I_v 的单色射线投射到体积元 $dzd\sigma$ 的下表面上，沿 s 方向为火焰外观察者的正方向，s 与垂直轴 N 的夹角为 θ，I_v 经过辐射介质层的变化量为 dI_v。

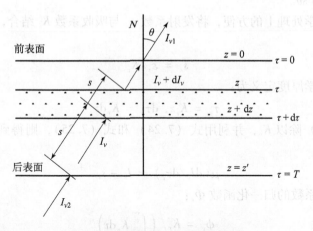

图 7.3　辐射平衡分析用物理模型

本模型假设火焰气体是均匀的，瑞利散射忽略不计，因此辐射平衡只涉及散射与吸收，故有：

$$s = - z\sec\theta, \quad \mathrm{d}s = - \mathrm{d}z\sec\theta \tag{7.16}$$

介质吸收所损失的强度增量为：

$$- \mathrm{d}I_v^a = K_v I_v \mathrm{d}s \tag{7.17}$$

式中，K_v——线性吸收系数；

I_v^a 中上标 a 表示吸收。

体积元发射频率为 v，其辐射能量是：

$$\mathrm{d}E_v^e = \varepsilon_v \mathrm{d}v\mathrm{d}\omega \mathrm{t}b\mathrm{d}s\cos\theta\mathrm{d}\sigma \tag{7.18}$$

式中，ε_v——通过单位立体角 $\mathrm{d}\omega$ 并经过 $\mathrm{d}t$ 时间间隔的单色体积元 $\mathrm{d}\sigma$ 的发射系数。

又发射光强度增量的辐射能量（E_v^e 中上标 e 表示发射）可表示为：

$$\mathrm{d}E_v^e = \mathrm{d}I_v^e \mathrm{d}v\mathrm{d}\omega \mathrm{d}t\cos\theta\mathrm{d}\sigma \tag{7.19}$$

由式（7.18）和式（7.19）得到发射系数 ε_v：

$$\mathrm{d}I_v^e / \mathrm{d}s = \varepsilon_v \tag{7.20}$$

由式（7.17）得：

$$\mathrm{d}I_v^a / \mathrm{d}s = - K_v L_v \tag{7.21}$$

综合式（7.20）和式（7.21）可得：

$$\mathrm{d}I_v / \mathrm{d}s = - K_v I_v + \varepsilon_v \tag{7.22}$$

将式（7.16）代入式（7.22），则有：

$$\mu / (\mathrm{d}I_v \cdot \mathrm{d}z) = K_v I_v - \varepsilon_v \tag{7.23}$$

式中，$\mu = \cos\theta$。

为了数学处理上的方便，将发射系数 ε_v 与吸收系数 K_v 结合，并定义为源函数：

$$s_v = \varepsilon_v / K_v \qquad (7.24)$$

若将单色光学厚度定义为：

$$\tau_v = K_v z, \ \mathrm{d}\tau_v = K_v \mathrm{d}z \qquad (7.25)$$

将式（7.23）除以 K_v，并利用式（7.24）和式（7.25），则得到辐射传播微分方程：

$$\mu(\mathrm{d}I_v / \mathrm{d}\tau_v) = I_v - s_v \qquad (7.26)$$

若引进吸收系数的归一化函数 Φ_v：

$$\phi_v = K_v \Big/ \left(\int_0^\infty K_v \mathrm{d}v \right)$$
$$= K_v \mathrm{d}z \Big/ \left(\int_0^\infty K_v \mathrm{d}z \mathrm{d}v \right)$$
$$= \mathrm{d}\tau_y / \mathrm{d}\tau \qquad (7.27)$$

即

$$\mathrm{d}\tau_v = \phi_v \mathrm{d}\tau \left(\text{其中 } \mathrm{d}\tau = \int_0^\infty \mathrm{d}\tau_v \mathrm{d}v \right) \qquad (7.28)$$

将式（7.28）代入式（7.26），则得到辐射传播方程的另一形式：

$$\mu(\mathrm{d}I_v / \mathrm{d}\tau) = \phi_v(I_v - s_v) \qquad (7.29)$$

若对式（7.29）两边除以 μ，并同时乘以 $\exp(-\tau\Phi_v/\mu)$，同时定义 τ_1、τ_2 为火焰从前到后的光学深度积分限，且 I_{v_1}、I_{v_2} 为对应的光谱强度，则辐射传播积分方程为：

$$I_{v_1} = I_{v_2}\exp\left[-(\tau_2 - \tau_1)\phi_v/\mu\right] + \int_{\tau=\tau_1}^{\tau=\tau_2}(s_v\phi_v/\mu)\exp\left[-(\tau_2 - \tau_1)\phi_v/\mu\right]\mathrm{d}\tau$$

$$(7.30)$$

由此表明，在给定 v 和 μ 的情况下，火焰在任意 τ_1 处的出射强度 I_{v_1} 等于在 τ_2 处入射的强度 I_{v_2} 被 τ_2 和 τ_1 间隔衰减项加上被 τ_2 和 τ_1 间隔气体递增衰减的源函数的积分。

为了解出辐射传播方程，对火焰模型做出如下假设：

（1）火焰在平行层面是均匀的气态物质；

（2）气态物质由惰性分子加上能激发到 $2\mathrm{p}_{1/2}$ 和 $2\mathrm{p}_{3/2}$ 水平上的钠原子组成；

（3）存在由局部温度控制的局部热力学平衡；

（4）辐射引起的能量交换导致辐射平衡；

（5）介质的折射率为 1；

（6）辐射在发射时是未极化的，在与火焰物质相互作用时仍保持未极化；

（7）温度梯度可以用一个顶点在火焰中心的抛物面来表示；

（8）钠原子吸收函数 Φ_{va} 和数量密度 N_0 在火焰中是一个与 τ 无关的平均值。

在这些假设的基础上简化方程，可以得到单色出射强度为：

$$I_v^0 = \phi_{va} = \int_{\tau=0}^{\tau=T} B_v(T)\exp(-\tau\phi_{vu})\,\mathrm{d}\tau \qquad (7.31)$$

式中，ϕ_{va}——理论光谱辐射能；

　　　$B_v(T) = S_v(\tau)$——黑体辐射能量的普朗克函数；

　　　T——光学厚度 τ 处的火焰温度。

式（7.31）表明 ϕ_{va} 与光谱出射强度 I_v^0 是成正比的，进行归一化，即可获得光谱分布图。杜达对三种配方在八个压力下的燃烧进行了计算，并分别开展了试验，结果表明，计算与试验基本吻合。

1976 年德里赫（Dillehay D. R.）扩展了杜达模型，对混进火焰的环境气体及辐射能沿火焰轴的损失做了考虑，从而完善了杜达的模型。还有一些学者从分子、原子结构角度研究了辐射理论。

7.1.8　照明弹药和照明器材

照明弹药和照明器材主要用于夜间或其他能见度差的条件下的战地照明和目标照明，也用于观察、射击校准和干扰敌方夜视器材。当前虽然出现了各种红外、微光等夜视器材，但由于它们在战场上的使用受技术、成本等的限制，还不能取代照明弹药。相反，目前国内外的各种照明弹药仍在被不断地改进并装备部队。

照明弹是在弹体中装有照明炬和吊伞等部件，在空中按预定时间将其抛出，利用点燃后的照明炬燃烧发出的光照亮地面，并靠吊伞来减小照明炬下降的速度，以保证在一定范围内保持一定的照明时间。照明弹的技术要求如下。

（1）有合理的光谱范围，发光强度要大。具有较大的发光强度，才能在更大范围内识别各种目标（光照度一般需要 $1\sim11$ lx）。目前国外照明弹的发光强度一般为 $1.8\times10^5\sim2.0\times10^6$ cd。对人眼观察来说，不仅要求必要的照度，还要有合适的光谱。一般来说，白光要好一些，但由于黄光透射率高，在同样的光度下，使用黄光照明弹地面上的照度明显高于白光照明弹。再加上目前的黄光药在相同质量条件下比白光药的光强度大，燃烧时间长，所以目前国外已普遍选用黄光。

（2）要求足够长的发光时间。为了使观察者有足够的时间搜索并发现和识别目标，一般照明弹的有效照明时间不得少于 20 ~ 25 s。目前国外照明弹照明时间一般为 30 ~ 120 s。

（3）下降速度要小。吊伞、照明炬系统在空中的下降速度不但直接影响照明时间，而且影响着对地面目标照明效果的稳定性，下降速度越小，照明效果越好。目前国外一般为 3 ~ 5 m/s。

（4）作用可靠。要求照明弹空中点火后，弹体内的装填物能可靠地抛出；吊伞张开要适时、可靠；照明炬可靠燃烧；药剂不脱落等。这些都是保证照明效果的主要环节。

现有的照明炮弹根据其构造不同，分为有伞照明弹和无伞照明弹两大类。无伞照明弹在弹腔内不配备吊伞，其结构简单，易于生产，但照明效果不够好，仅适用于搜索和发现敌军目标。无伞照明弹主要有曳光照明弹和星体照明弹。有伞照明弹空抛后，照明炬在吊伞的制动下缓慢降落，因此可以获得较好的照明效果。但有伞照明弹构造复杂，成本较高。常见的有伞照明弹有尾抛式一次开伞照明弹、二次开伞照明弹、二次抛射照明弹和利用下弹体内腔容积的迫击炮照明弹等几种结构形式。后膛照明弹采用尾抛式结构。新式前膛照明弹采用抛射、分离相结合结构形式，即将弹体由剪切接合处分离，吊伞和照明炬从弹体中抛出。

除炮用照明弹外，还有航弹照明弹、火箭弹照明弹、枪榴弹照明弹、照明地雷及各式各样的照明器材（如飞机着陆照明炬、手持火炬）等。小型照明火箭弹一般供步兵手持发射，包装筒兼作发射筒。

7.1.8.1　国外照明弹药装备与发展

美国、苏联等国空军装备有多品种的航空照明炸弹和照明闪光弹，陆军装备有各类大、中口径炮弹照明弹，战车上配备有火箭照明弹。现在装备的照明炮弹是 70 年代前后更新换代的二代产品，照明剂由发光强度高、燃烧时间长的硝酸钠 - 镁粉 - 聚酯树脂新配方代替老产品中的钡盐照明剂，弹体结构也有了新的发展。后膛弹采用二次抛射开伞及程序开伞和阻旋技术。前膛弹利用下部弹体空间装吊伞，提高了照明剂的装填系数。各国照明弹的装备及性能情况见表 7.16。

表 7.16　国外照明弹装备及其性能

国别	产品名称	研制时间	装备时间	现状	弹径/mm	照明剂质量/g	发光强度/cd	照明时间/s	降速/m·s⁻¹	配用武器
美国	M853A1 式 81 mm 迫击炮照明弹	80年代初		生产	81	>1 000				M252 式 81 mm 迫击炮
	M314A3 式 105 mm 照明弹		70年代初	生产装备	105	780	450 000	60		M52 式 105 mm 榴弹炮
	M485 系列 105 mm 照明弹	60年代初	1970年	生产装备	155	266	100 000	120	4.67	M14 式 155 mm 榴弹炮
	L3A2 式 51 mm 迫击炮照明弹	70年代	1981年	生产装备	51		135 000	44	5	L9A1 式 51 mm 迫击炮
	L43 式 105 mm 照明弹	70年代		装备	105		100 000	15~20		105 mm 轻型榴弹炮
	STARN4 式 144 mm 照明弹		70年代	装备	114			40		MK8 式 114 mm 舰炮
英国	36 mm 手持发射照明火箭弹	70年代		生产装备	36		90 000	30		36 mm 手持火箭发射筒
	51 mm 照明火箭弹		80年代	装备	51		35 000	30		步兵用便携式发射器
	N91MK5 式 55 mm 直升机用照明弹		80年代	生产装备	55	500	18 000	80	2.7	直升机

续表

国别	产品名称	研制时间	装备时间	现状	弹径/mm	照明剂质量/g	发光强度/cd	照明时间/s	降速/m·s⁻¹	配用武器
	105 mm 照明弹	70 年代	80 年代	装备	155	400		35		VC-105F 式 120 mm 迫击炮
	MK62-ED 式 120 mm 迫击炮照明弹		70 年代	生产装备	120	铝粉基照明剂	1 600 000	60	5	MD-120-LT 式 120 mm 迫击炮
法国	F1 式 155 mm 照明弹	70 年代	80 年代	装备	155		900 000	110	4	各种 155 mm 榴弹炮
	805A 式 36 mm 照明火箭弹	80 年代		生产	55		黄/白光 200 000	20	4	805A 式 36 mm 照明火箭发射筒
	40 mm 近程照明火箭弹		80 年代	生产装备	40		200 000	25	3.5	40 mm 照明火箭发射筒
	RTE803 式 50 mm 照明火箭弹	70 年代末		生产装备	50		180 000			RTE803 式 50 mm 照明火箭发射筒
德国	40 mm 吊伞式白光信号火箭弹	80 年代		生产	40		100 000	30		40 mm 手持信号火箭发射筒

续表

国别	产品名称	研制时间	装备时间	现状	弹径/mm	照明剂质量/g	发光强度/cd	照明时间/s	降速/m·s⁻¹	配用武器
	海里奥斯 45 mm 照明火箭弹	80 年代初		生产	45		310 000	25	5	海里奥斯 45 mm 手持照明火箭发射筒
瑞典	吕兰 76 mm 照明系统	80 年代初		生产装备	71		600 000	30	3	吕兰 71 mm 迫击炮
	洛塔 MK2 式 81 mm 迫击炮照明弹		80 年代初	生产	81		1 100 000	35	4	各种 81 mm 迫击炮
	科拉 155 mm 照明弹	60 年代	70 年代末	生产装备	155		2 200 000	60	4	FH–77 式 155 mm 榴弹炮
以色列	MK2 式 81 mm 迫击炮照明弹		70 年代	生产装备	120	800	700 000	55～60	5	81 mm 迫击炮
	M3 式 120 mm 迫击炮照明弹	70 年代初	80 年代初	生产装备	120	1 200	1 250 000	50	5～6	法国布朗特式 120 mm 迫击炮

80 年代以来，世界各国都在致力于照明弹药新品种的发展。为了满足榴弹最大射程对照明的需求，通过改进弹体结构，采用底凹、底排减阻增程技术，研制远程照明弹；与此同时，又积极发展近程火箭照明弹，供装甲车辆发射，也供舰艇或单兵使用；为充分挖掘照明剂功效潜力，研究发光强度高、燃烧时间长的高效照明剂，由于夜视器材的大量装备，一种红外隐身照明弹在 80 年代末 90 年代初出现，它能使一、二代微光镜和红外夜视仪提高视距达 4~7 倍；将微电子技术与照明弹技术结合起来的一种电视侦察弹已出现，它是用电视摄像机、发射机、电池和天线合体取代 M485A$_2$ 型照明弹中的照明炬合件，夜间与照明弹交替发射，实现了无须前沿观察员即可对战场侦察和目标定位、定点及区域监视与火力射击修正等，侦察结果可显示在指挥所的屏幕上，也可记录在录像带上。

7.1.8.2　结构特点及技术诸元

下面以美国 M485 系列 155 mm 照明弹为例，介绍其结构特点及主要技术诸元。155 mm 线膛炮照明弹的结构如图 7.4 所示。

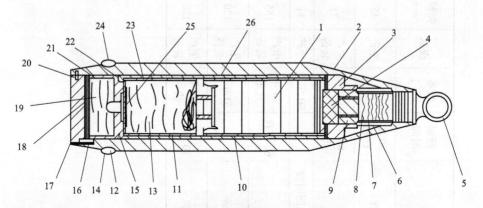

图 7.4　美国 M485 系列 155 mm 照明弹

1—照明炬；2—弹体；3—抛射筒头；4—二次抛射药；5—提螺栓；6—垫片；7—中心管；
8—一次抛射药；9—延期件；10—主伞及照明炬组件；11—主伞支架；12—弹带；13—主伞；
14—闭气环；15—剪切销；16—抗旋销；17—弹底塞；18—阻力伞伞垫；
19—阻力伞；20—剪切销；21—阻力伞支架；22—抛射筒底；23—抛射筒；
24—弹带护圈；25—抛射筒垫；26—弹簧阻旋片

该弹是世界上最早采用二次抛射开伞技术的高性能照明弹。它有 M485 式、M485A$_1$ 式和 M485A$_2$ 式三种型号。M485 式弹底塞与弹体压配合后仅用几个剪切销固定连接；M485A₁ 式除用剪切销外，还增加了抗旋销；A485A₂ 式在抛射体的阻旋片上增加了许多小孔。

M485A₂ 式弹丸为一空腔钢制弹体，内装一个抛射体。抛射体头部装有抛射药，尾部连接阻力伞，弹尾端由弹底塞密封住。

抛射体内有主伞及伞绳、照明炬组件，二次抛射装药和延期体。抛射体的外壳上焊接 4 个对称的阻旋片，弹丸的底部嵌有铜合金弹带和塑料闭气环。弹带和闭气环上套有玻璃纤维增强塑料弹带护圈，用作运输和操作的保护套。该弹配用机械时间引信，运输和操作过程中引信室配装提螺栓。该弹的主要技术诸元如下：

弹径	155 mm
弹丸长（不带引信）	604 mm
弹丸质量（不带引信）	41.73 kg
弹体材料	锻钢
照明剂质量	2.66 kg
初速	684.3 m/s（M198 式 155 mm 榴弹炮 8 号装药）
最大射程	18.1 km（M198 式 155 mm 榴弹炮 8 号装药）
发光强度	1 000 000 cd
照明时间	120 s
降速	4.67 m/s

7.1.8.3　航空照明器材

主要供空军使用，包括侦察或轰炸目标用照明航弹、夜间照相摄影航弹和飞机紧急着陆的照明炬等。一种比较简单的照明航弹如图 7.5 所示。该弹由飞机空投落至确定高度时引信作用，点燃抛射药，火药气体冲破弹底密封罩，把带吊伞的照明炬从弹体内推出。

55 kg 级照明航弹主要技术诸元如下：

弹径	240 mm
弹长	1 150 mm
照明剂质量	36 kg
发光强度（平均）	1 400 000 cd
降速	约4.5 m/s

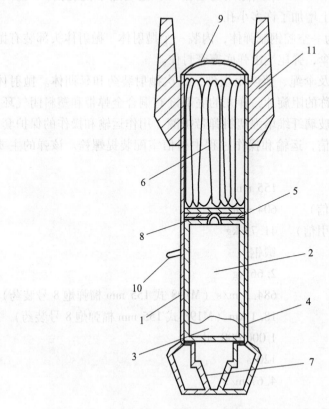

图7.5　照明航弹

1—弹体；2—照明炬；3—点火剂；4—硬纸板；5—照明炬底盖；
6—吊伞；7—引信室；8—毡板；9—弹底盖；10—弹簧；11—尾翼

7.1.8.4　照明跳雷

美国制造的 M48 地雷是防止侵袭用照明器材。它一般埋设于阵地或交通路口，当敌方触雷时，即触发产生照明。其结构如图 7.6 所示。

该雷的雷体有内外两圆筒，用底盘连接。内筒装吊伞、照明炬、抛射药与延期药等。发火机构由压发帽、保险插销、保险螺、拉圈、击针及其弹簧和火帽等组成。触及雷体时，击针击发火帽，火帽火焰点燃点火药，经传火药引燃发射药，随即产生高压气体将内筒抛出，同时延期药被点燃，在抛高为 100~160 m 时，延期药火焰又将抛射药点燃，这时吊伞和照明炬从筒内推出，点燃照明炬，照亮目标区。

照明炬发光强度约 110 000 cd，照明时间约 20 s，降速约 3 m/s。

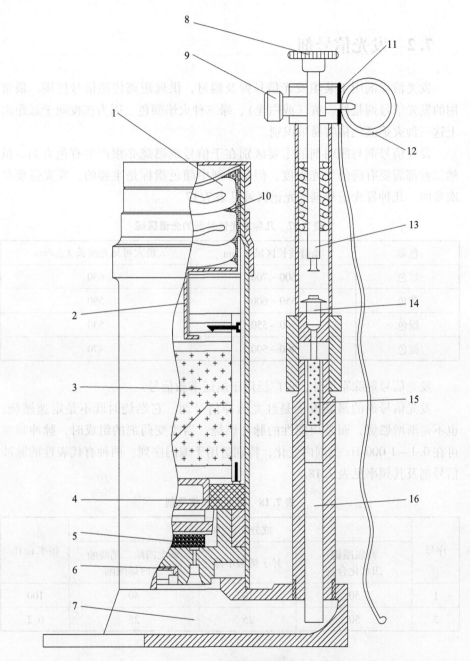

图 7.6　M48 式照明跳雷

1—吊伞；2—系绳；3—照明炬；4—毡垫；5—抛射药；6—延期药；7—发射药；

8—压发帽；9—保险螺；10—内筒；11—保险插销；12—拉圈；13—击针；

14—火帽；15—点火药；16—传火药

7.2 发光信号剂

发光信号剂用于装填发光信号弹及器材，供远距离传递信号使用。最常用的发光信号剂是红、黄（或白光）、绿三种火焰颜色。因为在夜间于远距离上这三种火焰颜色最容易被识别。

发光信号剂与照明剂的主要区别在于信号剂燃烧必须产生有色火焰。虽然二者都需要有高的发光强度，但信号剂中颜色指标是主要的，发光强度是次要的。几种发光信号剂的光谱区域见表7.17。

表7.17　几种发光信号剂的光谱区域

色彩	光谱波长区域 λ/nm	最大可见光波长 λ_{max}/nm
红色	600~700	630
黄色	550~600	590
绿色	500~550	530
蓝色	400~500	470

发光信号剂除军用外，也广泛用于航运求救信号。

发光信号剂的最新发展是红光脉冲信号剂。它燃烧时既不是定速燃烧，也不是渐增燃烧，而是周期性的脉冲燃烧。当改变药剂的组成时，脉冲频率可在0.1~1 000 Hz范围内变化，特别适用于编码序列。两种有代表性的脉冲信号剂及其频率见表7.18。

表7.18　两种脉冲信号剂

序号	成分配比/%			频率 ν/Hz
	高氯酸锶四水化合物	异丁烯酸甲酯	季戊四酯二硝酸酯二丙烯酸酯	
1	50	10	40	100
2	50	25	25	0.2

7.2.1　发光信号剂的技术要求

发光信号剂除了要符合通用的烟火药的技术要求外，还须满足下列特殊技术要求。

（1）火焰具有鲜明的色彩和好的比色纯度。信号剂在燃烧时，其火焰要有鲜明的特有色彩，以避免和其他不同颜色信号相混淆。所用信号剂火焰的辐射要求：红光波长不小于 620 nm，黄光波长应为 570 ~ 590 nm，绿光波长应在 555 nm 左右；比色纯度必须不少于 70% ~ 75%，以保证远距离（5 ~ 7 km 以上）能清晰地识别信号。

（2）燃烧时需有一定的发光强度。发光信号星体的发光强度一般不少于数千坎。人眼对于远距离的感光取决于光对人眼的照度、背景亮度、大气透过率和光的颜色。例如，夜间在 10 km 处观察绿光信号（大气透射系数为 0.8），其发光强度只有大于 1 220 cd 时才能识别。在相同条件下，观察红光和黄光信号，其相应的发光强度必须分别达到 747 cd 和 1 780 cd 方可识别。若处于满月、雪地（较亮的背景）或有雾的天气，其发光强度必须较上述数值大，才能明显地识别信号。

（3）必须有足够的燃烧持续时间。实践证明，为了使信号在夜间易于识别，其作用最短时间为 5 ~ 6 s。因此，发光信号剂在燃烧时必须有一定的燃烧速度，通常要求信号星体的燃速为 2 ~ 5 mm/s。

7.2.2　发光信号剂的光学性质

7.2.2.1　发光信号剂的辐射特性

发光信号剂燃烧所发出的有色火焰是由气体或蒸气的辐射所致。当原子或分子的辐射谱线或谱带位于光谱的某一部分上时，即产生相应的颜色。在本生灯的火焰中加入钠盐时，火焰呈黄色，加入锂和锶盐则呈红色，加入钡和铊盐时呈绿色，加入铜和铟盐时呈蓝色。

发光信号弹的有色火焰的光谱通常为线状或带状光谱，有时也存在线状和带状的混合光谱。

发光信号剂的火焰光谱是由热激发、电冲击激发（由电子冲击原子或分子使其激发）和光激发（光能被原子或分子吸收而处于激发态）而产生的。随着发光信号剂火焰中辐射体性质的不同，光谱分布也不同。黄光信号剂火焰中碱金属钠盐分解生成 Na 原子，在蒸气状态下受激发而产生 589 nm 和 590 nm 谱线，形成线状光谱。含有 Sr、Ba、Cu 盐的发光信号剂燃烧时，在火焰中生成的 SrO、SrCl、BaO、BaCl、CuCl 等辐射体，在蒸气状态下受激发而产生带状光谱。它们分别产生出红（620 ~ 750 nm）、绿（490 ~ 565 nm）、蓝（440 ~ 490 nm）色火焰。

发光信号剂与照明剂发光性质的区别在于它们发光的辐射体不同。照明剂的火焰发光主要基于固体或液体微粒的温度辐射的原理，而发光信号剂的火焰发光是由于气体或蒸气状态的原子或分子的发光辐射原理。

燃烧温度直接影响着发光信号的辐射特性。并不是在任何情况下都希望发光信号剂燃烧有很高的火焰温度，只当借助于原子或离子辐射而获得有色火焰时，其火焰温度才以较高为宜。但也不宜过高，过高将使火焰中存在大量白光，冲淡了有色火焰的色彩。分子辐射的有色发光信号剂火焰温度绝对不能很高，一旦火焰温度超过分子辐射体的离解温度，该分子极易离解而得不到原有的火焰颜色。碱金属氯化物和氧化物分子在 1 000 ℃下极易离解成原子。

分子辐射体对温度升高的热稳定性顺序如下：

$$RF > RO > RS > BaCl > SrCl > CuCl$$

其中，RF 为金属氟化物；RO 为金属氧化物；RS 为金属硫化物。

通常发光信号剂中含有 Mg、Al 或 Mg_4Al_3 金属可燃剂，这是为了使有色火焰具有一定的发光强度。但它的含量不宜太多，太多则产生大量的白色火焰，易冲淡火焰颜色。另外，太多时因金属可燃剂燃烧易产生高温，会对靠分子辐射的信号剂的发光辐射带来不良影响。

7.2.2.2 发光信号剂火焰的比色特性

理想的发光信号剂的火焰辐射应该完全落在某一光谱波段上，此种火焰辐射可称得上是单色辐射。单色辐射火焰颜色的比色纯度即色饱和度应是100%。但实际上这种理想的发光信号剂是不存在的。

实际中的发光信号剂火焰是连续的光谱，它是由许多不同波长的辐射光混合而成的。因此，发光信号剂的有色火焰不可能呈现单色辐射。又鉴于其火焰总有一部分辐射分布在光谱的其他波段上，尽管该部分幅度强度较弱，但在一定程度上总要降低火焰的比色特性。所以发光信号剂火焰的色饱和度很难达到90%以上。

发光信号剂火焰色彩是由不同波长的辐射光混合而成的混合色彩，其混合色彩规则如下。

（1）互补色互相混合后呈白光。两种单色光相混合而呈白光时，这两种单色光即称互补色。例如，黄光和蓝光为互补色，因而黄光剂火焰与蓝光剂火焰相混合后呈白色火焰。互补色位于色圈直径上的相对称的位置上。

（2）非互补色互相混合后呈色光。位于色圈直径的一边的两单色光混合时，其颜色介于原有颜色之间，这样两种单色光称为非互补色。例如，蓝光和橙光相混合时，呈淡红色或紫色，红光和黄光相混合呈橙色等。各色光相互混合后所形成的新光的色彩见表7.19。

表7.19 色光互混后所生成的新光的色彩

被混色光	黄	浅黄绿	绿	浅绿	青	蓝	紫
红	橙	金黄	淡黄	白	淡玫瑰	深玫瑰	紫红
橙	—	黄	黄	淡黄	白	淡玫瑰	深玫瑰
黄	—	—	浅黄绿	淡绿	淡黄	白	淡玫瑰
黄绿	—	—	—	绿	淡黄	淡绿	白
绿	—	—	—	—	淡青绿	海蓝	淡蓝
淡青绿	—	—	—	—	—	海蓝	海蓝
青	—	—	—	—	—	—	蓝

（3）由数种色光相混合可组成相当于某一单色辐射相同颜色的光，但其光谱仍为数种光的谱线或谱带。例如，由波长 590 nm 和 630 nm 的光相混合时，可组成相当于波长为 610 nm 的单色光的色彩，后者虽为复合光，但其光谱仍为 590 nm 和 630 nm 的谱线。即色光混合后可生成新色光，但不影响光谱。

根据发光信号剂火焰的比色特性和光色互混后能生成新色光的原理，采用不同的使火焰着色的物质和按不同比例配制药剂，可以制造出许多不同色彩的发光信号剂制品。但必须指出，只有那些色饱和度高的发光信号剂的火焰才能呈现出不同的鲜明色彩。

7.2.2.3 发光信号剂的发光强度确定

发光信号剂的火焰，除了需要适当的色彩和比色纯度外，还必须具有较好的能见度（即在一定距离能观察到所发出的信号），因而必须具有一定的发光强度。

发光信号剂的发光强度按下式计算：

$$I = 10^6 er^2 \tau^{-r} \tag{7.32}$$

式中，I——发光强度，cd；

e——人眼对色光的最低极限照度，lx；

τ——大气透射系数；

r——信号至观察点的距离，km。

光被大气吸收是随大气的状态而变化的。大气的透射系数见表7.20。人眼对色光的最低极限照度值见表7.21。在距离 10 km 处观察所需信号的最小发光强度见表7.22。

表 7.20 大气的透射系数

大气状态	透射系数 τ
十分清晰的空气	0.96
明朗的气候	0.90
一般气候	0.80
小雾	0.64
雾	0.37
大雾	0.005

表 7.21 白天和夜间最低的极限照度

火焰颜色	对人眼的最低极限照度 E_{min}/lx	
	夜晚	白天
红色	0.8×10^{-6}	0.3×10^{-3}
绿色	1.2×10^{-6}	0.9×10^{-3}
黄色	2.0×10^{-6}	1.0×10^{-3}
白色	3.0×10^{-6}	1.5×10^{-3}

表 7.22 背景与信号所需的发光强度

背景条件	信号所需的发光强度/cd
黑夜	0.11
星光照射	0.85
月光照射	5.0
黎明	85.0
满月雪地	>100
白天	8 500

7.2.3 发光信号剂的配制原理

虽然不同色光的信号剂的成分不同，但都不外乎含有氧化剂、可燃剂、黏结剂、使火焰着色的染焰剂及改善火焰颜色的含氯有机化合物等。色彩和比色纯度是发光信号剂的主要示性数。为了配制优良的发光信号剂，必须了解影响发光信号剂色彩和比色纯度的各种因素。

7.2.3.1　影响发光信号剂色彩和比色纯度的因素

影响发光信号剂色彩和比色纯度的因素主要有染焰剂的性质、燃烧热和燃烧温度、燃烧生成物、药剂的氧平衡和火焰附加物等。

（1）染焰剂的性质。使发光信号剂火焰着色的物质（某些金属盐类）称为染焰剂。它在火焰光谱的一定波段上应产生明亮的谱线或谱带。在实际应用中，广泛地用钠蒸气的原子辐射来获取黄色火焰。随钠盐的阴离子不同，其火焰的比色纯度也有差异，它们的谱线强度顺序如下：

$$NaCl > NaNO_3 > Na_2CO_3 > Na_2SO_4$$

这一顺序是由于它们的热安定性不同。热安定性越小，其火焰中的金属蒸气越多，所辐射的谱线强度越大，因而它的比色纯度就越高。从理论上讲，氯化钠应为黄色火焰的最好染焰剂，但它极易吸潮而不被选用。实际在配制黄色发光信号剂时，采用的是硝酸钠、草酸钠、氟铝酸钠等。

利用原子辐射制取的黄色火焰最不希望在药剂中加入含 Cl、HCl、NH_4Cl 等物质，因为它们能干扰和降低黄光的发光强度，会使火焰中钠蒸气的谱线不易见到。

红色、绿色和蓝色火焰均是由分子辐射产生的带状光谱。利用分子辐射获得的有色火焰，总是希望在燃烧时能生成金属氯化物。因为在有金属氯化物存在时，火焰能获得较好的色彩和较高的比色纯度。氯化物随其阳离子的不同，高温时其热安定性也有差异。其热安定性顺序如下：

$$K > Na > Li > Ca > Sr > Ba > Be > Al > Mg > Mn > Cr > Zn >$$

$$Fe > Co > Ni > Pb > Sn > Bi > H > V > Cu > Ag > Au > Pt$$

通常是靠 SrCl（红色）、BaCl（绿色）、CuCl（蓝色）的一氯化物分子辐射来获取红、绿、蓝色火焰的。

靠金属氧化物（SrO、BaO、CuO）分子辐射来获取有色火焰则比靠相应的氯化物为差。例如 SrO 的升华温度高（2 500 ℃以上），很难使它的蒸气在火焰中有很大的浓度，故不呈深红色，而只能呈玫瑰色（谱带在 606 nm 附近）。

金属氟化物（SrF_2、BaF_2）的火焰不能染成特定颜色。例如 SrF 的光谱有两条带组，一条带组为 678 ~ 628 mm（红色）；另一条带组为 586 ~ 562 nm（黄绿色）。由此说明，某种染焰剂能否适用于发光信号剂，辐射体的光谱性质是决定的因素。

（2）燃烧热和燃烧温度。发光信号剂在燃烧时所放出的热量，应使火焰中气态的原子或分子成激发状态。通常在燃烧热量不低于 2.5 ~ 3.3 kJ/g 时，才能得到良好的有色火焰。

对于产生原子辐射的发光信号剂来说，在一定限度内燃烧反应热量和燃烧温度越高，火焰中原子的辐射强度越大。因此，在这类药剂中可加入一些金属可燃物。相反，以分子辐射的发光信号剂，其燃烧温度不宜过高（<2 000 ℃），避免辐射体离解成游离金属原子，造成金属原子在不同谱段上辐射出许多谱线，使火焰不能呈现所期望的颜色。试验证实，随着燃烧温度及燃烧热的增高，以分子辐射的有色火焰光谱中的谱带数量会减少，而谱线数目和强度却逐渐增大，从而降低了火焰的比色纯度。

当某些有色火焰药剂的燃烧温度过低时，可以通过加入一定量的金属可燃剂来提高燃烧热值，从而保证鲜明的火焰颜色产生。但加入量要适当（一般为20%以下），否则会因加入量增多而提高了燃烧热和燃烧温度，造成火焰比色纯度降低。

（3）燃烧生成物。发光信号剂在燃烧时之所以发色光，是因为其火焰中有气体生成物的存在。所以，在选择药剂成分时，必须选用气态生成物较多（占40% ~ 50%）的物质。火焰中气相越高，产生连续光谱的温度辐射就越少。但为了使火焰具有一定的亮度，也须有适量的固态燃烧生成物存在。其占有量多少为佳，要通过试验确定，通常占有量为50% ~ 60%。

必须指出，选择有机化合物作可燃物和黏结剂时，应当采用含氧和氢比较多而含碳尽量少的物质。因为含碳高的有机物质在燃烧时会产生游离碳，使火焰产生烟而呈现黄色。

（4）药剂的氧平衡。无论是以分子辐射为主的，还是以原子辐射为主的发光信号剂，都应配制成负氧平衡。负氧平衡的程度应保证药剂中的碳氧化成CO。以一氯化物为辐射体的发光信号剂，在氧化火焰中会分解生成金属氧化物：

$$BaCl + O \rightarrow BaO + Cl + 301 \ kJ$$

$$SrCl + O \rightarrow SrO + Cl + 359 \ kJ$$

$$CuCl + O \rightarrow CuO + Cl + 439 \ kJ$$

由上述反应式可知，若药剂中含氧量多，反应则趋向右边，这时将产生大量的氧化物，火焰的比色纯度则下降；若药剂为负氧平衡，含氧量少，反应则会趋向左边，这时将生成大量氯化物，火焰的比色纯度将提高。但是，若药剂中金属可燃物过多（负氧平衡大的药剂），会使金属氧化物还原成游离金属，例如：

$$SrO + Mg \rightarrow Sr + MgO$$

$$BaO + Mg \rightarrow Ba + MgO$$

$$CuO + Mg \rightarrow Cu + MgO$$

结果也使火焰不能获得所希望的颜色。

（5）火焰附加物。在以分子辐射为主的发光信号剂中，为了在其火焰中形成一氯化物的辐射体（如 SrCl、BaCl、CuCl），可在以硝酸盐为主的药剂中加入适量的有机氯化物（如聚氯乙烯、六氯代苯、氯化橡胶及有机卤素化合物等）。这样药剂在燃烧时，有机氯化物分解成游离的氯，为生成氯化物创造了条件。

必须指出，加入的有机氯化物应含有大量的氯（不少于 50%），并且不应有挥发性。

7.2.3.2　发光信号剂的配制要求

配制发光信号剂的主要要求如下：

（1）药剂燃烧时所放出的热量，必须保证其火焰中的气态原子或分子能充分地激发或离子化。实际只有燃烧时放出热量不少于 $2.5 \sim 3.3$ kJ/g 药剂时，才能使火焰产生足够强烈的有色辐射。

（2）以分子辐射的发光信号剂，其火焰温度不应超过其分子辐射体的离解温度。但以原子辐射为主的药剂，在一定范围内增高其火焰温度有利于有色火焰的辐射。

（3）在药剂燃烧时，所产生的使火焰染色的元素或化合物，在 $1\,000 \sim 1\,200$ ℃时必须完全气化。为达到这个目的，多利用碱土金属氯化物的辐射。

（4）在提高比色纯度的同时，又要保证一定的发光强度，以便于远距离观察识别。通常在药剂中加入适量（15%～20%）的金属可燃物，使火焰具有一定的发光强度。

（5）无论是以分子辐射还是原子辐射为主的药剂，都应配成适当的负氧平衡，以利于产生足够浓度的有色火焰蒸气，提高火焰的比色纯度。

7.2.3.3　发光信号剂配方举例

（1）黄光信号剂。黄光火焰是利用原子辐射光谱，它主要是火焰中的钠离子在 589 nm 处的辐射。典型配方如下：

1）$KClO_3$ + 有机可燃物 + 钠盐。例如 $KClO_3$ 60%、$Na_2C_2O_4$（或 Na_3AlF_6）25%、酚醛树脂（或虫胶）15%。这种药剂在燃烧时分解出的热量少（4.2 kJ/g 以下），其火焰的发光强度不高，但具有良好的比色纯度（80%～85%），其燃烧反应式为：

$$0.50KClO_3 + 0.20Na_2C_2O_4 + 0.05C_{16}H_{24}O_5 = 0.50KCl +$$
$$0.20Na_2CO_3 + 0.60H_2O + 0.35CO_2 + 0.65CO$$

缺点是机械敏感度高，制造及使用不够安全。如用 KNO_3 代替部分 $KClO_3$，可以降低其感度。

2）$NaNO_3$ + Mg + 黏结剂。例如 $NaNO_3$ 59%、Mg 17%、虫胶 24%。这种药剂因含有 Mg，发光强度高，但 $NaNO_3$ 吸湿性大，只有良好密封防潮条件下才能使用。

3）KNO_3 + 钠盐 + Mg + 黏结剂。例如 KNO_3 37%、$Na_2C_2O_4$ 30%、Mg 30%、酚醛树脂3%。这种药剂虽吸湿性小，但燃烧放热量大（>4.2 kJ/g），质量光量约为 5×10^4 lm·s/g，故其火焰的比色纯度较低。

黄光信号剂的特点是火焰纯度高，这是由于 Na 在火焰光谱的黄色部分产生单色辐射。美军黄光信号剂配方见表 7.23。

表 7.23　美军黄光信号剂配方　　　　　　　　　　　　　　%

成分	Al	Mg	KNO_3	$Sr(NO_3)_2$	$Ba(NO_3)_2$	$Na_2C_2O_4$	S	蓖麻油	松香
A	3.4	—	15.0	15.0		61.8		1.9	2.9
B	3~20	0~11	—	—	63~67	8~17	4~5	2~3	

（2）红光信号剂。红光火焰是利用分子辐射光谱，它是锶盐在高温分解时产生的。制取红光信号剂通常采用的锶盐是硝酸锶和碳酸锶，典型的配方如下：

1）$KClO_3$（或 $KClO_3$）+ 有机可燃物 + 锶盐。例如 $KClO_3$ 60%、$SrCO_3$ 25%、酚醛树脂 15%。这种药剂具有良好的比色纯度（80%~90%），但机械感度高。若用 KNO_3 代替 $KClO_3$，虽感度降低了，但为了提高火焰亮度，不得不加入金属粉（如 Mg 粉），从而又带来火焰比色纯度下降的问题。

2）$Sr(NO_3)_2$ + Mg + 黏结剂（或有机氯化物）。例如 $Sr(NO_3)_2$ 67%、Mg 13%、聚氯乙烯 20%。这种药剂因燃烧时有游离氯生成，能促成 SrCl 生成。当药剂为负氧平衡时，因火焰内存有还原气体，阻碍 SrCl 氧化成 SrO（SrO 光谱在橙色区域），火焰的色彩和比色纯度较高。

SrCl 是红光火焰的最良辐射体。通过加入含氯有机化合物促成 SrCl 大量生成，同时使药剂为负氧平衡，阻碍 SrCl 氧化成 SrO，二者都是十分必要的。有关美军红光信号剂配方见表 7.24。

表 7.24　美军红色光信号剂配方　　　　　　　　　　　　%

成分	Mg	$Sr(NO_3)_2$	$KClO_4$	六氯代苯	聚氯乙烯	硬沥青	聚酯树脂
A	21	45	15	12	—	7	
B	17.5	45	25		5	7.5	—
C	30	42	9	12			7

（3）绿光信号剂。绿光火焰也是利用分子辐射光谱，它是以钡盐为基础而获得的。典型配方如下：

1）$Ba(ClO_3)_2$ + 有机可燃物。例如 $Ba(ClO_3)_2$ 85％、虫胶 15％。这种药剂虽然能获得很美的绿色火焰，但因含大量 $Ba(ClO_3)_2$，机械敏感度高，尽管用石蜡或凡士林钝化处理，实际使用中仍发生多次安全事故，所以被淘汰了。

2）$Ba(NO_3)_2$ + Mg + 黏结剂（或有机氯化物）。例如 $Ba(NO_3)_2$ 65％、Mg 15％、聚氯乙烯 10％、酚醛树脂 10％。这种药剂有良好的比色纯度，机械敏感度也比较低。

美军绿光信号剂的典型配方是：Mg 35％、$KClO_4$ 22.5％、$Ba(NO_3)_2$ 22.5％、聚氯乙烯 13％、聚酯树脂 7％。

（4）蓝光信号剂。蓝光火焰也是利用分子辐射光谱，以 CuCl 为辐射体。最佳典型配方为：$KClO_3$ 61％、矿蓝 $[2CuCO_3·Cu(OH)_2]$ 19％、S 20％。配方中含 S，有利于游离氯的生成：

$$2KClO_3 + 2S = K_2SO_4 + SO_2 + Cl_2$$

Cl_2 与矿蓝分解出的 Cu 离子作用，从而导致 $CuCl_2$ 的产生。

除用矿蓝外，也可以用其他铜盐，如使用孔雀石 $[CuCO_3·Cu(OH)_2]$、巴黎绿 $[(CuO)_2As_2O_3Cu(C_2H_3O_2)_2]$、硫酸铜（$CuSO_4·5H_2O$）及铜粉来制取蓝光剂。

美国用于遇险求救信号弹的蓝光剂配方为：$KClO_4$ 39.8％、$Ba(NO_3)_2$ 19.5％、巴黎绿 32.5％、硬脂酸钙 8.2％。

7.2.4　发光信号器材

发光信号器材种类较多，美军就拥有地面信号弹、航空信号弹和海、空军用各类求救信号器材等。下面以美军地面信号弹和苏联制造 26 mm 信号枪弹为例介绍其结构特点及主要性能参数。

7.2.4.1　美军地面信号弹

美军地面信号弹分为发射器发射和枪榴弹发射器发射两类。信号弹的星体有两种，分别是带伞的单星和不带伞的由 5 个星体组成的星体束。星体光色为白、绿、黄三种。枪榴弹发射器发射则为白、绿、黄、红四种光色。老式的 M17 ~ M22 均用发射器发射。该类信号弹弹壳为圆筒形，长约 152.4 mm，直径 40.64 mm，有尾翼装置，弹头装有火帽。发射时将弹体装入 M1A1、M3 和 M4 式发射器中。击发后，信号弹被抛出，弹尾在前，当离开发射器 23 ~ 30 m 后则倒转，弹头在前继续飞行。弹射高约 183 m，经 6 s 延期抛射星体。带伞信号弹重约 0.45 kg，星体的燃烧时间为 20 ~ 30 s，降速为 2.14 m/s。根据光色不同，发光强度为 4 000 ~ 20 000 cd。不带伞的 5 个星体组成的信号弹，作用过程与带伞信号弹的相同，弹重也是 0.45 kg。5 个星体由速燃导火线点燃从弹体内推出，燃烧时间为 5 ~ 7 s。发光强度随光色而异，均在 2 000 ~ 35 000 cd。M17A1 ~ M22A1、M51A1 和 M52A1 式信号弹是用枪榴弹发射器发射的，与以上用发射器发射的信号弹大小相同，性能一致，只是弹尾翼装置被类似枪榴弹上的稳定管和圆形尾翼所代替。美军用枪榴弹发射器发射的地面信号弹性能参数见表 7.25。

表 7.25 美军用枪榴弹发射器发射的地面信号弹性能参数

参数	M17A1	M19A1	M21A1	M51A1	M18A1	M20A1	M22A1	M52A1
弹类	带伞	带伞	带伞	带伞	星体束	星体束	星体束	星体束
光色	白	绿	黄	红	白	绿	黄	红
延期时间/s	5.5	5.5	5.5	5.5	5.5	5.5	5.5	5.5
燃烧时间/s	20 ~ 30	20 ~ 30	20 ~ 30	20 ~ 30	5 ~ 7	5 ~ 7	5 ~ 7	5 ~ 7
发射高度/m	183	183	183	183	183	183	183	183
落速/(m·s⁻¹)	2.1	2.1	2.1	2.1	自由	自由	自由	自由
最小光度/(×10³ cd)	20	5	4	20	18*	7*	2*	35*
星体质量/g	57 ~ 71	57 ~ 71	57 ~ 71	57 ~ 71	99 ~ 113	99 ~ 113	99 ~ 113	99 ~ 113
总质量/g	454	454	454	454	482	482	482	482
长度/mm	264	264	264	264	257	257	257	257
尾翼直径/mm	48	48	48	48	48	48	48	4

*为星体束中的单个星体光度。

美军后来发展的 M125A1、M126A1 和 M127A1 信号弹是手持火箭式，其结构如图 7.7 所示。

这 3 种信号弹的发动机相同，发射高度 231 m。M125A1 星体不带伞，作用后 5 个白光星体自由落下。M126A1 为单个带伞的红光星体，燃烧时间为 50 s。M127A1 为单个带伞的燃速快而光度高的白光星体。

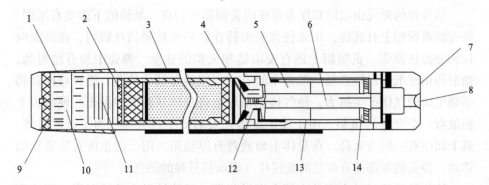

图 7.7　M126A1、M127A1 手持火箭地面信号弹

1—击发火帽和弹簧夹；2—上圆盘；3—信号炬装置；4—抛射药；5—推进剂；

6—尾部装置；7—火箭筒体；8—68 号底火；9—击针；10—软木塞；11—吊伞装置；

12—延期药；13—套管；14—喷嘴塞

7.2.4.2　苏联制造 26 mm 信号弹

苏联制造 26 mm 信号弹有白、红、黄、绿四种光色，白光兼作照明弹用，均用信号枪发射。其结构如图 7.8 所示。

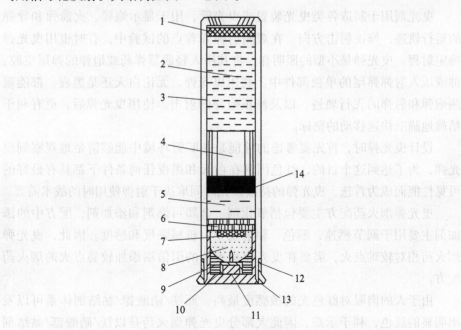

图 7.8　26 mm 白光信号弹

1—毡垫；2—填充物；3—纸筒；4—星体；5—毡垫；6—硬纸板；7—纱布；

8—抛射药；9—纸圈；10—击毡；11—火帽；12—黄铜帽；13—地缘；14—点火药

信号弹的弹壳由纸筒和作为弹底的黄铜帽所构成。纸筒的下面垫有纸圈。弹壳的黄铜帽上有底缘，用来使弹壳夹持在信号枪枪膛的环槽内，在退壳时拉钩能抓住弹壳。黄铜帽上还有安击钻和火帽的驻室。弹壳中装有抛射药，抛射药用硬纸板轻轻盖住。纸板中间有一个用纱布贴住的孔。纸板对抛射药燃烧生成的气体产生抗力，使气体能很好地将星体从弹壳中抛出。硬纸板上面放有一个有孔的毡垫，用于保护星体在发射时不被冲坏。为了点燃星体，其上面压有一层点火药。在星体上面放置有厚毡垫，用于防止所有装填物的移动。弹壳的顶部盖有颜色的金属片（表示信号弹的颜色）。

该信号弹发射时火帽的火焰点燃抛射药，星体被抛出并被引燃，到达顶点后星体再慢慢地下落。

白光信号弹的射程为 120 m（射角为 55°时），发光强度不低于 5×10^4 cd，照明半径约 100 m，燃烧时间为 7 s。其他光色信号弹，除装药量（星体）比白光的少外，其构造和作用基本相同。

7.3 曳光剂

曳光剂用于制造各类曳光装置或曳光管，用于显示炮弹、火箭弹和导弹的运行轨迹，修正射击方向。在观测射弹弹着点的试验中，有时也用曳光弹确定射程。曳光弹是小型的照明弹，将其压入轻武器弹药或炮弹的弹尾空腔，抑或压入射弹弹尾的单独部件中。利用曳光弹，无论白天还是黑夜，都能观测炮弹和射弹的飞行轨迹，以及修正炮弹的射击。使用曳光弹后，更有利于精确地瞄准快速移动的靶标。

设计曳光弹时，首先要考虑的性能是在旷野环境中能够清楚地观察到曳光弹，为了达到这个目的，红色因其在白天和黑夜任何条件下都具有最好的可见性能而成为首选。曳光弹的持续发光时间取决于射弹使用时的战术需要。

曳光弹烟火药配方主要包括氧化剂、金属可燃剂和添加剂，配方中的添加剂主要用于调节燃速、颜色、辐射功率、机械强度和感度。因此，曳光弹烟火药相对较难点火，需要在曳光弹烟火药的引信端添加较易点火的烟火药配方。

由于人的肉眼对红色光的敏感度最高，而镁/硝酸锶/黏结剂体系可以发出明显的红色，利于示踪，因此大部分曳光弹烟火药是以镁/硝酸锶/黏结剂体系为基材。为了达到所希望的颜色和最佳的发光强度，需要优化各组分的比例、粒子粒径和黏结剂等。人们进行了用多种合成黏结剂（如聚酯、环氧树脂、硅树脂、聚硫橡胶等）取代天然黏结剂的研究。研究结果表明，聚酯黏结剂的发光强度最大；同时，含氟高的橡胶（如 Viton – A 和 Kynar）是单位发光效率最高的黏结剂。Agrawal 等人研究了不饱和无卤聚酯（NHP）和不饱和含卤聚酯（HP）作为黏结剂在曳光弹烟火药配方（该配方含有镁、硝酸锶和硝酸钠）中的应用情况，研究结果表明，氯化聚酯（CP）的火焰色彩性能优于 NHP，这是由于氯基增强了火焰的红色光的色饱和度；以 CP 为基的曳光弹烟火药配方的机械强度也好于以 NHP 为基的曳光弹。综合考虑，以 CP 为基的曳光弹烟火药配方具有更高的机械强度和更饱和的色彩度，对曳光弹烟火药而言，CP 是比较好的黏结剂。

除此之外，新型曳光剂的研究工作正在积极展开，主要研究内容有：用金属氢化物（如 MgH_2、TiH_2、ZrH_2 等）代替单质金属（如 Mg、Ti、Zr 等）作可燃剂；采用自燃式火箭燃料，如铝烷与金属粉或无机氧化物相结合；用金属（间）互化物（如 TiB_2、NiAl、PdAl）作曳光剂等。虽然离工程应用尚有很大距离，但对于解决曳光剂点火和提高曳光性能有着重要意义。值得提出的是，用金属（间）互化物做曳光剂具有长贮性能稳定和点火可靠等特点，引起了人们很大兴趣。

7.3.1　曳光剂的技术要求

除符合通用的烟火药的技术要求外，曳光剂还须满足下列技术要求。

（1）压装后的曳光剂机械强度要大。大多数情况下，曳光装置或曳光管内的曳光剂直接受火药高温高压气体冲击和发射时的惯性力作用，同时，弹丸在飞行时因旋转而产生很大的离心力作用，故其机械强度必须要大。

（2）压紧的曳光剂能用适当的点火药点燃且点燃后不熄灭。由于弹丸飞行时弹底形成空气稀薄区，并产生涡流，加上曳光管尺寸较小，所产生的火焰也很小，易于冷却，故要求曳光剂既要易于被适当点火药点燃，同时点燃后不能熄灭。为此，通常在曳光剂内加入易燃成分（如镁粉），以及选用强点火药等。

（3）曳光剂燃尽后应留下较多的固体熔渣。为了保持弹丸的弹道性能，曳光剂燃尽后余留下的固体熔渣越多越好，从而使弹丸减重较小，不至于与无曳光的弹道发生偏差。一般曳光剂固体残渣量占药量的 60% ~ 80%。但由于总有部分残渣被曳光剂燃烧产生的气态物气流带到大气中去，所以实际剩余熔渣一般只占有 35% ~ 45%。

（4）曳光剂应有一定的发光强度、色度和燃烧速度。一般曳光剂的发光强度为数千到数万坎，导弹用的则要求数十万坎。燃烧发光颜色一般要求为红色。这是因为红光波长较长，便于远距离跟踪观察（也有用橙色、绿色和黄色光色的）。燃烧速度应满足光程需要，通常燃烧持续时间为数秒到数十秒。

除上述要求外，曳光剂不应该过早地在膛内燃烧，以免烧蚀炮膛；还应避免过早曳光，以免暴露射击位置。为此，应采用不发光或发暗光的引燃药，或调整曳光管孔与采用金属箔片来延迟点火。

7.3.2 曳光剂的配制原理

曳光剂介于照明剂与信号剂之间，常规的曳光剂仍由氧化剂、金属可燃物和黏结剂组成。

由于曳光剂直接受到发射器膛内的高温高压火焰气体的猛烈冲击，易造成速燃，高氯酸盐和氯酸盐不宜作曳光剂的氧化剂。可以用 $Ba(NO_3)_2$ 或少量 BaO_2 作氧化剂。红光曳光剂常用 $Sr(NO_3)_2$ 作氧化剂。

曳光剂的可燃物多选用 Mg，有时也采用 Mg – Al 合金粉。很少使用铝粉，因其难以点燃。

黏结剂常用虫胶、干性油、松脂酸钙和酚醛树脂等。曳光剂中氧化剂与金属可燃物的相对比例与照明剂的相似，黏结剂用量比照明剂的略高，而金属可燃物用量比信号剂的多。常用的白光和红光曳光剂的配方及其性能见表 7.26。

表 7.26 常用白光和红光曳光剂配方及性能

光色	白光		白光		白光		红光		红光	
配方成分 /%	$Ba(NO_3)_2$	65	$Ba(NO_3)_2$	49	$Ba(NO_3)_2$	39	$Sr(NO_3)_2$	60	$Sr(NO_3)_2$	62
	Mg	25	Mg	36	BaO_2	3	Mg	30	Mg	22
	酚醛树脂	10	虫胶	15	Mg	44	干性油	10	Mg – Al	2
					$Na_2C_2O_4$	8			PVC	8
					黏结剂	6			黏结剂	6
燃速/ $mm \cdot s^{-1}$	3.1		4.0		4.7		3.1		2.8	
质量光量/ $lm \cdot s \cdot g^{-1}$	55 000		81 250		87 500		55 000		50 000	

火箭及导弹技术的发展对曳光剂提出了更高的要求，它既要耐高压高温，且燃烧持续时间不缩短，又要抗振动和加速惯力。火箭和导弹用的高空曳光剂，宜用金属钙、硝酸钠、聚乙烯或四硝基咪唑作组分，或采用可反应金属。试验证明，在 33 000 m 的高空使用含钙 20%、硝酸钠 80% 的曳光剂，有良好

的燃烧性能；含硝酸锶的曳光剂在此高空中则难以点火和稳定燃烧。

为了可靠地点燃曳光剂，可采用强点火药，例如 BaO_2 80%、Mg 18%、黏结剂 2% 或者 BaO_2 30%、$Ba(NO_3)_2$ 48%、Mg 13%、酚醛树脂 9% 等点火药。

7.3.3　曳光剂反应机理研究

曳光技术应用已近一个世纪。随着炮弹射程的提高、目标的快速移动及远程监测仪的发展，研究曳光剂反应机理对曳光装置或曳光管的设计具有现实意义。哈德特（Hardt A. P.）和帕卡尔斯基（Puchalski W. J.）为此做出了贡献。

7.3.3.1　哈德特（Hardt）模型

哈德特研究工作是以燃烧速度、持续时间和能见度为曳光剂的特征量。他测定了 $Sr(NO_3)_2$ 与 PVC 分解动力学数据，以及不同可燃物与氧化剂配制成的曳光药柱的热导率，并对曳光药柱热传递的过程做了数值分析，获得了静态和旋转条件下的热通量。该模型只是假设金属粉氧化发生于气相阶段，燃烧速度仅是不同配比的热导率的函数，黏结剂的作用忽略不计，因此只适用于由金属可燃剂与氧化剂配制的药剂（如照明剂、信号剂）。

（1）燃烧过程的基本现象。曳光剂热分解速率方程如下：

$$v = B\exp[-E/(RT_s)] \tag{7.33}$$

式中，v——燃速，cm/s；

　　　B——常数；

　　　E——活化能；

　　　R——气体常数；

　　　T_s——燃烧面温度。

设氧化剂和可燃剂表面反应速度近似相等，则单位时间内物料消耗：

$$\rho_f v_f = \rho_o v_o \tag{7.34}$$

$$\rho_f B_f \exp[-E_f/(RT_{sf})] = \rho_o B_o \exp[-E_o/(RT_{so})]$$

式中，ρ——密度；

　　　下标 f 和 o——分别表示可燃物和氧化剂。

通常，可燃物和氧化剂的 B、E 不等，而 T_{sf} 和 T_{so} 也有差异，故 $v_f \neq v_o$。热分解速率不同，某些成分会很快气化反应，而另一些成分则残留在燃烧面处进行反应。在燃烧面处的组分容易被燃烧块组分的热气流带出燃烧面而进一步进行燃烧反应。经高速摄影，的确发现曳光剂中大部分镁粉粒子被"驱逐"出燃烧面。高速摄影还发现，只有部分镁粒子同氧化剂起反应，在这部分镁粒子周围形成了氧化层。该氧化层是孔状结构，它迅速地向镁粒子中心扩散，最终使镁粒子形成一个"空泡"（an empty bubble）状反应产物。镁的反应速度取决于氧化层的扩散速度。

（2）模型分析。

基于 $Sr(NO_3)_2/Mg/PVC$ 常规曳光剂反应历程，理论分析认为是一个固相的和气相的过程。

1）固相过程的热传递如图7.9所示。

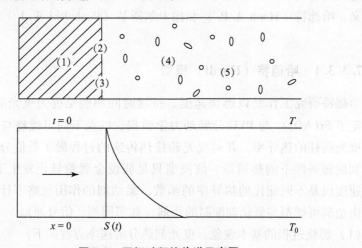

图7.9　固相过程热传递示意图

图中（1）区为 PVC 分解区；（2）区为 $Sr(NO_3)_2$ 分解区；（3）区为 Mg 熔化区；（4）区为 Mg 升华区；（5）区为 Mg 蒸气燃烧区。t 时刻的燃烧面位置为 $S(t)$；按燃烧理论，燃烧将以 ds/dt 速度传播。热传递过程是流进燃烧面的热流量 H 使 $Sr(NO_3)_2$ 吸热分解。

热传导方程为：

$$c_p\rho\,\frac{\partial T}{\partial t} = K\,\frac{\partial^2 T}{\partial t^2} + \rho Q\,\frac{\partial F}{\partial t} \qquad (7.35)$$

$$-\frac{\partial F}{\partial t} = FZe^{-E/(RT)} \qquad (7.36)$$

$$H + K\,\frac{\mathrm{d}T}{\mathrm{d}x} = 0 \qquad (7.37)$$

式中，Q——$Sr(NO_3)_2$ 的分解热；

　　　　Z——动力学参数；

　　　　F——未分解药剂的百分比；

　　　　H——热流量；

　　　　K——导热系数；

ρ——密度；

c_p——定压比容。

当 $x = S(t)$ 时，边界条件：

$$T[S(t)] = T_s, F[S(t)] = 0$$

动力学参数 Z 和 E 由试验测定。未分解药剂的百分比 F 在给定的时刻是一个常数。燃烧面的温度分布由热流量 H 和材料热导率求出。哈德特编制了计算机程序，进行了数值计算。结果表明，可燃物过量的配方具有较高的气化速率。他认为原因是：其一，金属粉含量越高，热传导越快；其二，由于分解吸热量与氧化剂量成正比，可燃物增加氧化剂量则减少，这样氧化剂分解吸热量减少，则气化速率就高。理论分析结果与试验测定的气化速率一致。

2）气相过程曳光剂的反应机制主要表现在气相反应中镁"液滴"的破裂，在常压条件下镁蒸气的热分解速度为：

$$-\frac{\mathrm{d}m}{\mathrm{d}t} = \frac{D}{RT_s}4\pi r(p_s - p_0) \tag{7.38}$$

式中，$\mathrm{d}m/\mathrm{d}t$——气化速率，mol/s；

$\qquad r$——时刻 $t = \left(\frac{3mM}{4\pi\rho}\right)^{\frac{2}{3}}$ 时的可燃剂的球半径；

$\qquad T_s$——可燃剂微元表面温度（1 363 K）；

$\qquad p_s$——微元表面的初始压力（1.01 MPa）；

$\qquad p_0$——液态下镁的初始压力（0.12 MPa）；

$\qquad D$——扩散系数；

$\qquad R$——气体常数，$R = 358 \ \mathrm{cm}^2/\mathrm{s}$；

$\qquad m$——Mg 的气化摩尔数；

$\qquad M$——Mg 的摩尔质量。

积分式（7.38）得

$$-\int_{m_0}^{0}\mathrm{d}m = \int_{0}^{t_b}\frac{D}{RT}4\pi r(p_s - p_0)\mathrm{d}t \tag{7.39}$$

得到镁"液滴"寿命 t_b 为：

$$t_b = \frac{RT_s}{ZD}\frac{r_0^2 p}{M(p_s - p_0)} = 0.5 \times 10^{-3} \ \mathrm{s}$$

在时刻 $\mathrm{d}t$ 时，固体表面放出的气体厚度为：

$$\mathrm{d}x = RT_a m_g y_n \rho_g v\mathrm{d}t \tag{7.40}$$

式中，T_a——镁的沸点（1 373 K）与火焰温度（3 000 K）的平均值，约为 2 000 K；

$\qquad m_g$——每克固体分解的气体摩尔数（1.66×10^{-2}）；

y_n——NO 与氧原子的摩尔分数；

ρ_g——气体混合物密度；

v——退化速度。

将由式（7.38）得到的 m 代入式（7.40），积分即得燃烧区厚度：

$$x_0 = \frac{2ab^{\frac{5}{2}}}{5c} \tag{7.41}$$

式中，$a = \frac{1}{m}RT_a m_g y_n \rho_g v$；

$b = m_0^{\frac{2}{3}}$；

$c = \frac{8\pi D}{3RT_a}\left(\frac{3mM}{4\pi p}\right)^{\frac{1}{3}}$。

7.3.3.2　帕卡尔斯基（Puchalski）模型

帕卡尔斯基模型是把整个燃烧过程分成凝聚段（固－固或固－液混合段）和燃烧段（气相反应与发光段）两段。在凝聚段，反应是吸热的或放很少量的热。影响反应的两个主要因素有两个：一是外部条件（压药压力、装药直径和转速等）；二是配比（各成分的百分比及其热力学特性等）。在燃烧段激烈放热时，反应几乎不受外部条件影响，因而可以认为凝聚段决定着燃速，燃烧段支配着热释放。燃烧模型如图 7.10 所示。

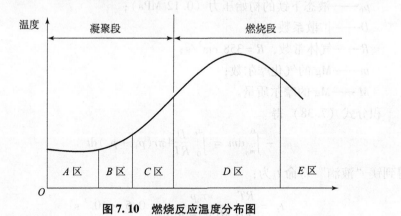

图 7.10　燃烧反应温度分布图

其中，A 区：没有进行反应，外界条件无影响。

B 区：预热区，发生明显的热传递，组分温度升高。

C 区：凝聚段反应，在此区氧化剂熔化并放热分解，所放热大部分供给发光段。在 C 区内，组分以液态存在，而不再是固态。相对 A、B 两区而言，C 区是不稳定的。

　　D 区：温度最高，由于空气中的氧与氮参加反应，使得已放热的反应区的热量进一步增加。

　　E 区：反应产物区。反应基本结束，因而温度降低。

　　在旋转的条件下，上述 *A ~ E* 区发生的变化有如下情况：

　　（1）虽然温度梯度有所变化，但 *A*、*B* 区不变化。

　　（2）*D* 区和 *E* 区两燃烧反应区宽度比凝聚段要窄。

　　（3）凝聚段 *C* 区的药粒迅速向外移动，接近管壁处密度增大，径向热传递增加，形成凸形燃烧面。

　　帕卡尔斯基认为，静止条件下，曳光药的燃烧面是一平面或略带点低凹的凹面；而在旋转的条件下，燃烧面则是凸面。也就是说，静态是平面燃烧，旋转条件下是凸面燃烧。这一结论已被拍摄的燃烧阵面照片证实。

7.3.4　曳光剂的曳光性能

　　曳光剂的曳光性能受到弹丸转速、药剂配方、药剂组分的热力学特性、气动力特性及曳光装置（管）结构等因素影响。

7.3.4.1　旋转对曳光性能的影响

　　曳光弹丸高速旋转时，曳光剂燃速比静态急剧加快（快 0.5 ~ 2 倍）。燃速和转速成正比关系：

$$v = a + b\omega \tag{7.42}$$

式中，*v*——燃速，cm/s;

　　　　ω——转速，r/min;

　　　　a——静态燃烧速率，cm/s;

　　　　b——燃速随转速改变时的变化梯度，$b = \dfrac{\mathrm{d}v}{\mathrm{d}\omega}$。

　　哈德特研究了旋转时配方中可燃剂含量与燃速的关系，得出：

可燃剂过量时　　　$v = 0.160 + 1.43 \times 10^{-6}\omega \tag{7.43}$

可燃剂适量时　　　$v = 0.122 + 1.54 \times 10^{-6}\omega \tag{7.44}$

可燃剂不足时　　　$v = 0.059 + 1.84 \times 10^{-6}\omega \tag{7.45}$

　　帕卡尔斯基则把燃速 *v* 描述成转速 *ω* 和可燃剂含量 *M* 的函数：

$$v = -0.148 + 0.729 \times 10^{-2}M - 2.75 \times 10^{-8}M\omega + 2.60 \times 10^{-6}\omega \tag{7.46}$$

　　试验证明，旋转产生的离心作用使曳光药柱出现燃烧侵蚀现象，加上壳壁间的导热性，药柱燃烧面往往带凸形锥台。需要指出的是，转速增加，光输出不一定增加，二者间的内在关系有待进一步研究。

7.3.4.2 可燃剂含量对曳光性能的影响

一定限度内配方中可燃剂含量增加，燃速和发光强度是线性增加的。具有代表性的 $Mg/Sr(NO_3)_2$/黏结剂配方随可燃剂 Mg 含量增加，燃速与发光强度变大：

Mg/%	40	45	50	55	60
燃速/$(mm \cdot s^{-1})$	1	1.1	1.2	1.3	1.5
发光强度/cd	55.7	72.2	110.2	125.4	143.3

这是因为 Mg 含量增加，提高了燃烧反应区放热速率和温度。

为了充分地揭示可燃剂与氧化剂的影响，取 $Mg/Sr(NO_3)_2$ 二元配方，使之为负氧差、零氧差和正氧差，其性能测试结果如下：

参数	负氧差	零氧差	正氧差
Mg/%	42.8	36.3	28.8
$Sr(NO_3)_2$/%	57.2	63.7	71.2
燃速/$(mm \cdot s^{-1})$	4.06	3.05	1.50
残渣量/%	49.1	58.3	69.5
发光强度/cd	5 100	1 400	180

显然，负氧差配方要比正氧差或零氧差配方的燃速快，残渣少，发光强度高。这是由于 Mg 含量高，放热量大，镁金属的高导热率（$0.38 \ ℃/cm^2$）使反应区和未反应区的温度升高得快，从而加速 $Sr(NO_3)_2$ 的分解。正氧配方因 $Sr(NO_3)_2$ 含量过多，为使其分解，耗费了不必要的热能，反而使燃烧反应区温度相对下降了，导致反应速度降低。负氧差配方充分利用了空气中氧，进一步提高了曳光效能。

7.3.4.3 热力学参量对曳光性能的影响

燃烧温度与生成热是曳光剂两个重要热力学参量，直接影响曳光性能。燃烧温度越高，则发光强度越大。据文献报道，发光强度与温度系数呈负指数关系，即

$$I = A\exp(-B/T) \tag{7.47}$$

式中，I——发光强度，cd；

T——燃烧温度，K；

A、B——由试验测得的常数。

根据斯蒂芬-玻尔兹曼黑体辐射定律，火焰释放能量与温度的四次方成正比，也说明随着温度升高，发光强度将增大。

曳光剂的燃烧热效应是由生成物的生成热和药剂各成分的生成热决定的。燃烧生成物的生成热越高，药剂各成分的生成热越低，则曳光剂的热效应越高，从而燃烧温度也越高，发光强度就越大。

7.3.4.4　气动力对曳光性能的影响

超声速气流显著地影响着曳光剂的曳光性能。弹形的不同，弹底流场随之变化，也能影响曳光性能。

常用的 $Mg/Sr(NO_3)_2/$ 黏结剂类曳光剂，随着来流速度增加而发光强度减弱，其减弱程度随 Mg 含量的不同而异。来流速度由 0 增大到 $1.5Ma$，当 Mg 含量为 38%（零氧配方）时，发光强度由 4×10^3 cd 降为 50 cd，相对降低了 98%；当 Mg 含量为 59%（负氧配方）时，发光强度由 5×10^4 cd 降为 6×10^3 cd，相对降低了 88%。Mg 含量高，药剂燃速较快，相对而言，来流影响小；Mg 含量低，燃速慢，来流影响则大。总之，来流对光输出影响是显著的。

气动力对含 Mg 配方影响大，而对含 Ti 配方影响小（几乎不受影响），但含 Ti 配方通常燃速低，静态发光强度弱。

7.3.4.5　曳光装置（管）结构对曳光性能的影响

曳光装置（管）结构对曳光性能影响主要体现在曳光装置（管）的出口孔径上。出口孔除作为火焰喷射通道外，也起到防止弹底气流对曳光的侵蚀和阻碍产物飞散作用。孔径大小影响着火焰尺寸和形状，支配着光输出强度。出口孔径越大，弹尾气流对曳光燃烧影响越厉害；孔径过小，可燃剂与空气中氧的接触机会降低，不利于控制燃速。随着出口孔面积的增加，曳光燃烧时间会增长，光输出会达到一极限值。若将最低发光强度对应的孔面积定义为临界面积 A_j，出口孔面积为 A，弹底面积为 A_d，当 $A_d < A < A_j$ 时，随孔面积增加，平均发光强度降低；当 $A_j < A < A_d$ 时，随孔面积增加，平均发光强度增加。

7.3.5　曳光弹药

曳光弹药包括曳光枪弹、曳光炮弹、导弹曳光装置、火箭曳光装置等。现就曳光枪弹和曳光炮弹作一简单介绍。

7.3.5.1　曳光枪弹

曳光枪弹有两种：一种是普通的实体曳光枪弹；另一种是穿甲曳光枪弹或穿甲燃烧曳光枪弹。在自动轻武器弹药中，穿甲、燃烧与曳光作用往往是混合为一体的。

曳光枪弹的口径与曳光距离存在着一定的关系，口径 7.62 mm 的为 1 100 m；12.7 mm 的为 1 650 m。采用暗光引燃药离枪口处的暗光距离是：口径 7.62 mm 的为 92 m 左右；12. 7 mm 的约为 183 m。

普通曳光枪弹结构如图 7.11 所示，它是由被甲、铅芯和曳光管三部分组成的。它用来指示弹道，修正射击偏差。射击时与主用弹交叉进行，一般每 3 ~ 4 发主用弹配一发曳光弹。这类曳光枪弹对易燃物（如汽油）也起引燃作用。

穿甲曳光枪弹如图 7.12 所示。它由弹壳、穿甲钢芯和曳光管三部分组成。其用途是杀伤有装甲保护的目标。曳光剂的燃烧时间为 3 ~ 5 s，曳光目的是提高杀伤效果。铅套的作用是保护枪膛不直接遭受钢芯的磨损，同时还能提高穿甲能力。

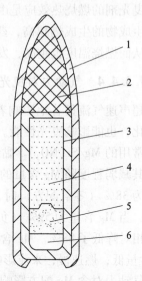

图 7.11　普通曳光枪弹

1—被甲；2—铅芯；3—曳光管；
4—曳光剂；5—点火药；6—底环

7.3.5.2　曳光炮弹

小口径高射炮和航空炮常使用杀伤曳光炮弹，为了防止弹丸未击中目标而落入地面，其带有自爆装置。带自爆机构的杀伤曳光炮弹如图 7.13 所示。它在发射时首先点燃点火药，而后再点燃曳光剂。弹丸前端有头螺和引信机构。当弹丸击中目标时，引信作用引爆；若没有击中目标，则曳光剂燃完后的火焰传给传爆药，从而使装药爆炸而自毁。

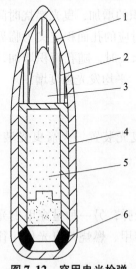

图 7.12　穿甲曳光枪弹

1—弹壳；2—铅套；3—钢芯；
4—曳光管；5—曳光剂；6—底环

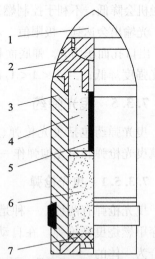

图 7.13　带自爆机构杀伤曳光炮弹

1—引信；2—头螺；3—弹体；4—爆炸装药；
5—传爆药；6—曳光剂；7—点火药

7.4　红外诱饵剂

红外诱饵剂是一种红外区产生强烈辐射的烟火剂，用于装填各类红外诱饵弹及红外干扰器材。它能模拟飞机、舰艇、装甲车辆等目标的红外辐射特性，对各种红外侦察、观瞄器材和红外区的导弹起引诱、迷惑和扰乱作用。

7.4.1　红外诱饵剂的技术要求

诱饵即以假乱真，使得真目标隐身而达到自卫目的。红外诱饵剂必须具备以下技术要求。

（1）发出的红外能谱分布必须与被保护目标相一致。目标的红外能谱分布随目标不同而不一。坦克装甲车辆发动机和排气管部位红外辐射强度最高，玻璃表面和蒙皮（涂漆）在 3 μm 以下辐射很弱，全车红外辐射主要分布在 3 ~ 5 μm 和 8 ~ 14 μm 谱段。舰船红外辐射主要集中在烟囱和甲板及其上层建筑上，红外辐射分布也集中在 3 ~ 5 μm 和 8 ~ 14 μm 谱段。飞机根据机种不同而有差异，喷气式战斗机在 1.8 ~ 2.5 μm 和 3 ~ 5 μm 谱段有较强的辐射，波音 707、伊尔 62 和三叉戟民航机喷气流光谱峰值波长在 4.4 μm 左右。三点式导引的反坦克导弹自身的红外辐射并不显著，但在弹尾上安装的红外曳光管跟踪源，它的辐射波长在 0.94 ~ 1.35 μm、1.8 ~ 2.7 μm 和 3 ~ 5 μm。地面点目标红外辐射谱段主要在 10 μm 左右。只有红外诱饵剂谱能量分布与被保护目标相一致，方能达到以假乱真，保护目标的目的。

（2）发出的红外能量（辐射强度）应远强于目标能量。对于红外制导导弹来说，如果在它们的视场角内同时出现两个特征一致的红外源（一个为目标源，另一个为红外诱饵源），则导弹将跟踪这两个源的会聚中心（也称"质量中心"）。这种效应称为"质心效应"（Centroidal Effect）。显然，红外诱饵源越强，质心越偏向诱饵源，导弹越远离目标源，所以红外诱饵剂发出的红外能量比目标越高越好。

（3）快速形成红外辐射，且辐射持续时间要长。随着制导技术的发展，现代导弹为隐身起见，常超低空飞行和近距离开机，这就迫使红外诱饵必须做出快速反应。红外诱饵剂从点燃到形成有效红外辐射强度的时间应在十分之几秒至一二秒之内。为使目标能完全摆脱出导弹的视场，并保证导弹命中诱饵时具有安全的脱靶距离，红外诱饵燃烧持续时间应足够长，至少长至目标完全脱离跟踪视野的安全距离之外。

7.4.2　红外诱饵剂的光学性质

红外诱饵剂燃烧时产生的红外辐射，即"红外光"。"光"这个词习惯上是指人眼看得见的那种辐射（可见光），为了保留这个习惯，"红外光"取名为"红外辐射"。红外辐射与可见光是同样的东西，可见光所具有的一切特性，红外辐射也都具有。因此，红外诱饵剂燃烧产生的红外辐射是按直线前进的，它服从光的反射定律和折射定律，也有干涉、衍射和偏振等现象。下面将对红外诱饵剂的红外辐射光谱特性、辐射强度和辐射在大气中的传输等光学性质进行简单讨论。

7.4.2.1　红外诱饵剂红外辐射光谱特性

与照明剂、信号剂和曳光剂一样，红外诱饵剂通常也是由氧化剂、可燃物和黏结剂所组成，燃烧时，在红外区产生强烈辐射。含镁、聚四氟乙烯红外诱饵剂的发射光谱如图 7.14 所示，它表明红外诱饵剂红外辐射是一种连续的光谱。图中的吸收带是由于水汽及 O_3、CH_4、N_4O、CO 等对红外的吸收作用结果。因为含有金属粉（Mg），它表现为选择性辐射，所以各波段辐射强度峰值有强弱之分。

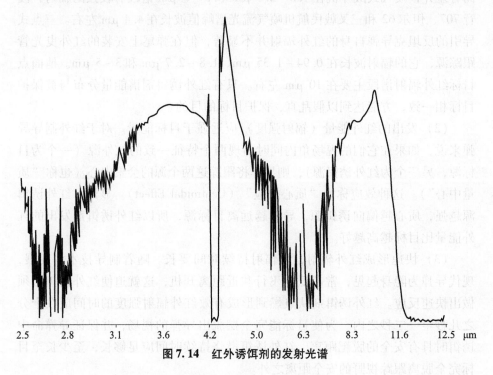

图 7.14　红外诱饵剂的发射光谱

7.4.2.2　红外诱饵剂的辐射强度

为了描述红外诱饵源发射的辐射功率在空间不同方向上的分布特性，需要用辐射强度或辐射亮度的概念，前者用于点源，后者用于扩展源。

同一个辐射源，在不同的场合，既可以是点源，也可以是扩展源，关键是取决于辐射源相对于观测者的距离或张角。一般来讲，只要在比源本身的最大尺寸大的距离上观测，且观测装置是不带光学系统的简单探测器时，就可将该辐射源当作点源处理。若带光学系统，则充满光学系统视场的源可看作扩展源，未充满光学系统视场的源可看作点源。

红外诱饵在战术使用中对远处的探测器来说通常是点源，只有当诱饵炬燃烧火焰辐射面很大，且充满了带有光学系统探测器的整个视场时，才可看作点源。

点源的辐射强度，是点源在某一指定方向上发射的辐射功率 Δp 与在该指定方向的立体角 $\Delta \Omega$ 之比的极限：

$$I = \lim_{\Delta\Omega\to 0} \left(\frac{\Delta p}{\Delta \Omega} \right) = \frac{\partial p}{\partial \Omega} \tag{7.48}$$

所以作为点源的红外诱饵剂辐射强度与方向有关，但与源面积无关，因为它是一个几何点。

如果红外诱饵剂燃烧火焰已构成扩展源，则所发射的辐射功率与源面积有关，它的辐射强度是一个面辐射强度，用辐亮度 L 或面源辐射功率表征。

在某方向的辐亮度 L 就是扩展源在该方向上单位投影面积 ΔA_0 向单位立体角 $\Delta \Omega$ 发射的辐射功率：

$$l = \lim_{\substack{\Delta A_0 \to 0 \\ \Delta\Omega\to 0}} \left(\frac{\Delta^2 p}{\Delta A_0 \Delta \Omega} \right) = \frac{\partial^2 p}{\partial A_0 \partial \Omega} = \frac{\partial^2 p}{\partial A \partial \Omega \cos\theta} \tag{7.49}$$

7.4.2.3　红外诱饵剂的辐射在大气中的传输

红外诱饵剂的红外辐射除掉几何的发散之外，在大气中传输时会有很大的衰减，其中最主要的因素是大气中各种气体对辐射的吸收和雾、雨、云及尘埃的微粒对辐射的散射。

大气中主要气体是 N_2（占78%）和 O_2（占20.9%），它们对相当宽的红外辐射没有吸收作用。大气中的次要成分 H_2O（气）、CO_2 和 O_3 能严重地衰减红外辐射。大气中的 H_2O（气）含量随气候条件变化而变化，在地表层为 0% ~4%，它在红外波段有很多吸收带。CO_2 在大气中的分布比较均匀，体积比总是在 3×10^{-4} ~ 4×10^{-4}，在 2.7 μm、4.3 μm 和 14.5 μm 处各有一个相当强的吸收带。O_3 在近地面大气中含量很低，要到 30 km 的上空体积比才为 10^{-5}，它在 9.6 μm 处有一个吸收带。至于大气中的 CH_4、N_2O、CO 等，虽然也对红外吸收，但是因含量很少，不起主导作用。

大气中的雾、雨、云及尘埃等悬浮微粒对红外的吸收和散射与微粒的大小、形状、性质及红外辐射波长相关。悬浮微粒一般分布在地表层，在高空它们吸收和散射都比较小。

所以，红外诱饵剂用于地面战场时，在大气中传输应考虑到能量衰减的问题。

7.4.3 红外诱饵剂的类型及其发展趋势

红外诱饵剂的类型是多种多样的，随着目标特性的变化和制导技术的发展，红外诱饵剂也随之不断改进和发展。

7.4.3.1 红外诱饵剂的类型

迄今，各国在红外诱饵弹药中所使用的红外诱饵剂大体有七类。

（1）照明剂型，这是美国早期用过的红外诱饵剂，其配方如下：

镁粉	47.6%
硝酸钠	47.6%
不饱和聚酯	4.8%

该药剂压制成重约 227 g 的药柱，燃烧 8 s，在 2～2.5 μm 波段的辐射强度为 500 W/sr。该药剂对激光制导导弹也有干扰效果。

（2）铝热剂型。美国试验过 WO_3 + Al 的配方，将该混合物装入直径为 101.6 mm、壁厚为 2.03 mm 的石墨壳体内，点燃后温度可达 2 100～2 400 K，辐射强度约 1 000 W/sr。

（3）镁－特氟隆型。这是国内外目前广泛采用的红外诱饵剂。将镁粉和聚四氟乙烯（特氟隆）按 1∶1 混合，压制成直径为 258 mm 的药柱，燃烧 22 s，在 1.8～5.4 μm 波段内，峰值输出功率达 12 675 W/sr。美国 B－52 轰炸机早期使用的 ALA－17 型红外诱饵弹所用诱饵药剂即属此类。

（4）凝固汽油型。为使红外诱饵假目标更接近喷气机燃料燃烧的红外辐射特征，国外曾提出采用凝固汽油类的药剂作红外诱饵剂。将该药剂抛至飞机附近的空中点燃，可以模拟喷气机尾部羽烟的红外辐射。

（5）类似稠化三乙基铝型。资料报道，类似稠化三乙基铝一类的自燃液体已被用作红外诱饵剂。一种称为"自燃"（Pyrophorie）的液体，抛撒雾化后，一遇空气就自燃，从而构成一个更能接近目标大小和红外辐射特征的暖空气云团假目标。

（6）黄磷型。当装填黄磷的诱饵弹爆炸开后，由于黄磷遇空气即自燃，形成了"菊花瓣"的焰光和烟雾云团，可以模拟目标的红外辐射特征。

（7）气溶胶型。法国于 1975 年研制出了可供舰船对抗红外导弹的红外气溶胶药剂，其主要组分是：

磷酸酐（P_2O_5）	3.12 g
氧化钡（BaO）	10.00 g
氮化镁（MgN_2）	6.00 g

将这种混合物装入一密封容器内，当投入水中后，与水反应而生成氨气，产生强烈的红外辐射，波段为 0.73 ~ 10.5 μm。这种装置如果带上浮筒，即可浮在海面上，能模拟舰艇红外辐射。

1978 年，英国研制了含有四氯化钛的火箭诱饵弹。该弹内装几十个小子弹，每个小子弹内装填了四氯化钛，其中心带有一个烟火药柱。当药柱燃烧时，便加热了四氯化钛，从而形成具有红外辐射的气溶胶。

7.4.3.2 红外诱饵剂的发展趋势

有光电对抗技术，就有反光电对抗技术的发展。未来的制导技术将出现双模（电磁、红外两种模式）制导，以识别单一性诱饵；双波谱寻的（如给定 3 ~ 5 μm 和 8 ~ 14 μm 波谱能量之比）和双色制导（如红外、紫外或相应的两条谱线），以增强智能化；电磁波谱分析寻的，毫米波制导；远红外及红外热成像制导等。因此，红外诱饵剂应发展：

（1）容红外、电磁为一体的双模诱饵剂；

（2）全波段且各波段间能量比率可调的高能红外诱饵剂；

（3）双色诱饵剂；

（4）仿真诱饵剂及其技术；

（5）反热成像制导诱饵剂技术；

（6）与目标辐射温度基本一致的低温诱饵剂。

7.4.4 红外诱饵反导干扰原理

红外诱饵反导干扰示意图如图 7.15 所示，通常战术应用上分为质心式、冲淡式、迷惑式和致盲式。

（1）质心式干扰。也称甩脱跟踪式。这种情况是导弹已跟踪上目标，为此，迅速在目标附近施放红外诱饵，使其与目标合成，利用导弹寻的跟踪目标视在等效能量中心（质心效应），加上目标规避和诱饵源进一步施放，即可

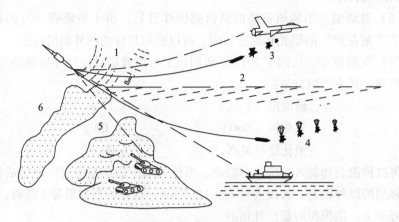

图 7.15　反导干扰示意图

1—电磁波；2—箔条云；3—机载红外诱饵；4—舰载红外诱饵；
5—近程隐身干扰烟雾；6—远程遮蔽烟雾

使导弹由最初的跟踪目标转移至跟踪能量中心，最后转移到诱饵上。质心干扰要求红外诱饵快速有效形成诱饵源。

（2）冲淡式干扰。冲淡式即分散注意式。这种情况是真目标尚未被导弹寻的系统跟踪上即布设若干诱饵，使来袭导弹寻的器搜索时首先捕获诱饵。冲淡式干扰不仅能有效干扰红外寻的导弹，还可以干扰导弹发射平台制导系统和预警系统。

（3）迷惑式干扰。干扰对象为导弹发射平台火控警戒系统。它是以发射相当数量的诱饵，以形成诱饵群来对付多路袭击。它的实施时机是接敌之前，导弹距目标数千米远处。

（4）致盲式干扰。主要应用于对三点式制导的红外测角仪系统。当预警系统告知敌方发射出米兰、霍特、陶一类反坦克导弹时，立即向导弹来袭方向施放红外诱饵。只要诱饵剂的光谱与导弹光源匹配且辐射强度高于导弹光源，一旦进入测角仪视场角内，持续 0.2 s，产生信噪比小于或等于 2，导弹即飞乱且不能复原。

7.4.5　红外诱饵弹药

当前，国外研制装备的红外诱饵弹的品种较多，美、英、法等国的部分红外诱饵弹装备见表 7.27。下面以机载、舰载和车载红外诱饵弹为例作一简单介绍。

表 7.27　外军的部分红外诱饵弹装备

型号与名称	主要性能		应用情况	国别
ALA - 17 机载红外诱饵弹	波段: 近红外	弹径: $\phi69$ mm	空军B - 52 F8 - 111	美
MK - 46.47 红外诱饵弹	波段: 近红外	弹径: $\phi41.4$ mm	海、空军 A - 4.67, F - 4.14	美
M - 206 干扰诱饵弹	波段: 近红外	弹形: 24.6 mm × 24.6 mm	A - 7 战斗机	美
RR - 119 红外诱饵弹	波段: 近红外	弹形: 51 mm × 76.2 mm	空军	美
MJU - 2/B 红外诱饵弹	波段: $1 \sim 3$ μm	弹形: 51 mm × 66 mm	战斗机、运输机	美
HIRAM 红外诱饵掷榴弹	波段: $3 \sim 5$ μm	弹径: $\phi112$ mm	大、中、小型舰艇	美
TORCH "火炬" 红外诱饵	波段: $8 \sim 14$ μm		大、中、小型舰艇	美
INFRA SHIBLD "红外屏障" 诱饵弹	波段: 中红外	弹径: $\phi57$ mm	空军	英
CORVUS "乌鸦座" 红外诱饵弹	波段: $3 \sim 5$ μm	弹径: $\phi76.2$ mm	大型舰艇	英
SAGAIE 红外诱饵火箭弹	射程: 8 km	弹径: $\phi160$ mm		法
THOMSON - BRANDT 红外火箭弹	弹径: $\phi68$ mm		中小舰艇	法
HOTDOG "热狗" 红外诱饵掷榴弹	弹径: $\phi76$ mm			德
SCHALME - 1 红外诱饵火箭弹	弹径: $\phi70$ mm			德
SIBYL 箔条/红外复合火箭弹	波段: 可见光 - 14 μm 2 cm 和 3 cm 的雷达波	弹径: $\phi170$ mm	大、中、小型舰	英、法
Philax 红外诱饵弹	弹径: $\phi40$ mm		巡逻快艇	瑞典
SCLAR - 105MR - IR 红外诱饵火箭弹	射程: $3 \sim 12$ km	弹径: $\phi105$ mm	各种舰船	意

续表

型号与名称	主要性能	应用情况	国别
Stockade "栅栏" 红外箔导火箭弹	弹径：φ57 mm	地面点目标	英
RBOC 双子星座箔条 – 红外复合诱饵弹	弹径：φ57 mm	大、中、小型舰艇	美

7.4.5.1　机载红外诱饵弹

机载红外诱饵弹有圆柱体形和长方体形两种弹形。

俄罗斯的机载红外诱饵弹如图 7.16 所示，圆柱体形，装备于苏 – 27。

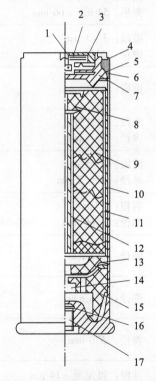

图 7.16　圆柱体形机载红外诱饵剂

1—螺帽；2—弹簧；3—活门；4—套筒；5—环；6—橡胶圈；7—盖子；
8—引火药块；9—烟火剂；10—壳体；11—纸套；12—钢管；13—隔板；
14—抛射弹；15—活塞；16—铝垫；17—电雷管

美 MJU – 7/B 红外诱饵弹如图 7.17 所示，长方形，装备在 AN/ALE – 40 干扰撒布器系统内，用于飞机自卫。如 F – 4 飞机携带量是 30 枚，可以单发发射，也可以多发齐射。该诱饵弹由铝外套管、诱饵剂元件、保险与起爆装置和塑料底帽组成。保险与起爆装置通过惯性闭锁机和触膛销确保安全性。抛射时诱饵弹加速，使惯性闭锁机工作，弹脱离套管时触膛销工作。加速和脱离须在诱饵弹点火之前按顺序进行。

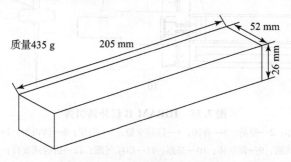

图7.17　长方形机载红外诱饵弹

诱饵弹抛射与点火由电爆管完成，它固定在套管底座的开口内。电爆管一旦接收到发火指令即发火，并推动保险与起爆装置，然后诱饵剂元件脱离铝套管，此时触膛器作用，诱饵被点燃。最后铝套管和电爆管空壳仍留在撒布器内。

7.4.5.2　舰载红外诱饵弹

舰载红外诱饵弹系统技术较先进且配套。发射器有掷弹筒式、迫击炮式和火箭发射架式等。图7.18为美国HIRAMIV舰载红外诱饵弹。其主要技术诸元如下：

弹径	130.2 mm（最大）
弹长	467 mm（最大）
弹重	3.8 kg
燃烧时间	40 s（最小）
降落伞类型　T形布板	0.19 m²
浮体　CO_2 充气橡胶圈	4.20 m²

该弹由配重体、弹体、诱饵炬组件、带螺纹基座组件构成。弹体的一端由铝帽密封，另一端由基座密封（基座上套有塑料闭气环）。带螺纹的基座是一个由发火线圈、发射装药和烟火延期体组成的组合件。诱饵炬组件位于弹体的中心。诱饵炬组件有抛射药、点火药、诱饵炬、CO_2 气瓶及橡胶浮体、折叠式T形布板降落伞和折叠式自动垂直架支柱。该弹装入发射器内，其发火线圈即套在发射器底部的激励线圈上。当下达发射指令时，电磁感应引发电爆管，点燃发射药。此时，在发射惯性力作用下，针刺击发火帽作用，点

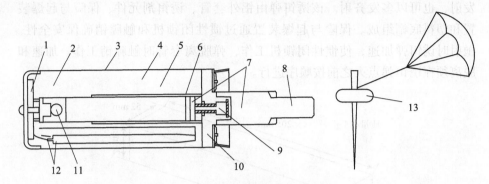

图 7.18 HIRAM Ⅳ 红外诱饵弹

1—配重体；2—浮舱；3—弹体；4—降落伞舱；5—铝管；6—诱饵炬；7—发射药；
8—发火线圈；9—延期体；10—基座；11—CO$_2$ 气瓶；12—折叠式支柱；13—浮体

燃延期体，延期作用完毕，诱饵炬系统的抛射药点燃，弹头帽打开，同时炬被点燃，降落伞和折叠式支柱从弹体内抛出，开伞，支柱展开，浮体充气，落水后诱饵炬浮于水面上。

7.4.5.3 车载红外诱饵弹

英国为装甲车辆研制了"卫士"（Guard）57 mm 红外诱饵火箭弹，已被北欧一些国家陆军采用。该系统有 1~2 台发射器，每台发射器有 2~3 根发射管，安装在坦克炮塔或其他装甲战车上。诱饵弹发射至战车上方 55 m 空中，产生 3~5 μm 和 8~14 μm 的红外辐射，该红外诱饵在空中旋转燃烧，留空时间约 20 s。

7.5 红外照明剂

红外照明剂是一种在近红外区 0.7~1.3 μm 辐射强度极高，而在可见光区发光强度极低的烟火药剂。它用于制造各类红外照明弹和红外照明器材，使红外夜视仪和微光夜视仪提高视距，扩大视野。

红外线已经在民用和军用领域中被大量应用，在军事上主要用于目标搜索、侦察、制导和跟踪。红外照明弹在军事上的两个主要应用是跟踪导弹和引诱敌方导弹。根据其应用，红外照明弹可分为三种类型。

（1）红外跟踪照明弹。这种照明弹装在导弹的尾部并用于跟踪或观测有制导导弹的运行轨迹，该照明弹在恶劣天气和不利于飞行的条件下尤其有用。

（2）红外诱饵训练弹。这种照明弹用于训练机组人员精确发射导弹。

（3）红外诱饵防御弹。这种照明弹用于空中防御来袭的红外制导导弹。

红外照明弹除了能在可见光辐射频谱区内发射可见光，还能在电磁波频谱区内发射足够强度的红外线。机载红外对抗弹（AIRCM）从飞机发射后，辐射的红外线信号比飞机辐射的红外线信号更强，从而引诱来袭的导弹偏离飞机。在电磁波频谱区内，红外诱饵弹应该比飞机辐射的红外线更强，这样来袭的红外导弹就会受诱饵偏离飞机而去追击红外诱饵弹。飞机通过发射红外诱饵弹来保护自身免受红外制导导弹的击中。

常用的夜视仪可分为主动红外夜视仪、微光夜视仪和热像仪三类。后两者属被动式夜视仪。主动红外夜视仪工作波段为 $0.76 \sim 1.15~\mu m$，这是为充分利用军事目标与自然景物对近红外辐射的反射能力的显著差异而设计的。主动红外夜视仪观察目标时，是利用红外探照灯发出的红外线"照明"景物，再由物镜接收反射的红外线，经变像管光谱转换而在荧光屏上显像。微光夜视仪工作波段为 $0.4 \sim 1.3~\mu m$，它是借助夜天空的辐射"照明"景物，经物镜、像增强器系统，把微弱目标图像增强，供人眼观察。微光夜视仪除要求谱灵敏度要高外，还要求阴极光谱与夜天空的辐射光谱匹配。通常满月和大气辉光天顶光在近红外区 $1.5 \sim 1.7~\mu m$ 增加很快，晴朗星光光谱照度在红外区也是急剧上升的，这是因为夜间景物对红外辐射（波长大于 $0.7~\mu m$ 时）具有较大的能量反射。为此，设计微光夜视仪时已充分利用 $0.7 \sim 1.3~\mu m$ 的近红外光谱辐射特性。所以提高目标红外照度，对微光夜视仪来说同样能提高视距，扩大视野。微光像增强管有一代管、二代管和三代管。二代管采用了微通道板技术，三代管是用 GaAs 作阴极材料的。不管哪一代管的微光夜视仪，对近红外（尤其是 $0.7 \sim 0.8~\mu m$）波段都有较好的光谱响应。热成像夜视仪工作波段为 $3 \sim 5~\mu m$ 和 $8 \sim 14~\mu m$，它与红外夜视仪和微光夜视仪利用目标表面反射比的差异成像机理不一样，它是利用目标本身的温度和发射率的差异来成像的，故红外照明对热成像夜视仪无意义。

由红外照明剂制造的红外照明弹，为景物（目标）提供了近红外光源，增大了目标红外照度，一般在不改变红外夜视仪和微光夜视仪结构的前提下能提高视距 $4 \sim 7$ 倍。鉴于红外照明剂可见光输出极低（美国研制的 M - 257 红外照明弹可见光输出为 3 000 cd），在对敌作战使用时，发射至敌区，只照亮敌目标区，不照亮我方阵地，故不暴露自己。又因为它使主动红外夜视仪直接变成了被动式夜视仪（取消红外探照灯），达到了隐身目的。此外，它在敌阵地上空的强红外输出还能致使敌方夜视器材（含热像仪）受到致盲干扰，与此同时，也可引诱红外制导导弹飞向敌区目标（诱饵作用）。

7.5.1　红外照明剂的技术要求

红外照明烟火药是利用其燃烧时热辐射和原子、分子的特征辐射，使其在所需波段获得最大的辐射强度。所以，对红外照明剂的特殊技术要求如下。

（1）在近红外区 $0.7 \sim 1.3 \, \mu m$ 产生强红外辐射。鉴于现装备的夜视器材工作在近红外波段，又因为夜视仪的视距是随景物（目标）红外照度增加而增大，只有在近红外区 $0.7 \sim 1.3 \, \mu m$ 产生高强度红外辐射，方能大幅度提高夜视仪的视距。一般要求其红外辐射强度为数千瓦每球面度。

（2）可见光输出应极低。为了达到隐身的目的，希望仅红外照明烟火药发出红外光，而不产生或仅发出微弱的可见光。通常要求可见光的发光强度应小于 3 000 cd。

（3）红外照明剂制品应具有适当的燃速。为满足战术使用要求，即每隔几分钟发射一枚红外照明弹，就可给夜视仪提供长时间的红外照明，故红外照明剂的燃速应控制在 $1.4 \sim 6.4 \, mm/s$ 范围内。

7.5.2　红外照明剂的配制

与可见光照明剂一样，红外照明剂也是由氧化剂、可燃剂和黏结剂等混合而成。红外照明剂组分选择的原则是可见光输出尽可能低，而红外辐射强度应足够高。

7.5.2.1　氧化剂

对于红外照明烟火药，要求它的氧化剂有低可见光输出、较强的氧化能力和较强的红外输出。从常用氧化剂的物理化学性质可以看出，硝酸盐、氯酸盐和高氯酸盐的熔点较低且分解放氧效率较高。氯酸盐会使药剂感度增高，不常用；在硝酸盐中，$LiNO_3$ 易吸潮，点火性能不好，不宜采用；$NaNO_3$ 可使可见光输出较强；$Ba(NO_3)_2$ 在燃烧中产生 BaO，其光谱特性是较强的连续光谱，另外，还能产生 $Ba(OH)_2$，它的辐射也在可见光区；KNO_3 燃烧时产生 K 和 K_2，光谱在可见光区很弱。对于可见光输出，$NaNO_3 > Ba(NO_3)_2 > KNO_3$。另外，Rb 原子和 Cs 原子产生的线状光谱也在红外区，也可用它们做氧化剂，所以氧化剂通常可选用 KNO_3、$CsNO_3$ 等。试验证明，KNO_3 作氧化剂时仅产生很低的可见光输出，具有较好的隐身指数，但燃速过慢，需用助燃剂加速。$CsNO_3$ 能展宽红外输出光谱，显著提高红外辐射强度，同时也能加快燃速。因此，可以同时采用 $CsNO_3$ 和 KNO_3 作氧化剂。

7.5.2.2　可燃剂

对于红外照明烟火药的可燃剂，人们希望它在燃烧时能放出足够的能量，以激发辐射光，但要避免产生过多的凝聚相物质，以防可见光输出过高。常用可燃剂能同时满足这两项要求的几乎没有。

对于有机物可燃剂，经验证明，含氧量超过 50% 的有机物，在空气中燃烧时，其火焰几乎是无色的，并且含氧量越高的物质，其燃烧热越低。在常用的有机物可燃剂中，乌洛托品（$C_6H_{12}N_4$）的燃烧热较高，从光谱性能来看，$C_6H_{12}N_4$ 的燃烧产物是 CO_2 和 N_2 等，CO_2 分子的辐射在近红外区，可以用作可燃剂。对于非金属可燃剂来说，同样希望获得较高的燃烧热，硅的燃烧热（$31.0\ kJ \cdot mol^{-1}$）相对较高，且熔点低（1 490 ℃）。从光谱性能来看，含有硅的物质 Si 和 SiO 都只在紫色光区有较强的谱线，因此，选用硅是较好的；硼的燃烧热也很高，同样也适合。对于金属可燃剂，烟火药中较多使用的是 Mg、Al、Mg_4Al_3 等，Mg 的燃烧热稍低一些，但在同一温度下，Mg 的蒸气压要比 Al 的高得多。烟火药燃烧时，常借空气中的氧燃烧，尽管 Mg 的燃烧热低，但能通过提高温度，使红外辐射的能量明显增加，为了避免 Mg 的加入使可见光输出过高，应适当降低 Mg 的含量。由于硼化钛、硼化锆等在 1 700 ~ 2 000 ℃ 时在近红外区具有辐射峰值，因此也可选用 B、Ti、Zr 作红外照明剂的可燃剂。

7.5.2.3　黏结剂

只要是对红外照明性能不产生不利影响的烟火药用黏结剂，均可选用。一般选用短碳链的聚酯，它能减少燃烧过程中的烟炱生成。研究认为，一种聚酯树脂和环氧树脂组成的固化型黏结剂有较好的性能。它是用美国 WITCO 化学公司生产的 Fromrez F17 - 80 聚酯树脂与 Cibageigy 公司生产的 ERL510 环氧树脂混合，并用亚油酸铁作催化剂而制得的（简称为 WITCO1780）。其在药剂中的最佳用量为 4%。该黏结剂混合物组分为：Formrez F17 - 80 81% ~ 83%，ERL510 15% ~ 17%，亚油酸铁 0 ~ 2%。最佳配比为：Formrez F17 - 80 82.5%，ERL510 16.5%，亚油酸铁 1%。

7.5.2.4　助燃剂

为了加快红外照明剂的燃速，可以加入助燃剂。以少量的 B、Mg 等加入药剂中时，其燃速即可加快。由于 Mg 的加入会带来可见光输出增大，故一般不采用。试验研究发现，在药剂中加入 2% ~ 3% 的硼时，燃速提高 50% 左右，而可见光仅略微增大；当在药剂中加入 1% 的氧化铁时，对药剂的燃速没有影响；当选用硼和氧化铁共同做助燃组分时，燃速明显加快，当药剂中加入 2% 的硼和 1% 的氧化铁时，药剂燃速增加了 110%，红外辐射强度增加了 150%，而可见光输出增加得很少。

根据以上组分选择原则，最早提出的红外照明剂配方是：

硝酸钾   70%

硅粉   10%

六次甲基四胺   16%

黏结剂   4%

该配方中的黏结剂为氟碳树脂，如亚乙烯氟和六氟代丙烯共聚物的氟碳树脂（商品名为 VITONYA）。

美国西奥克尔（Thiokol）公司提出的改进型红外照明剂配方为：

硝酸钾   50% ~70%

硝酸铯   9% ~20%

六次甲基四胺   14% ~18%

硅粉   5% ~10%

硼粉   1% ~3%

氧化铁   0.5% ~1.5%

黏结剂   4% ~8%

该配方中的黏结剂为 WITCO1780，该配方最佳配比为：硝酸钾 58.75%，硝酸铯 9.79%，六次甲基四胺 15.67%，硅粉 6.85%，硼粉 1.96%，氧化铁 0.98%，WITCO1780 6.00%。

思考题：

1. 试分析照明剂和发光信号剂的辐射特性有何不同。

2. 照明剂的火焰发光强度与哪些因素有关？火焰温度低于 2 000 ℃ 的照明剂为何不宜使用？

3. 试计算氧差为 −20 g 时，硝酸钠、镁粉和清油组成的照明剂配方。

4. 试分析影响曳光剂的曳光性能因素有哪些，应采取什么措施提高其曳光性能？

5. 试分析红外烟火剂产生红外辐射的机理。

第 8 章

烟火技术的热效应

产生热效应的烟火药是指以热应用为目的的一类烟火剂，它主要包括燃烧剂和点火药。

8.1 燃烧剂

燃烧剂是利用燃烧反应输出的热能对易燃目标起纵火作用的烟火药剂。其用于装填各种燃烧弹及燃烧器材，如燃烧手榴弹、枪弹、炮弹、火箭弹、航弹、火焰喷射器等。燃烧剂在燃烧时所产生的热，使易燃目标烧毁，使建筑物和战场兵器遭受破坏，使人畜遭到杀伤。燃烧剂的破坏力大于猛炸药，这是因为它能借空气中的氧进行燃烧，使得武器有效载荷提高；同时，由于它主要起引燃作用，造成目标易燃物的二次燃烧，而炸药则靠的是瞬间的爆炸作用。

燃烧剂按其点燃过程可分为基本燃烧剂和辅助燃烧剂。基本燃烧剂是直接传火于可燃目标的燃烧剂。辅助燃烧剂是用来点燃基本燃烧剂的药剂。例如，镁壳燃烧弹中的镁合金外壳是基本燃烧剂，而其中所装填的特种铝热剂"则梅特"（Thermate）是辅助燃烧剂。则梅特是由 80% 的铝热剂和 20% 的硝酸钡、铝粉和硫黄混合而成，其作用在于引燃镁合金外壳。

燃烧剂按其燃烧性质又可分为集中性燃烧剂和分散性燃烧剂。集中性燃烧剂是一种只燃烧而不爆炸分散的药剂。它在燃烧时能保持火种在一集中的物质上，如镁燃烧剂。集中性燃烧剂的燃烧时间长，燃烧温度高，但它的作用只限于小块面积上，如果其落在非燃烧性目标上或者落到距离易燃物较远（ >1 m）距离上作用不大。分散性燃烧剂，如凝固汽油和黄磷，能从弹着点向四周分散出相当大的距离，它与集中性燃烧剂相比，其燃烧时间短，温度低，但对于易燃目标来说，燃烧效果好。

燃烧剂按含氧化剂的情况还可分为含氧化剂的燃烧剂和不含氧化剂的燃

烧剂两类。含氧化剂的燃烧剂有以金属氧化物为主要氧化剂的高热剂和含氧盐类作氧化剂的燃烧剂。不含氧化剂的燃烧剂主要有石油产品、镁铝合金、磷及其化合物，以及一些燃烧物质的混合物等。

8.1.1 燃烧剂的技术要求

燃烧剂除了要符合烟火药的一般要求外，尚须满足以下特殊技术要求。

（1）高温、大火焰及适量的热熔渣。燃烧剂的燃烧温度、火焰长度及灼热熔渣的量是决定燃烧器材的燃烧性能的主要因素。实践证明，点燃易燃物质（如干草、木质建筑物）时，燃烧温度不低于 800 ℃。若点燃较难引燃的物质（如湿的树木、石油等），燃烧温度应高于 2 000 ℃。为了纵火烧毁大面积的易燃目标（如森林），要求燃烧剂在燃烧时能产生尽量大的火焰。对于难引燃的金属目标（如坦克或火炮），要求燃烧剂在燃烧时产生大量液态的灼热熔渣，以便于黏附于目标上进行较长时间的加热而将其烧熔。

（2）具有一定的燃烧速度。燃烧剂的燃烧速度的大小将直接决定燃烧器材的作用持续时间。燃烧速度的确定，一方面取决于燃烧剂制品的燃烧能力，另一方面取决于被点燃物质的可燃性。实践证明，为了确定引燃城市类型的建筑物，要求燃烧时间不少于 10～20 s，所以燃烧剂的燃烧速度要恰当。由于燃烧剂的种类不同，用途和制品结构不一，实际使用时，可选用具有不同燃烧速度的燃烧剂。例如，装在枪弹弹头部的燃烧剂，其燃烧速度极快，作用时间几乎是瞬时的；压好的高热燃烧剂的燃速以每秒几毫米计；液体燃料的制品燃速更小。

（3）易于点燃而难以熄灭。燃烧剂的点燃难易和点燃后是否容易熄灭决定着燃烧器材的作用可靠性。对难点燃的燃烧剂制品，如高热燃烧剂，必须采取点火能力强的点火药及其点火系统。一般来说，含凝聚氧化剂的燃烧剂比借空气中氧燃烧的燃烧物质（如磷、镁铝合金、有机燃料等）点燃后难以熄灭，且燃烧后用一般的灭火器材也较难扑灭。

（4）热流量尽可能高。热流量 Φ（$J/(cm^2 \cdot s)$）是军用燃烧剂的一项主要威力参数，它的定义为单位时间单位面积放出的热量。提高热流量可以相应地缩短杀伤、烧毁目标的接触时间。热流量 Φ 与达到规定烧伤、烧毁程度的时间关系见表 8.1。表中数据表明，热流量高时，达到规定烧伤、烧毁程度所需要的接触时间短，因此，作为军用燃烧剂，应尽可能有较高的热流量。

表 8.1　热流量 Φ 与达到规定烧伤、烧毁程度的时间关系

对目标烧伤烧毁程度	时间 t/s	热流量 $\Phi/(J \cdot cm^{-2} \cdot s^{-1})$
人员暴露皮肤 3 度烧伤	4	5.86
	2	16.75
	1	46.06
人员暴露皮肤 2 度烧伤	4	2.93
	2	8.37
	1	20.94
人员暴露皮肤 1 度烧伤	4	1.67
	2	4.19
	1	8.37
烧毁橡胶	4	8.37
	2	41.87
	1	293.09
烧毁橡木	4	4.19
	2	33.50
	1	251.22

8.1.2　高热剂

高热剂是指能产生铝热反应的一类燃烧剂，它是由金属粉和能与该金属粉起反应的金属氧化物混制而成。例如铝粉和氧化铁的混合物，其燃烧反应为：

$$2Al + Fe_2O_3 = 2Fe + Al_2O_3 + 827.6 \text{ kJ}$$

高热剂的燃烧过程区别于其他烟火药燃烧的特征是：

（1）没有气体反应生成物，因而燃烧时没有火焰；

（2）燃烧反应的温度高，大多数所使用的高热剂燃烧反应温度是在 2 000 ~ 2 800 ℃ 范围内；

（3）燃烧时形成熔融的红渣。

需要注意的是，高热剂一般不易点燃，所有铝热剂的自燃点均在 800 ℃以上，铁铝高热剂的自燃点为 1 300 ℃，并且由于在制造时所用氧化物的密度大，如 Fe_2O_3 的密度为 5.1 g/cm^3，所以高热剂的密度一般较大。

高热剂用作燃烧剂时，要求其燃烧时放出大量的热，产生高温能形成易

流动性的高沸点熔渣，并且燃烧持续时间应长。为此，要合理地选择高热剂的成分，确定最佳配比。

8.1.2.1 高热剂的金属可燃剂选择

高热剂中金属可燃剂选择要求如下：

（1）在燃烧时能放出大量的热并产生高温；

（2）在燃烧时能生成熔点低而沸点高的氧化物，以形成流动的灼热熔渣；

（3）具有适当高的沸点，以便高热剂能缓慢地燃烧而达到较长的燃烧时间；

（4）密度尽可能大。

高热剂在燃烧时，每克药剂所放出的热量必须大于 2.31 kJ，否则，其燃烧反应就很难进行。因此，在高热剂内只能使用发热量高的金属可燃剂。可用于高热剂中的某些金属可燃剂的性能见表 8.2。

表 8.2 某些金属可燃剂的性能

| 可燃剂 | 密度/ $g \cdot cm^{-3}$ | 沸点/ ℃ | 可燃剂的氧化物 | | | 高热剂配方/% | | | 高热剂的热效应/ $kJ \cdot g^{-1}$ |
			分子式	生成热*/kJ	熔点/℃	沸点/℃	Fe_2O_3	可燃剂	
Al	2.7	2 400	Al_2O_3	550	2 050	2 980	75	25	3.90
Mg	1.7	1 100	MgO	613	约 2 800	约 3 077	69	31	4.41
Ca	1.5	1 487	CaO	638	2 572	2 850	57	43	3.90
Ti	4.5	3 000	TiO_2	457	1 935	~2 227	69	31	2.39
Si	2.3	2 400	SiO_2	436	1 713	2 230	79	21	2.43
B	2.3	2 550	B_2O_3	424	800~1 000	—	88	12	2.47
*以 1 mol 原子氧计的生成热。									

由表 8.2 可以看出，Al 是高热剂较合适的可燃剂，因为它的燃烧热高，密度大，且燃烧产物 Al_2O_3 的熔点（2 050 ℃）较低，沸点（2 980 ℃）较高。虽然 Mg 在燃烧时所放出热量和 Al 的差不多，但 MgO 的熔点（2 800 ℃）过高，且 Mg 的密度小，价格较高，因此使用受到限制。

在高热剂中不宜使用原料稀缺的金属可燃剂，如 Be 等。腐蚀性大的金属如 Ca 等，以及难以燃烧的金属如 Mn 等，均不宜选用。燃烧热小的 C、S 等也不宜单独作为可燃剂。某些合金在空气中有足够的抗腐蚀性，可用作高热剂的可燃剂。例如 Ca‑Si 合金（Ca:Si 为 2:1），其燃烧热值可达 3.10 kJ/g，能产生出极易熔化的灼热熔渣 $CaSiO_3$（熔点 1 512 ℃）。$Fe-Al$ 和 $Fe-Ca$ 两种合金共用（质量比 60∶40）时，燃烬后的熔渣有特殊的易熔性。这是因为熔渣中的 $5CaO \cdot 3Al_2O_3$ 的熔点较低，只有 1 400 ℃，且混合物的热效应较高（3.78 kJ/g）。

8.1.2.2　高热剂的金属氧化物的选择

高热剂中金属氧化物选择要求如下：

（1）生成热效应小；

（2）含有足够量的氧（不少于 20%～30%）；

（3）能还原成低熔点和高沸点的金属；

（4）密度尽可能大。

某些金属氧化物的性能见表 8.3。

表 8.3　某些氧化物的性能

氧化物	密度/$(g \cdot cm^{-3})$	含氧量/%	以 1 mol 原子氧计的生成热/kJ	高热剂配方/%		高热剂的热效应/$(kJ \cdot g^{-1})$
				氧化物	Al	
B_2O_3	1.8	69	424	56	44	3.10
SiO_2	2.2	53	436	63	37	2.35
Cr_2O_3	5.2	32	378	74	26	2.52
MnO_2	5.2	37	260	71	29	4.20
Fe_2O_3	5.1	30	277	75	25	3.90
Fe_3O_4	5.2	28	277	76	24	3.57
CuO	6.4	20	159	81	19	3.82
Pb_3O_4	9.1	9	180	90	10	1.97

由表 8.3 可以看出，在高热剂中选用相对原子质量小的金属氧化物是不适宜的，因为它们的生成热大，且密度小。使用相对原子质量大的金属的氧化物也是不适宜的，例如 Pb_3O_4 等，因为其氧含量少，用它来配制高热剂，可燃剂的含量就得减少，这将使高热剂效应降低。在高热剂中选用中等相对原子质量（40～80）的金属氧化物较适宜。常用的金属氧化物高热剂的热效应见表 8.4。

表 8.4 常用的金属氧化物高热剂的热效应

高热剂成分	配比/%		Q/kJ（1 kg 高热剂的热量）	燃烧反应式
	氧化剂	可燃剂		
$BaO_2 + Al$	94.6	5.4	3 197	$3BaO_2 + 4Al \rightarrow 3Ba + 2Al_2O_3 + 1346.6\ J$
$FeO + Al$	80.0	20	3 329	$3FeO + 2Al \rightarrow 3Fe + Al_2O_3 + 826.3\ J$
$Fe_3O_4 + Al$	76.9	23.1	3 497	$3Fe_3O_4 + 8Al \rightarrow 9Fe + 4Al_2O_3 + 3\ 168.4\ J$
$Fe_2O_3 + Al$	74.7	25.3	3 887	$Fe_2O_3 + 2Al \rightarrow 2Fe + Al_2O_3 + 824.6\ J$
$SiO_2 + Al$	62.5	37.5	2 678	$3SiO_2 + 4Al \rightarrow 3Si + 2Al_2O_3 + 769.8\ J$
$MnO + Al$	79.8	20.2	1 842	$3MnO + 2Al \rightarrow 3Mn + Al_2O_3 + 489.8\ J$
$Mn_2O_3 + Al$	74.5	25.5	3 218	$Mn_2O_3 + 2Al \rightarrow 2Mn + Al_2O_3 + 679.8\ J$
$Mn_3O_4 + Al$	76.1	23.9	2 672	$3Mn_3O_4 + 8Al \rightarrow 4Al_2O_3 + 9Mn + 2\ 403.6\ J$
$MnO_2 + Al$	70.7	29.3	4 778	$3MnO_2 + 4Al \rightarrow 3Mn + 2Al_2O_3 + 1\ 759.4\ J$
$CuO + Al$	81.6	18.4	4 115	$3CuO + 2Al \rightarrow 3Cu + Al_2O_3 + 1\ 191.8\ J$
$PbO + Al$	92.2	7.8	1 346	$3PbO + 2Al \rightarrow 3Pb + Al_2O_3 + 1\ 221.9\ J$
$Pb_3O_4 + Al$	80.5	9.5	1 912	$3Pb_3O_4 + 8Al \rightarrow 9Pb + 4Al_2O_3 + 4\ 332.2\ J$
$PbO_2 + Al$	86.9	13.1	3 043	$3PbO_2 + 4Al \rightarrow 3Pb + 2Al_2O_3 + 2\ 473.9\ J$
$Cr_2O_3 + Al$	73.3	26.7	2 489	$Cr_2O_3 + 2Al \rightarrow 2Cr + Al_2O_3 + 510.7\ J$

通过对表 8.4 中高热剂的反应性分析后发现，CuO 遇适当的还原剂（如 Al）时，极易放出氧，它的反应速度极快，近似爆炸；锰铝高热剂燃烧时还原出的 Mn（沸点 1 900 ℃）产生剧烈的蒸发；铬铝高热剂燃烧时比较缓慢，放出的热量也较少。综合考虑，铁铝高热剂作为燃烧剂是较适合的。

8.1.2.3 铁铝高热剂

铁铝高热剂除军用外，还广泛用于民用黑色金属的焊接，如铁轨的铝热焊接等。在铁铝高热剂中加入 SiO_2（砂子）后，由于生成 Fe－Si 合金，其熔渣的凝固点有所降低。但是与此同时，也略微降低了高热剂的发热量。含 Si 为 22% 的 Fe－Si 合金的熔点是 1 250 ℃。

制造铁铝高热剂往往使用的不是 Fe_2O_3，而是 Fe_3O_4，目的在于增加熔渣。所选用的 Al 粉也属粗铝粉（一般为过 8～10 号筛下物），细粉末 Al 不宜使用，因其燃速过快。铁铝高热剂的燃烧反应如下：

$$3Fe_3O_4 + 8Al = 4Al_2O_3 + 9Fe + 3\ 168.4\ J$$

铁铝高热剂的优点是燃烧时放热量高,可达 3.475 kJ/g,并产生约 2 400 ℃的高温和大量的液态灼热熔渣。

铁铝高热剂对热、机械作用及枪弹射击都很钝感。它不能用火柴、导火索和一般点火药来点燃,必须要有传火药才能较好地被点燃。铁铝高热剂一经点燃,很难扑灭,甚至在水中能够继续燃烧。压制的铁铝高热剂的燃速约为 4 mm/s。

铁铝高热剂虽具有上述许多优点,但也存在一些缺点,如点燃困难、火焰不大、燃烧作用范围小等,因此很少单独使用。在实际使用时,需要在其成分中加入能增大火焰及降低其点火温度的物质。经改进的铁铝高热剂通常被称为铁铝高热燃烧剂,或铝热燃烧剂。

8.1.3 高热燃烧剂

高热燃烧剂不同于高热剂。它本身除含高热剂外,还含有其他物质,是一种多成分的混合物。通常它含有 40% ~80% 的铁铝高热剂和 60% ~20% 的含氧盐氧化剂及金属可燃剂,并外加有 5% 的黏结剂。

航空燃烧弹曾使用过含有附加氧化剂(硝酸钡)的高热剂配方:

$Ba(NO_3)_2$	26%
Fe_3O_4	50%
Al	24%

$Ba(NO_3)_2$ 附加到高热剂中的燃烧反应如下:

$$Ba(NO_3)_2 + 9Al + 2.2Fe_3O_4 = 4.5Al_2O_3 + BaO + 0.3FeO + 6.3Fe + N_2$$

该药剂燃烧反应的热效应为 4.6 kJ/g。

俄罗斯 76 mm 炮弹曾使用过下列高热燃烧剂:

$Ba(NO_3)_2$	44%
KNO_3	6%
Fe_2O_3	21%
Al	13%
Mg	12%
黏结剂	4%

高热剂中加入硝酸盐能提高其热效应,降低其发火点,并能使其在燃烧时产生一定大小的火焰,但是与此同时,药剂的机械敏感度却增加了。

其他盐类氧化剂,如 $BaSO_4$ 或 $CaSO_4$,也能加入高热剂内使用。

在高热剂内加入有机黏结剂(松香、沥青、干性油、酚醛树脂等),燃烧时能生成一定量的气体(CO_2、CO 和 H_2O 等)。有机黏结剂还可以增大高热燃烧剂的火焰，减缓燃烧过程，降低药剂的机械感度，并提高制品的机械强度。

在高热剂中使用 S 作黏结剂时，燃烧时一部分 S 生成 SO_2，产生火焰；另一部分 S 与 Fe、Al 作用。与 Al 作用则生成低熔点和易流动的 Al_2S_3（熔点 1 100 ℃）灼热熔渣。其燃烧过程为：

$$S + O_2 = SO_2$$
$$Fe + S = FeS$$
$$2Al + 3S = Al_2S_3$$

当在高热剂中加入 Ni 粉后，其点燃性会有所提高。这是由于金属互化物质 NiAl 或 $NiAl_2$ 在生成时是一种放热作用过程，药剂点燃后，其反应呈渐增性。

在高热剂中加入二茂铁可以大大改进药剂的点火特性和燃烧特性。这是由于二茂铁在氧与可燃剂的反应中起了催化作用。

8.1.4 混合燃烧剂

8.1.4.1 含氧盐为氧化剂的混合燃烧剂

这类燃烧剂特别适合装填小口径的燃烧炮弹或燃烧枪弹，用来点燃飞机、坦克发动机的燃料和油库油料等。典型的配方有：

（1）$Ba(NO_3)_2$ 50%，镁铝合金 50%；

（2）KNO_3 65%，Al 26%，C 9%；

（3）$KClO_4$ 66%，Al 34%；

（4）$KClO_4$ 50%，Mg 50%。

以上配方的共同特点是燃烧温度都超过 2 500 ℃，燃烧时产生极少量的灼热熔渣；燃烧作用完全是靠火焰的直接作用。

对含氧盐为氧化剂的混合燃烧剂的要求如下：

（1）燃烧时必须产生高温，且火焰长度长；

（2）燃烧时火焰作用在液体燃料的时间不应太短（一般为十分之几秒）；

（3）药剂的机械敏感度不应太大；

（4）在利用机械冲击（撞击装甲）或是利用制品中所装填的炸药的爆炸，都能使这种燃烧剂发火（在利用炸药的爆炸冲量来点燃时，其燃速很大，约为每秒几十米到每秒数千米）。

据资料报道，1978 年联邦德国研制出了一种能装填于穿甲燃烧弹的以高能含氧盐为氧化剂的混合燃烧剂，其配方为：$Ba(NO_3)_2$ 50.5%，Mg – Al 合金粉 48%，氯化橡胶 1.5%。配制时，氧化剂 $Ba(NO_3)_2$ 和还原剂 Mg – Al 合金粉的粒度筛选极为关键，粒度大，能提高它的摩擦感度和有效作用时间，但粒度过大，则会影响它的稳定性。用于装填穿甲燃烧弹时，可分为两次装药，不需要点火药。当穿甲燃烧弹撞击目标后，弹内燃烧剂在机械应力的作用下即可直接点火燃烧。

8.1.4.2　含猛炸药的混合燃烧剂

将猛炸药与金属可燃剂混合制成的混合物燃烧剂，经第二次世界大战证明有较好的燃烧性能。这种燃烧剂中金属可燃剂是借猛炸药中的氧而燃烧的。其特点是既具有爆炸杀伤功能，又能产生剧烈的燃烧作用，特别适宜装填小口径炮弹及防空杀伤燃烧弹和杀伤曳光燃烧弹等。

装填于 20 mm 和 23 mm 小口径航空炮用的杀伤燃烧弹和杀伤曳光燃烧弹配方如下：

配方一：硝酸钡　　　　40%

　　　　镁铝合金粉　　40%

　　　　梯恩梯（TNT）12%

　　　　树脂胶　　　　8%

配方二：硝酸钡　　　　40%

　　　　细 Al 粉　　　30%

　　　　粗 Al 粉　　　15%

　　　　梯恩梯（TNT）12%

　　　　石蜡　　　　　3%

为了提高上述配方的作用效应，经研究，钝化黑索金（RDX）和细 Al 粉混合燃烧剂具有良好的燃烧性能，配方如下：

钝化 RDX　　　80%

细 Al 粉　　　20%

钝化 RDX 是由 95% 的 RDX 和 5% 的钝化剂组成的，钝化剂是地蜡 60%、石蜡 38.8% 和苏丹红染料 1.2% 的混合物。

此外，也有用 Zr 粉（10% ~ 20%）和猛炸药混合装填于弹药中，它既具备杀伤作用，也具有照明、燃烧等多用途。

8.1.5　合金燃烧剂

合金燃烧剂不同于上述燃烧剂，它是在外界激发能（爆炸或燃烧）作用下被激活而自燃，具有燃烧稳定、热量大、火种数多和效果好等特点。

8.1.5.1 镁合金

虽然有多种金属可以燃烧，并产生较高的温度，但由于不易燃或来源稀贵，未能用于制造燃烧弹药。镁以其独特的燃烧性能在燃烧弹药中获得了广泛的应用。基于强度需要，镁在燃烧弹药上的使用以镁合金的形式出现。

镁铝轻合金在第二次世界大战中大量用于制造燃烧航弹。这种镁铝合金的成分有两种：一种为镁 90.5%，铝 8%，锌和锰 1.5%；另一种为镁 93.8%，铝 0.5%，紫铜 0.2%，锌 5.1%，硅 0.2%，铁 0.2%。德国人在 1909 年时即采用镁 86%、铝 13% 和少量铜的镁合金制作燃烧弹。

镁铝合金的密度为 1.80 ~ 1.83 g/cm³，熔点是 630 ~ 635 ℃，具有良好的力学性能。它对碱溶液很安定，但在酸或铵盐的稀溶液中易受腐蚀。镁铝合金能借空气中的氧燃烧，其燃烧温度达 2 000 ℃ 以上，并放出大量的热（25.1 kJ/g），产生眩目的白光和少量的 MgO 白烟。

镁铝合金是借装在镁铝合金弹体内压制的粉末状的高热剂或高热燃烧剂来引燃的。由于用镁铝合金制成的弹体也能燃烧，这种燃烧弹的有效载荷极大，燃烧能力高，燃烧时其火焰能飞溅到 2 ~ 3 m 远处。但缺点是镁铝合金力学性能比钢铁的差，因此对目标的侵彻深度小，同时由于它借空气中的氧燃烧，一旦隔绝空气，就会自行熄灭。

8.1.5.2 锆合金

锆和锆合金用作燃烧弹药和燃烧器材近年来得到了广泛的应用。它被用于不同类型的弹药上，使弹药除了具有燃烧性能外，还兼具杀伤、爆破作用。锆合金的使用，促使燃烧弹也能一弹多功能，即集杀、爆、燃或穿甲 – 燃烧、破甲 – 燃烧为一体。

锆合金作燃烧剂多与炸药混装。当炸药爆炸时，在炸药的激活能的作用下形成引火燃烧能力。锆合金燃烧时与氧发生强烈的氧化反应，很快形成一层很薄的氧化膜（层）。鉴于锆燃烧的颗粒随爆轰波运动与空气摩擦，所形成的氧化膜（层）能及时脱落掉，从而保持了连续燃烧性能。

锆合金易于加工制造，具有耐酸、耐碱、抗腐蚀性能，可与 A 炸药、B 炸药、黑索金、梯恩梯、特屈儿等炸药相容。

锆合金以变形锆和海绵锆在燃烧弹上应用较多。所谓变形锆，是从挤压或振动工艺生产的无缝锆管上机加制取的。所谓海绵锆，是在液压机上压实，然后机加成所需颗粒。由于海绵锆的燃烧半径和燃烧时间优于变形锆，因此实际使用中多采用海绵锆。将海绵锆压制成环状（即锆环），放置在弹体和TNT 炸药之间（典型排列是锆环放置在破片层与炸药层之间，以多层次为佳），弹爆炸后，一方面产生大量杀伤破片四处飞溅；另一方面，形成大量燃烧的锆颗粒火种飞散，其中一些燃烧颗粒夹裹着战斗部破片抛向远处，触及油类或其他易燃目标时，立即形成大火。

燃烧着的锆颗粒夹裹着战斗部破片，运动规律遵循牛顿运动定律：

$$m\frac{\mathrm{d}v}{\mathrm{d}t} = S_0 p$$

式中，m——锆颗粒的质量；

　　　S_0——锆颗粒的横截面积；

　　　p——炸药爆炸瞬时的应力；

　　　v——颗粒运动时的速度。

由于弹径一定，锆环的内径、炸药量等为定值，这时爆炸产生的应力也是定值，所以颗粒飞散距离与锆颗粒的大小有关。

锆合金若以颗粒锆与高能炸药混合装填，则颗粒锆加入量可以为炸药量的 5% ~30% 。这种结构装药在弹丸爆炸时，尚兼具有闪光照明作用。

锆合金燃烧弹作用过程：首先，在炸药爆炸瞬间，锆合金装药被爆炸分散成锆颗粒，与此同时，锆颗粒在爆炸的高温高压下引燃；紧接着锆颗粒即与空气中氧结合，发生剧烈的燃烧反应，此时锆颗粒燃烧反应的表面便生成一层氧化物膜（该膜阻碍燃烧反应进行，若锆颗粒静止不动，则燃烧会中止），由于爆轰波以 305 ~2 130 m/s 的速度将燃烧着的锆颗粒向外围推出，锆氧化物膜虽不断地生成，但不断地在气流冲刷摩擦作用下被剥离掉，从而维持着锆颗粒连续燃烧过程。

锆颗粒的大小显然直接影响着锆合金燃烧弹的燃烧性能。对于杀爆燃弹来说，为提高有效燃烧半径和点燃易燃目标概率，通过试验研究表明，锆颗粒直径以 2 ~6 mm 为佳。

8.1.5.3　稀土合金

稀土金属化学性质活泼，极易同氧、硫、氮作用生成相应的稳定化合物，受剧烈冲击、摩擦时即产生火花，并猛烈燃烧（火花温度达 2 700 ℃），用于制造中小口径燃烧弹体时，无须引信，碰击目标即能发火。

经研究，具有引火性能的稀土元素有铈（Ce）、镧（La）、钕（Nd）、镨（Pr）、钐（Sm）和镱（Yb）六种。由各种稀土金属制成的米氏合金已用于制造穿甲燃烧炮弹和燃烧枪弹。米氏合金中用的稀土金属由 Ce 53% 、La 24% 、Nd 16% 、Pr 5% 和其他稀土 2% 组成。米氏合金材料有多种规格，如由上述稀土金属75%、Mg 2%、Fe 23%组成的米氏合金，以及由上述稀土金属95%或97.5%、Mg 5%或2.5%组成的米氏合金等。

含 Ce 45%～50%、La 22%～25%、Nd 18%～20%、Pr 5%～7%及少量其他金属元素的混合稀土合金研制的稀土燃烧剂，密度可达 6.25 g/cm³，呈金属特性。将该稀土燃烧剂加工成试样，装填于 53 式 7.62 mm 步枪子弹上，射击时纵火效果见表8.5。

表8.5　稀土燃烧剂在 7.62 mm 枪弹上的纵火效果

序号	枪弹质量/g	发射药量/g	燃烧剂质量/g	被燃烧物名称	引燃率/%
1	8.85	1.1	2.37	汽油	100
2	8.85	1.6	2.37	汽油	100
3	10.347	1.2	2.58	汽油	100
4	10.347	1.6	2.58	汽油	100
5	10.347	1.6	2.58	航空汽油	100
6	10.347	1.6	2.58	煤油	80
7	10.347	1.6	2.58	煤油	71.4

稀土燃烧剂在破甲后效燃烧弹上也获得了应用。将稀土燃烧剂用于破甲弹，通过改变药型罩的锥角，增加稀土燃烧剂隔板，不仅能扩大破甲孔径，而且能提高火焰贯穿能力和高温流体持续时间，从而提高了对目标内部易燃物的纵火能力。稀土燃烧剂隔板所形成的大块火种，对目标附近的易燃物也具有较好的纵火效果。

美国陆军一种专供高性能航炮系统用的稀土合金燃烧弹弹径为 20 mm，采用聚四氟乙烯弹头，弹芯由稀土合金制成，该稀土合金由87%的混合稀土和13%的铝合金组成，混合稀土是50%的 Ce、25%的 La 及其他稀土元素的混合物。

8.1.5.4　其他合金

除上述燃烧合金用作燃烧弹和燃烧器材外，钛合金、钨锆镍铁合金、锆锡合金也得到了应用。

1976 年美国海军即提出用钨锆镍铁合金制造穿甲弹弹芯，从而提高了燃烧后效。这种弹芯由40%～95%的钨、4%～50%锆、1%～10%的镍和铁组成。为了获得较好的侵彻与燃烧性能，钨、锆的含量极其关键。钨含量高、锆含量低时，弹芯的侵彻力高，而燃烧性能差；反之，则结果相反。试验研究结果表明，以钨 85%、锆 10%、镍 2.5% 和铁 2.5% 制造的弹芯有较好的侵彻与燃烧性能。

锆锡合金已经被用来制造穿甲弹的燃烧件、破甲弹内衬和高破片率弹药战斗部。用于制造穿甲弹燃烧件的锆锡合金最佳配比是：锆 85% ~ 90%，锡 15% ~ 10%。

8.1.6　石油基燃烧剂

石油基燃烧剂是应用最广、用量最大的一种燃烧剂。这与石油储量在世界上相当丰富及其经济性有关。

（1）液体石油燃料。液体石油燃料是指石油及其分馏物汽油、煤油、柴油、润滑油等。作为燃烧剂的未稠化的石油燃料是低黏度的液体，它是由汽油、柴油和润滑油混合而成的。

液体石油燃料作燃烧剂的主要优点是易于点燃；热效应大（煤油的燃烧热为 42 kJ/g，而高热剂是 3.34 kJ/g）；燃速小而焰大，因此燃烧作用的时间长而造成的火源面积大；具有广阔的原料基地且价格低廉。缺点是燃烧温度低（700 ~ 800 ℃）；密度小（0.7 ~ 0.8 g/cm³）；溅散性和流动性大；极易挥发；燃烧时不产生灼热的熔渣。由于这些缺点，液体石油燃料只能用来烧毁易燃的目标。又因为其装填困难（需密封）使用受到限制。一般仅用于背囊式的火焰喷射器。

（2）凝固汽油。在汽油、煤油等液体石油燃料中加入稠化剂（又称凝油剂）制成凝胶状的凝固燃料，这就是"凝固汽油"。它克服了液体石油燃料的某些不足。

早期的凝固汽油是以天然橡胶作稠化剂，也曾使用过硬脂酸钠等。后来，使用钠旁（Napalm）作稠化剂，它是环烷酸铝（Aluminum naphthenate）和棕榈酸铝（Aluminum palmitate）的混合皂，并由此而命名（取 Naphthenate 和 Palmitate 两字的字头组成 Napalm）。钠旁既指这类混合铝皂稠化剂，也用来泛指一般凝固汽油或凝固汽油弹。

凝固汽油在军用燃烧剂中具有热值高、火焰猛、火种黏附性与蔓延性好、燃烧时间长、制备简单和价格低廉等特点，因而普遍受到重视和广泛使用。

使用凝固汽油时，通常采用火种式燃烧方式，由于油块燃烧的热流量偏低，使用上未能获得较好效果。为此，有人研究了火球燃烧方式，从而提高了凝固汽油的燃烧威力。火球燃烧方式是使凝固汽油爆炸，分散成微粒状云团后瞬时点燃，使全部热能在较短的时间内迅速释放，以形成一个高热流量的燃烧火球来杀伤和烧毁目标。

凝固汽油虽然热值高，但燃烧温度不高，通常不超过 $600 \sim 800\ ℃$。这是因为它燃烧时只生成气体（CO_2、CO、H_2O），从而将大量热带到了周围的介质中去了。另外，也是因为它燃烧缓慢，相当于延长了散热时间。

为了改善凝固汽油的燃烧性能，20 世纪 60 年代美国在凝固汽油基础上研制出了钠旁的第二代产品——钠旁 B（Napalm – B）。钠旁 B 是一种黏性液体，而不是凝胶，它由 50% 聚苯乙烯、25% 苯和 25% 汽油组成。钠旁 B 的燃烧温度约 850 ℃（钠旁为 760 ℃），燃烧时间比钠旁长 2 ~ 3 倍，对目标毁伤性优于钠旁。

钠旁 B 除燃烧性能较好外，贮存安定，制备及装填工艺极其简单，它可以采用固体聚苯乙烯在现场用溶剂溶解即可，不需混合装置即可装填。

（3）烟火燃烧胶。在凝固汽油中加入镁粉和氧化剂（如 $NaNO_3$）等制成的浆状物，称为烟火燃烧胶（Pyrotechnic gel，PT）。它是由异丁烯酸异丁酯和哥甫（Goop）的混合物与粗制汽油和沥青混合制成。哥甫是制镁过程的中间产物，是一种超细镁粉、氧化镁、碳化镁及碳粒的浓浆状混合物，其中镁粉的细度能达到自燃程度。这类燃烧剂后来又有了新的发展，如 PTV 型号，它是由 5% 的聚丁二烯、6% 的硝酸钠、28% 的镁粉和 61% 的溶有少量对位氨基苯酚的汽油组成的。

烟火燃烧胶的燃烧温度约 1 000 ℃，高于凝固汽油。美国曾用这种燃烧剂装填 M – 76 式燃烧航弹（223 kg）。

8.1.7　新型高能燃烧剂

专利文献报道了很多新型高能燃烧剂。

US3881968 提出了一种喷射燃烧子弹用燃烧剂，它是由 1 份质量的萘和 1 份质量的镁 – 特氟隆粉组成的。当将该药剂压成药柱，装入有喷口的燃烧子弹内，点燃后，镁 – 特氟隆燃烧并加热萘，使其生成气态燃料，并由子弹喷口喷出，它与子弹外面的大气中的氧气结合产生燃烧，其火焰可以点燃相距 30 ~ 40 cm 处的木质弹药箱。

US4013491 介绍了一种能烧穿金属的燃烧剂，它是由 28% 的镁、32% 的磷酸烷基酯、12% 的硅、12% 的氧化铁和 16% 的高氯酸钾组成，所制成的糊状物可铸装成各种形状，加温至 57 ℃固化后，用硼 – 硝酸钾点火药点燃，燃烧迅猛剧烈。

US4019932 介绍了由镁和金属氧化物或聚四氟乙烯组成的，并用室温硫化硅酮橡胶（弹性聚硅氧烷）为黏结剂的燃烧剂。这种燃烧剂应用时有三种装药形式：制成空心圆筒，叠置起来嵌入猛炸药装药内（US3951066）；模制成球体（直径不小 12.7 mm）嵌入猛炸药装药内（US3951068）；将燃烧剂灌封在钢制空心球或开口圆筒内，然后嵌入猛炸药装药中（US3951067）。这三种装药形式都可以用于炮弹、火箭弹和航弹。硅酮橡胶一方面起黏结剂作用，另一方面还能对爆轰冲击起缓冲胶垫作用，使燃烧剂装药不崩碎，并能延长燃烧时间。

一种叫泼拉诺尔（Pyranol）的燃烧剂是由镍粉、铝粉、三氧化二铁和聚四氟乙烯组成的。它可以压成块状，装在口部涂有石墨的喷管中，燃烧后喷出一种高温液体流，半秒钟即能烧穿 5.1 cm 厚的钢板。其燃烧反应式为：

$$2Ni + 4Al + Fe_2O_3 \xrightarrow{\text{聚四氟乙烯}} 2NiAl + 2Fe + Al_2O_3$$

US4960564 还公开了一种用于引火的合金，其化学式为 $Li_xB_yM_z$，其中 Li 和 B 分别是锂和硼，M 是钠、钾、铷、铯等碱金属，$x + y + z = 1$。这种合金在空气中自燃，发出大量热，可用作燃烧火种和纵火器材。

8.1.8　燃烧弹药和燃烧器材

燃烧弹药和燃烧器材主要包括有燃烧枪弹、燃烧炮弹、燃烧航弹和火焰喷射器等。

8.1.8.1　燃烧枪弹

燃烧枪弹主要有 7.62 mm、12.7 mm 和 14.5 mm 口径的穿甲燃烧弹和穿甲燃烧曳光弹。

穿甲燃烧枪弹由被甲、燃烧剂、铅套和钢芯四部分组成。被甲用复铜钢（在软钢的表层覆上占总厚度 4% ~ 5% 的黄铜）制成。被甲包于枪弹弹丸的外部，既用来使弹丸有一定的外形，又形成容纳装填物（燃烧剂）的容室。弹丸发射时，被甲圆柱部分卡入膛线，使弹丸旋转。钢芯是用优质碳素工具钢（含碳量 1.10% ~ 1.25%）或钨合金制成的，头部为尖锐圆弧形，碰击目标时有利于穿彻钢甲内。铅套在钢芯的周围，用于防止射击时钢芯磨损膛线，并有固定钢芯之用。燃烧剂装在钢芯的前部，大都采用 $Ba(NO_3)_2$ 50% 和 Mg – Al 合金粉 50% 的混合物，也有采用 $KClO_4$ 55% 和 Mg – Al 合金粉 45% 的混合物，燃烧温度可达 2 500 ℃，点燃温度为 450 ℃左右。

穿甲燃烧枪弹的作用过程是：弹丸撞击装甲时，弹头部变形，由于燃烧剂在弹头部和钢芯间被挤压而发火；又钢芯在钻入装甲运动中尾部形成低压区，从而造成燃烧剂的火焰随钢芯尾部进入打穿的装甲（如汽油箱）内而燃烧。

若在底部装上曳光管，穿甲燃烧枪弹将变成具有穿甲、燃烧、曳光三种功能的穿甲燃烧曳光弹。

8.1.8.2 燃烧炮弹

主要用于对远距离目标实施大面积纵火或毁伤作用。燃烧炮弹有各种口径，以 76 mm、107 mm 和 122 mm 口径弹应用最为广泛。燃烧炮弹按其构造不同，可分成：

（1）带时间引信的榴霰弹式燃烧炮弹（扇形体高热燃烧剂炮弹）；

（2）穿甲燃烧曳光炮弹；

（3）小口径高炮和航空炮用的杀伤燃烧炮弹；

（4）带瞬发或延期信管的爆破榴弹式燃烧炮弹（黄磷燃烧炮弹）。

扇形体铝热燃烧剂炮弹、穿甲燃烧曳光炮弹和杀伤燃烧炮弹目前仍在广泛使用。

（1）扇形体高热燃烧剂炮弹。它配用在口径 76 ~ 122 mm 的火炮上，弹体内装有燃烧元件，由铁铝高热燃烧剂压在外壳为铁或镁铝合金的扇形体中而制成。弹体内的燃烧元件是以 3 ~ 4 个排列一层，上下又重叠排成 3 ~ 4 层。在燃烧元件的各层之间放有厚纸垫。

这种燃烧炮弹中没有中心传火管，它是靠扇形体元件的圆槽在扇形体叠放时形成中心通道。当弹丸发射出炮口后，延期点火引信的火焰则由中心通道传至抛射药，同时点燃扇形体燃烧元件上的引燃线。抛射药点燃后冲掉头螺，同时将扇形体燃烧元件沿弹丸中心线方向抛出。被抛射出的扇形体燃烧元件具有很大的动能，能穿入木质材料数毫米。扇形体燃烧元件燃烧时间根据炮弹口径不同，一般为 15 ~ 30 s。

（2）穿甲燃烧曳光炮弹。该弹与穿甲炮弹的区别在于装药和装填方法不同，装药是采用威力大的炸药和高热燃烧剂。在装填前先将炸药和燃烧剂分别压成药柱，燃烧剂药柱装在炸药柱前端，弹底部装曳光管。炮弹在穿入钢甲后即行爆炸，并将燃烧剂点燃，进而引燃装甲内的易燃物，或燃烧杀伤装甲内的有生力量。

（3）杀伤燃烧炮弹。其装药与穿甲燃烧曳光炮弹不同，燃烧剂装在靠弹丸底端，炸药装在燃烧剂的上端。

8.1.8.3 燃烧航弹

燃烧航弹因构造与装填燃烧剂的不同而异。常见的燃烧航弹有凝固汽油燃烧航弹、45 kg 普通燃烧航弹、燃烧子母航弹和集束燃烧航弹。

（1）凝固汽油燃烧航弹。可以借助高温的直接作用杀伤有生力量和焚烧技术装备及其他目标。这种航弹采用 0.5 ~ 7 mm 厚的钢材或铝及铝合金材料制成薄壁弹体，内装凝固汽油或其他凝固燃料。不装稳定装置和爆炸装药的凝固汽油弹称为燃烧弹箱。

美军现装备的这类燃烧弹箱有 112.5 kg 级至 450 kg 级。不同级别的燃烧弹箱可造成不同的立体杀伤破坏区。例如 337.5 kg 级的燃烧弹箱杀伤面积可达 400 m²，其火焰和烟上升高度为数十米。美军"鬼怪式"战斗歼击轰炸机和强击机能携带 8 ~ 11 枚这种凝固汽油燃烧弹，投掷后可以造成（3.5 ~ 4）× 10⁴ m² 的密集杀伤区。

（2）45 kg 普通燃烧航弹。它同时兼具燃烧和破片杀伤作用，能击穿汽车和坦克燃料箱及容器外壁，引燃燃料，导致技术装备失去作战能力。这种航弹通常是集束使用的，即一个弹内包含多个小燃烧弹，飞机投掷后能起到分散作用的效果。

美军装备的 0.45 kg 级至 4.5 kg 级的小燃烧弹通常以子母弹形式使用，弹内装铝热燃烧剂和以铈与硝酸钡为基础的稀土燃烧剂，或装凝固汽油和高温凝胶。这种燃烧弹质量小，能形成独立的燃烧点。

（3）燃烧子母航弹。由子弹和母弹（或子母弹箱）构成，母弹或弹箱内一般都装有 50 个子燃烧弹。美军新研制的一种子母弹，每枚装填 670 个子燃烧弹，它用 F4、F111 和 B52 飞机进行投掷。F4、F111 和 B52 可携带该子母弹数量分别为 11、48 和 66 枚。当它们投掷后，分别能形成 1.5 km²、6.0 km²、7.5 km² 的燃烧杀伤区域。

（4）集束燃烧航弹。无论是集中式的镁基燃烧弹，还是分散式的凝固汽油弹，都可以做成集束航弹来投掷。集束燃烧航弹质量及大小相当于 45 ~ 225 kg 级的通用爆炸航弹。为了便于集束，被集束的小弹的弹体多制成六角形。一般每一组集束燃烧航弹由 25 ~ 100 个以上的小弹集束而成。集束航弹在离开飞机后立即自行散开，因此在目标区能形成大面积的火种。

8.1.8.4　火焰喷射器

火焰喷射器也称喷火器，作为步兵近战武器在近代战争中起着重要的作用。火焰喷射器的缺点是质量大，勤务性能差，射程近，使用时射手及目标易暴露。

美国于 20 世纪 70 年代初否定了火焰喷射器这种喷射油柱的使用方法，研制出了 M202 多管纵火火箭弹。80 年代波兰研制了 RPO 无后坐力式喷火器，其外形结构与联邦德国的卡尔·右斯太夫反坦克火箭筒相似，发射管长 140 cm，口径 12 cm，发射时无后坐力，RPO 的最大射程 400 m，有效射程 190 m，可以安装在战车或直升机上使用。

巴西设计的T_1M_1新型喷火器有三个钢瓶：两个装油、一个装压缩空气。压缩空气钢瓶内压力为145×10^5 Pa，这个压力可以保证油料能始终喷射出所需的喷火射程。T_1M_1具有两个显著的特点：一是喷射距离远；二是有一个独特的电子点火系统。电子点火系统的电源为8节1.5 V的碱性电池，可供使用1 000次，且金属部件是密封防水的。T_1M_1的主要参数是：空壳质量20.15 kg，装油后为32.5 kg（15 l 油料时）或34.5 kg（18 l 油料时）；射程70 m（装胶状油时）或50 m（装非胶状油时）；油瓶工作压力分别为24.5×10^5 Pa（贮放时）、44.1×10^5 Pa（射击时）、82.3×10^5 Pa（破裂时）。

意大利研制了T-148/A型新式油柱火焰喷射器，它的结构特点是连接油瓶和导管（输油管）及导管和喷枪之间的两处套筒采用钢球轴承，使得这两部分连接处能灵活转动，操作自如。这种喷火器使用的油瓶组设计为两个油瓶一组，每瓶装入2/3稠化油和1/3压缩氮气，不再另设压缩气体钢瓶。两个钢瓶上方有一钢管相连，以平衡压力。下方一个较大口径的管与两瓶中心出口连接，以备出油。喷枪装有电子点火装置，其特点是能提供持续点火电弧达数分钟之久，且无声、无光，使喷火行动具有隐蔽性。电子点火装置放在一个耐撞击的盒内，固定在喷枪的前握把上。它的各个部件都用绝缘材料密封。因此，即使喷火器浸在水中，点火器也能继续工作。

该喷火器还配有全套备战材料背包，包内有一个压缩氮气罐、一包稠化剂，以便在战场进行再装填。火焰喷射器所喷射出的火柱，在行进的过程中相当大的一部分能量被损失掉了，燃料实际利用率不高。为此，又研究出使燃料在空气中雾化，并使之与空气混合再引燃燃烧。该项技术后来发展成了燃料空气炸药技术，从而导致了今日的云爆武器出现。

8.2　点火药

点火药是一种用于点燃主装烟火药剂（如照明剂、发烟剂等）或其他药剂（如推进剂等）的烟火药。在烟火学中，点火药也称引燃药。点火药的作用是将需要点燃的药剂局部加热到发火点，并促使其稳定可靠地燃烧下去。

点火药点燃主装烟火药，与主装烟火药的发火点高低密切相关。发火点不超过500~600 ℃的主装烟火药易于被点火药引燃，高于1000 ℃时，则难以被引燃。对于高热剂（铝热剂）和压药密度较高的主装烟火药，必须使用高能点火药，并配合使用传火药才能被引燃。

8.2.1　点火药的技术要求

点火药作为一种烟火药，除应符合一般烟火药的技术要求外，尚需满足以下技术要求：

（1）发火点要低。为了可靠有效地点燃主装药，点火药自身应易于点燃，在不大的热冲击能量作用下即发火，为此，其发火点要低。一般要求其发火点不得超过 500 ℃。

（2）燃烧温度要高。点火药的作用是点燃主装药，其自身的燃烧温度应很高。点火药燃烧产物热量与燃烧温度关系为：

$$Q = K(T_g - T_i)t_{ig} \tag{8.1}$$

式中，Q——点火药点燃主装药的热量；

T_g——点火药燃烧产物的温度；

T_i——主装药柱的燃烧表面温度；

K——点火药燃烧产物对固相药柱的传热系数；

t_{ig}——点火药燃烧产物包围药柱表面时间。

显然，点火药燃烧产物的热量越大，则燃烧温度越高，主装药越容易被点燃。为了确保主装药被可靠点燃，通常要求 T_g 高于主装药的发火点数百摄氏度。

（3）点火能力应强。点火能力是一个综合的考核指标，通常点火药燃烧产物热量大，则点火能力强。产生大量灼热熔渣的点火药，因其热量大而反映出其点火能力强。少气体的点火药产生大量的灼热熔渣留在被点燃的主装药剂表面上，使主装药剂获得较多的热量而引燃。液态的灼热熔渣比未熔化的固态的灼热粒子与被点燃的主装药药面接触面积大，在单位时间内传给被点燃的主装药的热量多，因此点火能力强。基于这个原因，烟火制品中点火药几乎都是压制在被点燃主装药面上。试验证明，燃烧速度缓慢的点火药的点火能力强。这是因为它有足够长的时间将热量传给被点燃的主装药。

此外，在某些场合下要求点火药燃烧时无烟、无火焰，以利于隐身。某些特殊用途的点火药还要求其耐高温、抗静电，且其燃烧产物无腐蚀作用。

8.2.2　点火药的制备

点火药的品种较多，有黑火药、硅系点火药、硼－硝酸钾点火药、锆系耐水点火药、镁－聚四氟乙烯点火药、镁－二氧化碲钝感点火药等。

黑火药作为点火药在弹药上的应用比较广泛。它的优点在于燃烧时能产生大量气体，易于建立起点火压力，且火焰长度长。它的主要缺点是吸湿，低压下燃烧性能不好。但由于应用由来已久，以及独特的弹道性能，暂时难以被与之相当的点火药取代。

硅系、锆系、硼－硝酸钾等这类点火药的优点是燃烧产物温度高，使用时用量少。比如某火箭发动机当用 2 号小粒黑火药点火时，若为瞬时点燃，则需点火药量为 300 g；如果用 Mg 30%、Al 30%、四氟乙烯 40% 的烟火药点火药，只需 60 g 即可瞬时点燃。大多数烟火系列的点火药燃烧性能受环境压力变化影响小，点火稳定性好，应用范围广。

点火药是由氧化剂和可燃剂混合而成，混合工艺与普通烟火药的相同。

8.2.2.1　点火药的成分选择

点火药氧化剂选择的原则是能在较低温度下成为电子受体，只有这样才能保证点火药的发火点在 500 ℃ 以下。氯酸盐一般都能在较低温度下成为电子受体。如 $KClO_3$ 在 352 ℃ 下即开始分解放出氧，但它有较高的机械敏感度，考虑到安全性，通常选用 KNO_3、BaO_2、$Ba(NO_3)_2$、聚四氟乙烯等作点火药的氧化剂。

点火药可燃剂选择的原则是易于氧化，通常选用 Mg、S、C、虫胶、酚醛树脂等这类易燃物质。高能点火药的可燃剂必须选用易燃金属粉，如 Mg、Zr、Sb 稀土合金等。对于以 Al 为基本可燃剂的主装烟火药点火，使用含镁点火药时，镁的含量只有在不低于 15%～20% 的情况下才能可靠点燃。

根据点火药点燃主装药种类的不同及点火要求的不同，点火药成分的选择也不一样。在某些情况下，点火药必须产生熔渣而不是气体；而在另一种情况下，则要求产生气体，不需要熔渣。有时点火需要缓慢定时（延期点火），或者只需刹那间的火焰引燃，有时可能要求点火是以炽热的粒子碰撞到主装药上来实现。因此，点火药成分的选择是以使用要求为原则的。

为了解决照明榴弹的点火失效问题，常采取加大点火药量的办法，结果也增大了榴弹中的压力。为此，人们研制了一种由 PbO_2、CuO 和 Si 组成的无气体点火药，既有效，又安全。这种点火药成分的选择充分考虑到不产生或极少产生气体这一原则。

有时为了提高点火药的点火能力，在其成分中加入镁粉作补助可燃剂。这是因为镁粉易燃性好，同时，在燃烧后生成 MgO 固体熔渣，加强了点火能力。

8.2.2.2　各种烟火药剂用点火药及其配制

含氯酸盐（如 $KClO_3$）的发光信号剂或有色发烟剂不难被点燃，甚至使用黑火药或由类似黑火药配方配制的点火药即可。

对于照明剂的点燃，则要采用点火能力稍强的配方，如 Ba(NO₃)₂44%、KNO₃ 34%、C 15%、虫胶 11% 等。对于钠盐照明剂的点燃，美国研制了一种含硅的点火药，它已经被用于 105 mm 榴弹和 M314 照明弹中，其配方如下：

硅（MIL－S－230，A 类，品级 I）	20%
氢化锆（MIL－2－21353，（5±3）μm）	15%
四硝基咔唑（MIL－T－13723，工业级）	10%
硝酸钡（JAN－B－162，A 类）	50%
聚酯树脂（Caminac 4116 或 4110）	5%

曳光剂制品用点火药，一般选用 BaO₂ 作氧化剂。BaO₂ 虽比 KNO₃ 分解温度高，但其分解过程所需热量较少：

$$BaO_2 \rightarrow BaO + 0.5O_2 - 71.06 \text{ kJ}$$

BaO₂ 分解时，固体熔渣质量占氧化剂质量的 91%。鉴于其分解时所需热量小而生成固体熔渣量大，且由其配制的点火药火焰温度高，因此点火能力强。对于难点燃的曳光剂来说十分有利。常用的配方为：

1	2
过氧化钡 80%	过氧化钡 30%
镁 18%	硝酸钡 48%
黏结剂 2%	镁 13%
	酚醛树脂 9%

用大压力压制成的第 1 种配方，在空气中用火焰（导火索）点燃极其困难，甚至不能点燃，但在高温高压的膛内易于点燃。第 2 种配方在空气中用火焰即可点燃。这两种点火药的缺点是机械敏感度高，制造过程中剧烈摩擦或冲击均可发火，因此配制时必须有安全防范措施。

也可以用下述配方来点燃曳光剂：

1	2
黑火药 75%	硝酸钾 48%
硝酸钾 12%	锆 52%
锆 13%	

铁铝高热燃烧剂是最难点燃的一种烟火药剂，其点火药可设计成由照明剂 25%、铁铝高热燃烧剂 25%、点火药（KNO₃ 82%、Mg 3%、酚醛树脂 15%）50% 三者混合配制而成。它是点火能力极强的一种点火药。若用强点火药不能点燃某一主装烟火药剂时，就得使用所谓的传火药（也称过渡药）。烟火制品上所用传火药是用点火药和主装烟火药剂按一定比例混合制得的。

例如，为了确实点燃高压力下压制的曳光药剂，在点火药下层压制由点火药 50% 和主装烟火药剂 50% 组成的传火药。

对于点燃十分困难的主装烟火药剂，有时必须同时使用数种传火药，其中直接和主装烟火药接触的传火药中所含的点火药量最少。图 8.1 是这种难点燃的烟火药剂点火药结构设计示意图。

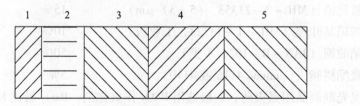

图 8.1 难点燃烟火药剂的点火结构设计示意图

1—黑火药粉；2—点火药；3—传火药（点火药/主装烟火药 = 3/1）；
4—传火药（点火药/主装烟火药 = 1/1）；5—主装烟火药剂

发烟剂也可使用含硅的点火药，配方如下：

硅（Ⅱ级 C 类）（98% 过 170 目筛，90% 过 230 目筛）	40%
硝酸钾（100% 过 14 目筛，55% 过 60 目筛，20% 过 170 目筛）	54%
木炭（98% 过 60 目筛，80% 过 140 目筛，50% ~80% 过 325 目筛）	6%

制造时，将 70 份上述组分加入 30 份的丙酮硝化棉溶液（丙酮/硝化棉 = 90/10）中造粒即成。

对于由碳氢化合物组成的发烟剂，可用下列点火药：

硅	26%
硝酸钾	35%
黑色氧化铁	22%
木炭	4%
铝	13%

配制时，将 83.3 份上述组分加入 16.7 份的 6% 硝化棉溶液造粒即成。

8.2.2.3 其他点火药配方

B – KNO$_3$ 点火药是一种能代替黑火药的性能良好的点火药，配方为：

硼（无定形）	(23.6 ± 2.0)%
硝酸钾	(70.7 ± 2.0)%
聚酯树脂黏结剂	(5.7 ± 0.5)%

聚酯树脂黏结剂是由聚酯树脂 98%、甲基乙基丙酮过氧化物的酞酸二甲酯溶液 1.5% 和环烷酸钴 0.5% 混制。

一种耐热（354.4 ℃）点火药的配比如下：

硼（0.3 μm）	(6.6 ± 2)%
二氧化碲	(88.4 ± 5)%
黏结剂	(5.0 ± 2)%

黏结剂为亚乙烯基氟和六氟丙烯的共聚物，以正醋酸丁酯为溶剂。这种点火药能经受 354.4 ℃ 不发火。在 22 mm 长的药柱上通过 500 μF、30 kV 静电不发火，与带有 3 A 电流的灼热桥丝接触时，则正常发火。它是一种能抗静电、抗射频的适用于宇航飞行器点火的装药。

镁–聚四氟乙烯点火药用于固体火箭推进剂点火，它是一种高能点火药。美国使用的配方通常是：镁粉 50%（或 70%）、聚四氟乙烯 50%（或 30%），德国的配方为镁粉（小于 25 μm）51%、聚四氟乙烯（粉末）34%、聚合物15%。该配方燃烧热为 6.7 kJ/g，燃速为 5 mm/s。

适用于高空和超声速飞行用点火药配方有：

锆（通过 325 目筛）	75%
高氯酸钾	5%
硫	20%
黏结剂（外加）	5%

一种用于航空炮弹中电底火的点火药组分为：

锆（粗粒）	20% ~ 50%
锆（细粒）	25% ~ 10%
二氧化铅	10% ~ 50%
硝酸钡	10% ~ 50%
太安	10% ~ 50%
石墨	0.2% ~ 10%
三硝基间苯二酚	0.2% ~ 5%

这是一种抗静电性能较好的点火药。

采用单质硼化合物作点火药，20 世纪 60 年代国外就有专利公布。主要品种有：

（1）铯硼氢（$Cs_2B_{12}H_{12}$）与硝酸铯（$CsNO_3$）的复盐（$Cs_2B_{12}H_{12} \cdot CsNO_3$）点火药，它具有燃烧温度高、热安定性好、抗静电性能强等优点。

（2）铯硼氢（$Cs_2B_{10}H_{10}$）与高氯酸钾（$KClO_4$）的混合物点火药。它是一种对静电火花钝感的产气点火药，可以用热桥丝点火，可以作动力源火工品的单一装药，配方如下：

低氢化钛（TiH_x）	30% ~ 47%

高氯酸钾   53% ~70%

TiH_x 中的 x 一般为 0.6~1.9，其中 $TiH_{0.65}$ 点火性能较佳。实际使用的配比是 $TiH_{0.65}$ 33%、$KClO_4$ 67%。低氢化钛点火药长贮性能良好，可以超过24年。

电点火头用点火药通常含有 $KClO_3$。配方有：$KClO_3$ 8.5%，一硝基间苯二酚铅 76.5%，硝化纤维素 15%；$KClO_3$ 55%，硫氰酸铅 45%；$KClO_4$ 66.6%，Ti 33.4%。

8.2.3 点火药点火性能试验测定

点火药点火性能的各种参数需要根据点火药使用要求进行试验测定。如炮药或箭药的点火，要求点火药具有瞬时点火性能。对于点火药的这种性能试验测定，要求通过测定点火火焰传播速度来衡量。它是在一种火焰传播试验器中进行的。又如点火药的弹道性能相关参数测定，是通过一种弹道模拟试验装置来进行试验测量的。由于点火药的使用有各种各样的要求，需要采用各式各样的试验装置来测定所需的性能参数。鉴于点火药使用要求的不同，测试装置多半根据试验参数测定需要而设计，标准化和系列化有很多困难。已经研制出的点火药性能试验装置和测定方法有很多种，以下仅对点火药点火效率测定和燃烧时的点火粒子测定做一介绍。

8.2.3.1 点火效率测定

测定各种点火药点火效率的装置主要由一个坩埚和点火线圈组成。坩埚由一个金属环固定住，在坩埚上部是点火线圈。点火线圈是由金属点火丝缠绕成双匝，两根出头与电极相连。试验时，把定量研磨过的主装药（18目与50目筛间物）置入坩埚内，上部盖上葱皮纸（防止主装药与点火药直接接触）。将点火线圈放置在坩埚中心葱皮纸上的 1.5 mm 处，再将称量好的点火药（水分在 0.45% ~0.50% 范围）加入点火线圈中。点火电压调至 25~30 V，以 25 发试验量为一组开展点火效率试验。对试验结果评判方法是：

（1）点燃相同质量同一品号的主装药，看其所需点火药量的多少。点火药用量少的点火药有较高的点火效率；反之，则点火效率低。

（2）用相同质量点火药点燃同一品号相同质量的主装药，看其点火延迟时间。点火延迟时间短的点火药，其点火效率高；反之，则点火效率低。

8.2.3.2 点火药燃烧时点火粒子的测定

点火药燃烧时所产生的点火粒子的大小分布比例决定着点火药点火效率

的高低。点火粒子大小分布定量测定装置是采用一个内壁衬有醋酸纤维素衬里的药室，点火药在药室内点燃后，点火粒子就被药室内壁的醋酸纤维吸收。试验后将醋酸纤维衬里移出，进行探伤检查，即可测出被测点火药燃烧时的粒子尺寸大小。在此试验装置中测定的 $B-KNO_3$ 和 $Mg-KNO_3$ 点火药的点火粒子分布情况见表 8.6。由表中数据可见，$B-KNO_3$ 点火药的点火粒子小于 5 μm 的占绝大多数，而 $Mg-KNO_3$ 点火药的点火粒子大于 5 μm 的占大多数。一般对点火起作用的主要是 5～10 μm 范围的粒子。因此，$Mg-KNO_3$ 是一种点火效率高的点火药。

表 8.6　$B-KNO_3$ 和 $Mg-KNO_3$ 点火药的点火粒子分布　　　　　%

点火药	粒子尺寸范围/μm					
	0～0.9	5～9.9	10～14.9	15～19.9	20～24	15～30
$B-KNO_3$	84	12.5	1.5	1	0.1	
$Mg-KNO_3$	52	33.5	7.5	5	1/3	1/3

8.2.4　点火时间方程

虽然用试验方法在特定的情况下可靠地测定点火的难易程度具有实际价值，但发展点火机理的分析模型也是极为重要的。通过文献的收集，发现 D. M. Johnson 已做出这样的模型。他根据热传递的基本方程，并对发火点规定了以下定义：必须把一种已知固体药剂加热至点燃，并不再需要外部加热就可继续燃烧的那个温度。他导出了一个方程用来测定对点火有影响的有关变数。以下的推导是由 J. H. Mclain 做出的，它和 Johnson 的模型在侧重点和方向上是类似的，但遵循了极不相同的途径。事实上这两种处理都得到了有助于肯定其正确性的相同的方程。

如图 8.2 所示，一个物质的切片在其高温端 x 处的温度为 T_2，在其低温端 $x+\Delta x$ 处的温度为 T_1。由于温差产生了热流动（ΔH）。切片的焓随时间 t 的改变率与流入与流出切片的热流速率之差相等：

$$-KA\left.\frac{\partial T}{\partial x}\right|_{x} + KA\left.\frac{\partial T}{\partial x}\right|_{x+\Delta x} = \frac{\partial \Delta H}{\partial t} \tag{8.2}$$

式中，K——热传导系数；

　　　A——热流通过的面积。

因而：

$$\frac{\partial \Delta H}{\partial t} = \rho A \Delta x c \frac{\partial T}{\partial t} \tag{8.3}$$

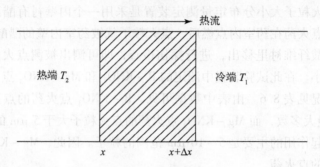

图 8.2　热流模型

式中，ρ——密度；

　　　Δx——切片厚度；

　　　c——比热。

把式（8.3）代入式（8.2），并把式（8.2）中的第二项按泰勒级数展开，得出：

$$- KA \frac{\partial T}{\partial x}\bigg|_{x} + KA\left\{ \frac{\partial T}{\partial x}\bigg|_{x} + \frac{\partial^2 T}{\partial x^2}\Delta x \right\} = \rho A \Delta x c \frac{\partial T}{\partial t} \qquad (8.4)$$

式（8.4）中的前两项互相消去后，式（8.4）的两边都除以 $A\Delta x$，得出：

$$K \frac{\partial^2 T}{\partial x^2} = \rho c \frac{\partial T}{\partial t} \ \text{或} \frac{\partial T}{\partial t} = \frac{K}{\rho c} \frac{\partial^2 T}{\partial x^2} \qquad (8.5)$$

用扩散率 α 代替 $\dfrac{K}{\rho c}$ 后，则式（8.5）成为：

$$\frac{\partial T}{\partial t} = \alpha \frac{\partial^2 T}{\partial x^2} \qquad (8.6)$$

式（8.6）即热传递的基本方程。

现在解此方程，以确定在任何指定时间的切片温度。为此，假定了以下理想条件：整个切片表面是同时点燃的；没有辐射热损失；容器不产生热传导。

设定切片温度为变数 y 的函数：

$$T = T(y) \qquad (8.7)$$

式中

$$y = xt^n \qquad (8.8)$$

现在可以计算式（8.6）中的各项，首先限制每个 xt 的乘积须用 y 的幂表示。因此有：

$$\frac{\partial T}{\partial t} = \left(\frac{\partial T}{\partial y} \right)\left(\frac{\partial y}{\partial t} \right) \qquad (8.9)$$

将式（8.8）微分，得出：

$$\frac{\partial y}{\partial t} = nxt^{n-1} \tag{8.10}$$

由此，式（8.9）成为：

$$\frac{\partial T}{\partial t} = nxt^{n-1} \frac{\partial T}{\partial y} \tag{8.11}$$

同样可得：

$$\frac{\partial T}{\partial x} = \frac{\partial T}{\partial y} \frac{\partial y}{\partial x} \tag{8.12}$$

并得出：

$$\frac{\partial^2 T}{\partial x^2} = \left(\frac{\partial^2 T}{\partial y^2}\right)\left(\frac{\partial y}{\partial x}\right) + \left(\frac{\partial T}{\partial y}\right)\left(\frac{\partial^2 y}{\partial x^2}\right) \tag{8.13}$$

由式（8.8）得出：

$$\frac{\partial y}{\partial x} = t^n \tag{8.14}$$

因此有：

$$\left(\frac{\partial y}{\partial x}\right)^2 = t^{2n} \tag{8.15}$$

和

$$\frac{\partial^2 y}{\partial x^2} = 0 \tag{8.16}$$

将式（8.16）和式（8.15）代入式（8.13），可以得出：

$$\frac{\partial^2 T}{\partial x^2} = \left(\frac{\partial^2 T}{\partial y^2}\right)(t^{2n}) + 0 \tag{8.17}$$

将式（8.17）和式（8.11）代入热流方程式（8.6），得出：

$$\frac{\partial T}{\partial y} nxt^{n-1} = \alpha t^{2n} \frac{\partial^2 T}{\partial y^2} \tag{8.18}$$

将式（8.18）的两边均除以 nxt^{n-1}，得出：

$$\frac{\partial T}{\partial y} = \frac{\alpha}{nxt^{-n-1}} \frac{\partial^2 T}{\partial y^2} \tag{8.19}$$

应用上述限制，即每个 xt 的乘积须用 y 的幂表示，xt^{-n-1} 必须是 y 的一次幂。因为 x 的指数为 1，因此 $xt^{-n-1} = xt^n$，$n = -n - 1$ 和 $n = -1/2$。方程（8.19）现成为：

$$\frac{\partial T}{\partial y} = \frac{\alpha}{(-1/2)xt^{-1/2}} \frac{\partial^2 T}{\partial y^2} \tag{8.20}$$

由于 $y = xt^n = xt^{-1/2}$，式（8.20）成为：

$$\frac{\partial T}{\partial y} = -\frac{2\alpha}{y} \frac{\partial^2 T}{\partial y^2} \tag{8.21}$$

或
$$\frac{\partial^2 T}{\partial y^2} = -\frac{y}{2\alpha}\frac{\partial T}{\partial y} \tag{8.22}$$

为了帮助解方程式（8.22），设参数 P 为：
$$P = \frac{\partial T}{\partial y}$$

可得：
$$\frac{\mathrm{d}P}{\mathrm{d}y} = -\frac{y}{2\alpha}P \text{ 或} \frac{\mathrm{d}P}{P} = -\frac{y}{2\alpha}\mathrm{d}y \tag{8.23}$$

将式（8.23）微分，得出：
$$\ln P = -\frac{y^2}{4\alpha} + C_1 \tag{8.24}$$

或
$$P = \frac{\mathrm{d}T}{\mathrm{d}y} = C_1 \mathrm{e}^{-y^2/(4\alpha)} \tag{8.25}$$

将式（8.25）积分，得出：
$$T = C_1' \int_{m'}^{n'} \mathrm{e}^{-y^2/(4\alpha)}\,\mathrm{d}y + C_2' \tag{8.26}$$

现设 $Z^2 = y^2/4\alpha$，即 $Z = y/2\sqrt{\alpha}$。由于 $y = xt^n = xt^{-1/2}$，得出：
$$Z = x/2\sqrt{\alpha t} \tag{8.27}$$

将式（8.27）代入式（8.26），得出：
$$T = C_1 \int_m^n \mathrm{e}^{-Z^2}\mathrm{d}Z + C_2 \tag{8.28}$$

通过对式（8.27）的分析，得出 m 和 n 的值如下：

当 $t \to \infty$，$Z \to 0$；

当 $t \to 0$，$Z \to \infty$；

当 $x \to 0$，$Z \to 0$；

当 $x \to \infty$，$Z \to \infty$。

因此，下限 m 为零，n 可假定为零与无穷大之间的任何数值，例如 n 取 $x/2\sqrt{\alpha t}$ 时，方程式（8.28）成为：
$$T = C_1 \int_0^{x/2\sqrt{\alpha t}} \mathrm{e}^{-Z^2}\mathrm{d}Z + C_2 \tag{8.29}$$

现在计算常数 C_1 和 C_2。当时间 t 接近于无穷大时，温度 T 接近于发火点 T_i。由于当 t 接近于无穷大时，方程式（8.29）的积分上限接近于零，由此得出：
$$T_i = C_1 \int_0^0 \mathrm{e}^{-Z}\mathrm{d}Z + C_2 \tag{8.30}$$

因此 T_i 等于 C_2，方程（8.29）成为：

$$T = C_1 \int_0^{x/2\sqrt{\alpha t}} e^{-Z} dZ + T_i \qquad (8.31)$$

当时间 t 接近于零时，温度 T 接近于环境温度 T_a，Z 接近无穷大。在这些边界条件下，式（8.31）成为：

$$T_a - T_i = C_1 \int_0^\infty e^{-Z^2} dZ = C_1 \sqrt{\pi}/2 \qquad (8.32)$$

由式（8.32）得出：

$$C_1 = 2(T_a - T_i)/\sqrt{\pi} \qquad (8.33)$$

将式（8.33）代入式（8.31），可以得出：

$$T - T_i = \frac{2(T_a - T_i)}{\sqrt{\pi}} \int_0^{x/2\sqrt{\alpha t}} e^{-Z^2} dZ \qquad (8.34)$$

或：

$$\frac{T - T_i}{T_a - T_i} = \frac{2}{\sqrt{\pi}} \int_0^{x/2\sqrt{\alpha t}} e^{-Z^2} dZ \qquad (8.35)$$

将式（8.35）微分后，可以肯定这是对热方程式（8.6）的有效解法。方程式（8.35）也完全符合 Johnson 导出的方程。它使发火点 T_i、时间为 t 时切片中间点 x 处的温度 T、环境温度 T_a（显然低于 T 和 T_i）和扩散率 $\alpha = K/\rho C$ 相互联系起来。

Johnson 解此方程求得 T，并把它微分后得出烟火药柱长度上 x 点处的温度梯度：

$$\frac{\partial T}{\partial x} = \frac{T_a - T_i}{\sqrt{\pi \alpha t}} - e^{-x/(4\alpha t)} \qquad (8.36)$$

式中，t 大于零，该点进入烟火药柱中的距离为 x，而不是在药柱的两端。

一维的热流方程如下：

$$q_{in} = -KA \frac{\partial T}{\partial x} \qquad (8.37)$$

式中，q_{in}——进入物质中的热流速率。

将式（8.36）代入式（8.37），得出：

$$q_{in} = KA \frac{T_i - T_a}{\sqrt{\pi \alpha t}} e^{-x^2/(4\alpha t)} \qquad (8.38)$$

当出现平衡条件时，T 为常数（物质中 x 点处的温度停止变化），$\frac{x}{2\sqrt{\alpha t}}$ 的数量也必须等于某一常数：

$$\frac{x}{2\sqrt{\alpha t}} = G \qquad (8.39)$$

然后有：

$$x^2 = 4G^2\alpha t \tag{8.40}$$

$$2x\frac{\partial x}{\partial t} = 4G^2\alpha \tag{8.41}$$

$$\frac{\partial x}{\partial t} = \frac{2G^2\alpha}{x} \tag{8.42}$$

这等于说，燃烧速度（$\partial x/\partial t$）与恒温 T 时表面的传播速度是相等的。

将式（8.40）代入式（8.38），使指数减到 e^{-G^2}。把此数简写为常数 F，方程（8.38）则成为：

$$q_{in} = \frac{KAF(T_i - T_a)}{\sqrt{\pi\alpha t}} \tag{8.43}$$

由上式可求解 t，即恒定热流速率（q_{in}）下的点火时间：

$$t = \frac{K^2 A^2 F^2 (T_i - T_a)^2}{\pi\alpha q_{in}^2} \tag{8.44}$$

但扩散率 α 等于 $K/(\rho c)$，所以式（8.44）成为：

$$t = \frac{K\rho c A^2 F^2 (T_i - T_a)^2}{\pi q_{in}^2} \tag{8.45}$$

式（8.45）即为点火时间方程。

设烟火药点火能 E 为：

$$E = q_{in}t$$

以此取代式（8.45）中的 t，则得出点火能量方程：

$$E = \frac{K\rho c A^2 F^2 (T_i - T_a)^2}{\pi q_{in}} \tag{8.46}$$

点火时间方程告诉了我们许多物理数据，这些数据通常与由经验和直观所预料的一致。当导热系数高（热消散快）、密度高（需加热更多的质量）、比热大（升温时每单位质量所需的热量较多）、截面积大（对质量和热损失两者都有影响）和发火点 T_i 高（需要较大的升温）时，所需的点火时间也较长。当热流速率（q_{in}）高时，因有更多的热可用于升温，所以点火时间较短。

上述点火方程可以用来讨论高低温下点火能量问题，也可以计算在高温和低温下点燃某种药剂所需要的相对能量。例如，若某种药剂的发火点 T_i 为 300 ℃，那么在 30 ℃ 和 −50 ℃ 时的点火时间之比是：

$$\frac{t_{30\,℃}}{t_{-50\,℃}} = \frac{(300-30)/2}{(300+50)2} = \frac{72\,900}{122\,500} = 0.6$$

这也说明，在较高温度下点燃药剂所需的能量仅为在较低温度下所需的 60%。

　　点火方程也指出了点火能量不足的不良后果。若只有部分药剂点燃，则放热较慢，从而造成加热速率降低。如果加热速率降低 1/2，点火时间则需增加 4 倍。需要指出的是，药柱压药密度不均匀的未压紧部位、某些导热好的装药容器壳壁及燃烧面变小的制品均易造成供热速率降低，达不到连续稳定燃烧所需的水平，将会引起瞎火或不稳定燃烧。

　　将点火方程加以变换，则有：

$$B = (T_i - T_a)^2 = 能量因子^3$$

式中，B——变换系数。

　　能量因子的大小可以用来比较烟火药的点火感度。几种药剂的能量因子和发火点（黑火药的能量因子假定为 1.00）见表 8.7。由表中数据可知，$Pb_3O_4 - Mn - Si$ 药剂的能量因子较低，所以有较高的发火感度。尽管它的发火点高于黑火药，但它比黑火药更易于被热火花点燃。这与 McLain 和 Frahm 的发现是一致的，即含四氧化三铅的药剂比黑火药更易于用热火花点燃。

表 8.7　烟火药的能量因子

烟火药	发火点/℃	能量因子
黑火药	321	1.00
$Pb_3O_4 - Mn - Si$	458	0.36
$B - PbO_2 - Viton$	300	0.61
$B - BaCrO_4$	655	23.6

思考题：

　　1. 简述铁铝高热剂的优缺点，并分析制造铁铝高热剂时为什么选用的是 Fe_3O_4 而不是 Fe_2O_3。

　　2. 烟火药的点火与哪些因素有关？如何解决难点燃烟火药剂的点火问题？

　　3. 试分析点火药燃烧产物液态熔渣对点火能力和燃烧速度的影响。

第 9 章

烟幕遮蔽效应

在烟火药的大家族中，烟幕剂是一个不可缺少的成员。烟幕剂在军事上用于屏蔽和释放信号。烟幕剂的历史同战争一样久远。在黑火药和其他烟火药应用前，都是通过燃烧草木等来释放烟幕。使用屏蔽烟幕剂的最早记录是 1701 年，瑞典的 Charles Ⅻ 燃烧潮湿的稻草产生的烟雾笼罩了河流桥渡，达到了屏蔽效果。

烟幕是由发烟剂形成的一种人工气溶胶。同其他胶体一样，烟幕也是由分散介质和分散相构成的。分散介质为水的胶体体系称为水溶胶，分散介质为气体的胶体体系称为气溶胶。通常所说的气溶胶是指以空气为介质、以固态或液态的微粒为分散相的胶体体系。通常将分散介质为空气、分散相为液态的气溶胶称为雾；分散介质为空气、分散相是固态的气溶胶称为烟。自然界中的雾、薄雾（也称轻雾）是大气中水蒸气冷凝而形成的小液珠气溶胶。薄雾中小液珠浓度足够大，达到干扰视线的程度时即为雾。云是上升气流作用而形成的水蒸气凝结物（水滴、冰晶、雪晶）的气溶胶。烟是由具有较低蒸气压和在重力作用下缓慢沉降的固体微粒构成的气溶胶（微粒大小为 $0.01 \sim 5.0 \, \mu m$）。很多情况下，烟微粒由很多微小的原始粒子聚结而成。例如炭烟是由 $0.01 \, \mu m$ 的细小碳粒聚结成不规则的丝状结构，长度可达数微米。军用遮蔽烟幕是一种人工制造的气溶胶，通常情况下是烟与雾的混合物，即小的固体或液体粒子悬浮在气体介质中，氧化剂与可燃剂进行化学反应释放的热量汽化了挥发性的组分或反应产物，随后挥发的物质在空气中凝结，从而产生了烟幕。悬浮在气体介质中的烟雾粒子是否进行扩散、是否吸收或反射辐射，取决于粒子的性质、粒径、形状及其波长。因此，决定烟幕剂屏蔽效果的因素很多，烟幕剂本身尤其是弹药及其释放方法决定形成的烟幕的性能；此外，湿度、风速、风向和空气稳定性等气象条件也影响烟幕的密度、持久性和其他性能。

9.1　气溶胶的动力学性质

烟幕是由固体或液体粒子及气态物质组成的具有一定浓度的气溶胶。气溶胶粒子的运动特性是气溶胶的多种力学现象的结果。因此，为了研究烟幕的物理特性、消光性能及大气扩散等问题，首先需要了解气溶胶的动力学性质。

9.1.1　气溶胶粒子的力学问题

一般而言，气溶胶粒子受到以下三种力的作用：

（1）外力，如重力、电场力或离心力等；

（2）周围介质的作用力，如气体介质对粒子运动的阻力、流体作为连续介质所形成的流体动力、构成流体的个别分子对粒子无规则撞击的热动力等；

（3）粒子间相互作用的势力，如范德华力、库仑静电势力等。

气溶胶力学研究的是气溶胶在这些力作用下的种种力学现象，研究内容包括以下几个方面：

（1）气溶胶粒子的各种力学问题；

（2）气溶胶体系的各种力学问题；

（3）粒子谱演变的动力学。

气溶胶粒子的力学现象虽然形形色色，若从基本过程考虑，大体有三类：

（1）粒子在重力作用下的沉降过程和在外力（离心力、电场力、气流）作用下的沉淀过程或扬起过程（如工业气溶胶中的流化床技术）；

（2）粒子与粒子之间在三种力联合作用下的碰并过程（与之相似的在弯曲流场中粒子从流线上分离出来过程也包括在内）；

（3）粒子上的传质与传热过程。

气溶胶粒子体系是一个多粒子体系，因此气溶胶粒子沉降等力学现象在大多数情况下是多粒子相互作用而产生的力学现象。多粒子力学即使是在低雷诺数（Re）条件下也很难求解。为此，在研究过程中总是把气溶胶粒子简化为一个孤粒子的力学问题，同时又假定了粒子形状为球形。至于非球形粒子运动时所受阻力，除与它的大小有关外，还与其取向有关，情况复杂。到目前为止，非球形粒子的运动力学问题仅解决了如下形状的问题：椭球体长径比无限大圆柱，以及无限薄椭圆板等。目前对气溶胶粒子的动力学研究仍较多地局限于球形粒子范围内。

气溶胶粒子在一定的外力作用下如何运动，将涉及一个基本的物理量

——粒子的迁移率。定义一个粒子在一单位定常外力作用下所取得的平衡速度为迁移率。对于球形孤粒子，迁移率 $B = \dfrac{1}{6\pi\eta r}$，即阻力系数的倒数（式中，$\eta$ 为空气的黏性系数）。由此容易计算在定常外力 F 作用下运动速度 $v = BF$。对于双球问题，其阻力系数为二阶张量，迁移率也是二阶张量，两者互为逆矩阵，通过对迁移率矩阵求解，即可得到相应的纵向的与横向的全部迁移率函数。有了这些函数，就可以求解粒子在任何力场作用下的运动。

9.1.2 气溶胶动力学

9.1.2.1 气溶胶粒子沉降

气溶胶粒子的沉降过程，是粒子在外力作用下和介质分离的过程。除重力沉降外，气溶胶粒子的沉降还包括离心机的分离、电场中的沉降及化学工程中的反过程——流化床等。极端稀释体系沉降问题早在 1851 年就由斯托克斯（Stokes）用孤粒子沉降理论解决了，这就是著名的斯托克斯介质对球形粒子运动的阻力公式：

$$F_D = 6\pi\eta rv \tag{9.1}$$

式中，F_D——介质对球形粒子运动的阻力；

η——空气的黏性系数；

r——气溶胶微粒半径；

v——气溶胶微粒运动速度。

对于一个仅在重力作用下以末速度下降的球体而言，阻力 F 就等于球的重力减去流体的举力，即

$$F = \frac{4}{3}\pi r^3 g(\rho - \rho') \tag{9.2}$$

式中，g——重力加速度；

ρ——微粒密度；

ρ'——介质密度；

r——微粒半径。

根据式（9.1）和式（9.2），可以得到有关重力末速度的方程式：

$$6\pi\eta rv = \frac{4}{3}\pi r^3 g(\rho - \rho') \tag{9.3}$$

将之变换得到用于烟幕微粒沉降的速度计算公式：

$$v = \frac{2}{9}r^2 g\frac{\rho - \rho'}{\eta} \tag{9.4}$$

由于空气 ρ' 很小，可以忽略不计，则

$$v = \frac{2}{9}r^2 g \frac{\rho}{\eta} \tag{9.5}$$

令 $k = \dfrac{2g}{9\eta}$，则烟幕微粒沉降的速度计算公式变换为：

$$v = kr^2\rho \tag{9.6}$$

微粒在时间 t 内，由于重力的作用，下降路程为：

$$s = vt = kr^2\rho t \tag{9.7}$$

　　非极端稀释多粒子的气溶胶沉降问题要比孤粒子沉降复杂得多，通常将它们分为两类来讨论：一类是在无界空间中气溶胶云的沉降，其速度将大于孤粒子重力末速度，这类沉降称为"增速沉降"；另一类是在有界空间中（例如在烟幕箱或沉淀池中）粒子的沉降，它一般小于孤粒子重力末速度，这类沉降称为"阻滞沉降"。在多粒子共存条件下，某一粒子的沉降速度与其他粒子空间构形有关，空间构形不同，则该粒子沉降速度不同，粒子构形又是一个多维随机场，因而该粒子沉降速度应是一随机矢量。由于所讨论的粒子被看作球形的且是刚性均匀地分布在静止的容器中，粒子在重力作用下沉降速度取决于粒子的大小、密度与介质密度之差，以及粒子的体积浓度等。但粒子的体积浓度必将反映出粒子间的流体动力相互作用问题。随着粒子沉降速度加快或粒子尺寸的变大，流体的黏性、惯性影响也变得突出，这就需要考虑到沉降速度与雷诺（Reynolds）数的关系问题，则有：

$$v_t = \frac{\eta Re}{\rho' d} \tag{9.8}$$

式中，v_t——粒子末速度；

　　　　η——流体黏性系数；

　　　　Re——粒子雷诺数；

　　　　ρ'——气体介质密度；

　　　　d——球形粒子直径。

　　又因为

$$C_D Re^2 = \frac{4d^3\rho'(\rho - \rho')g}{3\eta^2} \tag{9.9}$$

式中，C_D——球形粒子阻力系数。

　　根据式（9.9）的等号右边项计算值，从气溶胶手册上查得阻力系数随雷诺数变化值，即可获得 Re 值，再将 Re 代入式（9.8），即可求得粒子速度 v_t。

　　当气溶胶粒子的大小接近气体分子的平均自由程时，粒子的迁移率增加，颗粒表面上有"滑动"。因此，当粒子直径小于 1 μm 时，必须用滑动修正系数即坎宁汉（Cunighan）系数 C_c 来修正式（9.8），则粒子速度为：

$$v_t = \frac{C_c \eta Re}{\rho' d} \tag{9.10}$$

滑动系数 C_c 最早的表达式为：

$$C_c = 1 + A\frac{2\lambda}{d} \tag{9.11}$$

式中，λ——分子平均自由程；

A——近似于 1 的系数。

弗拉纳根（Flanagan）和泰勒（Taylor）进一步改进式（9.11），把滑动修正系数推广到比分子平均自由程更小的粒子上去，则：

$$C_c = 1 + A\frac{2\lambda}{d} + Q\frac{2\lambda}{d}\exp\left(-\frac{bd}{2\lambda}\right) \tag{9.12}$$

式中，A、Q、b——常数。

按分子平均自由程为 9.332×10^{-6} cm 来计算时，取值为 $A = 1.234$，$Q = 0.413$，$b = 0.904$。

9.1.2.2　气溶胶粒子的碰并

将一个障碍物放入流动的气溶胶中时，较小的粒子能绕过障碍物跟着气体流走，而较大的粒子由于具有较大的惯性，不能随着气体改变方向，于是被障碍物截获，这一现象就是碰并。气溶胶体系中一个粒子与另一个粒子的碰并过程（包括上述粒子与障碍物之间的碰并捕获过程），实质上是粒子从体系中消失的过程。当气溶胶体系中存在着碰并现象时，其数密度将不断减小，而粒子平均大小与平均沉降速度则不断增加。因此，粒子从介质中分离出来的速度也加快。所以，通常把存在着碰并现象的体系叫不稳定体系；反之，则叫稳定体系。

气溶胶粒子的碰并现象实际上包括了以下两个过程：

（1）碰撞过程：两个或两个以上的粒子，在外力（重力、离心力、外流场作用力等）或来自介质的布朗热动力作用下而产生了相对运动，此时粒子相互接近以致发生接触碰撞。

（2）并合过程：两个或两个以上的粒子碰撞后，由于粒子表面的各种物理的、化学的作用，粒子发生并合，其中也包括粒子碰撞后不能并合又反弹回去的过程。碰并现象对气溶胶粒子的收集和测量具有实际意义。碰并率即碰并效率，可用碰并参数 P_{in} 来表达。球形粒子碰撞在横放于气溶胶流体中的孤立圆柱体、球体、平板或圆盘上的 P_{in} 值用下式表示：

$$P_{in} = \frac{C_c\rho d^2 v}{18\eta d_0} \tag{9.13}$$

式中，d_0——圆柱体、球体、圆盘的直径或平板宽度；

　　　　v——球形粒子速度。

9.1.2.3　气溶胶粒子的布朗（Brown）运动和扩散

　　气溶胶粒子在气体中的扩散是布朗运动的结果。小于 1 μm 的粒子才产生布朗运动。布朗运动是 1827 年英国植物学家布朗在研究花粉时发现的。布朗运动是气体介质的分子和气溶胶微粒撞击的结果。布朗运动是无规则的。就单个粒子而言，它们向各方向运动的概率是均等的。但在粒子浓度较高的区域，由于单位体积内粒子数较周围的多，出现"出多进少"的现象，造成区域内浓度降低；而低浓度区域则相反，这就表现为扩散。扩散是布朗运动的宏观表现。由布朗运动引起粒子的位移，对于大多数气溶胶粒子而言占有重要地位。例如粒子半径为 0.001~0.01 μm 时，1 s 内由布朗运动引起的位移约为 10 μm，比重力沉降位移大两个量级；粒子半径为 0.1~1.0 μm 时，其位移量级也在 1~10 μm，仍可与重力位移相比。所以，气溶胶的扩散与沉降具有同等重要性。

　　爱因斯坦（Einstein）通过对布朗运动的研究，给出了粒子平均位移 $\bar{X}$ 与粒子半径 r、介质黏度 η、温度 T 及位移时间 t 之间的关系式：

$$\bar{X} = \sqrt{\frac{RT}{N_A}\frac{t}{3\pi\eta r}} \tag{9.14}$$

式中，N_A——阿伏伽德罗常数。

　　通常只考虑小于 1 μm 粒子的气溶胶的扩散问题，并用扩散系数 D_B（cm^2/s）来表征扩散效果。D_B 值越大，说明布朗运动越剧烈，扩散越快。其计算式如下：

$$D_B = kTB \tag{9.15}$$

式中，k——玻尔兹曼常数；

　　　　B——迁移率，$B = \dfrac{C_c}{3\pi\eta d}$；

　　　　T——绝对温度。

　　实际应用中的气溶胶扩散有两种情况：一是粒子在静止空气中的扩散沉积；二是在流体系统（主要是层流）中的扩散。在静止气体中，当扩散是在两个垂直平行壁间进行时，气溶胶粒子浓度减小，按下式进行计算：

$$\frac{n}{n_0} = \frac{8}{\pi^2}\sum_{Q=1}^{\infty}\frac{1}{(2Q-1)^2}\exp\left[-\frac{(2Q-1)^2\pi^2 D_B t}{h^2}\right] \tag{9.16}$$

式中，n_0——粒子初始浓度；

　　　　n——粒子在时间 t 时的浓度；

D_B——扩散系数；

Q——整数；

t——时间；

h——两壁间距离。

当扩散在半径为 R' 的球形容器内进行时，气溶胶粒子浓度减小，按下式计算：

$$\frac{n}{n_0} = \frac{6}{\pi^2} \sum_{Q=1}^{\infty} \frac{1}{Q^2} \exp\left[-\frac{Q^2 \pi^2 D_B t}{R^{1/2}} \right] \tag{9.17}$$

在层流中，对于间距为 $2h$ 的平行板通道内粒子浓度的减小，按下式计算：

$$\frac{n}{n_0} = 0.914\,9\exp(-1.885\mu) + 0.059\,2\exp(-22.3\mu) + 0.025\,8\exp(-151.8\mu) \tag{9.18}$$

式中，$\mu = \dfrac{D_B L}{h^2} \bar{v}$，其中 L 为通道长度，$\bar{v}$ 为通道中气体的平均流速。

9.1.2.4　气溶胶粒子的凝并

气溶胶粒子在大气中运动时相互接触（碰撞）而形成较大粒子的过程叫凝并（凝聚、凝结）。凝并的接触（碰撞）过程有热力的、电力的、磁力的、流体力学的、分子的、重力的、惯性力的、声的等。对烟幕（气溶胶）凝并的研究，需要考虑热力凝并、荷电粒子凝并、湍流凝并和动力凝并等。

（1）热力凝并。气溶胶粒子因布朗运动，彼此间发生频繁的碰撞（碰撞频率与粒子浓度有关），即产生热力凝并。布朗运动两粒子相碰就会黏附在一起，形成一个聚合粒子。对于球形粒子的气溶胶，粒子浓度因热力凝并作用而减小的数学描述如下：

$$-\frac{\mathrm{d}n}{\mathrm{d}t} = \frac{2}{3}\frac{kTS}{\eta}n^2 C_c \tag{9.19}$$

式中，$\dfrac{2}{3}\dfrac{kTS}{\eta} = K$，为凝并系数；

k——玻尔兹曼常数；

T——绝对温度；

η——流体黏性系数；

S——粒子作用范围与粒子半径之比（对于有效碰撞，$S=2$）；

C_c——滑动修正系数。

积分上式，则有：

$$\frac{1}{n} - \frac{1}{n_0} = \frac{4}{3}\frac{kTS}{\eta}tC_c \tag{9.20}$$

式中，n_0——时间 $t=0$ 时的粒子数。

（2）荷电粒子的凝并。粒子带有电荷时，就有可能增强或者减弱粒子的凝并。这要看电荷是异性的（相吸）还是同性的（相斥）。带电粒子与非带电粒子的凝并常数之比为：

$$K_r = \left\{\int_0^1 \exp\left[\frac{\varphi(2r/x)}{kT}\right]\mathrm{d}x\right\}^{-1} \tag{9.21}$$

式中，$x = 2rh$；

　　　r——粒子半径；

　　　h——粒子间距离；

　　　φ——粒子间的电势。

（3）湍流凝并。气溶胶粒子处于湍流中，其凝并会由于流体的混乱运动而增强。湍流凝并常数与热力凝并常数之比 K_T 为：

$$K_T = \frac{a}{16\pi}\left(\frac{\varepsilon}{\eta}\right)^{1/2}\frac{r}{D} \tag{9.22}$$

式中，$a=25$（对于交换过程的湍流）或 $a=4$（对于梯度凝并的湍流）；

　　　ε——每克每秒所耗散的能量。

（4）动力凝并。受外场力（重力、外加电场力等）作用引起的粒子凝并过程称为动力凝并。粒子大小不同，其运动速度也不同，往往是大粒子捕获住小粒子。粒子的捕获速率 v 由下式给出：

$$v = \pi\beta r_1^2 v_s \tag{9.23}$$

式中，β——捕获效率（即收集效率）；

　　　r_1——大粒子的半径；

　　　v_s——大粒子极限沉降速度。

在大小两种粒子都带荷电的情况下，捕获效率由下式给出：

$$\beta = \frac{3|q_1 q_2|}{\pi\rho r_2 r_1^2(r_1^2 - r_2^2)g} \tag{9.24}$$

式中，q_1——大粒子的电荷；

　　　q_2——小粒子的电荷；

　　　ρ——粒子密度（假定大小粒子密度相同）；

　　　r_2——小粒子的半径；

　　　g——重力加速度。

（5）气溶胶粒子沉降、扩散和凝并的综合作用。凝并、扩散和沉降的综合作用将引起气溶胶的粒子浓度减小。在一个密闭容器内，所观测到的粒子浓度减小的原因是：

①粒子因沉降而沉积于容器底部；

②粒子在容器四壁和底部的扩散沉积；

③粒子发生凝并。

气溶胶粒子沉降、扩散和凝并三者的作用各不相同。沉降和扩散一般不能同时起作用，这是因为只有当粒子小于 1 μm 时，扩散才发生，而此时的沉降作用微不足道；相反，沉降速率可观时，粒子扩散迁移率极小，扩散作用可以忽略不计。无论是沉降过程还是扩散过程，凝并作用总是发生的。凝并虽然能减小粒子浓度，但不会降低粒子质量浓度，因为它是粒子浓度的函数。当通过搅拌等作用时，理论上粒子浓度还可以恢复。当粒子在 0.1 ~ 1 μm 范围内时，沉降、扩散和凝并作用都发生，但其综合作用的数学模型至今尚未建立。

9.1.3　气溶胶粒子的界面现象

研究气溶胶的动力学特性的同时，须考虑到粒子的界面现象，包括界面蒸发及凝集和成核现象、黏附现象、粒子带静电荷现象等。它们都影响着气溶胶的动力学性能。

9.1.3.1　蒸发与凝集现象

蒸发是指气溶胶粒子表面发生的气化现象。它的反过程是凝集现象。蒸发现象的出现是由在同一时间内微粒（液滴）表面逸出的分子数多于进入的分子数所致。微粒（液滴）蒸发的速率如下：

$$-\frac{\mathrm{d}m}{\mathrm{d}t} = \frac{2\pi d M_1 D_{1(2,3)}}{RT} \frac{\delta p_1 - p}{2D_{1(2,3)}/d\nu\alpha + 2(d + 2\Delta)} \tag{9.25}$$

式中，m——质量，g；

$\quad\quad t$——时间，s；

$\quad\quad d$——微粒（液滴）直径，cm；

$\quad\quad M_1$——液体蒸气的相对分子质量，g/mol；

$\quad\quad D_{1(2,3)}$——液体蒸气在气体中的扩散系数，cm^2/s；

$\quad\quad R$——气体常数；

$\quad\quad T$——绝对温度，K；

$\quad\quad \delta$——饱和度，相对湿度为 100% 时，$\delta = 1$；

$\quad\quad p_1$——液体蒸气压，$10^{-5}N/cm^2$；

$\quad\quad p$——微粒（液滴）蒸气压，$10^{-5}N/cm^2$；

α——蒸发（凝集）系数，对于 H_2O，为 0.04；

$\nu = \left[RT/(2\pi M_1) \right]^{1/2}$，$cm/s$；

$\Delta \approx \lambda$，气体分子的平均自由程，cm。

凝集是蒸发的反向过程。液滴在给定的饱和度值的条件下凝集时，增长的最小微粒直径定义为液滴的临界直径。小于临界直径的微粒将蒸发。蒸发出的质量将提供给较大微粒进行增长。

临界直径计算公式如下：

$$D_{临界} = \frac{4\gamma M_1}{\rho_l(RT\ln\delta - p'V_c)} \tag{9.26}$$

式中，$D_{临界}$——临界直径，cm；

γ——液体表面张力，$10^{-5}N/cm^2$；

ρ_l——液体的密度，g/cm^3；

p'——周围介质的压力，$10^{-5}N/cm^2$；

V_c——分子摩尔体积，cm^3/mol。

9.1.3.2　黏附现象

沉积在固体表面上的气溶胶微粒，通过黏附力的作用附着在接触点上。黏附力的产生与粒子及其固体表面性质、界面的几何形状及凝集的气体成分有关。直径为 $1 \sim 10^3\ \mu m$ 的微粒，其黏附力为 $10^{-8} \sim 10 \times 10^{-5}\ N$ 以上。

在实际气溶胶体系中，黏附力往往是由凝集水蒸气在界面处的毛细作用产生的，与相对湿度有关，其关系式为：

$$F_a = kd(0.5 + 0.45RH) \tag{9.27}$$

式中，F_a——黏附力，$10^{-5}\ N$；

k——玻尔兹曼常数；

d——微粒直径，μm；

RH——相对湿度，%。

但是，当微粒直径小于 $20\ \mu m$ 时，相对湿度对黏附力的影响很小。

大多数微粒表面是粗糙的，不均匀的，不平整度可达数微米。较大微粒粗糙表面上的黏附力可以用下面的经验式来计算：

$$F_a = kd \left(\frac{1 + 10^2 h}{d} \right)^{-4} \tag{9.28}$$

式中，h——表面不平整度（高度），$h \leqslant d$。

9.1.3.3　粒子带电现象

气溶胶微粒带静电荷，是由其本身电子的过剩或不足，或是黏附于其表面的离子极性所致。大多数微粒上的电荷是自然获得的，如在与其他物体接触或分离时发生的电子迁移、自由离子扩散黏附等。这些电荷可以居留在微粒的表面。微粒带上静电荷后，会使黏附力增强。带相反电荷的微粒碰撞和黏附会影响尘云的沉降速率。如果气溶胶云中带异性电荷的微粒不均等，则微粒就会弥散，气溶胶云的体积就会随时间延长而扩大。

9.2 烟幕消光理论

烟幕之所以对可见光、红外、激光、精确制导武器等有不同的遮蔽、干扰效应，是由于构成烟幕的物质不同、粒子的形状不同、粒子按质量或粒子数的分布不同，进而在自然环境下对光线的吸收、散射、折射的性能不同，带来了不同的遮蔽、干扰效果。为了科学地研制发烟材料，估算烟幕遮蔽效应、干扰的时间和空间尺度等，需要对烟幕消光理论有所了解。

9.2.1 烟幕消光的"朗伯－比尔"定律

不同的烟幕具有不同的光学特性，首先反映在折射指数（折射率）上。折射指数（折射率）n 的定义是真空中的光速 c 与在烟幕粒子中的光速 v_p 之比，其随光的波长的改变而有微小变化，对于非吸收性物质：

$$n = c/v_p \tag{9.29}$$

n 称为绝对折射指数（折射率），显然此值总是大于1。具有吸收性的物质一般具有明显的电导率，其折射率通常表示成复数形式：

$$n = n_\tau - in_i \tag{9.30}$$

式中，n_τ、n_i——复折射指数的实部和虚部。在两相系统中的粒子，常用相对折射指数（折射率）来表示，可定义为在悬浮介质中的光速 v_m 与在烟幕粒子中的光速之比：

$$n' = \frac{v_m}{v_p} = \frac{n_p}{n_m} \tag{9.31}$$

式中，n_p、n_m——粒子和介质的绝对折射指数（折射率）。空气的绝对折射指数（折射率）（$n = 1.000\,29$，$\lambda = 0.589\ \mu m$）与在真空中的相差无几，故对大气烟幕粒子，其绝对折射指数与相对折射指数相同。各种主要烟幕物质的复折射指数见表9.1。

表 9.1　烟幕物质的复折射指数（折射率）

烟幕	$\lambda/\mu m$							
	0.55		1.06		5.0		10.59	
	n_r	n_i	n_r	n_i	n_r	n_i	n_r	n_i
水	1.333	1.96×10^4	1.326	5×10^{-6}	1.325	0.012	1.179	0.678
硫酸铵	1.520	1×10^{-7}	1.510	2.4×10^{-6}	1.466	0.006	1.980	0.060
尘埃	1.530	0.008	1.520	0.008	1.250	0.016	1.620	0.120
煤烟	1.750	0.440	1.750	0.440	1.970	0.600	2.220	0.730

　　辐射在介质中传输时，因与介质相互作用而受到削弱。设强度为 $I(\lambda)$ 的光辐射，通过厚度为 dy 的介质后，其强度变为 $I(\lambda) + dI(\lambda)$，则：

$$dI(\lambda) = - I(\lambda)\sigma_e(\lambda,y)dy \qquad (9.32)$$

$\sigma_e(\lambda,y)$ 为介质的线性消光系数，求解此方程得：

$$I(\lambda) = I_0(\lambda)\exp\Big[- \int_{y_1}^{y_2} \sigma_e(\lambda,y)dy \Big] \qquad (9.33)$$

y_1 和 y_2 为相距为 L 的两点的横坐标。若介质均匀（浓度、粒度相同），则式（9.33）可写成：

$$I(\lambda) = I_0(\lambda)\exp[- \sigma_e(\lambda)L] \qquad (9.34)$$

此即比尔（Beer）定律，也称为朗伯 - 比尔（Lambert - Beer）定律，是辐射传输和遥感应用的一个基本定律。体积消光系数 σ_e 的量纲为 $[L^{-1}]$，常用的单位是 cm^{-1} 或 $cm^{-2} \cdot cm^{-3}$，前者用于透射率研究，后者用于遥感研究指数中的 $\sigma_e(\lambda)L = \tau(\lambda)$，称为介质的光学厚度。当 $\tau \ll 1$ 时，介质称为光学薄层。在推导比尔定律时，实际上已假定吸收截面与入射辐射强度及吸收介质浓度无关，粒子之间彼此独立地散射。

　　试验证明，当光被透明溶液中溶解的物质所吸收或被烟幕中的物质所吸收时，σ_e 与浓度 c 成正比：

$$\sigma_e = \alpha_e c \qquad (9.35)$$

式（9.35）中的新常数 α_e 称为质量消光系数。对于光在大气烟幕中的散射与吸收，分别用散射系数 α_s 和吸收系数 α_a 表示它们的性能。它们与质量消光系数的关系为 $\alpha_e = \alpha_s + \alpha_a$。

　　将 α_e 的表达式代入式（9.34）中，得出：

$$I(\lambda) = I_0(\lambda)\exp[- \alpha_e(\lambda)cL] \qquad (9.36)$$

　　式（9.36）所反映的即"朗伯 - 比尔"定律，它成立的条件是粒子对光的吸收与散射不受周围粒子的影响。这一条件只有当浓度小到一定的数值

（光谱透过率约大于等于5%）时才成立。

9.2.2 消光系数的物理意义

线性消光系数 σ_e 的物理意义是光强衰减到原来的约0.36时的介质厚度。

质量消光系数 α_e 的物理意义是光强衰减到原来的约0.36时每克烟幕的截面积。α_e 与粒子的种类、粒径大小分布、粒子的形状及取向、粒子的表面性质（粗糙度）、光的波长等因素有关。当烟幕体系确定时，α_e 只与光的波长有关。因此，通常用质量消光系数（又称消光截面）表示烟幕的消光特性。

线性消光系数指在恒定的烟幕浓度下，透过率对数与光程直线关系的比例因子；而质量消光系数是指透过率对数与光程浓度乘积直线关系的比例因子。

对于单个球形粒子：

$$\alpha_e = \frac{GQ_e}{\rho V} \tag{9.37}$$

式中，G——粒子的几何截面积；

V——粒子的体积。

对于粒数浓度为 N 的单分散烟幕：

$$\alpha_e = NA_P Q_e = \frac{N\pi d_i^2 Q_e}{4} = N\pi r^2 Q_e \tag{9.38}$$

式中，A_P——粒子的截面，假设它为球形，以 d 表示其直径。

对于多分散烟幕：

$$\alpha_e = \frac{3}{4\rho} \int [N(r) Q_e(m,r/\lambda)/r] \, dr$$

$$\alpha_e = \sum \frac{N_i \pi d_i^2 Q_e}{4} \tag{9.39}$$

式中，Q_e——米散射因子（几何截面除以电磁消光截面）；

ρ——质量密度；

m——复反射指数；

r——烟幕粒子的半径；

λ——波长；

$N(r)$——粒径的粒数分布密度函数。

由于 m 和 $N(r)$ 均未知，α_e 通常用试验的方法获得。由方程式（9.39）可知，如果尺寸分布改变，α_e 也随即改变。任何像凝聚、沉降那样的动力过程，或者以不同的尺寸分布产生新的烟幕，都将改变 $N(r)$。像磷和 HC 那样的吸水性烟幕，其尺寸分布取决于相对湿度，因而 α_e 是相对湿度的函数。

对于浓密的烟幕，可能发生复散射，二级前向散射在理论上已做了处理。结果表明，对于典型的自然发生的烟幕，为了获得真实的消光值，可以将校正因子 R 用于测得的透射率。该因子是检测器（FOV）、粒径分布及反射指数的函数，在比尔定律中：

$$T_{实测} = \exp(-\alpha_m CL) = \exp(-R\alpha_T CL)$$
$$R = \alpha_{实测}/\alpha_{真实} = \alpha_m/\alpha_T \tag{9.40}$$

式中，α_T——满足朗伯－比尔定律条件下测定的消光系数；

α_m——不满足朗伯－比尔定律条件下（高浓度）测定的消光系数。

当一束光通过气溶胶时，会发生衰减。气溶胶对光的这一作用性质正是烟幕能够起到遮蔽效应的主要原因。烟幕消光的基本原理如图 9.1 所示。烟幕消光是烟幕气溶胶微粒对入射辐射的吸收和散射衰减的综合结果。

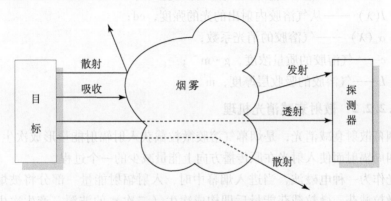

图9.1 烟幕的消光机理

9.2.2.1 吸收衰减消光机理

烟幕吸收衰减消光，是烟幕气溶胶微粒将入射光的能量转化成其他形式的内能（如热能等）的结果。量子理论表明，气溶胶微粒分子的运动能量是量子化的。分子运动能量包括分子整体的转动能量 E_r、各原子在平衡位置上的振动能量 E_v 和原子中电子相对于原子核的运动能量 E_e。分子的每一运动状态都具有一定的能量，或者说属于一定的能级。当光（即电磁辐射）与气溶胶微粒分子相互作用时，如果其能量（$E = h\upsilon$）与分子的 E_r、E_v 或 E_e 的能级的能量差值相当，则分子产生相应的能级跃迁，分子就吸收或发射一定频率的电磁辐射。这种由于入射辐射引起气溶胶微粒分子能量的转变，只有在玻尔频率条件满足式（9.41）条件时才能发生，并且当分子从低能态被激发到高能态时，它表现为吸收；从高能态跳回到低能态时，呈现出辐射。

$$\Delta E = \Delta E_e + \Delta E_v + \Delta E_r = h\upsilon \tag{9.41}$$

因此，光在烟幕中传输的吸收衰减过程，是光与烟幕微粒分子相互作用，使分子能级从低能态跃迁到高能态而表现出的吸收作用。这种吸收具有选择性，其光谱是不连续的。不同分子吸收的波长和吸收能力也是不相同的。吸收衰减消光在本质上是分子的内能状态发生了变化。

从电子论的观点看，光在气溶胶中传输时被吸收，是由于光波的电矢量使气溶胶微粒结构中做谐振的原子和分子获得能量而做受迫振动，当受迫振动的原子或分子与其他原子或分子发生碰撞时，振动能量即转变成平动动能，此时分子热运动加剧，即该部分光能被转化成热能而消失。

光被气溶胶吸收的衰减系数可由式（9.36）朗伯 - 比尔定律求得：

$$I(\lambda) = I_0(\lambda)\exp[-\alpha_e(\lambda)cL]$$

式中，$I_0(\lambda)$——进入气溶胶中的光的强度，cd；

$I(\lambda)$——从气溶胶内射出的光的强度，cd；

$\alpha_e(\lambda)$——气溶胶的消光系数；

c——气溶胶的质量浓度，$g \cdot m^{-3}$；

L——气溶胶的吸收层厚度，m。

9.2.2.2 散射衰减消光机理

烟幕散射衰减消光，是烟幕气溶胶微粒截获入射辐射能量形成次生波后，再向四周辐射而使入射光在原传播方向上能量减少的一个过程。

光作为一种电磁波，当进入烟幕中时，入射辐射能量一部分将被烟幕气溶胶微粒截获。微粒截获能量后即构成次生（二次）的波源，产生次生电磁波，再向外辐射出去，这就使得入射辐射在原传播方向上的能量降低。假设烟幕气溶胶微粒是一个均质微球，它对入射光的散射衰减如图9.2所示。

图9.2 均质微球对光的散射

从微观的角度来说，次生电磁波的产生是截获能量后的微粒内原子、分子被入射辐射电磁场诱导极化形成偶极子，该偶极子随入射电磁振荡而做同一频率的受迫振动，构成了次生波源，产生出次生波。由多个原子、分子构成的微粒内总存在着很多这样振动的偶极子，它们所产生出的次生波不仅频率与入射光一致，而且彼此之间也存在固定相位，会形成相干光。但因为气溶胶是非均质体系，微粒数密度（或浓度）因布朗运动而改变，故次生波的相干性被破坏，因此多个振动的偶极子所产生的次生波会在微粒周围叠加，随后向其周围空间散布开，这样就产生了散射作用。

必须指出的是，次生波是微粒内原子、分子因偶极化与辐射电磁场作用下才产生出的，光只是通过次生波的产生和辐射使其在原传播方向上能量减少，而入射辐射总能量并未发生变化，这与吸收衰减发生内能状态变化在本质上是不同的。

9.2.2.3　气溶胶对光散射的影响因素

气溶胶对光散射的主要影响因素有粒径、粒子形状和取向、粒子的表面性质（粗糙度）、粒子的折射率、粒子的均匀性等。

（1）粒径。气溶胶微粒粒径不同，光散射将呈现出不同的特性。当微粒半径 r 远小于入射光波长 λ 时，呈现出分子散射特性；当微粒半径 r 大于入射光波长 λ 时，呈现出无选择性散射特点。为了描述粒径对光散射性质的影响，定义了无因次的粒径参数 $\chi = 2\pi r/\lambda$，它是微粒半径 r 和入射光波长 λ 的函数。对于球形粒子来说，显然 χ 是粒子的周长与波长之比。

（2）粒子形状和取向。不同形状的粒子，以及它们相对于入射光和观测方向的取向不同，都影响着光的散射。目前对球形、圆柱形、圆盘形及椭球形粒子的消光计算已经建立起了模型，但对其他形状粒子的消光尚不能进行理论计算。

（3）粒子的表面性质（粗糙度）。粒子表面是光滑的还是粗糙的，将影响着光的散射性能。粒子表面若为光滑的镜面，则表现为镜面反射；若为粗糙的表面，则呈现漫反射。

（4）粒子的折射率。光在气溶胶中的传播与气溶胶微粒的折射率 $m = n - ik$ 有关。折射率的实部 n 和虚部 k 的大小直接影响消光性能。

（5）粒子的均匀性。大多数气溶胶的粒子是不均匀的，它们都是一些混合粒子。鉴于这些粒子会凝并形成聚合体，使混合粒子各部分的密度出现很大差异，因粒子各部分的折射率不同，从而影响光散射的性能。

9.2.2.4　瑞利散射和米氏散射

光的散射有线性和非线性散射之分。线性散射时，光的频率等于入射光的频率，散射时没有新频率的光产生。非线性散射的特点是，在散射光中，除了入射光的频率或谱线外，还有新频率的光或新谱线产生。瑞利散射

（Rayleigh Scattering）和米氏散射（Mie Scattering）属于线性散射，拉曼散射（Raman Scattering）和布里渊散射（Brillouin Scattering）则属于非线性散射。气溶胶对光散射的研究涉及更多的是线性的瑞利散射和米氏散射，现分别介绍如下。

（1）瑞利散射。瑞利散射是讨论粒子半径 r 远小于入射光波长 λ 的散射理论问题。它是由英国物理学家 J. 瑞利（John Rayleigh）于 1871 年创立的。瑞利认为，在大气中比入射辐射波长小得多的粒子，其对入射辐射的散射与分子散射的方式完全相同，并推导出了相应的瑞利散射公式。当散射粒子波长在 $(1/5 \sim 1/10)\lambda$ 以下时，瑞利散射有如下三个特点：

①散射光的强度随观察方向与入射光方向之间的夹角 θ 而变。当入射光是自然光时，散射光强 I_θ 和 θ 之间的关系为：

$$I_\theta = I_{\pi/2}(1 + \cos^2\theta) \tag{9.42}$$

式中，$I_{\pi/2}$——垂直于入射光方向上（即 $\theta = \pi/2$ 时）散射光的强度。瑞利散射光强的空间分布图如图 9.3 所示。由于散射光强分布相对于原光束的传播方向是对称的，瑞利散射光强的空间分布曲面是以原入射光束的传播方向为轴的旋转曲面。

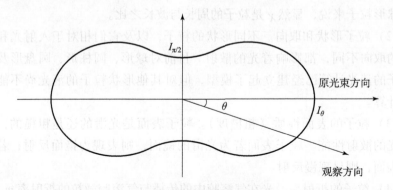

图 9.3 瑞利散射光强分布图

②散射光是偏振光。不论入射光是自然光还是偏振光均如此，并且偏振度 P 与观察方向 θ 有关。对于各向同性介质，偏振度 P 为：

$$P = \frac{1 - \cos^2\theta}{1 + \cos^2\theta} \tag{9.43}$$

散射光偏振是因为光波是横波。

③散射光的光强与入射光的波长 λ 的四次方成反比，即：

$$I_\theta \propto 1/\lambda^4 \tag{9.44}$$

由式（9.44）可知，波长越短的光，其散射越强烈。由此可以解释天空的蓝色和落日红色余晖。这是因为天空中分子对短波长蓝色光的散射比对其他颜色光散射强烈得多，因此看到晴朗天空的颜色是蔚蓝色的；而在日落西山时，光穿过大气层厚度较中午时阳光穿过的厚度大得多，故被散射掉的短波比长波要多，所以看落日时呈红色余晖。

对于球形粒子的气溶胶，瑞利散射光强计算通常采用下式：

$$\frac{I}{I_0} = \frac{q\pi^2 N V^2}{2R^2\lambda^4} \cdot \left|\frac{m^2 - 1}{m^2 + 2}\right|^2 \cdot (1 + \cos^2\theta) \qquad (9.45)$$

式中，I——散射光的强度；

$\quad I_0$——非偏振的入射光强度；

$\quad R$——观察距粒子中心的距离；

$\quad N$——粒子数目；

$\quad V$——粒子体积；

$\quad m$——折射率。

瑞利散射系数的计算公式为：

$$k_s = 24\pi^3 N' \frac{V^2}{\lambda^4}\left|\frac{m^2 - 1}{m^2 + 2}\right|^2 \qquad (9.46)$$

式中，N'——单位体积内的粒子数。

瑞利散射因粒径比波长小得多，其散射性质与粒子形状无关。如果粒子的折射率近似为 1，瑞利散射理论可以推广到更大的粒子，这就是瑞利 - 甘斯散射。在瑞利 - 甘斯散射区，散射与粒子的形状有关，当粒子几何形状较简单时，可对粒子形状导出有关的校正项，如果粒子比波长大得多，则利用几何光学计算各种非球形粒子的反射光和折射光。

（2）米氏散射

米氏散射是讨论粒子半径与光波波长同量级（或更大）的散射理论问题。它是由德国物理学家 G. 米（Gustar Mie）于 1908 年提出的。米氏论述了由任意大小和折射率均匀的球形粒子产生的光散射问题，并给出了具有适当边界条件的麦克斯韦方程的解。

米氏散射适用于有相同直径和成分的、无规则分布且彼此分开的距离比一个波长大得多的微粒对光的散射情况。在该情况下，不同微粒散射光之间没有相干的相位关系，因而总散射能量就等于被一个球散射的能量与球总数的乘积。此外，对于吸收和非吸收的球体，以及其粒径从分子大小直至用几何光学处理的足够大的颗粒，该理论都是有效的。当粒径在瑞利散射范围内时，该理论与瑞利理论相同。

米氏散射将散射粒子看作是导电小球，它们在光波电场中发生极化而向外辐射电磁波。米氏散射的特点是散射光强不是与波长 λ 的四次方成反比，

而是和 λ 的较低次幂成反比。因此，散射光强与光波波长关系不如瑞利散射那样密切，散射光呈白色而不是蓝色。另外，虽然散射光仍为偏振光，但偏振度随 ω/λ 的增加而减小（ω 是米氏散射粒子的线度或直径）。再有，散射光强度的角分布也随 ω/λ 而变，和瑞利散射相比，其前向散射加强，后向散射减弱，如图9.4所示。

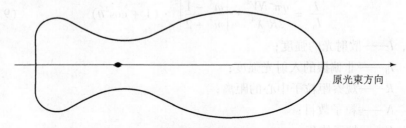

原光束方向

图9.4 米氏散射光强分布

当入射光是非偏振的自然光时，米氏散射光强度有如下形式的空间分布：

$$I_\lambda = I_{0,\lambda} \frac{1}{k^2 R^2} \cdot \frac{i_1(\chi,m,\theta) + i_2(\chi,m,\theta)}{2} \tag{9.47}$$

式中，I_λ——散射光的强度（单位时间内单位面积上的能量）；

$I_{0,\lambda}$——入射光的强度（单位时间内单位面积上的能量）；

i_1——散射光的强度函数（表示垂直的偏振分量）；

i_2——散射光的强度函数（表示平行的偏振分量）；

$k = 2\pi/\lambda$；$\chi = 2\pi r/\lambda$——无因次粒径参数；

R——距散射粒子中心的距离；

m——粒子相对于周围介质的折射率；

θ——入射光与散射光之间的夹角（$\theta = 0°$时，定义为前向散射）。

i_1 和 i_2 相应地与电矢量在垂直于和平行于观测平面上的分量的平方成正比（观测平面是入射光与被测的散射光所构成的平面），其数学表达式均为无穷级数：

$$i_1 = \left| \sum_{n=1}^{\infty} \frac{2n+1}{n(n+1)}(a_n \pi_n + b_n \tau_n) \right|^2$$

$$i_2 = \left| \sum_{n=1}^{\infty} \frac{2n+1}{n(n+1)}(a_n \tau_n + b_n \pi_n) \right|^2 \tag{9.48}$$

式中，a_n、b_n——振幅函数，均属复数，与 χ 和 m 相关，但与散射角 θ 无关，其物理意义是由二极矩、四极矩等开始的第 n 电极矩（a_n）和磁极矩（b_n）；

π_n、τ_n——只是散射角 θ 的函数，包含次数 n 和变量 $\cos\theta$ 的勒让德（Legendre）多项式的一阶与二阶导数。

在米氏散射中，粒子的散射截面积 σ_s 定义为：

$$I_s = \int_0^{4\pi} I d\Omega = I_0 \sigma_s \tag{9.49}$$

式中，I_s——总散射光，它等于在 σ_s 上的总入射光 I。用与之相仿的定义给出粒子的吸收截面 σ_a 和消光截面 σ_e，于是：

$$\sigma_s + \sigma_a = \sigma_e \tag{9.50}$$

散射截面与几何截面 G 之比称为散射效率因子 Q_s，即 $\rho_s/G = Q_s$。吸收效率因子 Q_a 和消光效率因子 Q_e 按类似方法定义给出。

散射效率因子可以通过对 $d\Omega$（$d\Omega = 2\pi\sin\theta d\theta$）积分得到：

$$Q_s = \frac{\sigma_s}{r^2\pi} = \frac{1}{r^2\pi}\frac{I}{I_0}\int I d\Omega = \frac{1}{\chi^2}\int_0^\pi \left[i_1(\theta) + i_2(\theta)\right]\sin\theta d\theta \tag{9.51}$$

也可以直接从振幅函数 a_n 和 b_n 导出：

$$Q_s = \frac{2}{\chi^2}\sum_{n=1}^{\infty}(2n+1)(|a_n|^2 + |b_n|^2) \tag{9.52}$$

消光效率因子 Q_e 也可以直接由振幅函数导出：

$$Q_e = \frac{2}{\chi^2}\sum_{n=1}^{\infty}(2n+1)R_d(a_n + b_n) \tag{9.53}$$

式中，R_d 表示取复数的实部。由于吸收和散射两个消光过程的消光效应是可加和的，所以：

$$Q_e = Q_s + Q_a \tag{9.54}$$

9.3　烟幕的特征物理量

烟幕对可见光、红外、激光、微波的遮蔽和干扰作用的特性，通常用烟幕浓度、粒度分布、总遮蔽力、透过率、消光系数、色度、持续时间，以及烟幕形成的遮蔽长、宽、高等物理量来表征。

（1）烟幕浓度。烟幕的浓度有两种表示方法。

①质量浓度（C_m）——单位体积内烟幕微粒的质量。以每立方米的微粒克数（或毫克数）表示（g/m^3 或 mg/m^3）。质量浓度用滤膜计重法或 β 射线测尘仪测定。滤膜计重法是将已知体积的烟幕通过滤膜过滤器，使微粒滞留在滤膜上，然后用天平称量，求出滤膜的增重，再按下式计算：

$$C_m = \Delta G/(qt) \tag{9.55}$$

式中，C_m——烟幕质量浓度，mg/m^3；

　　　ΔG——滤膜的质量增量，mg；

　　　q——采样流量，m^3/s；

t——采样时间，s。

②微粒浓度（C_n）——单位体积内烟幕微粒的数目。以每立方米的微粒个数表示（个/m³）。微粒浓度可以用电子显微镜测量滤膜收集的微粒尺寸和个数，并进行分级统计，也可以用光散射式粒子计数器直接测量。几种烟幕的浓度数据见表9.2。

表 9.2　几种烟雾的浓度

名称	质量浓度 $C_m/(g \cdot cm^{-3})$	微粒浓度 $C_n/$（微粒个数 $\cdot cm^{-3}$）	微粒平均直径 d/cm
氧化锌	0.2 ~ 0.7	$1 \times 10^6 \sim 3 \times 10^6$	5×10^{-5}
硫酸	0.1 ~ 0.15	$4 \times 10^5 \sim 5 \times 10^6$	$4 \times 10^{-5} \sim 8 \times 10^{-5}$
磷酸	0.2 ~ 1.7	$1.0 \times 10^6 \sim 3.6 \times 10^6$	$1 \times 10^{-4} \sim 5 \times 10^{-5}$
氯化铵	2 以下	$1 \times 10^6 \sim 1 \times 10^7$	2.5×10^{-5}

（2）粒度分布。烟幕中微粒的粒度分布直接影响着烟幕的性能。粒度分布测定有显微镜法、筛分法和液相沉降法等。用显微镜法测定时，所用分布基准为质量基准分布，即测定每种粒度的微粒质量占总质量的质量分数。

（3）总遮蔽力。它被定义为烟幕的透射比 $I_t(\lambda)/I_0(\lambda) = 0.0125$ 时单位质量发烟剂所形成的遮蔽面积。以每千克多少平方米表示，即 m²/kg。总遮蔽力与发烟剂性质、燃烧反应性能、烟幕浓度、微粒大小和几何形状，以及环境条件等因素有关。质量优良的发烟剂的总遮蔽力不应小于 500 m²/kg。总遮蔽力可按下式计算：

$$TOP = \frac{1}{C_m L_t} \tag{9.56}$$

式中，TOP——总遮蔽力，m²/kg；

　　　　C_m——烟幕的质量浓度，kg/m³；

　　　　L_t——光源与探测器间的距离，m。

某些烟幕的总遮蔽力数据见表9.3。

表 9.3　某些烟雾的总遮蔽力

烟雾名称	总遮蔽力 TOP/（m² · kg⁻¹）
黄磷烟	1 042
$NH_3 + HCl$ 烟	567
$TiCl_4$ 烟	430
$SiCl_4$ 烟	340
SO_3HCl 烟	317

（4）透过率。光透过烟幕后的光强与透过前的光强的比值称为透过率，又称为透射率或透射系数。按下式计算：

$$T_\lambda = \frac{I_t}{I_0} \times 100\%$$ (9.57)

式中，T_λ——透过率，%；

　　　I_t——透过后光强，cd；

　　　I_0——透过前光强，cd。

未透过的光强与透过前的光强的比值称为衰减率（α），其值为：

$$\alpha = 1 - T_\lambda$$ (9.58)

（5）消光系数。它是表征烟幕对可见光、红外、激光、微波等电磁辐射衰减的能力大小。消光是烟幕吸收和散射的共同作用结果。烟幕消光系数按下式计算：

$$\alpha(\lambda) = -\frac{L}{C_m L_t} \ln \left[\frac{I_t(\lambda)}{I_0(\lambda)} \right]$$ (9.59)

美国通用研究公司报道的黄磷、赤磷、FS、HC、雾油及蒽烟的平均质量消光系数见表9.4。

表9.4　几种烟雾的平均质量消光系数　　　　　$m^2 \cdot g^{-1}$

烟幕名称	可见光	0.7~1.2 μm	3~5 μm	8~12 μm
黄磷、赤磷、FS	3.32	2.3	0.32	0.36
HC	4.91	3.00	0.31	0.10
雾油	4.00	3.40	0.20	<0.10
蒽	6.32	3.00	0.18	0.05

（6）烟幕色度。表征烟幕的颜色特性。对于信号用的有色烟来说，色度将直接影响信号的识别准确性和识别距离。某色光的色度包括色纯度、主波长及亮度。色纯度表示色光饱和程度。主波长代表色光的色调。亮度保证烟幕有一定的明亮度。烟幕色度测量可用轻便色差计测定烟幕的反射光，由测得的反射光可得出光谱三刺激值，再在色度图上标出色度值。

（7）持续时间。烟幕的持续时间是由烟幕传播、烟幕沉降等动力学性质和烟幕微粒特性所决定的。烟幕受风力作用在大气中产生飘移、受重力作用向地面沉降、小于0.1 μm的粒子做布朗运动，以及烟幕的凝并作用等都影响着烟幕的持续时间。

（8）烟幕长、宽、高。烟幕的长、宽、高表征烟幕制品在实际应用中形成的烟障大小。对于遮蔽可见光的烟幕长、宽、高的测量方法参见常规发烟剂的性能测试。

9.4 烟幕的光学特性

烟幕具有的遮蔽效应，是烟幕对光产生散射和吸收的作用结果。烟幕对光的这一特性充分体现出气溶胶的光学性能。下面主要介绍烟幕对可见光和红外的消光特性。

9.4.1 烟幕对可见光的遮蔽效应

烟幕对可见光产生遮蔽效应，根本原因是烟幕对光产生散射和吸收，另外一个不可忽视的原因是烟幕能够降低目标与背景之间的视觉对比度。

一个物体不论放在哪里，除了它本身的亮度和颜色外，还有背景亮度和颜色。要看清这个物体，就要把物体和它的背景区分清楚。区分物体与背景单靠物体本身的亮度是不够的，还必须在物体的亮度和背景亮度之间形成视觉对比度。例如白字写在白纸上，视觉对比度极低，就难以识别；又如一支蜡烛在暗室内就觉得很亮，但在太阳光下就难看出其明亮。物体与背景之间存在的视觉对比度以 D 表示：

$$D = \frac{I_1 - I_2}{I_2} \tag{9.60}$$

式中，I_1——被观察物体的光强；

I_2——背景光强。

视觉对比度 D 对人眼来说，存在一个视觉对比度的阈值 D^*，即人眼能够刚刚区别物体与背景的极限值，它等于 0.012 5。只有当 $D > D^*$ 时，人眼才能清楚地识别物体。

当烟幕对光进行散射时，烟幕本身的亮度也增大。假如此时烟幕位于观察者与物体之间，而物体又是在某一背景亮度下被观察的，则对观察者来说，烟幕的亮度同时加到背景的亮度和物体亮度上，这会使视觉对比度 D 降低。当 $D < D^*$ 时，则观察者将不能获得视觉的感觉，即看不到烟幕以外的物体。

综上所述，烟幕对可见光的遮蔽效应是：

①烟幕对入射光产生散射和吸收，造成目标射来的光线衰减而使观察者看不见目标；

②烟幕降低了目标与背景之间的视觉对比度。

因此，白色烟幕主要是由于散射光线（占 70% ~ 90%），亮度大。它不但减弱了目标直接射来的光线，还能强烈地减小视觉对比度，因而对可见光的遮蔽效应好。黑色烟幕主要是由于吸收光线（占被衰减的光线的 80%），散射小，亮度小。它虽能衰减目标上直接射来的光线，但不能强烈地减小目标与背景之间的视觉对比度，因此它的遮蔽效应比白色烟幕小。

9.4.2　烟幕的红外消光

烟幕对红外消光不像对可见光那样能直观地为人眼可见，烟幕的红外消光原理如图 9.5 所示。

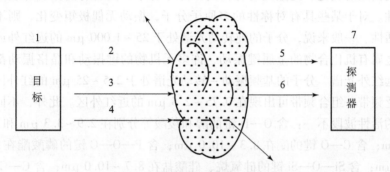

图 9.5　烟幕的红外消光原理

1—目标；2—反射；3—吸收；4—散射；5—烟幕自身的辐射；6—透射；7—探测器

烟幕是由许多固体的和液体的微粒悬浮于大气中所形成的气溶胶体系。当目标发出的红外辐射入射到烟幕中时，烟幕微粒对其产生吸收和散射，红外能量就遭到衰减。理论研究和试验结果均表明，烟幕对红外的消光作用是烟幕微粒对红外的吸收和散射的共同作用结果。

按照经典振子理论，热辐射是由组成物质的原子和分子的热运动产生的一种电磁辐射。每个原子和分子都可以看作是在其平衡位置附近做振动的振子。当振子发生共振时，即当入射辐射的频率等于振子的固有频率时，就要吸收入射辐射能量，从而增加了振子的振动能量，这就是烟幕的红外消光的吸收作用。烟幕所吸收的红外能量转化成了热能或其他形式的能量，结果使烟幕介质本身的红外辐射强度提高了。

烟幕对红外辐射的吸收由两部分构成：一是气溶胶凝聚核（如 SiO_2、C 粒、尘埃和金属盐类等）的吸收；二是水蒸气在核上聚集而形成的液态水滴的吸收。另外，当红外辐射入射到烟幕中时，烟幕中带电质点、电子或离子随着红外辐射电矢量的振动而谐振起来，这种受迫的谐振产生了次生波，成为二次波源向各个方向辐射出电磁波，从而使红外入射辐射在原传播方向上的能量减少了，而在其他方向上的能量分布又不相同，这就是烟幕对红外散射的消光过程。

烟幕对红外的消光特性取决于烟幕红外活性物质的多寡。相应遮蔽波段内具有尽可能多的波段匹配的红外活性烟幕物质，有利于红外消光。判断烟幕物质是否具有红外活性的依据是该物质分子内有无固有偶极矩或偶极矩有无变化。对于双原子分子，凡是具有固有偶极矩的异核双原子分子，均表现为红外活性。对于多原子分子，情况较为复杂，分子具有固有偶极矩是产生纯转动光谱的必要条件。但是否表现为红外活性振动，则取决于状态改变时有无偶极矩的变化。完全无对称性的多原子分子，其所有的振动都表现为红外活性。对于某些具有对称性的多原子分子，振动无偶极矩变化，则不具有红外活性。一般来说，分子的纯转动光谱处于 25～1 000 μm 的远红外或微波区。金属有机化合物的金属键振动、许多无机物的键振动和晶格振动都可以产生远红外光谱。分子的基频振动-转动光谱处于 2.5～25 μm 的红外区，振动的泛频带、组合频带可出现在 0.75～2.5 μm 的近红外区。此外，不同分子结构的活性波段不一：含 O—H 键的醇和羧酸等分别在 2.9～3.3 μm 和 3.3～3.6 μm；含 C—O 键的酮在 8.3～10.0 μm；含 P—O—C 键的磷酸酯在 9.5～10.5 μm；含 Si—O—Si 键的硅氧烷、硅酸盐在 8.7～10.0 μm；含 C—Cl 键的氯化烃等在 12.5～16 μm。对于表层含自由电子的良导体材料，如 Al 粉、Cu 粉和石墨粉等，由于受红外辐射的激发而引起自由电子的运动，表现出对 3～5 μm 和 8～14 μm 区的红外活性。

9.4.3　烟幕红外消光评定

烟幕红外消光系数是评定烟幕对红外消光性能的基本依据，它的数值越大，遮蔽红外辐射效果越佳。确定烟幕的红外消光系数通常有两种方法，即试验测定法和理论计算法。

试验测定法所依据的基本原理是朗伯-比尔定律。试验测定时，先采用红外辐射计等测出红外辐射透过烟幕的透射比（透过率）$I_t(\lambda)/I_0(\lambda)$，并测定出烟幕的质量浓度 C_m，再由已知光程 L 根据朗伯-比尔定律式（9.36）即可求得烟幕的质量消光系数 $\alpha(\lambda)$。试验测定消光系数实际上主要是测定 C_m，测定是在烟幕箱内进行的，箱内温湿度保持恒定。

理论计算法所依据的是米氏理论，主要的计算技术问题是确定消光截面 σ_e，它涉及粒子的形状大小和电磁边界值的求解。

根据式（9.50）和式（9.54），将烟幕微粒的消光系数定义为单位质量烟幕粒子的消光截面，则有：

$$\alpha_\lambda = \frac{\sigma_e}{\rho V}$$

$$\alpha_\lambda = \frac{AQ_e}{\rho V} \tag{9.61}$$

式中，A——烟幕微粒的几何横截面积；

　　　Q_e——烟幕微粒的消光效率因子；

　　　ρ——烟幕微粒的密度；

　　　V——烟幕微粒的体积。

当微粒为球形时，则有：

$$\alpha_\lambda = \frac{3}{4}\frac{Q_e}{\rho r} \tag{9.62}$$

式中，r——烟幕微粒半径。

由此可见，增大烟幕微粒的消光效率因子 Q_e 或增大微粒的截面积与质量之比（$A/\rho V$）均可增强烟幕的消光性能。这二者皆与粒子大小有关。至于消光效率因子 Q_e，它是粒径参数 $\chi(\chi = 2\pi r/\lambda)$ 和折射率 $m = n - ik$ 的函数。折射率虚部决定着烟幕对红外的吸收。对于球形微粒，只要求解出 Q_e，即可按式（9.61）求得 α_λ。

对于非球形微粒消光系数，根斯（Gans）将瑞利预测的小椭球微粒光学性质扩充到旋转椭球体。恩伯瑞（Embury）给出了瑞利区之外的各种形状微粒的单分散性和多分散性的消光系数解析式。这为烟幕红外消光理论计算与评定提供了方便。

9.5　烟幕的动力学特性

烟幕的粒子随着时间的推移要消失掉，这是由于微粒的蒸发、微粒在分散介质中运动、微粒凝结作用，以及气象和环境条件的影响。

9.5.1　微粒的蒸发

微粒的蒸发将影响烟幕的稳定性。烟幕分散相物质有一部分在分散介质内常为蒸气态。物质的蒸气浓度与相应的蒸气压在每一温度都有一个确定的值。所以烟幕微粒与分散介质在某一温度下总是成平衡状态。如果改变温度，平衡即被破坏，从而产生微粒蒸发或蒸气凝结等现象。此时烟幕的稳定性将受到破坏。微粒的蒸发取决于平衡蒸气压大小。在固体或液体微粒上，蒸气压的变化随着微粒尺寸减小而增大：

$$\ln\frac{p_2}{p_1} = \frac{2\sigma M}{\rho_l RT}\left(\frac{1}{r_2} - \frac{1}{r_1}\right) \tag{9.63}$$

式中，p_1、p_2——半径为 r_1 与 r_2 的某液体的两个液滴上的饱和蒸气压；

　　　σ——液体的表面张力；

　　　M——液体的相对分子质量；

ρ_l——液体的密度。

如果 $r_1 > r_2$，则 $p_1 < p_2$，即液滴的曲率半径越小，蒸气压就增大，微粒蒸发越快。蒸气压大的物质形成的烟幕微粒易于蒸发，会显著地降低单位体积内的微粒浓度。因此，采用蒸气压小的物质作发烟剂较有利。

9.5.2　微粒的运动

微粒的运动直接影响着烟幕的稳定性。在重力作用下，烟幕微粒与空气的分子不规则撞击，从而产生布朗运动。微粒尺寸小于 $3 \times 10^{-5}\,\mathrm{cm}$ 时，具有明显的布朗运动；接近分子大小时，则布朗运动最猛烈；大于 $1 \times 10^{-4}\,\mathrm{cm}$ 时，则不做布朗运动。布朗运动的急剧程度随温度的增高而增大。在稀薄空气（即降低了空气的黏度和密度）中，布朗运动更急剧。做布朗运动的微粒受到来自四面八方的空气分子的冲击，因而每时每刻都以不同速度沿不同方向做无规则的运动。布朗运动的速度用微粒的平均位移来表示。微粒在一定时间内沿直线所走的距离叫平均位移。例如，十分之几微米的微粒，每秒平均位移等于 $2 \sim 7\,\mu\mathrm{m}$。平均位移量 l 与位移的时间 t 的平方根成正比，即 $l \propto \sqrt{t}$。

重力的作用将使微粒沉降。烟幕的微粒直径一般在 $2 \times 10^{-5} \sim 8 \times 10^{-5}\,\mathrm{cm}$ 范围内，它以不变的速度下降。直径大于 $1 \times 10^{-3}\,\mathrm{cm}$ 的微粒（尘埃），常加速沉降。微粒越大，越易沉降，烟幕的稳定性也越差。直径在 $1 \times 10^{-3} \sim 1 \times 10^{-5}\,\mathrm{cm}$ 的微粒沉降速度，可按斯托克斯（Stokes）公式计算：

$$v = \frac{2}{9}r^2 g \frac{\rho - \rho'}{\eta} \tag{9.64}$$

式中，v——微粒沉降速度，$\mathrm{cm/s}$；

$\quad r$——微粒的半径，cm；

$\quad g$——重力加速度，$981\,\mathrm{cm/s^2}$；

$\quad \rho$——微粒的密度，$\mathrm{g/cm^3}$；

$\quad \rho'$——介质的密度，$\mathrm{g/cm^3}$；

$\quad \eta$——空气的黏度，$1.81 \times 10^{-4}\,\mathrm{g/(cm \cdot s)}$。

由于空气的密度 ρ' 很小，可以略去不计，并以 $2g/(9\eta) = k$ 代入，则得：

$$v = kr^2 \rho \tag{9.65}$$

式中，$k = 1.2 \times 10^6\,\mathrm{cm^2/(g \cdot s)}$。

微粒在时间 t 内，由于重力的作用，下降路程 s 可由下式来计算：

$$s = vt = kr^2 \rho t \tag{9.66}$$

各种烟雾微粒的运动速度见表 9.5。通常情况下，非球形粒子的终端速度较小。

表 9.5　烟雾微粒的运动速度

微粒半径 r/cm	在重力作用下微粒的下落速度 v/(cm·s^{-1})	布朗运动的终端速度 v_t/(cm·s^{-1})
1×10^{-4}	1.2×10^{-2}	2.0×10^{-4}
1×10^{-5}	1.2×10^{-4}	6.3×10^{-4}
1×10^{-6}	1.2×10^{-6}	2.0×10^{-3}
1×10^{-7}	1.2×10^{-8}	6.3×10^{-3}

9.5.3　凝结作用

如果烟雾是多相的，各种粒子将以不同的速度沉降，发生粒子间碰撞，引起粒子的凝结作用。气溶胶的凝结即烟或雾微粒的增大（黏结在一起）过程，它将造成烟云微粒显著减少。液体粒子相互碰撞时发生结合，而固体粒子碰撞时发生凝结，由于这些作用都使粒子变得粗大，最后因沉降而消失。试验发现，气溶胶凝结速度与它们的微粒浓度的平方成正比。

凝结速度系数 k 取决于布朗运动的性质、微粒的大小、均匀程度、分子凝结力作用范围的大小及其他因素等。几种烟的凝结速度系数的试验值见表 9.6。

表 9.6　几种烟的凝结速度系数

名称	质量浓度/(g·cm^{-3})	凝结速度系数/($\times 10^{-7}$ cm·min^{-1})
氧化胺	20.0	0.37 ~ 0.43
氧化镉	50.0	0.51 ~ 0.53
氧化铁	16.5	0.40 ~ 0.41
二甲氨基偶氮苯	10	0.33
氨基偶氮苯	10	45

当烟雾带有正负电荷时，在静电引力作用下，其凝结过程会加速。当烟雾微粒带相当强的同一电荷时，其凝结过程较慢。烟雾微粒可能由于以下原因产生电荷：

①微粒和气体介质摩擦；

②生成烟时微粒的分解；

③分散介质中吸附气体离子。

通常情况下，水、碳、煤烟、淀粉等的微粒带正电荷；金属铝、镁、锌及其氧化物的微粒带负电荷；硫酸、五氧化二磷及四氯化锡等的水化和水解作用的产物微粒带异性电荷或不带电荷。微粒的带电量与温度及湿度有关，温度升高，带电量增多；湿度加大，带电量减小。

9.5.4　气象和环境条件对烟雾稳定性的影响

发烟剂形成烟幕的优劣虽然取决于发烟剂的性能，但是施放烟幕时气象与环境条件对烟幕形成也有很大的影响。在不利的气象与地形条件下施放烟幕，会增加发烟器材的消耗量。在恶劣的气象条件下，甚至不宜施放烟幕。风向能决定烟幕移动的方向。如果风向有利，用少量发烟剂就能获得较好的遮蔽效果。要在正面构成烟幕，其中心线与风向平行最为有利，与风向垂直则不利。

风速能影响烟幕移动速度、散布速度和扩散纵深。施放烟幕最有利的风速是 $3 \sim 5$ m/s。风速大于 5 m/s 或小于 1.5 m/s 时，都不利于施放烟幕。强风能使烟幕迅速消散；弱风的风向不定，且可能突然停风，使烟幕不易散开。

等温大气垂直度有利于烟幕施放。这是因为烟幕在大气中的稳定性取决于施放烟幕场地的温度梯度。如果温度随高度的下降为每 100 m 降温大于 1 ℃，则空气将是不稳定的，即低层空气趋向上升，这时施放的烟幕烟团易被带到空中。等温大气垂直条件下则不会出现空气上升的现象，有利于烟幕的施放。

空气相对湿度大，能增加发烟剂的遮蔽能力。因为大多数发烟剂是与空气中的水蒸气作用而发烟的。气温高能加速液体发烟剂的蒸发，从而提高了发烟剂利用率。但气温高时，也使烟幕微粒的蒸气速度加快，易促使烟幕消散；气温很低时，液体发烟剂的黏滞性变大，甚至凝固，造成难以喷洒。

地形和地貌能影响气流的方向和性质，因此也影响烟幕的运动。不平坦地区能产生局部风，使空气的扰流增强，加速烟幕消散。烟幕遇到森林时，一部分从上面绕过，一部分进入森林，这样也分散了烟幕。

9.6　烟幕剂类型及原材料要求

9.6.1　烟幕剂类型

烟幕即人工造成的烟雾屏障，用于隐蔽己方部队的行动和其他目标，妨碍敌人的观察和射击，对光学、电子技术器材的观测、瞄准等还能构成无源干扰。按战术用途，烟幕可以分为迷盲、迷惑、遮蔽三类：①迷盲烟幕，通常施放在敌人阵地内，造成敌人观察、射击困难，降低其火力效果；②迷惑烟幕,通常在无部队占领的地域内施放,使敌人弄不清己方主要目标的真实位置或企图;③遮蔽烟幕,通常在双方阵地之间或己方部队配置与行动地域内施放,用于遮蔽己方部队配置地域或行动。根据施放方法的不同,烟幕还可以分为移动烟幕和固定烟幕。施放烟幕的器材有发烟手榴弹、发烟罐、发烟炮弹、发烟火箭弹、航空发烟弹和机械发烟器等。

随着现代高科技的光电观瞄器材和光电制导武器的发展,当今军用烟幕主要用来遮蔽和干扰红外、激光及微光。根据用途的不同,烟幕剂主要分为以下几类:

(1)屏蔽烟幕剂。屏蔽烟幕通常为白色,用于隐蔽军事行动、军事装备和军事基地,干扰敌方从地面和空中对这些目标进行观测和攻击。

(2)信号烟幕剂。信号烟幕大多数为彩色,以便与其他烟幕区分。它用于释放信号和联络。因此白色或灰色不适合用作信号烟幕剂。

(3)催泪烟幕剂。催泪烟幕剂用于控制骚乱。这种烟幕是烟火药燃烧产物再经过浓缩和气化形成的。烟幕粒子的尺寸显著影响其生理效应,而其能见度不重要。

(4)截获并自动跟踪烟幕剂。这类烟幕用于空间飞行器路径的跟踪和适于高原发射的曳光弹。曳光弹是一个能产生光的设备,用于提高自动化武器的瞄准精度和火力控制。

(5)标志烟幕剂。海水可与磷化钙/磷化镁/磷化铝反应,生成能自燃的磷化氢气体。海军标志兵可用磷化钙/磷化镁/磷化铝来标志船舰在海洋的位置。

(6)训练烟幕剂。人们越来越认识到烟幕剂不能污染环境、不能伤害部队人员的重要性,所以,这类烟幕剂应无毒和对生态环境友好。

9.6.2 烟幕剂用原材料

许多化学物质可通过多种方法制造烟幕剂,但是,只有少数物质和方法能满足军用烟幕的特殊要求。理想的军用烟幕剂原材料应该具备下述条件:

(1)材料用量少,发烟效果明显;

(2)价格低廉,供应充足;

(3)即使不利用复杂的装置,烟幕也容易散布,且效率较高;

(4)烟幕散布后能持久,即烟幕的消失、减弱和凝结速度不应过快;

(5)无毒,不刺激眼睛、呼吸道和皮肤,同时不腐蚀装置;

(6)在无害的前提下适合大规模生产、贮存和运输。

用于制造烟幕剂的常用原材料和配方如下:

（1）磷。最简单的屏蔽烟幕剂烟火药配方是 WP，WP 在空气中可形成五氧化二磷。而五氧化二磷极易吸湿，它很快从大气中吸收水分并形成水合磷酸的气溶胶烟幕。WP 由于容易熔融、分散及被爆炸炸药点燃，并产生屏蔽烟幕，非常适合装填炸弹、炮弹和手榴弹。其主要的化学反应如下：

$$4P + 5O_2 \rightarrow 2P_2O_5$$

$$P_2O_5 + 3H_2O \rightarrow 2H_3PO_4$$

$$H_3PO_4 + nH_2O \rightarrow H_3PO_4 \cdot nH_2O$$

大气的相对湿度影响 WP 烟幕剂的屏蔽性能。WP 生成的烟幕在低浓度时无毒，但刺激眼睛、皮肤和呼吸道。此外，WP 能引发新的燃烧并产生燃烧弹的效果。由于生成大量的热，当存在支柱效应时，烟幕会快速上升，降低了有效作用的时间。可以用增塑白磷（PWP：75% WP 和 25% 橡胶）来解决此问题，它能控制生成碎片、减缓燃烧和降低支柱效应。PWP 是具有低爆破性的塑性体。

（2）氯烃。英国研发出一种烟幕剂烟火药配方：HCE、ZnO、CaSi$_2$ 和 KNO$_3$；美国则在此配方的基础上用铝粉代替 CaSi$_2$，但点燃困难。下面列出了两类使用了氯烃的基本配方。

配方 1：四氯化碳　　　　45%

　　　　锌粉　　　　　　20%

　　　　氧化锌　　　　　28%

　　　　硅藻土　　　　　7%

在该配方中，四氯化碳吸附于硅藻土（一种硅酸盐黏土）上。燃烧中发生的反应是非常复杂的。主反应是放热反应，反应产物氯化锌是烟幕的主要物质。其化学反应如下所示：

$$2Zn + CCl_4 \rightarrow 2ZnCl_2 + C + 160 \text{ kcal}^{①}$$

在研究烟幕剂配方的初始阶段，以 HCE – Zn 粉尘为基材的配方用于制造屏蔽效果，但是由于此配方对湿度敏感并引发了事故，后期就用氧化锌代替了锌粉。

配方 2：硅化钙　　　　　　10%

　　　　六氯乙烷（HCE）45%

　　　　氧化锌　　　　　　45%

主反应是放热反应，反应方程式如下：

$$3CaSi_2 + C_2Cl_6 \rightarrow 3CaCl_2 + 2C + 6Si + 大量的热$$

---

① 1 kcal = 4.186 kJ。

以上反应并不生成烟幕，只是由于在随后的反应中生成 $ZnCl_2$，从而形成烟幕。其化学反应如下所示：

$$C_2Cl_6 \rightarrow C_2Cl_4 + Cl_2$$
$$ZnO + C + Cl_2 \rightarrow ZnCl_2 + CO$$
$$3ZnO + C_2Cl_6 \rightarrow 3ZnCl_2 + CO + CO_2$$
$$2ZnO + C_2Cl_4 \rightarrow 2ZnCl_2 + 2CO$$

以 HCE – ZnO 为基材的屏蔽烟幕剂配方存在着某些不足，如相对湿度低时的屏蔽性能差，这是因为金属卤化物粒子需要与空气中的水分反应来形成屏蔽烟幕。但是，由于这类烟幕剂具有红外屏蔽性能，在现代战争中得到广泛应用。

（3）金属氯化物。散布在空气中的金属氯化物（液态或固态）与空气中的水分反应，生成水合氧化物或氢氧化物和盐酸，从而达到屏蔽效果。

①FM 烟幕剂。$TiCl_4$ 极易与空气中的水分反应生成 $Ti(OH)_4$ 和 HCl 而发烟，其化学反应如下所示：

$$TiCl_4 + 4H_2O \rightarrow Ti(OH)_4 + 4HCl$$

$SiCl_4$ 在空气中的反应与 $TiCl_4$ 的相同，但反应活性比 $TiCl_4$ 的低、腐蚀性比 $TiCl_4$ 的低。

②FS 烟幕剂。配比为 45/55 的 $ClSO_3H/SO_3$，可以生成大量的屏蔽烟幕而不会引起火灾危害，其化学反应如下所示：

$$SO_3 + H_2O \rightarrow H_2SO_4$$
$$ClSO_3H + H_2O \rightarrow H_2SO_4 + HCl$$

可以通过机械雾化或热雾化使上述配方生成烟幕，但是烟幕腐蚀皮肤和金属。尽管屏蔽功效仅有磷的 1/2，这仍然是一个性价比高的屏蔽烟幕剂配方。

③固体金属氯化物烟幕剂。固体金属氯化物被烟火反应气化，并随后与空气中的水分反应，从而生成烟幕，其化学反应如下所示：

$$CuCl_2 + 2H_2O \rightarrow Cu(OH)_2 + 2HCl$$

氯化铁、氯化锌、氯化镉和氯化汞也能发生与氯化铜相同的反应。

④有机氯化物烟幕剂。这类烟幕剂中比较著名的是 Berger 混合物。其在锌、铝、硅化钙等存在的情况下燃烧，生成金属氯化物，形成烟幕的机理与上述各例相同。

9.6.3　磷的化学性质

磷是地球岩石中含量第 11 位的元素，自然界中不存在元素磷，而全部存在于陆地的正磷酸盐矿石中。含磷岩石分布在世界各地。含磷岩石是人工生产元素磷的初级工业原料，通过在电炉中加热含磷岩石、沙子和焦炭的混合物来制备白磷（WP），制备反应为：

$$2Ca_3(PO_4)_2 + 6SiO_2 \rightarrow 6CaSiO_3 + P_4O_{10}$$

$$P_4O_{10} + 10C \rightarrow 10CO + P_4$$

向电炉中加入冷凝水并进行蒸馏可制得气态 WP（P_4），此工艺制得的 WP 同素异形体是白色蜡状固体，熔点为 45 ℃。由于 WP 的活性很强，并且在空气中能自燃，为阻止其与空气反应，必须将其置于水中贮存。由于大多数商业品磷是黄色的，故也称为黄磷。红磷（RP）是一种略带红色的褐色颗粒，熔点为 590 ℃，在热力学上比白磷稳定，RP 是 WP 在催化剂存在下通过热转换制得的商业品。用氢氧化钠处理 RP 中含的 WP 杂质，可使工业级 RP 中的 WP 含量低于 200 mg/kg。在 12 500 kg·cm^2 压强下将白磷加热至 200 ℃，制得磷的第三种同素异形体——黑磷（BP）。磷的每种同素异形体都存在多种形态，WP 有两种晶态，RP 至少有六种晶态，HP 有两种晶态。表 9.7 列举了磷同素异形体的物理和化学性能：

表 9.7 磷的同素异形体的性能

性质	白磷	红磷	黑磷
物态	透明或半透明的晶体或蜡状物	不透明的无定形物或晶体	类似石墨的晶体
在空气中的稳定性	不稳定	不稳定	稳定
熔点/℃	44.1	585~610	260
蒸气压	高	很低	无
密度/(g·cm^{-3})	1.83	2.0~2.4	2.3~2.7
溶解性	溶于有机溶剂	不溶于有机溶剂	不溶于有机溶剂
毒性	有毒	无毒	无毒
升华热/J	13.4	30.0	—
化学发光	是	否	否
气味	有气味	无臭无味	无臭无味
室温下自燃性	自燃	725 ℃点燃	不自燃
与碱的反应性	生成 PH$_3$	否	否

由于 RP 易于分解，形成各种磷酸和有毒的磷化氢气体，存在安定性的问题。六十多年来，人们尝试了各种方法，如加入金属氢氧化物和环氧化物覆

膜等稳定剂来生产稳定性好的 RP。众所周知，水和氧能氧化分解 RP，但人们还没有完全掌握 RP 分解过程的基本化学原理。无水状态下，RP 则不生成磷化氢。降低氧浓度，也降低了磷化氢的生成速度。人们认为，氧能加速生成可与水反应的"活性的酸性基团"。RP 的另一个问题是摩擦感度极高。

9.6.3.1 红磷的稳定性

RP 在贮存过程中易释放出有毒的 PH_3 气体并生成各种磷酸，这些化学反应都是在氧气和水存在的条件下发生的。在潮湿空气中，RP 与其中的杂质如铜和铁反应而变质。RP 的分解速率取决于空气、水分和温度。在烟火药和炸药中，RP 装药释放出的磷化氢可以弥漫于整个装置中并腐蚀设备。因此，烟幕弹需要使用稳定的 RP，可通过去除杂质来制备稳定的 RP。

德国 Clariant 公司的 Hoerold 和 Ratcliff 对如何防止和延缓 RP 生成磷化氢进行了系统的研究，他们发现，以下五种方法均有效：除尘（润滑）；添加稳定剂抑制磷化氢的生成；隔绝水分和氧气；表面涂膜（微胶囊化）；室温下贮存。

（1）除尘措施。由于 RP 粉末有粉尘爆炸的可能性，加工处理 RP 粉末比较危险。除尘或润滑可以降低 RP 粉末的表面活性，从而防止 RP 粉尘爆炸，提高 RP 粉末在空气中的稳定性，改善 RP 加工处理工艺。典型的除尘剂为液态有机化合物，如长链乙氧基化合物，而不能是原生变压器油。

（2）添加稳定剂。多种金属氧化物可作为稳定剂沉积在 RP 颗粒表面。比较典型的金属氧化物是 Al_2O_3 和 MgO，它们能阻断 RP 氧化生成酸的途径。最近，有人在水悬浮液中制得的 RP 几乎不含磷化氢。

（3）联合采取除尘措施和添加稳定剂。对 RP 颗粒表面联合采取沉积金属氧化物稳定剂和涂覆除尘润滑油的措施，可大大改善 RP 的稳定性。由此制得的 RP 主要用于火柴工业。对粒子尺寸分布有特殊要求的 MILP - 60A 也是同时用铝稳定剂和除尘措施制得的。

（4）采取微胶囊化。微胶囊化 RP 是在 RP 颗粒表面涂覆一层极薄的树脂膜，从而降低 RP 表面活性。多种树脂可以用于 RP 的微胶囊化，且效果不错。工业上主要选用热固性树脂如环氧树脂或酚醛树脂。树脂用量为 RP 的 1%～8%。微胶囊化通常还同时采用添加稳定剂和除尘措施来制得性能优异的 RP。德国 Clariant 公司对 RP 稳定化进行了前沿性研究，该公司用各种稳定的 RP 制得的 PH_3 生成量见表9.8。

表9.8 不同等级红磷生成的 PH_3 的比较（温度 25 ℃，湿度 65%）

红磷等级	PH_3 生成量/[μg·(g⁻¹ RP)]			
	24 h	48 h	14 天	28 天
无除尘措施的 Clariant 级 SF RP	150	290	1 300	2 400
有除尘措施的 Clariant 级 HB250 RP	18	40	507	980
添加稳定剂的 Clariant 级 NF RP	3	5	48	81
添加稳定剂和除尘措施的 Clariant 级 NFD RP	3	5	32	48
微胶囊化的 Clariant 级 HB700① RP	2	3	7	8
微胶囊化的 Clariant 级 HB714② RP	0.8	1.2	3	4

①HB700：添加稳定剂和有除尘措施的微胶囊化 RP。
②HB714：添加稳定剂的微胶囊化 RP。

从表9.8 的数据中可以明显看出，添加稳定剂的微胶囊化 RP（HB700 和 HB714）的稳定性得到显著改善。同样，另一家欧洲红磷生产商（意大利的 Itamatch 公司）也宣称研制出了降低 RP 氧化反应活性的添加剂，并降低了 PH_3 的生成量。

9.6.3.2 红磷的应用

红磷在多种工业行业中应用广泛，如火柴、阻燃剂、氧化剂和烟火药（如图9.6所示）。在磷的同素异形体中，RP 比 WP 在空气中稳定并且易于安全加工，因此 RP 的应用范围比 WP 的广。RP 不溶于水，纯品无毒，因此被认为不存在污染环境和危害人体健康的问题。RP 中的 WP 杂质含量低于 0.02% 时，LD_{50}（家鼠）大于 15 000 mg/kg。

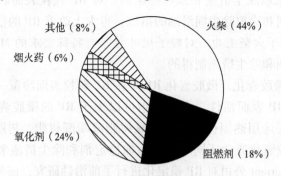

其他（8%）　火柴（44%）
烟火药（6%）
氧化剂（24%）
阻燃剂（18%）

图9.6 1999 年世界范围内红磷的应用

图9.6 表明，RP 主要用于生产安全火柴、磷酸铝（用于熏蒸）和阻燃

剂，而用于军事烟火药的量不足 10%。在塑料工业中，RP 用作聚酰胺和聚氨酯等塑料的阻燃剂，且用作阻燃剂的 RP 量日益增多。RP 是一种极其重要的通用材料，在军事领域内有多种用途：屏蔽烟幕弹、信号烟幕弹、红外诱骗弹、燃烧弹等。

可以根据特殊用途改变 RP 的形态和化学反应活性。例如，用于信号烟幕弹时，可将 RP 制造成燃速很慢的弹药，从而长时间地释放出烟幕；也可以将 RP 制造成燃速很快的颗粒或薄膜来发射 IR 信号。为了提高燃速，RP 与金属燃料和氧化剂混合，能快速形成厚重的烟幕云。

（1）屏蔽烟幕弹。与 WP 类似，RP 在空气过量的情况下生成 P_2O_5，P_2O_5 经过水合作用得到多种磷酸混合物（取决于大气条件）。其反应方程式如下：

$$P(s) \rightarrow P_4(g)$$
$$P_4 + 5O_2 \rightarrow 2P_2O_5$$
$$P_2O_5 + H_2O \rightarrow (HPO_3)_2$$
$$(HPO_3)_2 + H_2O \rightarrow H_4P_2O_7$$
$$H_4P_2O_7 + H_2O \rightarrow 2H_3PO_4$$

这些酸从空气中吸收水分生成磷酸和多磷酸系列的亚微粒尺寸的液滴，后者的薄雾形成白色的烟幕云，并辐射出可见光和近红外电磁波。烟幕的生成量取决于空气的相对湿度，在高湿的条件下，生成的烟幕量可为低湿条件下的 4 倍甚至更多。

一些用环氧树脂包覆的以 RP 为基材的烟火药添加 Mg 和其他添加剂后，能高效地屏蔽红外线（波长为 0.82 μm、3.0～5.0 μm、10.6 μm），适用于现代的烟幕手榴弹。

（2）信号烟幕弹。以 RP 为基材的弹药可用作多种军用信号弹，尤其是海军，可用作"人落水"的信号、标定受损潜艇和反潜的位置、显示驱雷作业和实弹演习的靶标等。肉眼和 IR 定位装置都能发现很远处 RP 燃烧生成的烟幕和火焰。

信号烟幕弹的烟火药性能要求是能生成大量的可见火焰和烟幕，并能持续较长时间。将含 50%～70% RP、20%～40% 金属燃料/氧化剂混合物及约 10% 聚合物黏结组成的配方装入弹筒，具有可控的燃速，且符合信号烟幕弹烟火药性能要求。另一个以 RP 为基材，用作信号弹的低燃速烟火药配方如下：

红磷　　　　　51%
二氧化锰　　　35%
镁　　　　　　8%

氧化锌　　　　　3%

亚麻籽油　　　　3%

这个配方的燃烧反应非常复杂。燃烧反应表明，在氧气存在下，两种燃料（Mg 和 P）发生协同的氧化反应。据认为，Mg 的铝热反应提供的热量使大量的 P 蒸发并在空气中燃烧。燃烧反应方程式为：

$$2Mg + MnO_2 \rightarrow 2MgO + Mn$$

$$Mg + ZnO \rightarrow MgO + Zn$$

$$Zn + 1/2O_2 \rightarrow ZnO$$

$$4P + 5O_2 \rightarrow 2P_2O_5$$

$$P_2O_5 + 3H_2O \rightarrow 2H_3PO_4$$

以 RP 和硫酸钙为基材的烟火药的燃速大于 0.08 mm/s。为得到可接收的信号，RP 应以足够低的速度挥发，因此，以 Mg、Al 和 MnO₂ 为基材的加热配方得到了应用。配方中的 RP 需用有机黏结剂涂覆，而亚麻籽油是最高效的黏结剂，但有时也用聚乙烯醇缩丁醛树脂（PVB）。以 PVB 涂覆 RP 和硫酸钙为基材的烟火药能以可接受的燃速生成所需要的信号。

（3）红外诱骗弹。世界各国广泛应用以 RP 为基材的烟火药来躲避敌方热制导导弹的袭击，以便保护诸如海军舰艇、直升机和运输机等运行速度相对较慢的军事作战平台。在此类应用中，RP 烟火药燃速极快并生成大量的 IR 信号诱骗敌方热制导导弹。以橡胶为黏结剂、RP 为基材的烟火药被认为最适合用于制作红外诱骗弹。

（4）燃烧弹。与在军事上的其他应用相比，RP 较少用作燃烧弹，这是因为 WP 比 RP 易燃且价廉。尽管如此，但是大区域内零星分散的燃烧着的 RP 烟火药能点燃易燃植被和易燃物并使其燃烧。

RP 在军事上最重要的应用是烟火药烟幕弹和屏蔽弹。RP 是制造高能、多谱段烟幕弹和屏蔽弹的基本原料。A. Singh 等人综述了以磷为基材的烟火药及其应用。通过对以 RP/KNO₃/黏结剂为基材的烟幕弹的放射线研究，他们指出：这种烟幕弹生成的烟能有效屏蔽 0.4~13.0 μm 波段。以 RP 为基材的烟幕弹的生产过程是对环境有害和产生污染的，因此在生产之前必须将其封装，然后将其与黏结剂、氧化剂及其他添加剂混合，最后将混合物加工成所需的形状。

近期，人们认识到处理到期的 RP 烟幕弹是个需要认真考虑的大问题，将其在海上燃烧或销毁不再被环保人士所接受。科研人员和生产商应当努力研发新型的 RP 烟幕弹配方，以便能重新加工并回收 RP。今后，人们在此领域的研究应着重于研发更高效、与环境兼容并可生物降解的以 WP 和 RP 为基材的烟幕弹配方；同时，这些配方也应该能安全地进行生产和加工处理，且在多个电磁波谱区段（即可见光区、红外区和毫米波区）具有更高的屏蔽效果。

9.7　常规发烟剂

良好的发烟剂除应符合烟火药一般的技术要求外，还须满足下列特殊技术要求。

（1）遮蔽能力应最大。由发烟剂所形成的烟幕对所需波段的遮蔽应具有最大的遮蔽能力。例如对可见光的遮蔽应不少于 $500 \ m^2/kg$，对 $3 \sim 5 \ \mu m$ 的红外透过率低于 10%，对 $8 \sim 14 \ \mu m$ 的红外透过率低于 15%。

（2）在空气中应有足够的稳定性和足够的持续时间。由发烟剂所形成的烟幕稳定性是指在一定时间内保持其遮蔽性能，即保持质量浓度或微粒浓度不变的性能。烟幕微粒在分散介质（空气）中，因运动和气溶胶的凝结作用等，随着时间推移，将消散或沉降掉，为保持一定时间内有较好的遮蔽性能，必须有足够的稳定性。显然，烟幕持续时间越长，对目标的掩护遮蔽越有利。

（3）燃烧型发烟剂燃烧时，不应产生火焰，意味着发烟剂燃烧温度过高，这将造成不该分解的发烟物质分解，使烟幕效应降低。此外，火焰的出现也不利于隐身。

（4）燃烧型发烟剂残渣产物应是疏松多孔状的。燃烧型发烟剂残渣产物只有呈疏松多孔状，才可能使下层燃烧反应的发烟生成物顺利通过，从而获得最佳烟幕效果。

（5）烟幕形成时间应尽量短。烟幕形成时间是指烟幕将所有目标遮蔽而观测不到目标的所需时间。鉴于现代战争的快速反应，使用战术时，无论是遮蔽可见光还是遮蔽或干扰红外、激光或微波，都希望烟幕的形成时间越短越好。

（6）无毒、无刺激、无腐蚀。大量使用的烟幕主要用于遮蔽自己，为了不损害己方人员的身体和保证自身装备不受腐蚀，也为了保护人类生存的环境，要求烟幕"三无"，即无毒、无刺激、无腐蚀作用。

把已应用于工程的主要遮蔽可见光的发烟剂统称为常规发烟剂。它包括吸湿性发烟剂（硫酸酐与发烟硫酸的混合物、氯磺酸与硫酸酐的混合物、金属四氯化物）、磷烟（黄磷、塑态黄磷、赤磷）和燃烧型混合发烟剂等。

9.7.1　吸湿性发烟剂

某些发烟剂的蒸气与大气中的水分作用形成烟，这种发烟剂称为吸湿性发烟剂。如硫酸酐、氯磺酸与金属四氯化物等。

9.7.1.1 硫酸酐（SO_3）与发烟硫酸（$H_2SO_4 \cdot SO_3$）

液体硫酸酐分散到空气中后很快挥发成蒸气，与空气中的水分作用生成硫酸蒸气，并很快冷凝成硫酸微粒，继续吸水后成为硫酸水溶液的微粒，这样便构成较浓的白色烟雾。发烟硫酸是由其溶液中的硫酸酐的挥发而成烟的。硫酸酐（SO_3）在 20~45 ℃为无色透明液体。这种液体在 25 ℃以上才是稳定的。若长时间低于 25 ℃，液体硫酸酐（α 型硫酸酐）即变成固态的 β 型硫酸酐〔$(SO_3)_2$〕。但它在汽化过程中仍可变为 α 型硫酸酐。α 型硫酸酐是无色液体，在 14.3 ℃时为针状透明结晶，极易挥发。常温和无湿气时，硫酸酐对金属（尤其是铁）不起作用。而在高温时，有显著的腐蚀作用。

硫酸酐的遮蔽能力很强，仅次于黄磷，施放时损失量很小，利用率高。它所形成的白色烟幕，能强烈地散射可见光，并且烟幕稳定。

硫酸酐凝固点是 17 ℃左右，常温时不能用喷洒的方法来施放，单独使用比较困难。液态硫酸酐要避免与皮肤接触，它会引起不易治愈的烧伤。

含有硫酸酐的硫酸溶液为发烟硫酸，通常工业发烟硫酸含 18%~25% 的 SO_3。发烟硫酸黏度大，流动缓慢，不易分散，凝固点也较高，因此不能运用喷洒方法施放。发烟硫酸中的硫酸不易蒸发，其中的 SO_3 在发烟时也不能全部发挥作用，所以它的遮蔽能力较小。它具有的优点是价格价廉。

9.7.1.2 氯磺酸（HSO_3Cl）及其与硫酸酐的混合物（$SO_3 - HSO_3Cl$）

这类发烟剂可以用机械喷洒法或汽化法分散成烟。硫酸酐与氯磺酸的混合物又称为 FS 发烟剂。氯磺酸是由气体三氧化硫与氯化氢化合而成的，工业品通常呈黄色或褐色液体，较易流动与挥发，能在空气中强烈发烟，有刺激气味，凝固点为 -80 ℃，沸点为 152.7 ℃。氯磺酸能腐蚀锡、铜、铅等许多金属。氯磺酸在大气中分散时，蒸发较慢，水解很快。往往液滴还没有完全蒸发，表面就生成硫酸，包住了液滴，阻碍了蒸发，使液滴不能充分发挥作用，故利用率低。此外，氯磺酸蒸气水解后生成的氯化氢起不到遮蔽作用，遮蔽能力不高，目前不单独使用。

含有 45% 氯磺酸和 55% SO_3 的 FS 发烟剂是无色易流动的液体，凝固点为 -83.6 ℃。它的成烟是硫酸酐挥发成蒸气，再与水蒸气作用的结果。FS 中氯磺酸沸点较高，挥发较慢，且总有一部分不易挥发出来，利用率不高。FS 发烟剂的遮蔽能力比硫酸酐的小，但比氯磺酸的大，所形成的白色烟幕较稳定，但对呼吸器官有刺激作用。

9.7.1.3　金属四氯化物

四氯化物都是较易挥发的液体，其中四氯化钛、四氧化硅和四氧化锡可用作发烟剂。

四氯化钛（$TiCl_4$）是无色或淡黄色的透明液体，熔点为 $-23\ ℃$，沸点为 $135.8\ ℃$。$TiCl_4$ 液体在空气中分散时，与空气中的水作用，生成 $Ti(OH)_4$ 蒸气而形成白烟。其反应历程如下：

$$TiCl_4 + 5H_2O \rightarrow TiCl_4 \cdot 5H_2O \rightarrow TiCl_3 \cdot (OH) \cdot 4H_2O + HCl \rightarrow$$
$$TiCl_2(OH)_2 \cdot 3H_2O + 2HCl$$

$$TiCl(OH)_3 \cdot 2H_2O + 3HCl \rightarrow Ti(OH)_4 \cdot H_2O + 4HCl$$

$TiCl_4$ 发烟剂的遮蔽能力随相对湿度的增大而增大，相对湿度为 30% 时，遮蔽质量为 $0.88\ g/m^2$；相对湿度为 90% 时，则为 $0.44\ g/m^2$。这是因为它生成的 $Ti(OH)_4$ 微粒具有吸水性。

$TiCl_4$ 发烟剂又称 FM 发烟剂，它在 $-23\ ℃$ 时即凝固，低温时不能喷洒。为此，可以通入 HCl（约为 10%），使凝固点降至 $-48\ ℃$。

四氯化锡（$SnCl_4$）与四氯化硅（$SiCl_4$）都是无色或淡黄色的液体，它们的性能与四氯化钛的相似，与水能发生反应，在空气中能发烟，都能腐蚀有机物质，无水分时不与金属作用。金属四氯化物发烟剂中，$TiCl_4$ 的遮蔽能力最好。$SnCl_4$ 的遮蔽能力相当于 $TiCl_4$ 的 95%，$SiCl_4$ 的遮蔽能力是 $TiCl_4$ 的 77%。由于这些发烟剂价格高，并有刺激性与腐蚀性，使用受到限制。

9.7.2　磷发烟剂

磷与空气中的氧气相互作用生成五氧化二磷，吸收空气中的水分后，即形成磷酸烟雾。磷烟是目前遮蔽可见光性能最佳的发烟剂。

9.7.2.1　黄磷（白磷）发烟剂

磷有几种同素异形体，即黄磷、赤磷、黑磷和紫磷。黄磷是无色或带有淡黄色的块状结晶体，熔点为 $44.3\ ℃$，沸点为 $280.1\ ℃$。黄磷剧毒，口服 $0.1\ g$ 可致命，吸入其蒸气也会引起坏疽。被黄磷烧伤的肌肤很难治愈。固体黄磷的密度在 $0\ ℃$ 时为 $1.8368\ g/cm^3$，$13\ ℃$ 时为 $1.827\ g/cm^3$，$20\ ℃$ 时为 $1.8233\ g/cm^3$，$40\ ℃$ 时为 $1.8068\ g/cm^3$。液体黄磷密度与温度的关系式为：

$$\rho = 1.783 - 0.00091T \tag{9.67}$$

式中，ρ——液体黄磷的密度，g/cm^3；

T——温度，℃。

固体黄磷的蒸气压力（p）与温度（T）的关系是：

$$\lg p = 9.651\ 1 - \frac{3\ 296.9}{T} \tag{9.68}$$

式中，T——绝对温度，K。

液体黄磷的蒸气压力（p）与温度（T）的关系是：

$$\lg p = 11.569\ 4 - \frac{2\ 898}{T} - 1.256\ 6\lg T \tag{9.69}$$

黄磷化学性质活泼，遇空气自燃。黄磷燃烧时发出明亮的黄色火焰，当氧气充足时，生成 P_4O_{10}（即 P_2O_5）；供氧不足时，生成 P_4O_6（即 P_2O_3）。燃烧温度在 900 ℃左右。

黄磷的发烟过程如下：

黄磷 $\xrightarrow{\text{燃烧}}$ 磷酸酐蒸气 $\xrightarrow{\text{冷凝}}$ 磷酸酐微粒（白色烟）$\xrightarrow{\text{与水作用}}$

磷酸微粒（白色烟）$\xrightarrow{\text{吸水}}$ 磷酸的水溶液微粒

黄磷弹爆炸后，分散在空气中的磷粒越小，与空气中的氧气结合时，燃速则越快。此时瞬间内放热量大，造成烟云温度迅速升高，从而产生强烈的朝上的热气流，易形成柱状烟云，俗称"蘑菇云"。它大大地降低了黄磷烟幕效应。消除"蘑菇云"的方法有多种：其一是用不同磷化合物来降低燃烧热，或采用缓燃赤磷；其二是控制分散磷粒的大小来控制燃烧速率；其三是在黄磷中附加机械增强物（如采用钢丝绒、石棉、合成纤维、毡垫、泡沫塑料、塑料或金属管及金属网等），使之在爆炸分散时不至于粉碎得太细。此外，近年来，采用塑态黄磷也可以有效地减小"蘑菇云"。

9.7.2.2　塑态黄磷发烟剂

将黄磷制成小颗粒，然后与天然或人工合成的橡胶液制成胶状物。一种塑态黄磷发烟剂的配方如下：

黄磷　　　　　　65%

增塑剂　　　　　35%

美国专利介绍了一种"胶囊"黄磷发烟剂的工艺：将被水弄湿的粒状黄磷用丙酮洗涤三遍后置入混合锅内，在供氮气的条件下搅拌。然后往锅内注入液态塑性材料（塑料或树脂）。当粒状黄磷和液态塑性材料混匀后中断供氮，即制得"胶囊"黄磷。将其装填于各类发烟器材内，在常温或适当温度下固化即可。这种工艺制得的塑态黄磷能改善黄磷烟幕弹飞行稳定性，提高了射弹的密集度。

9.7.2.3　赤磷（红磷）发烟剂

工业无定形赤磷是在密闭容器中加热黄磷至 250~260 ℃ 而制得的：

$$黄磷 \overset{\triangle}{\rightleftharpoons} 赤磷 + 1.675 \times 10^4 \text{ J}$$

赤磷的色泽与制备方法有关，从发亮的深红色到紫色。赤磷是细粒结晶体，密度为 2.3 g/cm³，无明显熔点，在 464 ℃ 时升华，易吸收空气中的水分，不溶于二硫化碳。化学上赤磷是比较稳定的，它在空气中缓慢燃烧，燃点 240 ℃，无毒。它的成烟过程与黄磷的相同。赤磷发烟剂的遮蔽能力次于黄磷，但其他性能又优于黄磷。因此赤磷已成为颇有发展前途的发烟剂。典型赤磷发烟剂及其成烟方式见表 9.9。

表 9.9　典型赤磷发烟剂及其成烟方式

项目	1	2	3	4	5	6
发烟剂组分及含量/%	以塑态炸药包住赤磷片（丸）装填于弹体内的赤磷发烟剂	英国 L8A1 坦克用的烟幕弹的发烟剂：赤磷　95　丁基橡胶 5	赤磷　50.0　六氯代苯　25.2　镁粉 16.8　氟碳氢化合物　8.0	赤磷　53　二氧化锰　34　镁粉　7　氧化锌　3　氟碳氢化合物　3	赤磷　50　硼粉　10　硫酸钙 34　氧化锌　3　氟碳氢化合物　3	赤磷　10.9　氯化铵 45.1　硝酸钾 34.2　石蜡　5.0　氯化石蜡 4.8
成烟方式	爆炸成烟	爆炸成烟或燃烧成烟	燃烧成烟	燃烧成烟	燃烧成烟	燃烧成烟

9.7.3　燃烧型混合发烟剂

燃烧型混合发烟剂的混合物有两种形式：其一是混合物组分中含受热即升华的发烟物质，如氯化铵、萘、蒽等这样的物质，它的成烟机理是发烟剂燃烧后因产生热而使发烟物质升华生烟，可以将其定义为受热升华发烟剂；其二是混合物组分中并无受热即升华的发烟物质，它是靠燃烧反应产生发烟物质，这一类最典型的是金属氯化物发烟剂，它主要由氯有机化合物（氧化剂）、金属粉（可燃物）和一些起辅助作用的物质组成。

9.7.3.1　受热升华发烟剂

该发烟剂混合物至少有三种成分，它们中的某些成分同时具有双重功能。如氧化剂既起供氧作用，其还原生成物也可作发烟物质；升华物质既起发烟物质作用，也可起供热的可燃剂作用。阿-12 发烟剂的配方为 $KClO_3$ 35%、

$C_{14}H_{10}$ 42%、NH_4Cl 23%。其中 $C_{14}H_{10}$ 在燃烧时部分升华作发烟物质，部分被燃烧起可燃剂作用。NH_4Cl 受 $KClO_3$ 和 $C_{14}H_{10}$ 燃烧反应所放出的热作用而升华，在空气中冷却后产生白色烟雾。NH_4Cl 另外的功能是使药剂机械敏感度降低。这类发烟剂由于含有易升华物质（如 NH_4Cl 升华温度 250 ℃、$C_{14}H_{10}$ 升华温度约 200 ℃），为防止升华物质被发烟剂燃烧反应的高温引燃，发烟剂的反应温度不能过高。该类发烟剂遮蔽能力约为黄磷的 1/7。

9.7.3.2 金属氧化物发烟剂

该类发烟剂中含有有机氯化物和金属粉等，通过燃烧反应产生金属氯化物蒸气，在空气中冷凝后成烟。HC 发烟剂即为该类发烟剂的典范。

1920 年法国陆军上尉柏格（Berger）发明了由金属粉和有机卤化物组成的 HC 烟幕剂。1941 年以后则加以改进，又有了 HC – A 型、HC – B 型、HC – C 型、HC – D 型、HC – E 型、HC – FH 型和 HC – GC 型烟幕剂。

HC – A 型是 1941 年美国对 HC 烟幕剂的改进，其组成为 Zn 粉、六氯乙烷（C_2Cl_6）、$CaCO_3$、NH_4Cl 和 $KClO_4$。仅由 Zn 粉和 C_2Cl_6 组成的药剂燃烧时生成 $ZnCl_2$ 和 C 微粒，并大量放热，造成反应温度过高，并且燃速太快。为此，加入 NH_4Cl 来降低燃速和减少热量。加入 $KClO_4$ 目的是氧化在反应中生成的碳，从而使烟变白。$CaCO_3$ 除能帮助烟幕冷却外，还能中和在混合和贮存时生成的酸，以防自燃。

HC – A 型存在着自行着火的问题，于是所有 A 型烟幕剂又被英国的 HC – B 型烟幕剂代替。HC – B 型烟幕剂的成分为 ZnO、六氯乙烷、$CaSi_2$。虽然 HC – B 比 HC – A 安全，但不能暴露在湿空气中，它一旦遇湿空气，会放出气体。为了寻找比 $CaSi_2$ 更安全的还原剂来还原 ZnO，在配方中使用 Al 作为还原剂，因此出现了 HC – C 型烟幕剂。典型配方为：

六氯乙烷	45.5%
氧化锌	47.5%
铝粉	7.0%

在 HC – C 型烟幕剂研制后不久，以同样的研究方法用六氯代苯代替了六氯乙烷，从而出现了 HC – D 型烟幕剂。

HC – E 型烟幕剂含有易挥发的 CCl_4。它适用于能够密封的弹体。由它制成稠状物，装填时能像牙膏似的从一根管子中挤入弹体内。

HC – FH 型和 HC – GC 型是对 HC – A 型的改进。它们能产生白色烟云，火焰温度较低，在夜间 6.1 m 以外看不到发烟处的火源。它们的配方组成如下所示：

HC – FH 型		HC – GC 型	
锰	13.0%	锰	8.5%
氧化锌	37.8%	氧化锌	42.5%
六氯乙烷	49.2%	四氯化碳	49.0%
火焰温度	884 ℃	火焰温度	723 ℃

近年来，又发展了一种新的改性 HC 烟幕剂，配方为：

六氯代苯	34.4%
氧化锌	27.6%
高氯酸铵	24.0%
锌粉	6.2%
聚酯树脂	7.8%

HC 烟幕的遮蔽能力为 $429.7 \mathrm{m}^2/\mathrm{kg}$，是比较好的发烟剂，目前获得广泛的应用。

9.7.4 其他新型发烟剂

（1）氨基磺酸固体发烟剂。国外发展了含有氨基磺酸 58% 与高氯酸铵 42% 的发烟剂，它燃烧时产生挥发性发烟物质：

$$5NH_2SO_3H + 3NH_4ClO_4 = 5SO_3 + 4N_2 + 12H_2O + 3HCl$$

该发烟剂的烟幕性能超过 HC 发烟剂。

（2）LML 有机金属发烟剂。美国研制了 LML 有机金属化合物发烟剂，为液态物质，密度为 $0.9 \mathrm{~g/cm}^3$，且无毒，无刺激，无腐蚀性。它可装填于炮弹或由飞机喷洒，生成白色烟幕，遮蔽能力约为 $614 \mathrm{~m}^2/\mathrm{kg}$，其性能也超过 HC 发烟剂。

9.8 抗红外发烟剂

抗红外发烟剂是构成抗红外烟幕（气溶胶）的物质及其混合物的统称，用于遮蔽、干扰工作，波段已由可见光扩展到红外直至毫米波的光电器材和制导武器。

未来战场的特点是使用大量高致命和高精尖武器，这些武器具有高精密的电子 – 光学元件装置，通过光或电子来搜寻目标并制导导弹摧毁目标。电子 – 光学元件装置的探测原理是依据电磁波谱，它由 γ 射线、可见光、红外、微波和无线电波等不同能级的波谱组成，如图 9.7 所示。

但是，仅有可见光、红外和微波段应用于军事。可见光波段由可见光

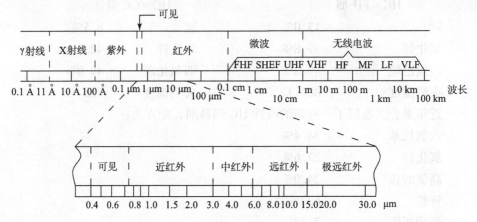

图 9.7　电磁波谱

线（波长为 0.40 ~ 0.75 μm）组成，这是人肉眼能看见的唯一波段。波长 0.75 μm ~ 1 mm 的波段为红外波段，人的肉眼不能看见。红外波段存在一个因空气稀薄而发生衰减的特别区间。红外波段可分为四部分。

近红外（NIR）波段：邻近可见光波段，波长 0.75 ~ 3.0 μm。

中红外（MIR）波段：人的肉眼看不见，用电子 – 光学元件装置很容易探测到，波长为 3.0 ~ 6.0 μm。

远红外（FIR）波段：是红外波段的真正发热部分，可以用极灵敏的热敏系统探测到并可以区分物体温度与背景温度的细微差别，波长为 6.01 ~ 15.0 μm。

极远红外（EIR）波段：波长为 15.0 μm ~ 1.0 mm。

所有超过热力学零度（ – 273 ℃）的物体，在红外区均有电磁辐射。IR 的辐射原理是黑体原理，黑体被认为是一个理想的高效辐射器。当物体的温度升高时，最大辐射波长变短，并在 IR 波段区和可见光区辐射能量。

微波段（毫米波部分）是最后一部分，需要讨论的微波段的特征区是毫米波（MMW）区，人们既不能看到也不能感觉到毫米波。因此，就研发出了能将毫米波的能量转换成可见图像的电子 – 光学元件装置，这些装置特别复杂，极其精密，非常昂贵，只有几个发达国家才能生产出这种装置。电子 – 光学元件装置用于监控大气中的能量流，采取某些对抗措施可以破坏这种能量流。这些对抗措施有涂膜、热消除和热传播技术，使用某些特殊材料的网、垫和罩，使用红外曳光弹和金属碎箔片等诱骗手段，使用红外干扰器和红外烟幕屏蔽弹等。这些对抗措施可以损坏或彻底摧毁电子 – 光学元件装置。常规烟幕剂在可见光和近红外区（0.4 ~ 3.0 μm）有效；对在中红外区（3.0 ~ 6.0 μm）、远红外区（6.0 ~ 15.0 μm）和极远红外区使用的光 – 电子装置，红外烟幕剂有效。常规烟幕屏蔽弹是通过吸收、反射和散射可见光来发挥作用的，而红外烟幕屏蔽弹则是通过高度吸收和散射红外波段中的烟幕来发挥作用，它可以提供高效的屏蔽效果来对付先进的光－电子元件装置。因此，红外烟幕剂是现代武器系统的潜在的对抗设施，并且有能力损坏敌方的用作目标搜寻装置的光－电子元件装置。

作为一种防止被视觉搜寻发现的手段，许多可以生成烟幕的化合物被用于军事上的伪装。许多以 HCE 和 HCB 为基材并配有多种氧化剂、金属燃料和其他添加剂的烟幕在军事伪装上得到了广泛应用。文献中报道的数据表明，与只能生成各种无机微粒的烟幕比较，由不同碳氢化合物生成大量碳微粒的烟幕在衰减辐射上更有效，而后者在 MMW 区间的衰减效率类似于在可见光和红外区间。有报道称，在烟幕屏蔽方面，红磷（RP）是一种大有发展前途的物质。它能生成高效屏蔽烟幕，且不但在屏蔽可见光区间高效，而且在波谱的 IR 波段内也能提供防护。

大量试验已表明，常规烟幕对于工作波段扩展后的光电器材和制导武器基本不起遮蔽作用。因此，各国军方要求发展从可见光（$0.4 \sim 0.75 \, \mu m$）到近红外（$1 \sim 3 \, \mu m$）、中红外（$3 \sim 5 \, \mu m$）、远红外（$8 \sim 14 \, \mu m$）直至毫米波（$1 \sim 10 \, mm$）的"全波段"遮蔽烟幕。迄今，解决这种"全波段"遮蔽烟幕技术途径有两个：一是开展新配方研究，二是进行装药设计研究。后者则是对已有的各个波段的遮蔽材料进行"组配"，构成"组合烟幕"或"宽频烟幕"。我们知道，不同遮蔽材料在不同辐射波段内能表现出不同的红外活性，研究这些材料在特定光谱波段是否具有较好红外活性就成为确定抗红外发烟剂的重要依据。任何一种材料有无好的红外活性，是由该材料形成气溶胶物理化学性质（粒子形状及大小、粒度分布、化学成分、结构键能及活化能等）和光学性质（吸收、散射等）及入射光的波长等因素决定的。当前，按生成烟幕方式，大体可以分为烟火燃烧类、爆炸撒布类和机械喷撒类三大类。

9.8.1　烟火燃烧类抗红外发烟剂

这类发烟剂是通过混合组分燃烧（含加热升华）而成烟的。其中包括改进型 HC 发烟剂、赤磷基发烟剂、钛粉基发烟剂等。

9.8.1.1　改进型 HC 发烟剂

该发烟剂是在 HC 发烟剂的基础上增加一些红外活性物质，各国军界均做了大量研究工作。

（1）美国海军武器支援中心研制的配方为：

六氯代苯   54%

镁粉   14%

含能黏结剂 GAP   32%

该药剂燃烧产生含有 $MgCl_2$ 和 C 微粒的气溶胶。通过研究认为，该配方中含能黏结剂 GAP 不仅有助于提高发烟效率，还有助于 C 微粒粒度分布向小粒径方向偏移，且能明显降低气溶胶的沉降速度，以增加烟幕持续时间。试验研究还认为，在红外波段，含 C 微粒的气溶胶比不含 C 而含 KCl 微粒的气溶胶的消光能力在高湿度条件下约大 5 倍，而在低湿度环境中能大 50 倍。控制烟云的微粒尺寸，能提高特定波段（如 8 ~ 12 μm）的散射能力。加入强红外吸收活性物质，能提高特定波长（10.6 μm）或远红外（12 ~ 14 μm）的消光能力。

（2）法国 Etat 公司研制的抗红外发烟剂为：

六氯乙烷（或六氯代苯）   50% ~ 85%

镁粉   15% ~ 25%

萘   0 ~ 30%

聚偏氟乙烯   5% ~ 20%

该药剂为慢燃速（燃速约为 1.03 mm/s）发烟剂，可作为颗粒碳（粒度 1 ~ 14 μm）的发生源，燃烧有效持续时间可达 40 ~ 50 s，已被法国用于发烟榴弹中。

一种快燃速发烟剂为：

锌粉   31%

氧化锌粉   12%

高氯酸钾   16%

六氯乙烷（或六氯代苯）   31%

氯丁橡胶黏结剂   10%

该药剂的特点是燃速快，可使发烟器材在 3 s 内形成烟幕，能有效遮蔽可见光和红外。

法国还研制了一种可铸装的抗红外发烟剂：

镁粉   15% ~ 25%

工业氯萘   50% ~ 90%

1,1 - 聚二氟乙烯   8% ~ 10%

碳纤维   0 ~ 2%

该配方燃烧温度约为 1 500 ℃，是一种可以产生 1 ~ 14 μm 碳粒的抗红外发烟剂，它可以浇铸或挤压成型。

（3）英国改进的 HC 类抗红外发烟剂有：

高氯酸钾	40%
蒽	30%
六氯乙烷	30%

该药剂燃烧时产生粒径 5 μm 以上的絮状碳粒。

英国还研制了 HC – E 型抗红外发烟剂：

四氯化碳	45.9%
铝粉	5.6%
氧化锌粉	48.5%

（4）德国对改进型 HC 类抗红外发烟剂的研究侧重于组合装药，采用基本发烟剂（A）和辅助发烟剂（B）组合。基本发烟剂（A）又称光学烟幕剂，其配方为：

氯化铵	5%～25%
高氯酸铵	20%～70%
聚氯乙烯（PVC）	0～25%
硫脲	0～30%
金属氧化物（ZnO、MgO）	5%～40%
铝粉或镁粉（<100 μm）	0～11%
高弹性体黏结剂（天然橡胶）	5%～30%

辅助发烟剂（B）主要是导电纤维、镀金属的玻璃纤维、铜粉、铁氧体、碳黑、高分子树脂一类的吸波材料等。

将 A、B 按 90∶10 分装于一弹中施放，具有"宽带烟幕"的功能。

德国研制的另一种改性 HC 抗红外烟幕剂的基本发烟剂（A）为：

氯化石蜡（含氯量70%）	75%
铝粉	5%
硅化钙	10%
硅粉	10%

辅助发烟剂（B）为：磷酸铵、硼磷铵、硫酸铵、钒酸铵、钨酸铵、硅氟酸铵、硼氟酸铵等铵盐；芳香族磷酸酯、脂肪族硅酸酯、芳香族硫酸酯等酯类；氟化高分子烃、聚碳酸酯、聚硅氧烷等；玻璃微球、陶瓷微球和聚碳酸酯类微球等。

将 A、B 按 2∶1 进行组合装药，燃放时能产生粒度不小于 8 μm 的抗红外和雷达波的颗粒物质。

德国还研制了含有铈化合物的改性 HC 抗红外发烟剂：

六氯乙烷	50% ~70%
硅粉（或铝粉）	20% ~40%
铯化合物	1% ~20%

该药剂对 3 ~5 μm 和 8 ~14 μm 的红外辐射有显著衰减作用。

9.8.1.2 赤磷基发烟剂

赤磷基发烟剂是以赤磷为基础的添加某些红外活性物质的抗红外发烟剂。

（1）美国研制了 XM – 819 型 81 mm 发烟迫弹用的赤磷基发烟剂，其配方是：

	Ⅰ	Ⅱ
赤磷粉（无定型）	80%	77%
硝酸钠	14%	9%
环氧树脂（用丙酮作溶剂）	6%	6%
二氧化硅（外加）	1.5%	1.25%
镁粉	—	8%

（2）英国哈利 – 威尔公司研制的赤磷基发烟剂的组成为：

| 赤磷（无定型） | 95% |
| 丁苯橡胶（含9%碳黑） | 5% |

该药剂制备工艺为：将含有碳黑的丁苯橡胶溶解在二氯甲烷中形成胶液，再把赤磷粉分散其中，待溶剂挥发掉后进行破碎，过 8 目筛获得粒状发烟剂。该药剂装入弹内，用黑火药抛撒点燃，形成烟云，能持续 30 s 以上。成烟之初，烟云本身产生红外辐射，能淹没来自目标的红外辐射，使探测器迷盲；烟云冷却后，靠气溶胶微粒吸收红外辐射来进一步遮蔽目标。

（3）日本研制的赤磷基抗红外发烟剂配方为：

赤磷	53 份
四氧化三铁	34 份
镁粉	16 份
亚麻子油	3 份

（4）德国研制的赤磷基抗红外发烟剂是加入了铯化合物（如硝酸铯、氯化铯、碳酸铯等）红外活性物质，能显著提高抗红外辐射效果。其配方为：

赤磷粉	30% ~50%
锆镍合金粉	3% ~15%
硼粉	5% ~20%
铯化合物	5% ~25%

铝粉　　　　　　　　　　　3% ~ 20%

聚丁二烯　　　　　　　　　10%

9.8.1.3　钛粉基发烟剂

钛粉基发烟剂是一种能发出红外辐射微粒子的烟幕剂，它可以有效地降低目标与其周围环境之间的红外辐射对比度。该发烟剂发烟设计为脉冲式的，对干扰热敏探测器或热成像系统有更佳效果，典型配方有：

	I	II
钛粉	40%	32%
活性炭粉	15%	16%
黑火药	45%	47%
禾木树脂	—	4%
硝酸钾	—	1%

9.8.2　爆炸撒布类抗红外发烟剂

这类发烟剂是通过炸药或火药将发烟物质撒布在空中而形成固体的或液体的气溶胶。其特点是成烟快，撒布过程中不起化学变化，能基本保证原有遮蔽物的固有成分、粒度和粒子几何形状。目前认为这种发烟剂有鳞片状金属粉型、活性炭型和硫酸铝水溶液型三种类型。

（1）鳞片状金属粉型发烟剂是 20 世纪 80 年代以来深受重视的一类抗红外发烟剂，近年来相继用于抗红外发烟器材中。

1）美国公布的用于抗红外发烟榴弹中的鳞片状黄铜粉发烟剂的配比是：

黄铜粉（片径 1.5 ~ 14 μm，片厚 0.07 ~ 0.25 μm）　　　40 份（质量比）

炸药（爆速 610 m/s 以上）　　　　　　　　　　　　　1 份（质量比）

黄铜粉的制备及装填工艺：将鳞片状黄铜粉与适量的液态碳氢化合物（三氯乙烯、三氯乙烷、二氯甲烷等）搅拌成浆状混合物，倒入模具中经挤压再切削成小药片，干燥后压入有中心爆管的弹体内。铜粉和中心爆管内炸药装填的质量比为 40:1。通常使用工业上金粉颜料一类的黄铜粉，其成分为 Cu 60% ~ 90%、Zn 40% ~ 10%。

2）德国用于发烟榴弹和火箭弹的鳞片状金属粉型发烟剂也采用铜粉，其比表面积为 3 200 ~ 16 000 cm²/g，片径为 0.45 ~ 1.9 μm。为防止鳞片状金属粉装填和贮存中结块，在其中加入磷酸铵、聚四氟乙烯、高分散性的硅酸等分散剂。

3）加拿大研究的金属粉型抗红外发烟剂采用青铜粉。此外，还试验了铝粉、不锈钢粉、氧化铝粉、滑石粉及赤磷粉，其中以青铜粉和铝粉效果最好。

（2）活性炭型抗红外发烟剂是一种利用活性炭作吸收红外的气溶酸发生剂。这种发烟剂既可以爆炸撒布，也可以用压缩空气喷撒；既可以单独使用，也可以与其他发烟剂混合作辅助发烟剂。

瑞典公布了一种活性炭型抗红外发烟剂，粒径为 $1\sim9~\mu m$ 的活性炭占总量的 80%。它形成的气溶胶可覆盖 $0.2\sim14~\mu m$ 波段，在可见光波段的衰减比在红外波段衰减高出 50% 左右。

德国提出了用褐煤制成多孔材料代替活性炭作抗红外发烟剂。

（3）硫酸铝水溶液型抗红外发烟剂是一种在硫酸铝水溶液中加入乙二醇的抗红外发烟剂。乙二醇起抗凝固剂作用，防止低温凝固。该发烟剂形成的气溶胶对红外辐射具有吸收、散射、反射或衍射功能，适用于大口径红外遮蔽烟幕弹。

9.8.3 机械喷撒类抗红外发烟剂

这类发烟剂是利用压缩气体或燃气轮机及坦克发动机排气作气体动力源，将遮蔽红外的粉末材料喷撒成烟幕，通常称之为"冷烟"。若按材料分类，可以将该发烟剂分为金属粉末、固体粉末、液体材料和空心微球四类。

（1）金属粉末包括片状铝粉、鳞片状铜粉、铁粉、铬粉及其氧化物粉末。

美国专利介绍用燃气轮机作气体源喷撒片状铝粉，其片径视被遮蔽的红外波长而定，一般为 $2\sim20~\mu m$，片厚为 $0.3~\mu m$。该片状铝粉也可与雾油混合成悬浮液进行喷撒，二者质量比可以是 3:7，也可以是 4:6。

采用鳞片状铝粉具有更佳的红外消光特性，其质量消光系数可达到 $2\sim3~m^2/g$。

（2）固体粉末是指除金属粉末以外的各种固体材料作发烟剂的物质，它包括有机物和无机盐类、金属氧化物、矿物质等。

美国专利提出用作发烟剂的固体粉末有滑石粉、高岭土、硫酸铵、磷酸铵、碳酸钙、碳酸氢钠、橄榄石粉、石墨粉等。

德国专利提出的有硼酸、硼酸钠、氨基磺酸铵、氨基磺酸环己酯钠盐、肉桂酸、柠檬酸钠、酒石酸钠、硅氟酸铵、硼氟酸铵等，还提出了氟化高分子烃、酚醛树脂、聚碳酸酯、聚硅氧烷等塑料类固体粉末。

美国陆军还提出了用夹层型低维固体材料作潜在的遮蔽物，它们具有低温超导性，对可见光和长至 $16~\mu m$ 的红外辐射表现出很高的反射率。这些材料是石墨、四氰基对醌二甲烷（TCNO）、四硫富瓦烯（TTF）、N-甲基吩嗪（MMP）、四氰铂酸盐（TCP）、钛或钽的二硫基化合物、聚亚苯基化合物等。

（3）液体材料，即液体有机化合物和水，是一种很好的遮蔽红外发烟剂。

美国陆军于 1987 年 6 月 16 日公布了几种液体材料型抗红外发烟剂，它们是：1,1 - 二氟乙烷（$C_2H_4F_2$）；二氟二氯甲烷（CCl_2F_2）；全氟 - 2 - 丁烯（C_4F_4）；八氟环丁烷（C_4F_8）；氯基五氟乙烷（C_2ClF_5）；1,2 - 二氯四氟乙烷（$C_2Cl_2F_4$）；1,1 - 二氟 - 1 - 氯乙烷（$C_2H_3F_2Cl$）；1,1 - 二氟乙烷（$C_2H_4F_2$）；3 - 甲基 - 1 - 丁烯（C_5H_{10}）；乙烯（C_2H_4）；丙烯（C_3H_6）；二甲醚（C_2H_6O）。

美国埃基伍德兵工厂研究了用水作为红外遮蔽物质，被认为是军事上有潜力的红外遮蔽材料。

（4）空心微球是将玻璃空心微球或镀金属膜的高分子化合物微气球喷撒到大气中，从而构成一种良好的抗红外气溶胶。

日本专利公布的镀铝空心微球，其粒径为 5~80 μm，镀铝膜厚为 0.02~0.7 μm。空心微球基材可以是聚苯乙烯及其衍生物、聚丙烯酸酯及其衍生物、苯乙烯及其衍生物、聚氯乙烯与聚乙烯共聚物和聚丙烯腈等。微球表面镀膜材料可以是铝、铜、铁、镍和铬等。空心球内可以填充新己烷、新戊烷、异丁烷、正丁烷和二氯四氟乙烯等液体材料。

美国抗 CO_2 激光用玻璃微球的粒径为 2~44 μm。

9.9　有色发烟剂

有色发烟剂在军事上主要用作白天传递信号和目标的指示；焰火工业上则用于娱乐观赏，在空中燃放时构成彩带图案，给人以"美"的享受；航海方面用橙色烟雾作救生信号。下述两种方法中的任何一种都可以生成有色发烟剂。

（1）炸药起爆致使彩色物质扩散；

（2）彩色物质的汽化和凝结。

上述方法都包含彩色物质的汽化和凝结过程，并且只适合有机染料挥发形成有色发烟剂。有色发烟剂选用的染料需要考虑下述因素：①染料的熔化热、汽化热、升华热和分解热；②平衡蒸气压；③汽化速度；④汽化温度。

蒸气压低的染料需要用高温汽化，而这需要使用大量的燃料和氧化剂，会导致有色发烟剂形成的彩色烟幕质量不高。此外，如果染料的汽化温度和分解温度相差不大，则彩色烟幕的质量随燃料分解程度的增大而下降。

红色、橙色、黄色、绿色和蓝色是最常用的五种颜色。颜色的产生是由于有机染料强烈吸收可见光，而被粒子反射的光中则没有被吸收的波长，于是产生了观察者所看到的互补色。有色发烟剂是由氧化剂、可燃剂和染料组成的混合物。通常情况下，氧化剂为 $KClO_3$，燃料为乳糖/蔗糖，它们间的化学反应方程式如下：

$$8KClO_3 + C_{12}H_{22}O_{11}H_2O \rightarrow 8KCl + 12CO_2 + 12H_2O + 1.06 \text{ kcal/g}$$

$$4KClO_3 + C_{12}H_{22}O_{11}H_2O \rightarrow 4KCl + 12CO + 12H_2O + 0.6 \text{ kcal/g}$$

通过调整 $KClO_3$ 和乳糖/蔗糖的配比来调控烟幕的持续时间及生成的热。$KClO_3$ 和蔗糖反应生成的热汽化了染料，而气态产物又有助于汽化染料粒子的分散，然后汽化染料粒子凝结成彩色烟幕。为了得到高质量的烟幕，染料的汽化部分和非汽化部分的比例大致相等。下面列出了一些重要的染料和它们能产生的颜色。

红色：1 – 甲胺基蒽醌。

橙色：1 – 氨基蒽醌。

黄色：喹啉黄/金胺盐酸盐。

绿色：1,4 – 二 – P – 甲苯醌蒽醌。

蓝色：1,4 – 二甲胺基蒽醌。

$NaHCO_3$ 和 $KHCO_3$ 是常用的用于阻止染料过度分解的冷却剂。氯化铵、溴化铵、乙酸铵、碳酸铵、硫酸铵和酒石酸铵的缺点是在凝聚过程中形成白色烟幕，这会降低颜色的浓度。碳酸钙、高岭土等惰性稀释剂会降低燃烧速率。可用各种黏结剂来增强烟幕剂的机械强度并控制燃速。

在制造有机烟幕剂的过程中，经常遇到的问题是配方具有燃烧的趋势。这个问题可以通过加入冷却剂和正确设计烟幕排放喷嘴来解决。配比为50/50的氯酸钾/乳糖是典型的效率极高的加热混合物，下面列出了烟幕剂的典型配方：

乳糖   25%

氯酸钾   25%

染料   50%

某些情况下，将染料与 PETN 混合，可以获得持续时间短的瞬时烟幕剂。许多化学物质可以用很多不同方法生成白色烟幕，基于质量计算，白色烟幕生成效率高于彩色烟幕。

印度已经研发出许多种彩色烟幕剂配方并在不同领域进行了应用，这些彩色烟幕剂有飞行器或直升机着陆用烟幕剂配方（可生成持续时间为120 s 的橙色烟幕）、防空武器和空空武器操作手训练用烟幕剂配方（可生成持续时间为 65～70 s 的高浓度红色烟幕）和防御水雷训练用烟幕剂配方（可生成持续时间为 60 s 的高浓度橙色烟幕）。

9.9.1　有色发烟剂的技术要求

除应符合烟火药一般的技术要求外，还须满足下列特殊技术要求。

（1）燃烧时应产生足够的热量和足够的气体。有色发烟剂的制取，主要是利用有机染料升华而产生红、黄、绿、蓝、橙、紫等色彩，因此足够的热量是使染料升华的必要条件。同时，只有产生足够的气体，才能使染料分散到周围空间中去。

（2）能在低温下点燃并能在低温下持续稳定燃烧。大部分染料升华温度在 400～500 ℃范围，温度过高时，染料会分解，烟色质量和烟量均会下降。因此要求能在 400 ℃上下点燃并能持续稳定地燃烧。

为此，氧化剂多采用氯酸钾，它在低温下易分解。氯酸钾与许多有机可燃剂混合，点火温度低于 250 ℃。但不宜用金属粉作可燃剂，因为其反应温度过高。

（3）安定性要好。由于有色发烟剂发火温度低，它是在低温下易反应的药剂。为在制造和贮存过程中确保安全并保证其质量稳定，它的安定性必须要好。

（4）毒性低。所形成的有色烟对人体毒性应极低，尤其不允许有致癌作用。

9.9.2　有色发烟信号烟云的光学性质与观察条件

所有有色烟都是借反射光来显现出其特有色彩的。这与遮蔽烟幕的光学性质有着根本的区别。因此，观察有色信号烟云时，其烟色的颜色和清晰程度既取决于有色烟本身的质量，又与观察位置及气象条件相关。

显然，逆光看有色烟云时，看到的是透射光而不是反射光。烟云固有的颜色不能展现。通常从侧面或正面观察有色烟云。观察有色信号烟云颜色的最坏条件是烟云光源（太阳）和观察者眼睛呈一条线，如图 9.8 所示。

由图 9.8 可知，烟云位于光源和观察者眼睛之间的直线上时，观察到的是透射光，烟云的颜色不能识别，看起来几乎为白色。若光源在观察者身后，则烟云呈昏暗色。观察有色烟云最好的条件是光源（太阳）、烟云和观察者三者位置成 45°～135°的侧面位置。除观察位置影响观察烟云信号的效果外，烟云和背景的亮度及气象条件（风速、气候条件等）也影响着观察效果。只有当有色烟云信号亮度与背景亮度满足视觉对比度时，才获得最好的观察效果。如果烟云信号亮度与背景亮度相差极小，视觉对比度就降低，当低于人眼视

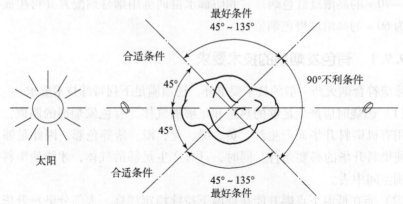

图 9.8　观察有色发烟信号烟云的条件

觉对比度极限阈值（<0.012 5）时，则无法观察到烟云的颜色，甚至根本看不到烟云的存在。

在晴朗的夏天，风速不超过 2～3 m/s 时，烟云颜色具有最好的能见度，易于识别。若风速超过 6 m/s，则烟云不稳定，很快被驱散。雨雪天气对烟云观察不利，有雾天气不宜施放有色烟云作信号。

9.9.3　有色发烟剂的配制原理

有色发烟剂的配制目前主要是利用各种颜色的有机染料为成烟物，借氧化剂和可燃剂燃烧放出的热使染料升华而产生红、黄、绿、蓝、橙、紫等色彩。当含有氧化剂、可燃剂和有机染料的有色发烟剂燃烧时，其放出的热使染料升华为蒸气，并被气态的反应生成物扩散于大气中，在大气中染料蒸气冷凝即成有色烟。

虽然用分散法将无机颜料如铅丹、朱砂、群青蓝等喷撒到大气中去也能获得有色烟云，但由于消耗颜料多，加上分散的颗粒尺寸较大，易于沉降，烟云稳定性很差，一般很少采用。

直接利用药剂燃烧生成有色物质的化学反应方法不理想，因为其烟云的颜色和质量很少符合要求。

有色发烟剂配制的关键在于成分的选择和配方的设计。

（1）成分的选择。既然目前主要是采用有机染料升华的办法来获得各色烟云，那么染料的选择就至关重要，而氧化剂和可燃剂则能保证染料有效地升华。

1）氧化剂。由于染料在高温条件下会分解，这就要求有色发烟剂的氧化剂应是低温反应材料，它的分解温度要低，以保证低温下点火，燃烧能可靠传播。大量试验研究认为，氯酸钾是有色烟剂的最好氧化剂。由 70% 氯酸钾和 30% 糖组成的烟火剂的着火温度为 220 ℃，反应热约为 3.3 kJ/g。氯酸钾与硫或某些有机可燃剂混合后，点火温度低于 250 ℃。也可以选用高氯酸钾作氧化剂，其效果不如氯酸钾。但是选择硝酸盐作有色发烟剂的氧化剂，在多数情况下烟的颜色和质量均不够好。

2）可燃剂。有色发烟剂的可燃剂不能选用金属粉，只能选用有机化合物中的碳水化合物。这是因为碳水化合物燃烧时能产生大量气体和放出较低的热量，保证了有机染料不分解，并使升华的染料能尽快离开燃烧反应区而排放到大气中冷凝成烟。一般选择乳糖、甜菜糖、淀粉、木屑等作有色发烟剂的可燃剂。

3）有机染料。随着染料工业的迅速发展，市售的染料种类很多，但适合作有色烟剂的染料必须具备下列条件：

①在 400～500 ℃ 时能迅速升华；

②在升华时极少分解；

③染料的蒸气在空气中凝结时，生成鲜明的所需烟色，并在空气中有良好的稳定性。

有机染料必须能迅速升华，否则，在燃烧的高温中，若时间过长，则会分解。供选择的红烟剂染料有偶氮红、分散红、烟雾红等；黄烟剂染料有喹啉黄、1,4-二甲氨基偶氮苯、阴丹士林金黄、槐黄、碱性嫩黄等；蓝烟剂染料有 1,4-二甲基氨基蒽醌、次甲基蓝、酞青蓝等；橙烟剂染料有碱性橙、α-甲苯-偶氮-β-萘酚等；绿烟剂染料有 1,4-甲基氨基蒽醌等；紫烟剂染料有 1,4-二氨基-2,3-二氢化蒽醌等。几种有色发烟剂用的染料结构式如图 9.9 所示。

选择染料时，必须注意其对人类健康的危害性。从染料分子结构式来看，很多是已知的有害化合物。不少学者正在研究染料的致癌性及其对健康的潜在危害性问题。这无疑对有色发烟剂研究具有重要意义。

有色发烟剂中选用的染料还应具备好的挥发性和化学稳定性。挥发性高的染料加热时能迅速汽化而很少分解，通常选用低相对分子质量（小于 400 g/mol）的染料。染料挥发性一般随相对分子质量增大而降低。离子化合物由于晶格中存在强的离子间引力，一般挥发性低。盐类染料不具备上述性能，因此不能选用带有—COO⁻（羧基离子）和—NH₃⁺（铵盐离子）官能团的染料。在有色发烟剂中，化学稳定性好的染料一般不含富氧官能团，如—NO₂、—SO₃H 等。因为这些基团在发烟剂反应温度下易放出氧气，从而导致染料分子氧化分解。使用含—NH₂ 和—NHR（氨基）官能团材料时，必须注意在富氧时可能发生氧化偶合反应。

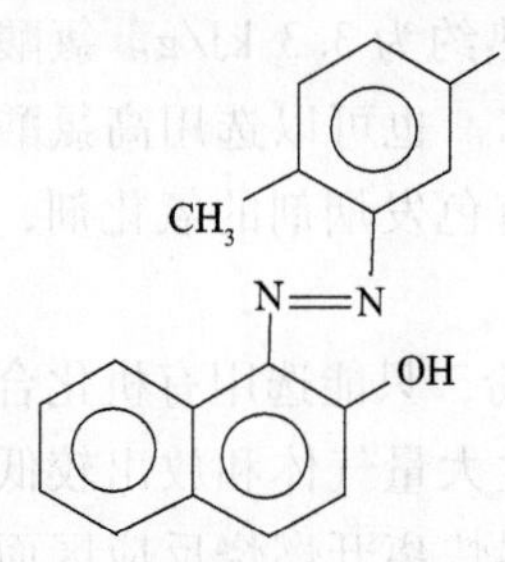

橙7
α-二甲苯-偶氮-β-萘酚

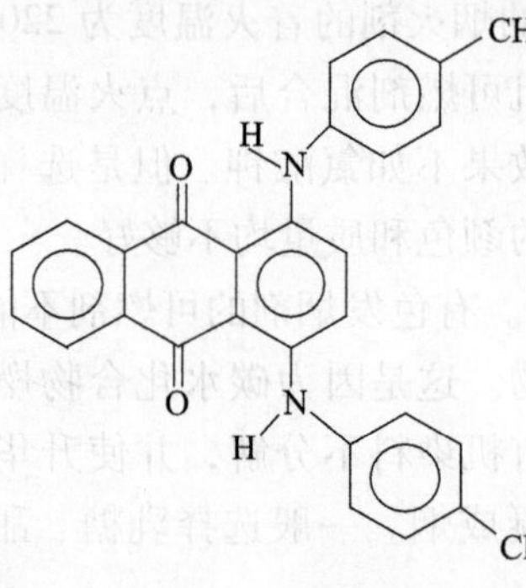

溶剂绿3
1,4-甲苯氨基蒽醌

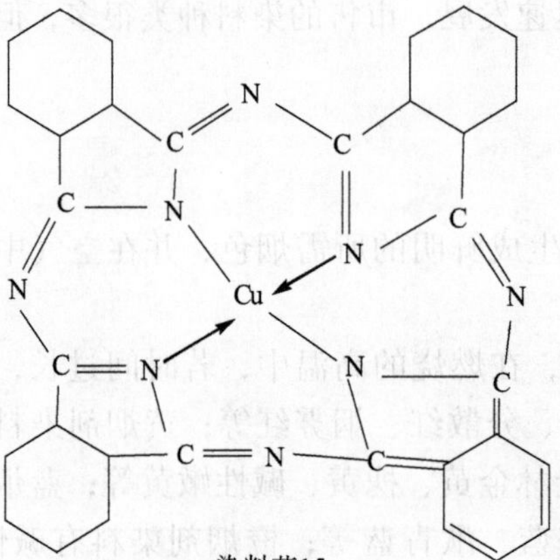

染料蓝15
酞青蓝

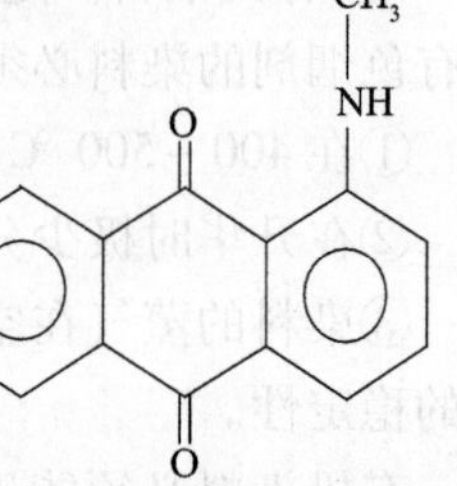

分散红9
1-甲氨基蒽

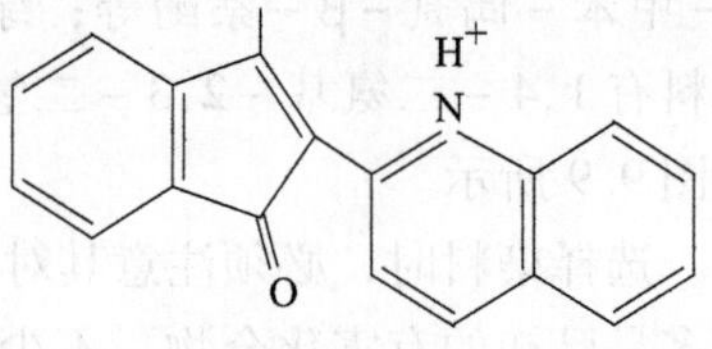

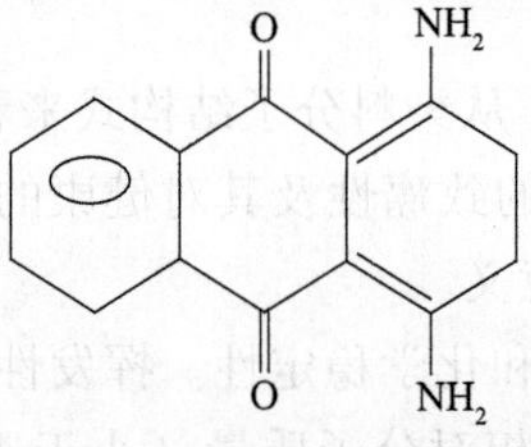

紫
1,4-二氨基-2,3-二氢化蒽醌

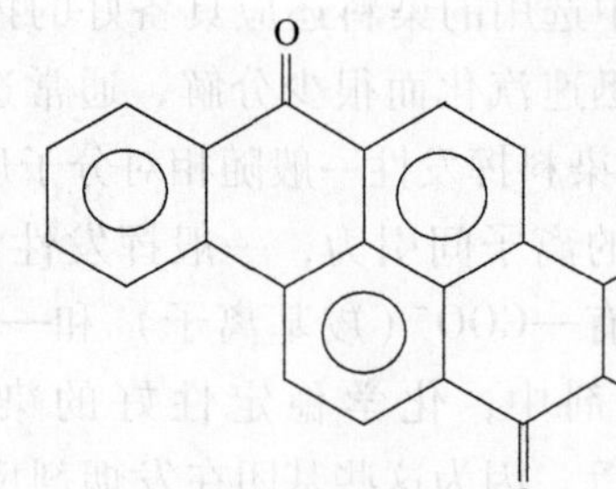

喹啉黄
2-（2-喹啉基）-1,3-茚满二酮

瓮黄4
二苯并（a,h）吡-7,14-二酮

图9.9　几种有色发烟剂用染料结构式

（2）配方的设计。

通常将有色发烟剂的配方设计为：

氯酸钾　　　　　　　20% ~40%

碳水化合物　　　　　15% ~25%

染料　　　　　　　　45% ~55%

黏结剂　　　　　　　0 ~5%

为了降低药剂的机械感度，也由于造粒需要，常在配方中加入酚醛树脂一类黏结剂。但不能加松香和油类，因为这些有机物含氧少，会在燃烧时产生火焰。为了调整发烟剂反应温度和中和药剂中可能产生的酸，同时也为了进一步降低药物敏感度，在配方中还添加碳酸氢钠或碳酸镁等。

氧化剂与可燃剂的比例直接影响产气量和热量。氯酸钾与硫黄混合的有色发烟剂，二者合适的化学计量比是 2.55：1。氯酸钾与硫黄反应放热量不高，当以化学计量方式配制该药剂时，所产生的热量能使染料很好地挥发。

$$2KClO_3 + 3S \rightarrow 3SO_2 + 2KCl$$

$$245\ g \qquad 96\ g$$

$$71.9\% \qquad 28.1\% \qquad\qquad （相当于 2.55：1）$$

氯酸钾与碳水化合物（如乳糖）反应，按照氧化剂与可燃剂的比例不同，可生成一氧化碳、二氧化碳等，平衡方程式如下（乳糖以水合物出现，即一个水分子与一个乳糖分子结晶）。

生成 CO_2 时：

$$8KClO_3 + C_{12}H_{22}O_{11} \cdot H_2O \rightarrow 8KCl + 12CO_2 + 12H_2O$$

$$980\ g \qquad 360.3\ g$$

$$73.1\% \qquad 26.9\% \qquad\qquad （相当于 2.72：1）$$

反应热为 4.43 kJ/g。

生成 CO 时：

$$4KClO_3 + C_{12}H_{22}O_{11} \cdot H_2O \rightarrow 4KCl + 12CO + 12H_2O$$

$$490\ g \qquad 360.3\ g$$

$$57.6\% \qquad 42.4\% \qquad\qquad （相当于 1.36：1）$$

反应热为 2.63 kJ/g。

调整氯酸钾与糖的比例可以控制放热量。应避免过多地使用氧化剂，因为氧化剂过量会促使染料分子氧化。染料用量也要适当，染料过多时，会起缓燃作用。

军用和民用有色发烟剂配方分别见表 9.10 和表 9.11。

表 9.10 军用有色发烟剂配方

颜色	配方组成/%
红	1 – 甲氨基蒽醌 42.5，$KClO_3$ 27.4，$NaHCO_3$ 19.5，S 10.6
红	9 – 二乙氨基蔷薇引杜林酮 48.0，$KClO_3$ 26.0，蔗糖 26.0
黄	金胺 O 38.0，$NaHCO_3$ 28.5，$KClO_3$ 24.1，S 9.4
黄	β – 萘偶氮二甲胺 50.0，$KClO_3$ 30.0，蔗糖 20.0
橙	α – 氨基蒽醌 24.6，金胺 O 16.4，$NaHCO_3$ 23.0，$KClO_3$ 25.9，S 10.1
橙	1 – 氨基 – 8 – 氯蒽醌 39.0，金胺 O 6.0，$NaHCO_3$ 24.0，$KClO_3$ 22.3，S 8.7
黑	$KClO_3$ 55.0，蒽 45.0
紫	1 – 甲氨基蒽醌 18.0，1,4 – 二氨基 – 2,3 二氢蒽醌 26.0，$NaHCO_3$ 14.0，$KClO_3$ 30.2，S 11.8
绿	金胺 O 18.0，1,4 – 二甲氨基蒽醌 18.0，1,4 – 二对位甲苯氨基蒽醌 28.3，$NaHCO_3$ 24.0，$KClO_3$ 25.9，S 10.1
蓝	1,4 – 二甲氨基蒽醌 50.0，$KClO_3$ 25.0，蔗糖 25.0

表 9.11 民用有色发烟剂配方　　　　　　　　　　　　%

组成成分	红	红	黄	黄	绿	绿	蓝	蓝	紫
$KClO_3$	40	25	23	35	34	35	20	35	26
工业甜糖					25				
甜菜糖	20			15		5	20	15	
淀粉						14			
面粉		15							15
S			17						
酚醛树脂					6		6		6
烟雾红	40								
日罗蓝红		30							
偶红		30							
玫瑰精									16
槐黄			34	27	26				21
菊橙			10						
碱性嫩黄			60						

组成成分	红	红	黄	黄	绿	绿	蓝	蓝	紫
酞青蓝							60		
靛蓝					14				22
次甲基蓝						14		44	

9.10　催泪烟幕剂

防暴用烟幕剂一般用刺激感官的助剂制备而成，这些助剂有 ω – 氯代苯乙酮（CN）、二苯并（b,f）– 1,4 – 氧氮杂环烷（CR）、o – 氯苯亚甲基丙二腈（CS）等，它们通过汽化进行撒布。催泪烟幕剂配方包含可燃剂和氧化剂，配方本身就可以释放足够的热量来汽化散布在空气中的助剂而不使助剂分解。对此类配方而言，烟幕能见度不是重要指标，而烟幕量和持续时间是衡量烟幕剂是否有效的重要指标。Pune 研发出了一种以树脂油（从辣椒中提取）为基材的对感官有刺激而不致命的烟幕剂配方，该烟幕剂配方对感官刺激强烈而毒性较小。为了更有效地防暴，人们提出了许多催泪烟幕剂方案，某些催泪烟幕剂能使人和动物短暂致盲。该类烟幕剂的典型配方是一种短暂致残剂混合物，包含小于 5% 的 4 – 羟基 – 3 – 甲氧苯甲基壬酰胺（PAVA）和溶剂。

9.11　无毒和环境友好型烟幕剂

烟幕剂的许多组分都具有毒性，因此，科研人员已着手进行无毒和环境友好型烟幕剂组分的研究。由于对环境无污染和对人无害的意识越来越高，无毒和环境友好型烟幕剂越来越多地用于训练。无毒和环境友好型烟幕剂的配方同彩色烟幕剂一样含有燃料、氧化剂和黏结剂。经过多轮试验筛选，最合适的氧化剂是 $KClO_3$，最合适的燃料是糖/蔗糖。每个配方的主要组分都是不同的，有些配方还获得了专利。下面介绍从文献中查到的几种重要配方。

（1）氯化铵烟幕剂。获得荷兰授予专利权的一个配方是 56% NH_4Cl、15% 精制糖、9.5% 松香和 19.5% $KClO_3$。这个烟幕剂生成的乳白色烟幕能持续很长时间，它用于压力容器测试渗漏，也可用于训练。NH_4Cl 粒子的分散形成了烟幕，而 NH_4Cl 基本上是无毒的。Shidlovskiy 报道的另一个配方是

50% NH_4Cl、20%萘/蒽、20%~30% $KClO_3$、0~10%木炭。这个配方生成的烟幕无毒，并可用于训练。Pune 开发出了一种烟幕剂配方的烟幕生成器，烟幕剂配方是 45% NH_4Cl、40% $KClO_3$、15%蒽及黏结剂。这个烟幕生成器释出无毒烟幕，主要用于轮船的消防预警及新兵训练。

（2）NaCl、KCl 型烟幕剂。德国 NICO 烟火药研究所生产了一种名为 KM 的无毒烟幕剂配方，它含有 44% KCl、27% KNO_3、5% $KClO_4$、8% Mg、16% 偶氮二碳酰胺。该烟幕包含升华性的 KCl 粒子、K 粒子和 MgO 粒子，这些物质基本上都无毒。

（3）以肉桂酸和对苯二酸为基的烟幕剂。这类配方的主要成分及配比为 29% $KClO_3$、12%蔗糖、47.5%可挥发性的肉桂酸、6.5% $NaHCO_3$（用作冷却剂）、5.0% SiO_2，硝化棉用作黏结剂。该烟幕剂能生成大量烟幕，可用于消防训练。另一个配方是 57% 对苯二甲酸、14% 蔗糖、23% $KClO_3$、3% $MgCO_3$、1%石墨、2%硝化棉（用作黏结剂）。这种烟幕剂在使用时也生成无毒烟幕，并可用于训练。

德国 NICO 烟火药研究所宣布已研制成功世界上第一种多谱段烟幕遮蔽剂（命名为 NG90），这种烟幕遮蔽剂不仅能使 IR 波段和可见光波段的电磁谱仪失效，也能使毫米波段（MMW）雷达失效。因此，绝大多数的勘测和目标搜寻装置不能穿透 NG90 烟幕剂产生的烟幕。NG90 烟幕剂以 $KClO_4$、Mg 和碳为基材，装填于弹药筒、榴霰弹筒或手榴弹筒中，能生成无毒和对环境友好的烟幕。Mg 被 $KClO_4$ 氧化的同时，释放出足够的热量，释放的热量将碳转变为气凝胶微粒，后者散射出电磁波。NICO 还宣称 NG90 能将 35~140 GHz 信号弹的能量衰减超过 99%。文献报道了一种与 NG90 类似的烟幕剂，这种烟幕剂由 50%~70% 的蒽/萘和 30%~50% 的 $NaClO_4$/$KClO_4$/AP 组成，这种烟幕剂与碳微粒同时使用可生产诱骗烟幕剂。这种烟幕剂的屏蔽效率主要在 IR 区（尤其是波长为 0.78~14.0 μm 波段）。Amarjit Singh 等人最近发表了一篇有关这类烟幕剂的详尽述评。

虽然这类烟幕剂在国防军工事业中具有重要作用，但更多的是民用。此类烟幕剂的某些民用事例为锅炉泄漏检测剂、杀虫剂、地下火扑灭剂、使果园免遭温度突变危害的保护剂、汽车安全气囊的快速充气剂、人工增雨剂等；它还可作为驱雾剂，与碘化银晶体同时撒播，可以驱除机场上空的雾，从而确保飞行安全。

思考题：

1. 试分析如何从烟幕剂原材料入手，研制无毒和环境友好的烟幕剂配方。

2. 制备有色发烟剂的可燃剂时，为什么不能选用金属粉？

3. 试分析磷烟的发烟机理，并阐述黄磷与赤磷的主要区别。

4. 如何解决"全波段"发烟剂的技术问题？

5. 试分析影响有色信号烟云质量的因素有哪些，以及其观察条件有哪些要求。

第 10 章
黑火药和延期药制造

10.1 黑火药

　　黑火药也称为有烟火药，是最早发现和应用的火药。黑火药是我国发明的，具体年代不详，也有记载是公元 682 年中国制出了黑火药，距今已有一千多年历史。在无烟火药及猛炸药发现以前，黑火药得到了广泛应用。在军事上曾用于武器的发射、点火用品及爆炸武器的装药等方面，在工程上曾用于采矿、开山、筑路、开凿隧道等，在民间则用于花炮的制造及民间狩猎等方面。最初的黑火药成分是以等量的硝酸钾、硫、木炭组成，之后发现黑火药的燃烧速度是随三种成分的改变而改变的，经过不断探索，通过试验研制了各种配比的黑火药。

　　黑火药的点火借助采用纸条卷成的细管或浸泡硝酸钾及黏附有黑火药的棉线完成，这就是导火索的雏形。

　　黑火药生产的混合方法，最初采用捣磨法，之后改用大理石或青石制成的石碾法。由于石碾研磨危险性大，19 世纪出现了转鼓混合法，转鼓法是将原料预先粉碎后，再分别进行二元和三元混合物的混合，目前国内多采用这种方法。

　　黑火药的干燥，由最初使用露天自然干燥，后改为用火炕或火墙室干燥。由于采用火焰加热具有很大的危险性，之后改用热水加热干燥、蒸气加热干燥及热风干燥。

　　在无烟火药及猛炸药发明以后，黑火药的军事方面及工程方面的应用即被取代。现在的黑火药主要用来制造延期药、导火索、引火药剂，以及用作礼花弹和猎枪弹等发射药，仍有一定的需求和消耗量。

10.1.1　黑火药的组成及分类

10.1.1.1　黑火药的组成

黑火药中氧化剂为硝酸钾，由于它的吸湿性较小，在黑火药中是较好的氧化剂。除硝酸钾之外，硝酸钠可代替硝酸钾的作用，但其吸湿性较强，极少应用。除硝酸钾外，也可采用氯酸钾、过氯酸钾作为氧化剂。但于含氯酸盐的粉状火药敏感度极高，制造与使用过程极为危险，因此被禁止加入使用。凝固状含氯酸盐的火药一般用于电雷管引火药头用药。

黑火药的可燃剂为木炭与硫。木炭的来源及制造方法不同，可使火药具有不同的性能。木炭的炭化度，对火药点燃性及燃烧速度具有影响。炭化度高，燃速快，点燃性则以炭化度中等为好。也可以用其他物质代替木炭，如纤维、淀粉、蔗糖、木屑、石蜡等，但这些物质都存在各种缺点，所以没有得到实际应用。

硫是一种可燃剂，常常将其粉碎成粉末使用，同时它也是木炭与硝酸钾的黏结剂。另外，硫可以提高黑火药热感度。因为木炭与硝酸钾反应时，硫可以起到接触剂的作用，可以使火药发火点降低并易于被点燃。有硫的黑火药燃烧后，硝酸钾可以反应生成硫酸钾或硫化钾，但应防止生成碳酸钾。因为存在碳酸钾时，碳酸钾可与碳反应生成钾及一氧化碳，钾与碳及氮又会合成氰化钾。

10.1.1.2　黑火药的分类

（1）引火线或导火索用药。引火线和导火索具有相同功能，形状也基本相同。由于要求不同的燃烧速度，黑火药可有不同的配比组成。各组分的变化范围如下：

硝酸钾	60%～78%
木炭	10%～30%
硫	10%～30%

（2）爆破用药。爆破用黑火药大部分被用作露天破碎、切割大理石和花岗岩等。配比范围如下：

硝酸钾	70%～75%
木炭	15%～18%
硫	10%～12%

（3）发射用药。发射用药供枪炮弹丸的发射使用。配比范围如下：

硝酸钾	74%～78%
木炭	12%～16%

| 硫 | 8% ~10% |

（4）引火用药。引火用药一般采用无硫火药，用于点燃对火焰较钝感的燃烧药剂。配比如下：

| 硝酸钾 | 80% |
| 木炭（含碳量75% ~80%） | 20% |

10.1.2　黑火药的物理化学性质

黑火药因含碳量不同及木炭的炭化度不同而呈现黑色或灰色。根据用途不同，可以采用粉状药及不同大小的粒状药，导火索一般采用粉状药。

由于制造原料具有吸湿性，黑火药本身也具有吸湿性。黑火药吸湿的速度和程度既取决于黑火药的组成，也与环境温湿度有关。这是由于硝酸钾本身就有吸湿性，而木炭也起了重要作用，木炭的比表面积大，对气体的吸附能力强。黑火药吸湿后，燃速变慢。

黑火药的假密度取决于组分配比。若为造粒药，则取决于药粒的大小及形状。如标准组成（硝酸钾75%、木炭15%、硫10%）的粉状药，假密度约为0.35 g/cm^3。

黑火药是化学性质较安定的物质的混合物，故它的化学性质安定，在较干燥的条件下长期贮存而不变质，也不易与金属发生作用。当温度高至70 ℃以上时，会由于硫的少量挥发而改变黑火药的组成。

黑火药的爆炸分解反应式极为复杂，一般简单的写法如下：

$$2KNO_3 + S + 3C \rightarrow K_2S + 3CO_2 + N_2$$

黑火药的某些爆炸物理参数如下：

爆温（组成不同）	2 000 ~2 200 ℃
燃烧温度	约1 200 ℃
比容（组成不同）	280 ~320 L/kg
爆速（标准组成，$\rho = 1$）	300 ~400 m/s

黑火药对撞击不敏感，但对摩擦非常敏感。用铁与铁、铜与铁、铜与石、铅与铅、铅与木或木与木之间进行摩擦，都可能造成发火。因此，在制造过程中，所有机器摩擦面之间不得有药粉。但铜与铜之间的摩擦感度较小，所以生产中多用铜制工具。

黑火药对火焰敏感，铁与石等撞击发生的火花或静电火花都可能引起发火。所以生产中应特别注意。

黑火药对加热较钝感，其发火点较高，与组成配比有关。粉状药及粒状药发火点如下。

粉状药：265 ~ 270 ℃。

粒状药：310 ~ 315 ℃。

10.2　影响黑火药燃速的因素

10.2.1　组分配比对燃速的影响

10.2.1.1　硝酸钾加入量的影响

火药的配比为硝酸钾 75%、硫 10%、木炭 15%。在此基础上增加硝酸钾、减少木炭，或减少硝酸钾、增加硫与木炭，都可以使火药的燃速减慢。组分变化对燃速的影响见表 10.1 和表 10.2。

表 10.1　硝酸钾增加、木炭减少对燃速的影响

配比/%			在药盘内燃烧时间/s
硝酸钾	硫	木炭	
75	10	15	12.4
78	10	12	16.9
80	10	10	24.2
81	10	9	25.8
84	10	6	49.7
87	10	3	不燃

表 10.1 中燃速变化的主要原因是炭量减少，燃烧后生成二氧化碳气体量减少，放热减少，燃速因此减慢。

表 10.2 中燃速变化的主要原因是硝酸钾含量减少，供氧不足，生成的二氧化碳量减少，一氧化碳增多，放热量减少，因此燃速减慢。

表 10.2　硝酸钾减少对燃速的影响

配比/%			1 m 导火索的燃烧时间/s
硝酸钾	硫	木炭	
72	13	15	40
62	20	18	100
40	30	30	150

10.2.1.2　硫加入量的影响

硫含量增加，燃速变慢，见表 10.3。这是因为硫增加、炭减少，燃烧放热减少。所以可以利用增加硫含量的办法来适当调节黑火药的燃速。

表 10.3　硫增加、炭减少对燃速的影响

配比/%			在药盘内燃烧时间/s
硝酸钾	硫	木炭	
75	1	24	10.9
75	4	21	11.2
75	7	18	11.8
75	10	15	12.4
75	13	12	13.2
75	20	5	28.8

10.2.1.3　木炭加入量的影响

木炭对黑火药的性质影响很大，所以在黑火药的三组分中，木炭应引起极大的注意。由表 10.1 可以看出，在一定范围内，木炭增加，硝酸钾减少，燃速增快。由表 10.3 也可看出，硫减少，木炭增加，燃速增快。这都是木炭增加，从而使燃烧热增高的缘故。

木炭本身炭化度的高低对火药的燃烧影响很大。一般黑火药燃速随木炭含碳量的增高而加快，这也是燃烧热随木炭含碳量增加而增加的缘故。木炭本身炭化度除对火药具有燃速影响外，还对点燃难易程度具有影响。一般具有中等炭化度的木炭制成的黑火药容易点燃，这是由木炭本身的性质决定的。

10.2.2　其他因素对燃速的影响

（1）气体压力对燃速的影响。黑火药的燃烧速度随外界气体压力的降低而变慢，随气体压力的增加而加快。如当空气极为稀薄、气压降至 350 mmHg[①] 时，燃烧可能会停止。

（2）装药密度对燃速的影响。黑火药的燃烧速度与装药密度成反比，即密度越大，燃速越慢。除燃速外，感度也会随密度的增加而降低，即密度大

---

① 1 mmHg = 133.3 Pa。

的火药不易点燃。

（3）水分含量的影响。随水分含量的增加，黑火药燃速下降。据资料介绍，水分含量大于 2% 时，燃速性能显著下降；当水分含量达到 15% 时，黑火药即失去燃烧性质。

10.3　黑火药的生产工艺

10.3.1　制造黑火药的原材料

10.3.1.1　硝酸钾

硝酸钾又称硝石、土硝、火硝，分子式为 KNO_3，相对分子质量为 101.11。纯硝酸钾为白色结晶，相对密度为 2.1 ~ 2.2，熔点为 334 ℃。

硝酸钾易溶于水，在水中溶解度（20 ℃）为 31.6%。纯硝酸钾的吸湿性很小。硝酸钾在 20 ℃ 时的临界湿度为 91.3%，而硝酸钠的是 73%。随着温度升高，临界湿度降低。

硝酸钾被加热超过 350 ℃ 后，就开始分解，生成氧和亚硝酸钾（KNO_2），亚硝酸钾进而分解成氧化钾（K_2O）和氮氧化物，因此，硝酸钾在高温时是强氧化剂。

最早的硝酸钾是从老旧的土墙、土房地上的一些白色结晶中提取的，土硝因此而得名。这是泥土中的含氮化合物长年氧化并与其中的钾盐化合而成的。在水和植物中也含有少量的硝酸钾。天然硝石矿的硝酸钾储量较丰富，从矿石中可浸出含 50% ~ 70% KNO_3 的硝石，然后用结晶法精制。自从发现智利硝石（硝酸钠矿石）后，在工业上就开始用硝酸钠和氯化钾作原料制取硝酸钾。

用于黑火药的硝酸钾应符合下列要求：

（1）外观为白色结晶；

（2）KNO_3 含量不小于 99.0%；

（3）水分含量不大于 0.2%；

（4）氯化物（以 NaCl 计）含量不大于 0.1%；

（5）碳酸盐（以 K_2CO_3 计）含量不大于 0.5%；

（6）水不溶物含量不大于 0.04%；

（7）盐酸不溶物含量不大于 0.02%。

10.3.1.2 木炭

木炭是木材在隔绝空气条件下加热分解时得到的固体产物。主要成分是碳，灰分很少，质松多孔，可以吸附气体。木炭是固体燃料的一种。

根据加热分解程度不同（炭化程度不同），用于制造黑火药的木炭有三种：

黑炭的含碳量为 80%～85%，蓝黑色，粉末呈黑色；性脆，易粉碎或磨碎；撞击时声音清脆；燃烧时无较大火焰，仅由于一氧化碳的燃烧有短而蓝白色的火苗。

褐炭的含碳量为 70%～75%，红褐色；质感润滑，撞击时声音低沉，比黑炭难粉碎；燃烧时有黄红色火焰，但无炭烟。

栗炭的含碳量为 50%～55%，浅褐色，在很大程度上保持着木纤维的结构，很难粉碎；不易点燃，燃烧缓慢。

除这三种外，往往还有些中间状态的炭种，如含碳量在黑炭与褐炭之间的称为黑褐炭、含碳量在褐炭与栗炭之间的称为褐栗炭等。

黑火药的燃速与所用木炭的炭化程度关系很大，一般随木炭的含碳量降低而减慢。所以，制造燃速较快的黑火药时，多采用黑炭或黑褐炭，而制造燃速较慢的黑火药则用褐炭、褐栗炭和栗炭。也可以在黑火药中同时混入两种类型的木炭，调整它们的比例，以调节燃速。

木炭的发火点与其炭化程度有关。中等炭化程度的木炭（含碳量为 75%～80%）发火点最低，最易点燃。含碳量比该数值低和高的木炭，发火点都要升高，较难点燃。这是因为炭化程度高的木炭，缺少与氧反应能力较强的挥发性物质；而炭化程度较低的木炭，因杂质含量过多而降低了它的燃烧反应的能力。与此相对应，用黑褐炭制成的黑火药较易点燃。

木炭的燃烧发热量因炭化程度不同而异，黑炭的热值较高，栗炭的较低。

木炭有吸湿性，吸湿速度和程度与炭化度及环境温湿度有关。在一般干燥气候下，可吸收 5%～7% 的水分，在潮湿环境中可达 15%～18%。

木炭的多孔性使它具有吸附气体的能力。木炭在空气中易吸附氧气，在温度较高时，可发生自燃。

黑火药用的木炭大多用木材干馏的方法制得。木材的材质必须是柔软、不致密、不含树脂的，如白杨、赤杨、柳、榛等的白净木材，树不要老，以春天砍伐为佳，因为此时木材水分多，盐分少。将树剥皮去节后切成 10～30 mm 厚的板条，露天风干至水分小于 20% 才能使用。这样的木材制出的木炭性脆、质松、灰分少、易于破碎；也容易同黑火药其他成分混合。还可用大麻杆制木炭，这种木炭制出的黑火药燃速较快。

炭化罐是一个有密闭盖的圆柱形铁罐，盖上有排气孔。木材在罐内放好，拧紧盖子，打开排气孔，移入火炉中加热干馏，馏出的气体产物由排气孔排出，一般不作回收。炭化温度和炭化时间根据所要求的炭种、木材的种类而定。一般的范围见表 10.4。

表 10.4　木材炭化操作条件

木炭种类	含碳量/%	炭化温度/℃	炭化时间/h	得率/%
黑炭	80～85	350～400	6～8	23～26
褐炭	70～75	280～340	6～8	33～37
栗炭	50～55	150～200	8～10	67～70

炭化完毕，将炭化罐从炉中取出，立即关闭排气孔，冷却至室温后才可出炭，再将炭放入金属筒中密闭放置，一周后才能使用，因为新制的木炭在粉碎研磨时容易自燃。使用前的木炭还要经过清理，将灰斑、疤节除去，将颜色不同的进行分类。合格的木炭应无肉眼可见的杂质，断面的颜色均匀一致，灰分不大于 1.5%，水分不超过 7%。

10.3.1.3　硫

硫俗称硫黄，化学符号为 S，相对原子质量为 32.064，相对密度为 1.99～2.07，为黄色固体。多以结晶形态存在，其中有斜方硫和单斜硫两种同素异形体。斜方硫是硫的稳定形态。天然硫多为斜方硫。斜方硫熔融后冷却可得单斜硫，在常温下，单斜硫会逐渐变为斜方硫。斜方硫熔点为 112.8 ℃，单斜硫熔点为 119.3 ℃。硫在 363 ℃时能着火燃烧。

硫不溶于水，溶于二氧化碳。硫是热和电的不良导体，受到摩擦时，易产生静电，在黑火药生产中要注意这种性质。硫的化学性质很活泼，与金属一起研磨，易生成硫化物。细碎的硫在空气中长期放置，可少量发生氧化，可能生成少量的亚硫酸及硫酸。

硫黄可以从天然硫矿中提取或通过加热黄铁矿得到。从矿石中熔炼出来的是粗硫（含 2%～5% 的杂质），还应进行蒸馏精制。将粗硫在 400 ℃下蒸馏，蒸气在 120～130 ℃下冷凝成液体，再烧铸成棒状或块状硫，只有这种硫才能用于黑火药制造。由于冷凝温度过低而凝结成的硫华（粉状硫）表面积大，容易被氧化，往往含有微量的亚硫酸或硫酸；吸湿性也较大，不能用于黑火药制造。

黑火药使用的硫应符合下列要求：

（1）外观为淡黄或浅灰黄色的棒状或块状结晶；

（2）硫含量不小于99.5％；

（3）灰分不大于0.1％；

（4）砷含量不大于0.05％；

（5）没有硫酸或亚硫酸；

（6）没有硫化氢气味。

10.3.2　制造黑火药工艺流程

制造黑火药的过程，就是三种物料的粉碎和充分混合的过程。工艺流程如图10.1所示。

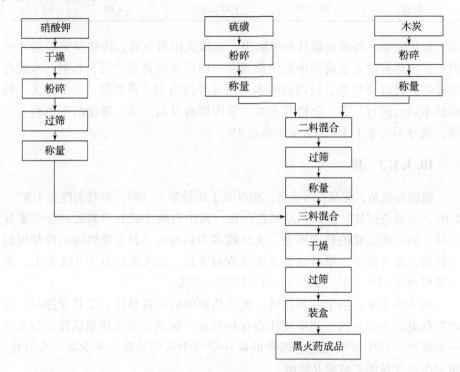

图10.1　黑火药工艺流程图

10.3.3　黑火药的生产工艺

10.3.3.1　原材料粉碎

黑火药的质量在很大程度上取决于各种物料预先加工的情况。各种物料预粉得越细，最后三种物料混合时就分散得越均匀，彼此接触面越大，黑火药的燃烧性能就越稳定。不过也无须对细度要求过高，因为这将使粉碎时间延长，而对黑火药质量的提高，超过一定程度以后就不太显著了。

在生产中，一般是将硫与炭分别打碎后，按一定的比例一起粉碎，称为二料粉碎。硫单独粉碎时，会黏附在粉碎机的壁或角上，并易产生静电。木炭单独粉碎时，除栗炭外，其他木炭都有可能发生自燃。将硫炭一起粉碎，则消除了黏结现象及产生静电现象和自燃现象，并有助于硫炭接触良好。二料粉碎在铁制球磨机中采用青铜球进行。粉碎后的混合物经 60 目筛网过筛后，即可供三料混合使用。

二料混合工艺条件如下：

球占转鼓容积　　　　　　　　30%

球料比　　　　　　　　　　　1.5∶1

鼓球直径比　　　　　　　　　(20~40)∶1

转速　　　　　　　　　　　　$\dfrac{25}{\sqrt{D}} \sim \dfrac{28}{\sqrt{D}}$（D 为转鼓直径）

混合时间　　　　　　　　　　4~6 h

使用栗炭时，由于它较难粉碎，需要先单独进行粉碎，粉碎后经 60 目筛网过筛，再与硫进行二料混合和粉碎。硝酸钾单独在球磨机中粉碎，粉碎前应先干燥至水分在 0.25% 以下，否则，硝酸钾也会黏附在桶壁上；也可以用轮碾机粉碎及干燥同时进行。粉碎后经 60 目筛网过筛后，供三料混合使用。

硫、炭和硝酸钾原料用铁制球磨机粉碎，但必须是专机专用，不得混用。还应注意，硫、炭混合要做到密闭，否则，摩擦变热的硫粉及炭粉易被空气氧化，严重时会发生燃烧。

10.3.3.2　三料混合

三料混合就是将上面加工好的三种原料按比例混合在一起成为黑火药。在混合过程中还有进一步粉碎的作用。它是黑火药生产中最危险的工序。因此，混合的设备多采用内衬牛皮革的球磨机，里面的磨球是木制的，称为三料混合机。三料混合机由一个木（或铝）转鼓内衬以 4~5 mm 的牛皮制成。混合和出料过程中，要求操作人员远距离隔离操作。

三料混合工艺条件如下：

球占转鼓容积　　　　　　　　30%

球料比　　　　　　　　　　　1∶1

鼓球直径比　　　　　　　　　(20~40)∶1

转速　　　　　　　　　　　　8~12 r/min

混合时间　　　　　　　　　　6~8 h

混制各种导火索用黑火药的配比见表 10.5。

表 10.5　各种燃速导火索用黑火药的常用配比

燃速/(m·s^{-1})	硝酸钾/%	硫/%	木炭/%
60~80	64	23	13（黑炭）
90~110	64	26	10（黑炭）
100~125	63	27	10（黑炭）
150~170	75	15	10（黑褐炭）
240~260	75	15	10（褐炭）
290~320	75	15	10（栗炭）

10.3.3.3　干燥、过筛

混合后的黑火药放入木制或铜制盘中，药盘放在干燥室内的木架上进行干燥，干燥温度为 40~45 ℃。导火索用黑火药一般干燥至水分为 0.2%~0.3% 时使用效果较好。

干燥合格的黑火药经晾药后还要过筛，以除去偶然混入药中的杂质或混合时木球脱落的木屑。筛药要在单独的筛药室进行，筛药有专用的振动筛，也常用一种简易的悬吊筛。通过 60 目绢或铜筛网过筛后装盒，可供卷制备导火索使用。

10.4　延期药

军用炸弹在连续的两次爆炸间有一时间间隔，这被称为"延迟期"，它从几毫秒到几秒不等。延期可由烟火药延期装置实现，且延期是非常有必要的。通常情况下，在设计弹药时配有烟火药延期装置以实现延期。弹药被点燃后发生第一次爆炸，延期药的引信则稳定燃烧一定时间，直至发生第二次爆炸，这就是延期。以手榴弹为例，当战士投掷手榴弹时，要先点火，这是第一次爆炸，然后延期药燃烧数秒钟（在此期间，手榴弹飞行了一定距离），最后手榴弹爆炸，这是第二次爆炸。

在弹药中配以延期装置的目的主要有以下几个方面：

（1）控制飞行时间；

（2）给使用弹药的人以安全保护；

（3）确保飞机安全；

（4）保证自毁作用；

（5）增强随后的冲击效果。

军事上，延期从几毫秒到 1 min 不等，并广泛用于各种各样的弹药中。文献中业已报道了各种各样的延期药配方，这些配方的延期从几毫秒到几秒钟。

广义上，根据燃烧产物的性质，可以将延期药分为不生成气体的和生成气体的两类，需要根据弹药主要部件的几何形状选用延期药配方。无排气孔的、不能排放所产生热气的弹药需要优先选用不生成气体的延期药。由于生成气体的延期药的燃烧总是生成大量气体，必须为生成的气体提供合适的排气通道，如果没有排气通道，会产生附加压力，这会导致延期药燃烧加快及延期不确定。延期药不希望生成大量气体，尤其是装填引信时。理想延期药所必备的要求是：

（1）配方应具备良好的流动性，易混合加工，且易于装填；

（2）配方的燃速必须是均衡稳定的和可重复的，且配方组分配比发生微小变化时，燃速不应变化；

（3）配方应是易被点燃的；

（4）配方的性能不应因温度和压力的变化而发生显著变化。

线性燃速是延期药的最重要特征，通常用 cm/s 表示。由于延期时间与延期弹药筒的长度直接相关，线性燃速决定延期药的最终用途。为研究各组分配比对燃速的影响，配制了几种延期药配方，这些延期药的燃料/氧化剂配比在理想配比值（在缺燃料和富燃料之间）附近变动。另外，还制造了几种长度的延期药柱，并在环境温度和压力条件下点火。试验后，计算了每种延期药配方燃速的倒数（IBR），按照 IBR，对延期药配方进行了分类，见表 10.6。

表 10.6　延期药的分类和应用

配方	IBR/(s·cm^{-1})	应用
极快速	>0.04	用于毫秒延期药
快速 中速	0.4 2.0	作为起爆配方，即点燃延期系统
慢速 极慢速	4.0 >12.0	根据延期药装填的有效长度、所需时间和环境对其作用来选用这三类延期药

10.4.1　延期药配方组成

延期药通常是氧化剂和可燃物的机械混合物。为了调整燃烧速度，还加入适量的燃速调整剂，或有助于燃烧稳定和贮存稳定的添加物。此外，还可加入少量的黏结剂，以利于造粒装药。

10.4.1.1　氧化剂

氧化剂有氯酸盐、过氯酸盐、铬酸盐、重铬酸盐、硝酸盐、高锰酸盐及重金属的氧化物和过氧化物等。

了解各种氧化剂的物理化学性质，对合理选择氧化剂有重要意义。

氧化剂的熔点较低时，一般分解温度也较低，因此组成的延期药一般燃烧迅速，且易点燃。

氧化剂所含的有效氧量高，其延期药的燃速也高；反之则低。

分解放热的氧化剂放出有效氧较易，其延期药燃速较快，机械感度也较高；反之，则燃烧速度较慢，也比较钝感。

氧化剂分解生成物最好是难挥发的，即其熔点及沸点都是较高的。这样，其延期药的燃烧产物才能是无气体的或少气体的。

氧化剂的吸湿点应较高，在水中的溶解度较小，这样的氧化剂制成的延期药吸湿性小，燃速较稳定。

10.4.1.2　可燃物

常用的可燃物有某些金属如镁、铝等；非金属如硅、碳、硒、硼等，硫化物如硫化锑等，以及合金如硅铁等。可燃物是决定延期药的燃烧性能和安全性的主要组分。要合理选择可燃剂，也应首先了解它的理化性质。

可燃物燃烧热大的延期药的燃速快。

可燃物的化学活性强，燃速较快；活性弱，燃速较慢。

为了获得无气体或少气体延期药，可燃物的燃烧生成物在延期药的燃烧温度下还必须是凝聚状态的物质。

10.4.1.3　燃速调整剂

两组分即二元混合物的延期药，可以在一定范围内改变组分的比例而获得不同的燃速。如果要求燃速变动幅度较大，通常加入少量第三、第四种物质，形成多元混合物。这种添加物称为燃速调整剂。如果加入的物质可使燃速减慢，这种物质可称为缓燃剂。缓燃剂可以是较弱的氧化剂，也可以是较弱的可燃物，还可以是惰性物质。

如在铅丹、硅延期药中加入硫化锑，随着硫化锑加入量的增加，燃速也将递减。虽然同是可燃物，但硫化锑的燃烧热比硅的小，并且在反应温度下熔融吸热，也导致燃速下降。延期药中加入惰性物质，如硅藻土、氟化钙等，它们本身不参与燃烧过程，但是冲淡反应物的浓度，并吸收热量，也同样起到降低燃速的作用。

10.4.1.4　黏结剂

在延期药中加入黏结剂是为了造粒；还起着钝化作用，表现为降低延期药的燃速和机械感度，以及改善延期药的理化安定性。常用的黏结剂有硝化棉、虫胶、骨胶、聚乙烯醇、羧甲基纤维素等有机物质，将它们溶于适当的溶剂中，均匀混合到延期药中。由于它们参与延期药的燃烧反应并产生气体，所以加入量不宜过多。

氧化剂和可燃物是延期药的基本组分。但某些氧化剂和可燃物的混合物在点火后会发生剧烈的放热反应，这是不期望出现的情况。因此，为了控制放热反应，需要加入抑制剂，抑制剂必须是惰性的，并且不参与放热反应。

10.4.2　延期药配方的类型

延期药可分为下述两种类型：

（1）生成气体的延期药配方。这类配方通常用于带有排气孔的系统，产生的气体通过排气孔排出。这类配方的燃料可进行如下分类：

①天然物质类，如淀粉、糖、木炭、树脂和胶等；

②有机酸钾盐类，如水杨酸钾、磺酸钾、硝基苯酚钾、甲基苯酚钾及其衍生物等；

③含氯材料类，如聚氯乙烯（PVC）、氯化橡胶（氯丁橡胶）等；

④硝基有机聚合物衍生物类，如四硝基咔唑（TNC）、四硝基乙酰替苯胺（TNO）等。

以硝酸钡为氧化剂的延期药的燃速低，要根据高燃速或低燃速的要求来选用燃料。燃烧反应极其复杂。生成气体的延期药越均匀密实，由于火焰蔓延和热空气进入，未燃烧部分所需要的孔隙少，燃烧越慢。

（2）不生成气体的延期药配方。1929 年前后引入了不生成气体的延期药，以替代老的引信配方（以黑火药为基材的），该配方在高原的低压条件下性能不稳定。

许多不生成气体的延期药的最基本反应是铝热反应，即金属粒子与金属氧化物以氧化 – 还原反应的方式互相作用，生成大量的热，而不生成/或生成少量的气体。因此，这类延期药常用于没有或极少排气孔的弹药中。不生成气体的延期药越均匀密实，燃料和氧化剂的接触点越多，其燃烧越快。原因是在此情况下，燃烧是固相扩散反应。

延期药燃料通常是钛、锆、锰、钨、钼和锑等金属的细微粒子（2.0 ~

10.0 μm）。有时硼、硅等非金属粒子用作燃速快的延期药燃料。此外，硅铁、锆－镍、铝－钯等二元合金粒子及硫化锑、硅化钙等金属化合物粒子也用作延期药燃料。

延期药氧化剂包括重金属的氧化物如红铅（Pb_3O_4）、二氧化铅（PbO_2）、三氧化二铁（Fe_2O_3）、三氧化二铋（Bi_2O_3）、铬酸铅和铬酸钡等，重金属的过氧化物如过氧化钡及钾和钡的各种含氧酸盐。

延期药是燃料和氧化剂的细微粒子的混合物，由于各组分的密度不同，容易出现分层问题。同时，它不能自由流动，并且容易黏在操作工具上、容器上和进料口处；此外，当某种组分具有吸湿性时，它还容易吸收空气中的水分。使用合适的黏结剂将这种简单的机械混合物造粒可以克服上述缺点。

IBR 是延期药配方的最重要的性能参数，其他重要的性能参数有撞击感度、摩擦感度、电火花感度、引燃温度、热值和生成气体量。因此，对延期药的静态评估，需要综合考虑上述性能参数。

某些组分（如硫黄）即使用量很少（1% ~ 2%），也能改变燃速。一般而言，延期药系统要能承受比环境温度高的温度，但燃速还要较低。因此，研发延期药时，要充分考虑各种因素。为了制得彩色的延期药，需要利用钡、铅等物质，但这些物质致癌，因此，全世界的烟火药从业人员都在寻找能替代钡、铅等的无毒物质。下面列出了某些重要的不生成气体的延期药配方：

（1）硅和氧化铅。硅和氧化铅/二氧化铅/红铅的粒子混合物燃烧剧烈，生成金属铅和熔融的硅化铅，反应式为：

$$2Si + Pb_3O_4 \rightarrow 3Pb + 2SiO_2 \rightarrow 3Pb_2SiO_2$$

硅与其他氧化物的反应基本上与上述反应式相似。燃速从 1 s 到 10 s 不等，这取决于燃料和氧化剂的配比。

（2）无定形硼和氧化铋。无定形硼与氧化铋反应剧烈，生成熔融的金属铋和挥发性的三氧化二硼，反应式为：

$$2B + Bi_2O_3 \rightarrow B_2O_3 + 2Bi （混合物反应物中含硼的理论值为 4.4\%）$$

硼的含量从 8% 降到 3%，燃速从 0.68 cm/s 降到 0.24 cm/s。

比较著名的燃速低的延期药配方为：20% 三硫化二锑（Sb_2S_3）、8% 高氯酸钾（$KClO_4$）、72% 铬酸钡（$BaCrO_4$），以 NC 为黏结剂。其燃速为 0.43 cm/s。如果用铬酸铋代替铬酸钡，燃速则下降到 0.23 cm/s。这些配方的感度数据值表明可以对其进行安全加工。

人们设计和评估了由多种氧化剂如高锰酸钡、锰酸钡、高锰酸铷、二氧化锰、氧化铋和三氧化钼等与多种金属燃料如 Ti、W、Ta、Nb、Mn、B 和 Al 等组成的延期药配方，所得的结论是，锰酸钡/钨体系和二氧化锰/钨/高氯酸钾体系性能比较令人满意。但上述两体系在实际使用之前，还需要进一步研究其长期贮存性和低生成气体量的标准。

10.4.3　延期药的燃烧

延期药的燃烧情况极为复杂。虽说是"无气体延期药"，但还会有气体生成，它是由氧化剂的分解产物、燃烧后的产物和药粒间的空气组成的。有人曾通过试验证明，延期药燃烧时的气体压力波透过药层先行于燃烧波的前面，速度是燃烧传播速度的 10 倍以上。不同成分的延期药，气体压力波先行速度也不同。这些先行的气体形成了每平方厘米几十千克的压力，并且参与了热量的传递，对燃烧的稳定性产生不良的影响。

研究者还发现了"层状龟裂"现象。延期药的燃烧是呈薄层状，一层一层进行的。由于气体的作用，将薄层状的燃烧产物向后推移，脱离了未燃烧的药层，在燃烧产物和未燃药层间形成空隙，如图 10.2 所示，阻碍了热量的传导。延期药燃烧气体越少，龟裂的裂痕越小，越有利于药层的稳定燃烧。

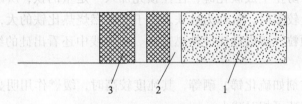

图 10.2　层状龟裂

1—未燃药层；2—层状裂痕；3—燃烧产物

研究者还观察到延期药的燃烧有一种振动燃烧现象，即燃烧波阵面的推进不是平稳进行的，而是一层一层地，似乎是时着时灭地进行的，这是燃烧产物在燃烧过程形成层状龟裂造成的。在龟裂形成的空间内，热量的供给和氧化性气体的流动受到阻碍，使反应速度降低。但由于氧化还原反应的积累，隔一段时间又使燃烧加速，形成新的龟裂后再降低，如此反复而形成"振动燃烧"。振动燃烧是燃速不均匀的主要原因。一般来说，延期药装填密度小，可燃物颗粒大，燃烧管口开放，都能导致振动燃烧的加剧。因而加大延期药压药密度，增加可燃物的细度和在密闭状态下燃烧，有利于燃烧精度的提高。

10.4.4　影响延期药燃烧性能的因素

由于延期药的配方是同原材料及药剂本身一系列物理和加工因素相联系的，在配方确定后，这些因素就成为影响延期药燃烧性能的关键，也就是影响燃烧秒量精度的关键。通过生产实践和科学试验，在这些方面已经积累了不少经验，总结出一些规律。将这些影响因素归纳为下列八个方面，即原料纯度、原料细度、混合均匀度、装药密度、延期药的装量及装药长度、延期药的湿度、点火药药量和延期药直径。

下面主要以铅丹、硅（硅铁）系延期药的试验结果来说明这几方面的经验。试验的方法是将延期药装入雷管中测定延期秒量，从中进行对比并做出结论。

（1）原料纯度的影响。工业铅丹是先将铅氧化成氧化铅（PbO），将氧化铅粉碎后再被高温空气流氧化而成的。由于氧化不完全，粒子中心有氧化铅残存，这是铅丹的主要杂质。氧化铅磨得越细，氧化越完全，铅丹纯度越高，因此纯度高的铅丹往往都比较细。另外，铅丹中还存在铁、锰、铜等杂质。由于氧化铅及杂质的存在，减少了原料铅丹的有效氧量，使延期药燃速变慢，精度变差。

硅是用碳在电炉中还原石英砂而制得的，含有铁、铝、钙等杂质。在工业生产中，为防止生成碳化硅，往往预先加入一定量的铁，所以硅中总含有铁，当铁含量较多时，就称为硅铁。由于硅的燃烧热比铁的大，并且易于粉碎成均匀的颗粒，所以硅比硅铁燃速高。在实践中还看出硅的纯度越高，秒量精度越好。

燃速调整剂如硫化锑、硒等，其纯度较高时，缓燃作用明显。随着加入量的增加，燃速可相对减小。

（2）原料细度的影响。原料颗粒的大小对延期药的燃烧速度影响很大。呈固态混合的延期药，各组分的接触状态主要由其细度决定，颗粒越小，即细度高时，接触面越大，接触的状态越一致，反应也就越完全，振动燃烧及龟裂的节距越小，因而燃速越快，精度也较高。

可燃物如硅的细度影响最为显著，因颗粒越细，燃烧越容易，并且燃烧也较完全。

铅丹一般也是细度越高，延期药燃速较快，但不如硅的影响明显。因为氧化剂分解放氧较容易，所以细度影响相对较小。

缓燃剂越细，越能均匀分散在基药组分之间，发挥它的缓燃作用。配比不变时，延期药燃速减慢，即秒量提高。如要求相同的秒量，加入量可相应减少。

（3）延期药混合均匀度的影响。延期药的混合均匀度是指组分互相分散的程度。很显然，只有充分分散后，才有稳定的燃烧状态。混合均匀度与延期药混合时间有关，随着混药时间的增加，混合均匀度增加。一般情况下，燃速加快，精度提高。但混合时间延长至一定值时，延期药的燃速及精度即趋于稳定。

（4）延期药密度的影响。提高延期药的装填密度，其孔隙率减小，气体压力波先行的现象、振动燃烧和层状龟裂现象都会减弱，有利于燃烧稳定进行。

一般延期药密度增大，燃烧秒量精度提高。燃烧速度一般随密度的增加而下降，这是孔隙率减小的结果。但压力增加到一定值时，孔隙率改变较小，故燃速趋于稳定。如采用压装延期药，多采用 78.4 MPa（800 kgf①/cm²）以上的压力压药。

（5）延期药的装药量及药柱长度影响。每批延期药在使用前都要确定它的具体装药量。例如铅锑合金管式延期元件，在使用前要确定其长度。装药量及药柱长度对延期时间及精度都有一定的影响。

试验表明，秒量增加与药量增加成正比，如果药量太少，药层太薄，同样的装药误差造成的秒量偏差与药层较厚的相比将相对增大。有人认为，药柱被引火药头点燃时，在端面 1 mm 厚度上的药层几乎是同时燃烧的，在药柱中心药层约 2 mm 处开始正常燃烧。所以药柱高度不能小于 3 mm。当药层太薄时，甚至可能由于引火药头火焰穿透延期药层而失去延期作用。由于上述原因，药量或药柱长度不能太小，但药量也不能过多或药柱过长。

（6）延期药湿度的影响。延期药的吸湿性取决于原料的吸湿性。铅丹的吸湿性很小；硅的吸湿性较铅丹的大；过氧化钡的吸湿性较大；调整剂硅藻土的吸湿性比硫化锑的大。所以要根据延期药原料的吸湿性考虑延期药的吸湿性。在延期药燃烧时，水分或挥发分会因为气化而增加气体量，改变了燃速；而在贮存过程中，它能促使药剂发生化学变化。因此，水分或挥发分一般控制在 0.1% 以下。此外，延期药的吸湿性还与使用的黏结剂有关。所以，在选择黏结剂时，采用吸湿性较小者为佳。

（7）引火药药量的影响。点燃延期药多采用引火药头进行，目前国内工业电雷管引火药头多以氯酸钾 - 木炭 - 二硝基重氮酚或氯酸钾 - 硫化锑 - 二硝基重氮酚为主要成分。

引火药头对延期药的燃速影响较大，这是因为不论是哪一种引火药头，在燃烧后都会产生气体。这些气体在气室中造成一定的压力。引火药头药量较大，气室压力增大，延期药的燃烧加快，秒量降低。

另外，一方面，较大的引火药头有较强的火焰，因而延期药的发火延滞期较短，也会造成秒量降低；另一方面，较大的引火药头产生的气体压力大，

①　1 kgf = 9.8 N。

对雷管的封口塞密封性要求提高，否则将造成气密性变坏而导致燃速不一致。引火药头太小，不能保证可靠点火，并且因为火焰太弱，延期药着火延滞期变长，也会影响秒量精度。

（8）装药直径的影响。延期药柱直径的大小对燃速有一定的影响，药柱直径减小，延期时间变长。因侧向热损失增加，当药柱直径小到某一值时，燃烧就会出现停止。这是由于单位体积或单位长度内药剂产生的热量太少，侧向热损失相对增大，当反应生成热小于散失的热量时，燃烧反应即停止。保证燃烧进行而不致熄灭的最小直径称为延期药直径临界值，直径临界值的大小和药剂组成、配比、壳体材料、外界温度等因素有关。直径增大，延期药柱的燃速会增加。当直径增大到一定程度时，直径对燃速的影响就不显著了。管壳材料的吸热及外界温度变化对直径较小的药柱影响较大。

思考题：

1. 影响黑火药燃速的因素有哪些？
2. S 在黑火药中主要起什么作用？
3. 叙述设计短延期药的主要技术要求，以及技术上实现的途径。
4. 氧化剂性能是怎样影响延期药性能的？
5. 影响延期药燃烧性能的因素有哪些？

第 11 章
烟火药制备工艺

烟火药及其制品的性能很大程度上取决于制备工艺。常用烟火药及其制品的制备工艺流程如图 11.1 所示。

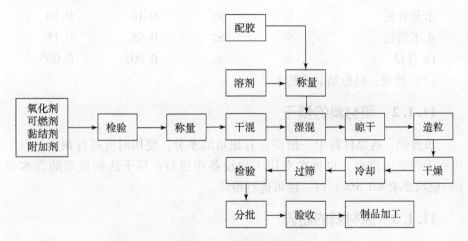

图 11.1　常用烟火药及其制品的制备工艺流程

随着新材料、新技术在烟火领域中的应用与发展，烟火药及其制品的制备工艺也在不断更新。但主要的制备程序包括成分的准备、药剂的混合、造粒及干燥、药剂制品的成型加工等几个方面。

11.1　原材料技术要求

制备烟火药所用原材料的技术要求主要包括原材料的检验、粉碎、干燥、过筛及其他技术处理工艺过程。

11.1.1　原材料的检验

对所要配制的烟火药的原材料进行检验，是把好烟火药及其制品质量关的第一步。首先应该对所购原材料外包装说明（或瓶装试剂品标签说明）进行检查，核对其品名、规格、纯度等是否符合设计要求。所有原材料不允许有肉眼可见的杂质，外观色泽应与说明一致。鉴于市售原材料均有相应的技术标准说明，只在必要时或目观检验有疑问时才做理化分析鉴定。

以市售材料 $Ba(NO_3)_2$ 为例，其包装说明标有以下内容：

（1）技术标准：GB/T 1613—2008。

（2）分子式：$Ba(NO_3)_2$。

（3）相对分子质量：261.4。

（4）技术指标：

			一级	二级
$Ba(NO_3)_2$ 含量	%	≥	99.0	98.5
水分含量	%	≤	0.10	0.10
水不溶物	%	≤	0.05	0.15
Fe 含量	%	≤	0.003	0.005

（5）外观：白色结晶或粉末。

11.1.2　原材料的预干

市售烟火药原材料中一般都含有超量的水分，使用时应进行预干。预干可在干燥室内进行，也可在专用干燥设备中进行。预干达到规定的含水量（一般均要求≤0.5%）时，便可进行粉碎。

11.1.3　原材料的粉碎

原材料的粉碎不只是制药工艺上的需求，更重要的是性能上的需要。一般烟火药组成成分的颗粒度越小，其燃速越大，反应性越高。

原材料的粉碎度可用下式表示：

$$U = \frac{D}{a} \tag{11.1}$$

式中，U——原材料粉碎度；

　　　D——粉碎前最大颗粒粒径，cm；

　　　a——粉碎后颗粒粒径，cm。

粉碎的方式有压碎、冲碎、磨碎、分裂等，如图11.2所示。当材料的硬度很大时，可采用压碎或冲击破碎方式，黏性材料可采用研磨方式，脆性材料一般采用分裂方式。

粉碎时，除应考虑原材料的机械性质外，还须注意它们的其他性质。如硫在粉碎时易带静电，故粉碎器具应接地；氯酸盐机械感度很高，应在具有

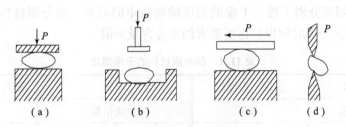

图 11.2　原材料粉碎方式示意图

(a) 压碎；(b) 击碎；(c) 研碎；(d) 分裂

皮内衬的木制器具内进行；有腐蚀性的原材料应使用瓷制器具。

最常用的粉碎器具是转筒式球磨机，它由转筒（内衬皮革）、滚球（铜球、木球、瓷球）和驱动装置等构成。粉碎时，物料与大小不等的滚球混装于转筒内，转筒以 30~40 r/min 的转速旋转。由于转筒的旋转，转筒内物料和滚球均处于运动中，物料不断受到冲击和摩擦的作用，从而达到粉碎的目的。粉碎时间视所需粉碎度而定，通常为 30~90 min。

机械感度不高的硝酸盐等原材料，可采用高速粉碎机粉碎。此外，也可采用轮碾机进行粉碎。轮碾机的构造如图 11.3 所示。它由两个铜滚轮和铜平盘构成。滚轮运动时，既绕自身的轴转动，同时又沿铜盘滚动。滚轮的转速分低转速（5~18 r/min）和高转速（20~30 r/min）两种。

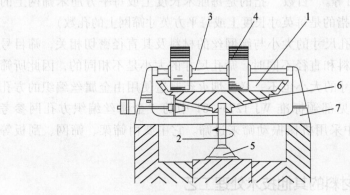

图 11.3　带活动盘的轮碾机

1—铜盘；2—轴；3—滚轮轴；4—滚轮；5—轴承；6—齿轮；7—机座

11.1.4　原材料的干燥

原材料粉碎后，要进行干燥，要求有合适的水分含量（通常要求水分含量在 0.3%~0.5%）。干燥一般在干燥室内进行，也可通过油浴、水浴烘箱、真空干燥箱等来干燥。干燥时，物料摊放厚度一般不超过 25~30 mm，氧化剂和可燃剂须分别干燥。干燥的温度随物料不同而异，部分原材料干燥温度见表 11.1。干燥时间以获得所要求的水分含量为限。

表 11.1　部分原材料的干燥温度　　　　　　　　℃

名称	最高干燥温度	名称	最高干燥温度
硝酸盐	105	片状铝粉	70
镁粉	70	酚醛树脂及松香	50
粒状铝粉	70	虫胶、松脂酸钙	60

一种连续作用的水管式干燥设备广泛用于硝酸盐材料的干燥。它的内部有一干燥滚筒。干燥滚筒由 28 根蒸汽管和 32 只刮具组成。刮具用于使物料均匀分散。干燥加热面积可达 10.5 m^2，加热温度可达 90~100 ℃，干燥量可达 200~300 kg/h。

11.1.5　原材料的过筛

为了获得所需的颗粒度（细度），粉碎后的原材料要经过分样筛选。筛选分为筛上物、筛间物和筛下物，其中筛间物颗粒度的一致性最好。

实验室中过筛使用分样筛。分样筛通常以"目数"为号，如 40 目、80 目、100 目、200 目等。"目数"指的是每厘米长度上或每平方厘米筛网上的孔数（英国、美国指的是每英寸长度上或每平方英寸筛网上的孔数）。

必须指出，筛孔尺寸的大小与筛网丝的材料及其直径密切相关，筛目号相同而筛网丝的材料和直径不同时，筛孔尺寸的大小是不相同的，因此所筛选出的材料颗粒尺寸的大小也不一样。烟火药制造使用由金属丝编织的方孔网筛，其孔网参数见部颁标准 WJ 1273—81 中的"金属丝编织方孔网参考表"。在工业生产中采用机械振动筛来过筛。它主要由筛架、筛网、刮板等组成。

11.1.6　原材料的其他技术处理工艺

为了改善原材料的吸湿性，需要对某些吸湿性大的材料进行包覆、包结技术处理。为了减小所配制的药剂的燃速或降低其机械敏感度，对金属粉原材料用钝化剂进行钝化处理。为了改善药剂的某些性能，要对一些原材料进行热处理。

（1）钝化处理。照明剂用镁粉需要进行钝化处理。它是在专用钝化机内以硬脂酸作钝感剂进行钝化处理的。钝化机主要由夹层机体、机盖、搅拌器构成。钝化过程中不允许明火加热，故采用水蒸气通入夹层机体内加热。

将镁粉倒入钝化机内，在搅拌下加热至 70 ℃左右时，慢慢加入事先熔化的硬脂酸，并继续搅拌和加热。当钝化机内温度达到 90 ~ 110 ℃时，即可取出钝化好的镁粉。为了避免取出的钝化镁粉结团，必须摊开冷却，待冷却后过筛（筛网为 0.8 ~ 1.25 mm/孔）即成。

（2）热处理。某些原材料经热处理后，燃烧性能更加稳定，且燃速加快。如 HC 烟幕中所用的 ZnO 材料，在 900 ~ 1 000 ℃下煅烧 30 ~ 45 min 后，平均粒径增大，由其配制的发烟剂，相应燃速加快，燃烧性也比较稳定。这是由于热处理降低了 ZnO 材料中的 CO_2（或 $ZnCO_3$）、水分（由 $Zn(OH)_2$ 而来）、水溶性盐和 S 的含量。将 $PbCrO_4$、$BaCrO_4$ 清洗并经真空过滤后加热至 400 ℃达 4 h 以上，用于延期药制造，延期精度明显改善。热处理能使晶体晶格中的离位离子受到激励，使之处于有较大稳定性的位置上，因此能使材料性能改善。

11.2　烟火药的制备工艺

烟火药的制备是生产花炮的一道主要工序，也是比较危险、容易发生事故的工序。

烟火药的制备一般分为准备、配药混合、造粒和干燥四个步骤。根据不同产品的不同效果的需要，有时只采用前两道工序。

（1）准备工序。在这道工序中，首先应对原料进行认真检查、化验和配方试验。如发现药物受潮，应烘干再用；如发现有害杂质，应清除干净。对不符合粒度规格的药物原料（铝粉、镁粉、铝镁合金粉除外），都进行粉碎，并通过 120 目的筛孔。在粉碎和碾料过程中，必须根据药物的性能和要求，严格按照规程进行，随时注意安全。

在粉碎氯酸钾时，必须做到以下几点：

①保持氯酸钾的纯净，不得混入杂质；

②要有专用工具，不得与其他药物共用；

③每次粉碎前后都要清扫粉碎工具，并用水洗干净，不使用生锈工具，并防止铁锈、砂石等杂质混入；

④如用机械粉碎，要远距离操作，以确保人身安全。如果药物不多，可采取小批量人工碾碎，以每次不超过 5 kg 为宜，用铜碾子或铜滚子碾碎，也可用硬质木滚子碾碎。无论是用机械还是用人工碾碎，必须在专用的工房里单独进行。

粉碎后的药物要按照所要求的规格进行筛选，不符合粒度要求的应重新粉碎。

（2）配药混合。烟火剂的性能主要取决于配方的准确度和混合的均匀度，因此要求称量要准确，混合要均匀。

配药混合是花炮生产全过程最危险的工序之一，因此要指定专人负责。

称量药物用的秤盘和秤砣等，要用铜铝制品，不得用钢铁和塑料制品，以防称量时发生碰撞和静电积聚。

称量药物时，应根据药物性能分两处进行，即一个配方分两处称量：一处称氧化剂，如氯酸钾、高氯酸钾、硝酸钾等；另一处称还原剂、可燃剂、黏结剂、着色剂和助色剂，如金属粉末、碳酸锶、碳酸铜、硫、六氯代苯、木炭粉、树脂、虫胶等。然后将称得的药物移置到混合配药间，过80目筛并混合均匀。

混合搅拌的方法目前有两种：一种是采用机械进行远距离操作，另一种是采用人工反复过筛法。无论采用哪种方法，都要考虑以下几个方面：

①要注意药物的不同而出现不均匀现象；

②混合时不得有剧烈的摩擦和拍打筛子现象，以免发生危险；

③与药物接触的部件，要用木质和软质金属制成，并可靠接地，防止静电积聚；

④要实行远距离操作，或建筑防爆墙，实行隔墙操作。

烟火剂的混合应有专用工房，工房要保持清洁，上下班时均应打扫和冲洗干净。要用木质工作面，整个工作面不得有铁钉之类的硬质物体露出表面。

（3）造粒。烟花产品在燃烧时，主要是利用烟火剂燃烧的有色火焰来达到某种效果。其形式主要有两种：一种是在纸壳内燃烧，喷出各色火焰；另一种是将烟火剂制成颗粒喷抛到空间燃烧，产生彩色光球或组成彩色花型。为了达到上述目的，需要将烟火剂制成各种规格并具有一定强度的颗粒，俗称彩珠。

造粒的方法有很多，现介绍常用的几种方法。

①油压法。这种方法比较先进，适合制造大型彩珠。压制出的彩珠颗粒紧密、抗压强度大、规格一致、颗粒呈圆柱形。它是以油压机作动力，以模具成型的。

操作方法是先把溶剂通过机械，使之成雾状，喷洒到已加进黏结剂并混合好的烟火剂上，再进行拌合，达到一定干湿度（以手捏成团，但又不结块，松手即散开为宜）。放入铜（铝）质或不锈钢的模具内，合上工模。打开操作孔，把装有烟火剂的合模推入油压机内，关闭操作孔，开动油压机，掌握一定压力，不得超过规定限度，然后取出并脱模后，即成所需要的彩珠。

造粒模具要有一定的精度，如图 11.4 所示，公模伸进母模的长度要限制在一定范围，使之不会随压力的增大而发生事故。

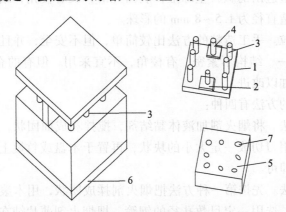

图 11.4　油压造粒模具

1—上盖；2—控压垫；3—公模（上模）；4—套榫；5—母模（下模）板；6—底板；7—母模孔

②圆球滚黏造粒。它是利用一个防爆电动机带动一个铜质（或铝和不锈钢制作）圆球旋转，如图 11.5 所示。在球的外部于直径 1/4 的地方开一圆口，作加料、出料和观察用。旋转轴可以移动，旋转时与地面呈 40°~50°的角度，其转速以 10~20 r/min 为宜。

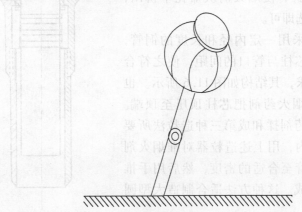

图 11.5　球形造粒机

其操作方法是将烟火剂放进圆球内，启动圆球，使其转动。用喷雾设备把含有黏结剂的溶剂或用面粉制成一定浓度的稀浆洒在烟火剂上，粉状烟火剂逐渐成小球，分多次喷射溶剂，使小球增大，到需要的大小后，倒出并筛选，干燥即可待用。

为了保证安全，最好采用自动加料、卸料，远距离操作。设备要可靠接地，电动机要密封，以防药尘掉入。

用这种方法造出的颗粒呈球形，表面光滑，没有棱角，结构紧密，强度适中，适用于造直径为 1.5~8 mm 的彩珠。

③手工造粒。手工造粒的方法比较简单，但不安全，并且造出的彩珠质量差、规格不一、结构不紧密、有棱角，不宜采用。但有的企业条件受限，还在采用，应加以改进。

手工造粒的方法有四种：

一是压饼法。将烟火剂加液体黏结剂，搅拌和成面团状，再在木板上压成所需厚度，用刀切成一定大小的块状，再置于木盘或竹篾上使之滚动，滚去棱角，晒干即可。

二是筛孔法。先按第一种方法把烟火剂揉成团状，用木滚子按要求的厚度压滚成薄片，选用一定目数孔径的钢筛，把烟火剂薄片铺在筛子上，从筛孔中挤压出去，呈正方形颗粒，再放到木盘或竹篾盘上摇滚，去掉棱角，晒干即可。这种方法适宜制造较小颗粒。

三是过筛法。加料、配料和加黏结剂的方法与第一种造粒法的相同，但料要干一些，揉和成用压面机压面时的面团即可。把这种烟火剂放在铜筛网上，不断揉搓，使烟火剂从筛孔中挤出，并在铝盆中摇滚筛选即可。

四是注压法。采用一定内径和长度的铜管，装铜质芯柱，调节芯柱与管口的间距，使之符合所制的彩珠规格要求，其结构如图 11.6 所示。也可以不装弹簧，让烟火药剂把芯柱顶压至顶端。造粒时，先把烟火药剂揉和成第三种造粒法所要求的状况，放木盘内，用上述造粒器对准烟火剂往下挤压，装满铜管至合适的密度，然后用手推压芯柱使其脱模即成。这种方法适合制造大型圆柱形彩珠。

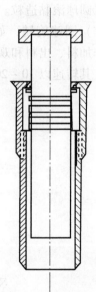

图 11.6　简易造粒器

d. 干燥。造粒后的干燥方法与黑火药造粒后的干燥方法基本相同。不同的是烟火剂比黑火药更为敏感，因此烟火剂干燥时应注意以下两个方面。

①烟火药剂的敏感度。烟火药剂的敏感度随着温度的增加而提高。因此，烟火剂和彩珠在太阳下暴晒或在烘房内烘干时，不要翻动，当温度降到 25 ℃以下后，才可以轻轻翻动和收取。刚晒干、烘干的彩珠，温度一般较高，应

及时散热，否则温度会升高，甚至引起自燃、自爆。为此，从晒场或烘房中收取的彩珠，不能立即倒入大容器里或成堆收藏，也不得装进塑料袋里，更不能放入烟火剂仓库，一定要把它摊开，冷却到平常温度，至少 12 h 后才能成堆收藏。

②防止金属粉与水起化学反应而产生自燃、自爆现象。在整个造粒过程中，烟火剂中的金属粉末都在与水起反应，直到水分烘干为止。做好的彩珠要及时摊开，以保证通风散热，进行晒干或风干。当天没有干的彩珠，严禁成堆收藏或用不透气的塑料袋等包装，必须保持散开状态，保证通风良好。烘干、晒干的彩珠，应仔细检查，确保干燥后才能入库。

11.3　烟花爆竹

烟花爆竹（也称花炮）作为观赏烟火的应用历史悠久。它是利用烟火药在燃烧或爆炸时产生的绚丽多姿、声色具备、瞬息万变的烟火效应（光效应、焰色效应、音响效应、气动效应等）并加上巧妙的艺术造型而博得人们极大的娱乐兴趣的。

下面将分别介绍烟花爆竹的类别、花炮药剂及其配方和典型花炮产品制作。

11.3.1　烟花爆竹分类

根据 GB 10631—2013，按燃放效果不同，将烟花爆竹分为烟花和爆竹两大类。

11.3.1.1　烟花分类

（1）喷花类：燃放时以喷射火苗、火花为主的产品。装药量（指不包括引火线药量在内的单个产品最大装药量。以下均同）不超过 75 g，烧成率（产品燃放后，统计烧成数占燃放总数的百分数。以下均同）不小于 93%。

（2）旋转类：燃放时，烟花主体自身旋转的产品（旋转升空的产品不列入此类）。装药量：有固定轴的不超过 60 g；无固定轴的不超过 30 g。烧成率：有固定轴的不小于 96%；无固定轴的不小于 93%。

（3）升空类：燃放时由定向器定向升空的产品。装药量：旋转升空产品不超过 20 g；大型火箭不超过 20 g；中型火箭不超过 10 g；小型火箭不超过 2 g。烧成率：旋转升空的不小于 93%；大型火箭不小于 96%；中型火箭不小于 93%；小型火箭不小于 90%。

（4）吐珠类：燃放时从同一筒体内有规律地发射出多颗彩球、彩花、响炮等产品。装药量不得超过 40 g。烧成率不小于 90%。

（5）线香类：用装饰纸或薄纸筒裹装烟火药，或在铁丝、竹竿、木杆或纸片上涂敷烟火药形成的线香状产品。装药量不得超过 10 g。烧成率不小于 96%。

（6）地面礼花类：燃放时放置在地面，从主体内发射并在空中爆发出珠花、响炮、笛音或飘浮动物等效果的产品。装药量不得超过 25 g。烧成率：珠花型的不小于 93%；伞型的不小于 90%。

（7）烟雾类：燃放时以产生烟雾效果为目的的产品。装药量不得超过 200 g。烧成率不小于 96%。

（8）造型玩具类：产品外壳制成各种形状，燃放时或燃放后能模仿所造形象或动作；或产品外表无造型，但燃放时或燃放后能产生某种形象的产品。装药量不得超过 15 g。烧成率不小于 90%。

（9）小礼花弹类（直径不大于 38 mm）：弹体从发射筒中发射到空中后，能爆发出各种花形图案或其他效果的产品。装药量不得超过 35 g。烧成率不小于 96%。

上述 9 类中不包括大型礼花弹。大型礼花弹有开包型（花型成开包形）和菊花型（花型成菊花形）之分。大型礼花弹的外形结构有球形和圆柱形两种。我国和日本大多数为球形，直径在 50 ~ 250 mm。也有一些特殊尺寸，如日本就有 1 m 直径的礼花弹，意大利等国有圆柱形礼花弹。

11.3.1.2 爆竹分类

（1）硝酸盐炮类：以硝酸盐为氧化剂的爆响药制成的产品。含有金属粉的硝酸盐炮又称为硝光炮。装药量（不包括引火线药量的单个产品最大装药量。以下同）：大炮不得超过 2.0 g；中炮不得超过 1.0 g；小炮不得超过 0.2 g。爆响率（产品燃放后，统计有爆炸效果的数量占燃放总数的百分数。以下同）：大炮不小于 93%；中炮不小于 90%；小炮不小于 85%。

（2）高氯酸盐炮类：以高氯酸盐为氧化剂的爆响药制成的产品。装药量：大炮不得超过 0.6 g；中炮不得超过 0.3 g；小炮不得超过 0.15 g。爆响率：大炮不小于 93%；中炮不小于 90%；小炮不小于 85%。

（3）氯酸盐炮类：以氯酸盐为氧化剂的爆响药制成的产品。装药量：大炮不得超过 0.05 g。爆响率：不小于 90%。含有金属粉的高氯酸盐炮、氯酸盐炮又称为电光炮。

（4）其他炮类：以其他非禁用药物作爆响药制成的产品。

11.3.2　花炮药剂及其配方

从本质上讲，花炮药剂的烟火效应与军用烟火药剂的烟火效应是一致的。它们都是对烟火药所产生的声、光、色、烟、热、气动等烟火效应的应用。根据花炮药剂展现的花色品种的不同，归纳起来有：

①仿声药剂；

②有色火焰药剂；

③有色闪烁药剂；

④有色喷波药剂；

⑤白色火焰药剂；

⑥气动药剂；

⑦引燃药剂；

⑧有色发烟药剂；

⑨特殊用途药剂。

（1）仿声药剂。仿声药剂是一类在特定条件下（如纸管内、有约束的包装壳体内及其他等）燃烧时发出不同声响效应的烟花药剂。如爆竹声、雷鸣声、笛声、鸟叫声等。根据音响的效果，可以简单地将该药剂分为爆音剂和哨音剂。

1）爆音剂。它是在特定条件下由燃烧转变为爆燃直至爆轰的快速化学反应的药剂。在发出声响的同时，伴随着闪光和烟雾出现。

爆音剂一般配成零氧平衡。按所选用的氧化剂不同，有含氯酸钾系列的、含高氯酸钾系列的、含氧化铅与氧化铜系列的和含硝酸钾系列（即黑火药）的爆音剂。爆音剂的燃速和燃烧时的气体比热容应高，否则就不容易由爆燃转为爆轰。含氯酸钾系列的爆音剂，如 $KClO_3$ 42%、细 Al 粉 32%、Sb_2S_3 26%，是一种声响极清脆的爆音剂，它多用于闪光雷烟花制品。含高氯酸钾系列的爆音剂与含氯酸钾系列的爆音剂的不同之处，在于用 $KClO_4$ 代替了 $KClO_3$，从而降低了机械感度。含氧化铅与氧化铜系列的爆音剂是近些年来民间艺人研究出来的。它由 Pb_3O_4、CuO、Mg – Al 合金粉和酚醛树脂黏结剂组成。反应过程是：

$$Pb_3O_4 \xrightarrow{500\ ℃} 3Pb + 2O_2 \uparrow$$

$$2CuO \xrightarrow{1\ 082\ ℃} 2Cu + O_2 \uparrow$$

$$2Al - Mg + 2.5O_2 \rightarrow Al_2O_3 + 2MgO$$

$$Pb（蒸气）+ O_2（空气中的）\rightarrow PbO_2$$

因其反应迅速，产生出强烈的声响。但因反应产生铅蒸气，污染环境，对人体有毒害作用，不宜广泛使用。若将该药剂通过球形造粒机造成 $\phi 4 \sim$ 10 mm 的颗粒，然后粘贴于长条状胶带纸上，制成卷状后插上引线，并进行外包装潢，即制成"微粒鞭炮"制品。含硝酸钾系列（黑火药）的爆音剂一般是由 KNO_3、C、S 组成，主要用于制造黑火药炮、礼炮等。

2）哨音剂即笛音剂，又称啸声剂。它是一种有节奏燃烧的药剂，在燃烧过程中，药剂的晶体反应在抑制与加速二者之间交替进行，从而产生疏密的气体流，经装药管壳空腔振荡即发生哨音。哨音剂音频为 2 000 ~ 5 000 Hz。

可供参考的仿声药剂配方见表 11.2。

表 11.2 仿声药剂的参考配方   %

成分	一	二	三	四	五	六	七	八
硝酸钾	71	62.5				74		
硝酸钡				68				
高氯酸钾			66		70		60	
苯甲酸钾					30			
铝粉（细）		26	34	23			25	16
氯酸钾								57
硫黄	17	11		9		4		22
麻秆灰		0.5				22		
杉木炭	12							5
硫化锑							15	
应用范围	炮竹、小型烟花	炮竹、小型烟花	闪光、声响	闪光、声响	啸声	鸟声	雷声	炮竹

（2）有色火焰药剂。凡是在燃烧时能产生带颜色（白色除外）的火焰药剂，都称为有色火焰药剂。常用的有色火焰药剂有红、绿、黄、蓝、紫和橙等光色。

火焰颜色是由于药剂燃烧时，它的各组分间因化学作用而生成某些原子或分子。这些原子或分子以一定的频率振动，在可见光谱范围内呈现一定波长的谱带或谱线，从而使火焰着色，成为有色火焰，这就是"焰色效应"。根据"焰色效应"原理，可以制成各种颜色的火焰。方法就是在烟花药剂中加入某些能使药剂燃烧时呈所需火焰颜色的物质，即生色剂（或称染色剂）。

1）红色火焰剂。制取红色火焰一般是在药剂中加入锶盐染色剂。有关红色火焰剂的配方见表 11.3。烟花制品中红色火焰剂常加工成药柱、药块、药球和药管四种。

表 11.3　红色火焰剂的参考配方　　　　　　　%

成分	一	二	三	四	五	六	七	八
氯酸钾		55	40	20	5			
高氯酸钾	18							
高氯酸铵							70	
硝酸锶				30	50	58		60
碳酸锶	55	30	40	22	5		10	
镁粉				8				29
镁铝合金粉	15				15	15		
六氯代苯	6			10	15	11		
聚氯乙烯			10					
虫胶		12	10					
酚醛树脂	6				10	9		7
石墨		3						
熟江米粉			5					
松香								4
木炭粉			5				20	
虫胶漆（40%）						7		

2）绿色火焰剂。制取绿色火焰剂主要是以钡盐为基础，常用硝酸钡，它既是氧化剂，又是染色剂。其参考配方见表 11.4。烟花制品中绿色火焰剂常加工成药柱、药块、药球和药管四种。

表 11.4　绿色火焰剂的参考配方　　　　　　　%

成分	一	二	三	四	五	六	七	八
高氯酸铵							50	
高氯酸钾	10				46			20
硝酸钡	50	60	50	60	32	51	34	50
虫胶		10					8	
江米粉					5			

成分	一	二	三	四	五	六	七	八
酚醛树脂			5	7		5		6
沥青	4				17			
六氯代苯		15	10			8		10
聚氯乙烯	16			10				
镁粉	20	15						
涂料铝粉								10
镁铝合金粉			28	23		30		
虫胶漆（40%）			7			6		
木炭粉							8	4

3）黄色火焰剂。黄色火焰剂（单色光复合成的黄光除外）是以钠盐为火焰染色剂，一般使用冰晶石（Na_3AlF_6）、氟硅酸钠（Na_2SiF_6）、草酸钠、硝酸钠等。黄色火焰剂的参考配方见表11.5。黄色火焰剂可加工成药柱、药块、药球和药管四种。

表 11.5 黄色火焰剂的参考配方 %

成分	一	二	三	四	五	六
高氯酸钾		72				
高氯酸铵					75	
草酸钠		7			5	
硝酸钠			40			
冰晶石	15			13		10
硝酸钡	40			45		
碳酸锶	10			6		
镁粉	19			25		
镁铝合金粉			40			14
虫胶			10			
酚醛树脂	16			8		7
松香		3		3	5	
硫黄			10			9
木炭粉					15	8

续表

成分	一	二	三	四	五	六
沥青		12				
江米粉		6				
硝酸钾						52

4）蓝色火焰剂。要获得比色纯度高的蓝色火焰剂是比较困难的。一般蓝色火焰剂通过加入碱式碳酸铜、巴黎绿 $[(CuO)_3 \cdot As_2O_3 \cdot Cu(C_2H_3O_2)_2]$、硫酸铜可以得到。其参考配方见表 11.6。蓝色火焰剂一般加工成药柱、药块和药球三种。

表 11.6　蓝色火焰剂的参考配方　　　　　%

成分	一	二	三	四	五	六
高氯酸钾	64	40				
高氯酸铵		25			70	
氯酸钾			50	67		68
碳酸铜		20	20	17		
巴黎绿	17					22
硫酸铜				5	10	
虫胶		15			10	
糊精	6					4
松香	13			3		6
熟江米粉			5			
六氯代苯				8		
聚氯乙烯			10			
木炭粉			5		10	
涂料铝粉			10			

5）紫色火焰剂。紫色火焰剂一般采用蓝色加红色复合而成，故在药剂配方中选用硝酸锶、碳酸锶和碳酸铜为染色剂。由于紫色火焰剂的比色纯度较低，常只加工成药柱、药块、药球三种。紫色火焰剂配方见表 11.7。

表 11.7　紫色火焰剂的参考配方　　　　　　　%

序号	成分配比									
	高氯酸铵	碳酸锶	碳酸铜	硝酸锶	六氯代苯	虫胶	镁铝合金粉	硫黄	45%虫胶漆	酒精（外加）
1	55	16	11		8	10				5
2			14	45	10		19	4	8	

6）橙色火焰剂。由于橙色火焰是由红色和黄色复合而成的，故一般选用硝酸锶和冰晶石为染色剂。橙色火焰剂可加工成药柱、药块、药球和药管四种。橙色火焰剂的配方见表 11.8。

表 11.8　橙色火焰剂的参考配方　　　　　　　%

序号	成分配比						
	硝酸锶	硝酸钡	冰晶石	六氯代苯	虫胶	镁粉	酚醛树脂
1	40	6	15	8	5	20	6
2	42	8	12	12		20	6

（3）有色闪烁药剂。烟火药剂在燃烧时产生一亮一灭的脉动现象，称为"闪烁"。若一亮一灭时"亮"为有色光，则称为"有色闪烁"。

"闪烁"是药剂引燃后，因金属粉存在而产生高温并发出亮光，同时，燃烧的固体、液体残渣覆盖到下一层药剂面上，致使下一层药剂尚未引燃的瞬间处于低温辐射—"熄灭"状态；当下一层药剂被低温辐射引燃后，又产生高温和亮光，紧接着又产生固、液体残渣覆盖在下一层药剂，又出现"熄灭"现象；以此传递燃烧，则出现一亮一灭的"闪烁"现象。利用这一亮一灭的"闪烁"现象，人们制造了"雪花飘飘""红星闪闪"等烟花制品。

在配制有色闪烁药剂时，除了加入金属粉外，还应加入燃烧时易产生大量的固、液体产物的材料。其参考配方见表 11.9。

表 11.9　有色闪烁药剂的参考配方　　　　　　　%

成分	一	二	三	四
硝酸钾	5		13	10
氯酸钾		10		
硝酸锶	58	58		

续表

成分	一	二	三	四
硝酸钡			65	50
六氯代苯	15	5		
镁铝合金粉	18	25	17	35
硫黄	4		5	5
酚醛树脂		2		
20%虫胶漆			外加 14	外加 10
40%松香漆			外加 4	
糯糊	外加 25	外加 6.5		
酒精		外加 9.5		

有色闪烁剂的氧平衡一般要求接近正氧平衡，并希望其燃烧速度不能过快，否则将不能呈现出一亮一灭的"闪烁"现象。有色闪烁剂可加工成药块、药片和药管用药。

（4）有色喷波药剂（或穗花剂）。有的烟花药剂点燃后，除了产生一定的光色外，还能喷出许多银白色和金黄色的亮星，这种效果称为"喷波"（或"穗花"）。能起这种效果的药剂称为有色喷波药剂（穗花剂）。

"喷波"是由于喷波药剂中的木炭颗粒和金属颗粒在燃烧时未完全反应或产生新的反应物而被火焰气流带出，再同空气中的氧进行二次反应而形成的。

"喷波"效果与配方的组成和木炭的质量及其颗粒大小有关。由硝酸钾、硫黄和木炭组成的药剂，能使木炭燃烧并呈美丽的亮星。若用氯酸钾或高氯酸钾代替硝酸钾，则会产生较大的火焰和少量的火星，甚至无火星出现。为此，喷波药剂采用黑火药的配方，其中木炭多采用柞木、梨木、枣木和树脂多的松木炭，这是因为它们质硬密实，难点燃，燃速慢，可以形成二次燃烧，能产生出美丽的亮星。喷波药剂中的木炭，如果颗粒小，则形成亮星的时间短。一般在手持类、地面类、玩具类的小型烟花品中采用小颗粒木炭制成喷波药剂。礼花弹中是将喷波药剂制成药丸，燃放后可以形成一种奇妙的图案。

金属颗粒能产生橙色、杏黄色和白色的火星，与由木炭颗粒产生的火星相比，具有亮度大的优点。通常采用铝粉产生金属火星，氧化剂用高氯酸钾和硝酸钾。组成金属火星的药剂配方有：在有色火焰剂中加铝粉；在黑火药系列药剂中加铝粉；直接采用氧化剂加铝粉。若在金属火星药剂中加入香料，燃烧时还可以产生香味。

喷波药剂除了能产生火星外，有的在喷波时还能产生许多松针状细火花。

这种由一个火星又分出针状火花的现象称为"火花分支"。"火花分支"可能是喷出的火星与空气中的氧发生激烈反应而造成炸裂的结果。"火花分支"药剂大部分是以黑火药系列的药剂为基础调配而成的。也有用高氯酸钾代替其中的硝酸钾,但是都少不了木炭粉或铁粉等可燃剂。含木炭的"火花分支"药剂,其硫黄含量要高于木炭;硝酸钾含量比黑火药中的硝酸钾要少;木炭最好选用桐木炭或麻秆炭。含铁粉的"火花分支"药剂中的铁粉应进行包覆,以防生锈。喷波药剂应配成负氧平衡。喷波药剂可加工成药管、药块、药球、药柱用药。喷波药剂参考配方见表11.10。

表11.10　喷波药剂的参考配方　　　　　　　　　　　　　%

成分	一	二	三	四	五	六	七	八
硝酸钾	63	58	55					46
硝酸锶					60			
硝酸钡				45			42	
高氯酸钾						40		
铝粉				20	15	50	22	40
硫黄	6	10	9					4
面粉								10
硬木炭	31							
麻秆炭		32	13					
包覆铁粉			23					
镁铝合金粉				15	8		20	
硫化粉						10		
酚醛树脂				9	7		5	
六氯代苯				11	10		11	
用途	小型烟花	礼花弹	针状火花	药管用药	药柱、药球	同左	同左	同左

　　(5) 白色火焰药剂。通常把能产生白色火焰的烟火药剂称为白色火焰药剂。白色火焰药剂用于产生白光效果的烟花制品中,则称为白光药剂;用于照明器材中,则称为照明剂。

　　白色火焰药剂主要由氧化剂、可燃剂和黏结剂组成。可燃剂多采用镁粉、镁铝合金粉、铝粉。但铝粉由于燃烧时易产生火星,会降低发光强度,一般少加或不加。白色火焰药剂的参考配方见表11.11。

表 11.11　白色火焰药剂的参考配方　　　　　　　　　%

成分	一	二	三	四	五	六	七
高氯酸铵	40						
高氯酸钾	30						
硝酸钡		42	50	48	42	43	68
硝酸钾		11		8	8	8	
镁铝合金粉		24		30	11	30	
镁粉			35		22		
细铝粉		9		8		8	24
酚醛树脂					17	8	
木炭粉	5						
三硫化二锑	14						
硫黄		6		6			
淀粉	11					3	6
虫胶漆		8	15				2
石墨			外加 6				

（6）气动药剂。能使烟花制品产生旋转、升空、前进、后退、抛射、喷撒等作用的烟火剂称为气动药剂，也称推进剂。气动药剂有下列几种情况：

1）旋转类气动药剂。这类气动药剂所起的作用是启动制品旋转，而后靠其他烟火药剂燃烧所产生的反作用力和惯性力使制品保持旋转。所以，该气动药剂一般选用燃速适中的黑火药系列药剂，但也可以使用燃速快的喷波药剂或哨音药，它们还能使制品烟花效果多姿多彩。

2）升空类气动药剂。这类气动药剂所起作用是使制品升空。其多采用燃烧速度快、产气体量多的黑火药系列的药剂。也有在黑火药配方基础上加入染色剂和含氧化合物的药剂，使火焰呈鲜艳色。

3）前进、后退类气动药剂。这类气动药剂是促使制品前后移动，一般采用燃速慢的黑火药系列药剂。为了使制品或零部件有一定的窜跑速度，同时使火焰产生彩色，最好选用燃速快的喷波药剂。

4）抛射类气动药剂。这类气动药剂在制品内点燃后产生大量气体而做功，所起作用是将制品内的零部件抛射到空中，或是在空中将制品炸开并抛出零部件。前者一般采用小粒枪用黑火药或粒状黑火药，后者是采用烟花用炸药。

5）使彩色药粒喷出的气动药剂。这类气动药剂一般在使用时同彩色药粒掺混在一起装入制品中，被点燃后，药剂产生大量的灼热气体，使彩色药粒被点燃并被喷出。在选用这类气动药剂时，应选用燃烧速度一般但能产生大量气体的黑火药系列的药剂。

常用的气动药剂的参考配方见表11.12。

表11.12　气动药剂的参考配方 %

成分	一	二	三	四	五	六	七	八
氯酸钾	8	10						
硝酸钾	35	45	69	71	67	58	66	70
碳酸锶	10							
镁粉	47	45						
涂料铝粉							12	
硫黄			7		20	7	9	20
木炭粉			24			35	13	10
硬木炭粉				29				
油烟					13			
用途	窜跑	窜跑	上升抛射、喷射	上升	启动	启动、喷射	启动	喷射

（7）引燃药剂。引燃药剂是用来点燃烟花效果药的。如果烟花效果药本身火焰感度好，直接用药捻或导火索即可引燃，则不必使用引燃药剂。

烟火用引燃药剂与军用点火药要求一致，其发火点应低（不高于500℃），燃烧温度要高，燃烧后要有一定量的固体和液体残渣。常用的烟花用引燃药剂的参考配方见表11.13。

表11.13　引燃药剂的参考配方 %

成分	一	二	三	四	五	六
硝酸钾	75		75	69	61	82
硝酸钡		20				
镁粉（3号）	10					3
镁铝合金粉（4号）		9	3		9	
硫黄			7	7	18	

续表

成分	一	二	三	四	五	六
麻秆炭粉					9	
虫胶					3	
酚醛树脂	15	6				15
杉木炭粉				24		
黑火药粉		65	15			
用途	药管、药柱、药块、吊星	药球、药块、信子、药管	闪烁药剂	点火用	吊星用	吊星用

（8）有色发烟剂。有色发烟剂在军事上主要用作白天传递信号和目标的指示。焰火工业则用于娱乐观赏，在空中燃放时构成彩带图案，给人以"美"的享受。航海用橙色烟雾作救生信号。

（9）特殊用途药剂。在烟花制品中，有时还用到摩擦药、延期药、烟花炸药等特殊用途的药剂。

摩擦药用于拉炮、击炮中和某些需要摩擦或挤压发火的制品中。它的敏感度很高，无论是制造还是使用，都必须特别小心。摩擦剂的参考配方见表 11.14。

表 11.14　摩擦剂的参考配方　　　　　　　　　　　　　　　　　　　　　%

成分	一	二	三	四	五
氯酸钾	60	88	50	75	73
硫化锑	25		20	15	12
硫黄	10		20		
木炭粉	5				
赤磷		12	10		
虫胶					11
炭黑				3	4
桃胶		适量			
酚醛树脂				7	

延期药用来提供制品作用所需的间隔时间。烟花制品中所使用的延期药不像军品要求那么严格，一般采用黑火药系列配方，通常加工成药捻（引线）和导火索使用。其配方根据用途和需要的延期时间来调整硝酸钾、硫黄和木

炭的含量，也可以通过改变木炭的种类和除去硫黄来配制，例如一种药捻用药配比为：KNO₃67%，麻秆炭粉33%。还可以通过加氯酸钾的方式制造燃速快的延期药，例如鞭炮用快引线。

烟花炸药用来炸开某些烟花制品，并且同时点燃和抛出制品内的星体。这类药剂是由黑火药系列的药剂加上黏结剂，黏覆在棉籽壳、谷壳或稻壳上制成的。它具有爆破力适中、质量小和假密度高的特点。其装填在烟花制品中，和同质量的黑火药相比，它占据的空间要大得多，因此很容易与烟花星体表面接触，这样有利于在炸开制品的同时将星体点燃并均匀抛撒。常用烟花炸药的参考配方见表11.15。

表 11.15　烟花用炸药的参考配方　　　　　g

成分	一	二	三	四	五
棉籽壳	400 g				250 g
谷壳		100 g			
稻谷			400 g		
1∶8 淀粉水溶液	适量	适量		500 g	适量
1∶9 糊精水溶液			约 1 000 g		
1∶18 桃胶水溶液				约 500 g	
黑火药粉	500 g	275 g	1 500 g	2 250 g	
白火药粉					275 g

烟花炸药的制造办法很简单，下面以稻壳炸药为例进行介绍。首先筛选稻壳皮，过 2～2.5 mm 的孔筛，除去筛上物。然后称量黑火药粉、稻壳、糊精、蒸馏水。将黑火药粉和稻壳，以及糊精和蒸馏水分别混合后再全部倒在铝盘中进行混合，每次混合不得多于 2 kg。混合后摊铺在盘中，在 45～55 ℃条件下烘干 2～3 h。烘干的炸药水含量不得超过 1%，不得有结块现象。经烘干的炸药待冷却至室温下方可使用。

11.3.3　典型花炮产品制造

对花炮产品的制造，目前在国内大多数是手工作业，产品尺寸大小尚未标准化。就制造方法来说，有些产品具有独特的工艺，但多数产品制造工艺大同小异。本节就典型产品——鞭炮、喷花烟花、旋转烟花、火箭烟花、小礼花烟花和礼花弹——做简要介绍。

11.3.3.1　鞭炮的制造

鞭炮分黑火药炮和白火药炮（电光炮）。

（1）黑火药炮制造的工艺流程如图 11.7 所示。

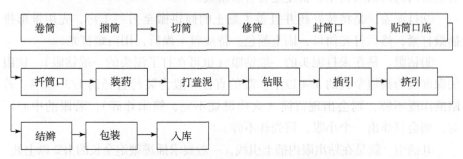

图 11.7　黑火药炮制造工艺流程

①卷筒。分手工卷筒和机器卷筒。手工卷筒通常是使用一根铁制芯杆，将裁成长方形的纸卷到芯杆上，然后用扯凳扯紧（扯凳面是两个圆弧，中间留有炮竹直径的间隙，将带有芯杆的卷制筒在圆弧间搓过）。机器卷筒是由卷筒机完成的。卷筒要注意选择合适的纸质（鞭炮纸筒只能用拉力小的手制纸，不用拉力大的机制纸），卷成适当的壁厚（太厚炸不开，太薄声响小），要求卷得紧密结实（否则声响不好）。一般来说，凡是纸筒炸得越碎的鞭炮，其声响越大、声音越清脆。

②捆筒。是将卷制好的纸筒整理捆成数量相同的六方形筒饼。

③切筒。一般卷小鞭炮纸筒时，都是按两个炮竹长度卷成的，故需将它切成两段。

④修筒。将切后的筒饼加以修整，使其长短一致，平整光滑。

⑤封筒口。也称刮底子，目的是将一端筒口封闭，以便装药。机器封筒口是用齿形机械刮划纸筒一端的筒口，把筒口封上。

⑥贴筒口纸。是将封筒口的纸筒另一端刷上稀糨糊，贴上一张纸黏牢（纸的直径应为筒饼直径 2 倍以上）。筒口纸的作用在于封闭纸筒之间的空隙，便于装药，也防止装药时受到筒外污染。

⑦扦筒口。是用竹扦扦破筒口纸（要求平整光滑），以便装药。

⑧装药。手工装药是用木质或铝质勺子定量地舀取黑火药，倒在空筒饼上，摇晃筒饼使药粉分布于整个筒饼上，用手拍打筒饼侧面，使药进入纸筒内。待筒口上只剩余少量药粉时，将筒饼边纸向内覆盖于筒饼面上，盖上一块与筒饼大小一致的硬纸板，两手抓牢筒饼，平整地在桌面上振动。然后再重复前面的过程装药 1～2 次，将定量的药全部装入纸筒内。最后再装黏土

（俗称白泥）。如同装药一样把黏土摔打紧，扫去多余黏土，撕掉筒口纸。注意黏土一定要干燥，颗粒要细。

黑火药鞭炮装药密度一般以 $1.0 \sim 1.5$ g/cm³ 为宜，因为在钻眼时，钻头会把筒内药向四周挤压，密度还会有所增大。

⑨打泥盖。是将装好药并且盖了黏土的筒饼搬至另一工房，先用锥形排插敲打紧，然后打光筒口，刷上颜色。待颜料干燥后，用白蜡打光。

⑩钻眼。是在未打泥头的一端钻眼（也可在打了泥头的一端钻眼）。钻眼的深度应为鞭炮全长的 3/4 以上。眼的直径一般为装药直径的 1/3 ~ 1/4。若眼的深度不够，则会出现留筒（火药燃烧不完，筒未炸碎）。若眼的中心不对，则会只炸出一个小眼，筒壳炸不碎。

⑪插引。就是在钻出眼内插上引线，一般要求插进鞭炮全长的 1/2 以上处。

⑫挤引。是用铜扦经木槌敲打，将筒口靠近引线的那几层纸朝中心折转，从而紧固引线并封住筒口。挤引时要注意铜扦不能碰上引线，防止把引线挤坏，以免断火熄引。

⑬结辫。是将上述挤好引的炮竹用棉线（或麻）编织成串，一百响则编织一百个炮竹，五百响则编织五百个炮竹。

黑火药炮制造的最后工序是包装，然后入库。

（2）白火药炮制造。白火药炮又称电光炮，其制造工艺大部分与黑火药炮的相同，其不同点如下：

①由于白火药炮药剂敏感度高，装药后不能钻眼和打泥堵，所以必须刁底。刁底是把纸筒一头封死作炮竹底，为了把底刁得紧固和深浅一致，可在纸筒内放入一根长短一致的平头钢钎。

②装药不能拍打，更不能摔打。一般采用过筛法，即在药饼上用筛子均匀地筛下预先定量的药剂，轻微振动使药剂沉入纸筒内，并观察装填的结果。

③白火药炮不能钻眼（也不需要钻眼，因为装填密度小），采取直接插引，插引深度和挤引方法与黑火药炮的相同。由于白火药感度高，操作时一定要按章办事，特别小心。

11.3.3.2 喷花烟花的制造

喷花烟花的喷花药由黑火药和彩珠混合而成。其作用过程是，引线点燃黑火药，黑火药燃烧再点燃彩珠，与此同时，黑火药燃烧产生的大量气体将点燃了的彩珠从喷射孔喷出筒外，达一定高度，从而呈现出五颜六色的烟花效果。其结构如图 11.8 所示。

喷花烟花的制造工艺流程如图 11.9 所示。

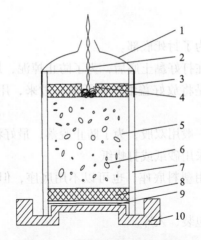

图 11.8　喷花烟花结构示意图

1—护引纸；2—引线；3—黏土；4—喷射孔；5—发射药（黑火药）；6—彩珠；

7—纸筒壳；8—黏土底；9—纸板隔层；10—塑料底座

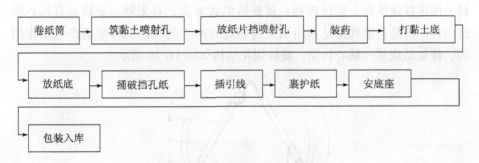

图 11.9　喷花烟花制造工艺流程

①卷纸筒。喷花烟花的筒壳要用拉力较强的纸张卷成，筒壳要求紧密结实，卷筒方法与鞭炮卷筒的相同。

②筑黏土喷射孔。是用黏土以钢制模具筑成所需要的喷射孔，喷射孔的大小要适当，大了喷不高，小了会爆炸，一般为筒壳内径的 1/3 ~ 1/4，并以能通过三颗彩珠为宜。

③放纸片挡喷射孔。是在筑好喷射孔后，将带喷射孔的一端朝下立在工作台上，然后从敞口端放入纸片，将喷射孔遮挡住，其目的是装药时不至于从孔口漏出药。也可以不使用放挡纸的办法，而采用专用挡孔模具。

④装药。将配制好的喷药剂（黑火药和彩珠按一定比例量的混合物）装入筒内，装药时分层压紧。压紧的目的在于获得逐层燃烧的效果。压紧程度视喷射速度而定，压得越紧，燃速越慢。但要注意不能用很大的压力压药，一方面防止彩珠间发生摩擦而着火，另一方面也防止把彩珠压碎。所以装药

工艺过程是关键工序。

⑤打黏土底。是为了封死底部。

⑥纸板隔层。是在打好黏土底后，为了防止掉泥，加一块硬纸板圆片。

⑦捅破挡孔纸。是将放好盖纸的筒子倒立过来，用木杆捅破挡孔纸，以便于插引线。

⑧插引线。引线一般用双股，为了防止脱落，最好将引线打个结。

⑨裹护纸。一般采用砂纸或打蜡纸。

⑩安底座。多采用塑料底座，也可以不用底座，但直立在地面上燃放时稳定性差。

⑪最后的工序是包装、入库。

11.3.3.3　旋转烟花的制造

旋转烟花品种很多，就燃放形式来说，有地面旋转、线吊旋转、手持旋转和固定在建筑物上旋转四种；就旋转形式来说，有无轴心旋转和有轴心旋转两种。但是其原理都是利用烟火药燃烧时产生的气体向外喷射产生反作用力，使制品绕某一轴心转动。旋转烟花结构如图11.10所示。

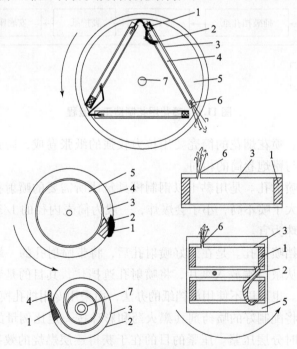

图11.10　旋转类烟花结构

1—泥堵；2—传火引线；3—纸筒；4—效应药剂；5—纸板；6—喷射孔；7—中心轴

旋转烟花的制造工艺较简单。这类烟花的纸筒,一般是用拉力较大的纸张卷制而成的。大尺寸的纸筒一般用黏土封死两端筒口,再在一端的旁边钻眼安装引线并作喷射孔。小尺寸纸筒采用黑火药炮的封底、钻眼、挤引工艺,同样以引线孔作喷射孔。

这类烟花的生产关键是药剂能形成逐层燃烧,因此钻眼要浅,达到药层内即可。所装药剂必须压紧,以提高药剂密度。但是必须注意,压药很容易出事故,特别是用氯酸盐作组分的烟火药,压药时不可避免地会引起燃烧甚至爆炸。因此,必须要有安全措施和防护设备,并且一定要按章办事。

为了使这类烟花有色彩产生,可以装填有色火焰剂。但是由于其产生气体量不大,不足以启动制品本身。为此,可以采取在有色火药药端面上加少量动力药剂帮助启动,启动后靠惯性力维持旋转。

11.3.3.4 火箭烟花的制造

火箭烟花的基本结构如图11.11所示。生产火箭烟花的技术关键是确保推进药剂能逐层燃烧。火箭烟花往往由于推进药剂压得不紧,以及放置若干时间后药柱出现裂纹及药柱与箭筒产生空隙(脱壳)等疵病,上升不到预定高度就爆炸。

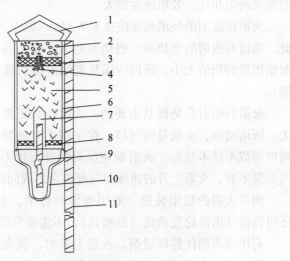

图11.11 火箭类烟花结构示意图

1—火箭帽;2—效应药;3—黏土隔层;4—传火引线;5—黑火药推进剂;
6—纸筒;7—燃烧室;8—黏土层;9—引线;10—护引罩;11—稳定杆

大火箭烟花生产工艺流程如图 11.12 所示。

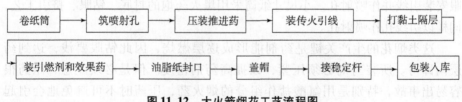

图 11.12 大火箭烟花工艺流程图

火箭筒壳要求用拉力很强的纸张做成（起码要用瓦楞纸）。筒壳一定要卷紧实，否则会形成药柱脱壳，不等升空就会早燃早爆。

制造大火箭时，先把筒壳套在专用模具上，装上一定量的黏土，制造出喷射孔。再分批装进气动药，用机械法压紧（或木槌敲打筑紧）。装药至一定高度后，安上效果药的传火引线，再装一批药，并且压紧后装上一层黏土，将黏土压紧作隔离层。在隔离层上面再装一些引燃药和效果药（彩珠等），用油蜡纸封口，盖上塑料帽即可。

小火箭（也叫月旅行、冲天炮、空中旅行）制造工艺流程与大火箭的相似，不同的是它的推进药剂装填方法采用黑火药炮的钻眼、挤引等装填方法，与黑火药炮相比，装填密度要大。

火箭推进剂的装填密度应在 $1.7 \ \mathrm{g/cm^3}$ 以上。推进剂起始燃烧面要大。为此，都设有所谓的燃烧室。燃烧室的大小要适宜。由于燃烧室的大小关系到起始燃烧面积的大小，所以应满足起始阶段快速燃烧（不是爆燃，也不能缓燃）。

火箭的喷射孔是极其重要的。火箭能否正常工作，与喷孔的喷喉密切相关。所谓喷喉，也就是喷气口，在军用上它的要求极高，因为它涉及火箭的精度等战术技术指标。火箭烟花虽对精度要求不高，但如果设计不合理，通气量量不对，火箭上升的速度和高度都会出现问题。

烟花火箭的稳定装置一般用廉价的竹竿、木杆，也可以用尾翼来稳定，还可以设计出涡轮发动机（斜喷孔），不需要另装稳定杆（翼）。

若用啸声剂代替推进剂，火箭上升时，就会发出笛音。在推进剂中加入有色发光剂，在飞行途中还可以产生彩色火焰。

11.3.3.5 小礼花烟花的制造

小礼花烟花与礼花弹相似，但它是利用自身所带的小纸筒作发射管，上升到一定高度后爆发出各种烟花效果。其结构如图 11.13 所示。

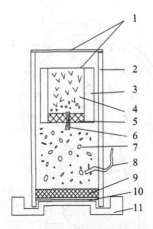

图 11.13　小礼花类烟花结构示意图

1—油蜡纸封；2—外纸筒壳；3—内纸筒壳；4—烟花效果药；5—黏土隔层；
6—延期引线；7—发射药；8—引燃引线；9—黏土底；10—纸底板；11—塑料底座

　　小礼花烟花的制造工艺流程如图 11.14 所示。其制造工艺是先把纸筒放在模具上，放好纸底板，装黏土筑紧作泥底，再在黏土底上面装上粒状动力药剂，接着装烟花效果的药筒。

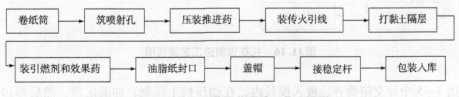

图 11.14　小礼花烟花制造工艺流程图

　　烟花效果药筒的制造，也是先制纸筒，然后打泥堵并安好延期引线，装上少量引燃药，再装上彩珠、电光炮或啸声剂等效果药剂及其作用部件，口部糊上油蜡纸即可。必须注意，延期引线要用 4～6 根药捻编结成，放在靠近内筒处，或放在黏土隔层中心。但一定要把引线用黏土隔离层夹紧，决不允许松动或有空隙。

11.3.3.6　礼花弹的制造

　　民间制造的礼花弹的结构大多数如图 11.15 所示。

　　礼花弹的制造工艺流程如图 11.16 所示。

　　①制作球壳。礼花弹球壳制作可以采用手工糊制，也可以采用机器压制。机器压制是将马粪纸用模具冲成圆片，再从边上对准中心开槽，稍微润湿后，

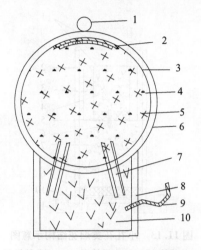

图 11.15 礼花弹结构示意图

1—提手环；2—弹性物质；3—球壳；4—彩球；5—填充物和引燃剂；
6—加固纸和防潮油；7—延期传火具；8—底座壳；9—引燃引线；10—发射药

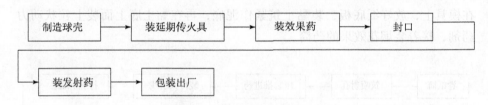

图 11.16 礼花弹制造工艺流程图

用3~5个片交错叠齐，放入模具内，在油压机上压制，加温定型，然后修边成半球壳。

②装延期传火具。为了保证可靠地传火，每个礼花弹装两个延期传火具。延期传火具的延期时间一定要稳定可靠。传火具安装要牢固，与壳体连接处一定要密封，防止蹿火。安装时，先在半边球壳的底部钻两个孔，将延期传火具插入孔中，用棉线、牛皮纸和树胶反复密封黏牢。

③装效果药。方法一般有两种：一是分两半球装填。在安有延期传火具的半球内，先在传火具口部周围放少许引燃药，再装效果药。在另外的半球内，先放几片弹性衬料（如泡沫塑料等），再装效果药（彩珠）。装一次效果药，加一些烟花炸药，轻轻摇晃并拍打，使之尽量装填密实，如此重复多次，直至装满球壳为止。装有弹性衬料的半球，则要求装填物稍高出球壳平面，用纸隔板盖住装好药的半球壳端面，翻转并与另一半球对齐合拢，再轻轻抽出纸隔板，用胶带纸黏住封牢，反复用牛皮纸和树胶黏牢，再涂上油漆。二

是先接合球壳再装药。先把两半球壳合拢、黏牢、封死接口，再切开顶盖（不完全切断，能开口装药即可），按上述方法装填、封口、黏牢、油漆。

④装发射药。一般是在出厂时才装配。发射药用量要根据弹重和发射高度而定。礼花弹的发射高度一般要求为 200～500 m。

值得指出的是礼花弹发射药的点火问题。目前大多数制品都采用多股引线引燃，当很多弹齐发时，就会有先有后，显得零乱，效果不好。用电发火头或电点火具来点燃发射药，不仅能做到齐发，而且安全可靠，因此应该推广使用电点火。

除上述介绍的工艺方法外，根据礼花弹的类型和结构的不同，还有一些其他的制造方法。

菊花型礼花弹制造工序如图 11.17 所示。

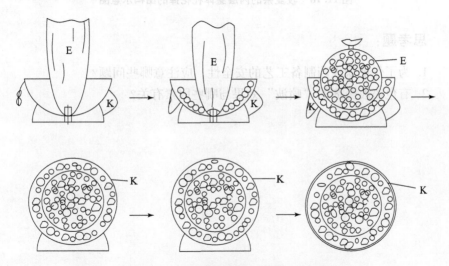

图 11.17　菊花型礼花弹制造工艺示意图

图示工艺流程为：首先准备内弹壳，在半球弹壳的中心穿一小孔，插入导火线，用麻浸上胶缠绕导火线及其与孔的结合处，使其固定并密封住。然后做一纸袋 E 固定在半球壳内导火线上，做一外纸袋 K 粘贴在半球壳的外侧端边。①将上述准备好的内弹壳置于弹座上；②在弹壳内装星体；③将一定量烟花炸药装入袋 E，并用小木棍敲打半球壳外侧，使其密实，然后将袋顶部用绳子扎紧；④将外袋 K 翻上去，装配上半球的星体；⑤将上半球壳扣上，并用手压紧，用木棍敲打外壳，使其密实，若有空隙，还必须增加炸药装药，然后用纸 n 糊住上下球壳连接处；⑥成品。

若将菊花型礼花弹做成双瓣的礼花，制造方法又有所不同，做工比较精细。较复杂的内层星体礼花弹的结构如图 11.18 所示。它首先是将烟花炸药用薄纸卷成球，并用带子在球外面缠绕好。然后将内瓣星体用薄纸卷好，将其套到炸药球壳外面，并以同样的操作过程在球壳外面缠绕，依此类推，最后完成全弹的装配。

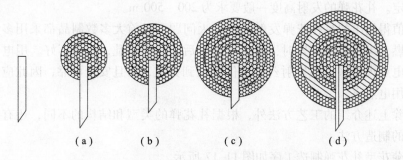

(a)　　　　(b)　　　　(c)　　　　(d)

图 11.18　较复杂的内层星体礼花弹的结构示意图

思考题：

1. 为了保证烟火药制备工艺的安全性，应注意哪些问题？
2. 有色喷波药剂的"喷波"效果与哪些因素有关？

第 12 章
烟火药配方的性能评估

为了评估烟火药配方的性能，通常需要测定燃点、力学性能、吸湿性、燃烧热、撞击感度、摩擦感度、火焰感度、静电感度、发火点、燃速、发光强度、红外线强度、烟幕的遮蔽效应等性能参数。第 3 章已经介绍了部分性能参数的测试方法，本章主要介绍发光强度的测定、燃烧热和燃烧温度的测定、烟幕遮蔽效应的测定及红外线强度的测定。

12.1　发光强度的测定

照明用烟火药主要用来提供稳定的光源，照亮目标，曳光弹也用于飞行物体的示踪。照明弹和曳光弹生成的光属于电磁波谱中的可见光，波长为 400～700 nm。可见光强度用发光强度来表示，是光源进入立体角发出的可见光的总量。

各种形式的照明弹和曳光弹的发光强度用光度计来测量，光度计主要由光学部分的光电检波器和电子部分的放大器、数字仪表及带有界面电路板和打印机的计算机组成。原则上，对可见光有足够灵敏度的物理接受器均可用来测定照明剂的发光强度，其中较常用的是以光电池为受光器的光电光度计，像温差电偶、热释电测定器及光电阻一类测光仪只在特定条件和环境中使用。随着计算机和光电技术的发展，已经研制出的由计算机控制并自动采样和进行数据处理的新一代测光系统，更适合照明剂制品发光强度的测定。该系统由探测器（受光器）系统、燃烧塔、计算机及打印系统构成。受光器为硒光电池、光电管或光电倍增管。照明剂发光强度的测试系统如图 12.1 所示。

测试系统由计算机机房、受光器和燃烧塔三部分组成。燃烧塔内径 2～2.5 m，高 5 m，下部出风口为圆锥形，与通风机管道连接，塔顶装有稳流器。测光口的截面积一般要求为 $2 \times 0.9 \text{ m}^2$。为了使测光口进风稳定，在燃烧塔与测光室连接处两侧装有可调式百叶窗，在百叶窗外设有进风缓冲室。为了防

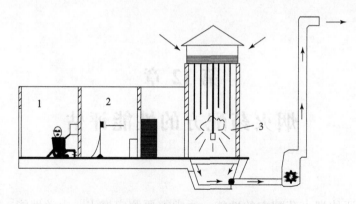

图 12.1 照明剂发光强度测试系统示意图

1—计算机机房；2—受光器；3—燃烧塔

止反射光对受光器的影响，燃烧室及墙的内壁均涂成黑色。测试时燃烧塔内的风速控制在 5~6 mm/s，该风速能够保证顺利排烟，且不改变火焰形状。静态测光时，照明剂悬挂在塔中心的挂钩上。旋转测光时，照明剂固定在旋转支架上。它们的旋转高度都必须使火焰全部进入受光器的视场内，且使受光器正对火焰中心。

测试前，先对测光系统使用标准光源标定，并根据被测照明剂的最大发光强度，按下式计算受光器与照明剂间的距离：

$$L = \sqrt{I_{max}/E} \tag{12.1}$$

式中，L——受光器与照明剂之间的距离，m；

I_{max}——预估被试照明剂的最大发光强度，cd；

E——选定的照度值，lx。

各种照明制品燃烧时间不同，需要事先选定记录时间间隔，一般每隔 3~5 s 记录一次。测试准备工作就绪后，按测试操作程序正式测试。测试结果为照度值，然后按下式换算成平均发光强度：

$$\bar{I} = \frac{\sum_{i=1}^{n} E_i}{n} L^2 \tag{12.2}$$

12.2 热效应的测定

烟火药的燃烧作用是由其中固体或液体的灼热熔渣或由其火焰直接作用，将热传给被燃烧的物质。烟火药燃烧时，传给被燃烧物质的总热量取决于下列条件：

（1）烟火药的热熔渣及火焰温度与被燃物质温度的平均差 ΔT_m；

（2）灼热熔渣及火焰与被燃物质的接触面积 A；

（3）灼热熔渣及火焰与被燃物质的接触时间 t；

（4）烟火药的燃烧生成物对被燃物质的导热系数 k。

因此，烟火药的燃烧效应 Q 可表示为：

$$Q = k \times \Delta T_m \times A \times t \tag{12.3}$$

某些情况下，Q 是固体或液体灼热熔渣传给被燃物质的热量 Q' 和由反应的气态生成物——火焰传给被燃物质的热量 Q'' 之和，即

$$Q = Q' + Q'' \tag{12.4}$$

或

$$Q = k' \times \Delta T_m' \times A' \times t' + k'' \times \Delta T_m'' \times A'' \times t'' \tag{12.5}$$

燃烧时产生大量灼热熔渣的燃烧剂，其 $Q' > Q''$。大部分热量是由灼热熔渣给被燃物质的，而不是火焰。此情况下，$k' > k''$，$t' > t''$。

单位时间内燃烧剂传给被燃物质的热量以 J/s 表示，即 Q/t。显然，高热剂的 Q/t 总比凝固汽油一类燃烧剂要大得多。

燃烧剂的性能试验包括测定药剂的燃烧热、燃烧温度及某些相应的燃烧反应试验。

12.2.1　燃烧热的测定

通常采用氧弹式量热器测定燃烧剂的燃烧热。

12.2.1.1　测试原理

燃烧剂在氧弹里燃烧，放出热量，使量热器中的水温升高。量热器中水的质量是已知的，燃烧热可由下式计算：

$$q = \frac{(H + W)\Delta T - q'}{m} \tag{12.6}$$

式中，q——燃烧剂燃烧热，kJ/g；

ΔT——燃烧前后水温变化值，℃；

q'——电点火的电阻丝燃烧热，kJ/g；

m——燃烧剂质量，g；

H——量热器中水的质量，g；

W——量热器的水当量，即量热器升高 1 ℃ 所需热量，相当于 W g 水升高 1 ℃ 所需热量，一般用已知燃烧热的苯甲酸标定。

12.2.1.2　测试程序

（1）用苯甲酸标定量热器中的水当量。

（2）称取燃烧剂试样6 g，准确到±0.000 2 g。

（3）将试样置入量热弹杯内的小坩埚中，安置好点火丝，使之处于坩埚中间，并拧紧量热弹盖。

（4）连接好充气阀门和导水管道。

（5）按水当量标定的程序调整外套筒水温与室温相差不超过0.5 ℃、热量器筒内水温比外套筒水温低0.7～1 ℃。启动搅拌器，在温度观察镜上观测温度变化，记录初期温度，每隔1 min读取温度一次，共六次。接通点火丝电源，记录初期温度，每隔0.5 min读取温度一次，直至温度不再上升为止；记录末期温度，每隔0.5 min读取一次，共十次。

（6）对试验结果进行数据处理。

应该注意，大多数场合下燃烧剂是在空气中燃烧的，很少在氮气和氩气中燃烧。所测药剂是负氧差时，尽可能在量热弹中充以足够量的空气。药剂样品量减少到能保证精度的最小量。通常药量为0.5～1 g。量热弹的水温升高不得低于0.3 ℃。

12.2.2　燃烧温度的测定

烟火药燃烧温度的高低是决定烟火药光辐射效应的重要参数。例如，对产生原子辐射的烟火药来说，在一定限度内燃烧温度越高，火焰中原子辐射强度越大；对以分子辐射为主的烟火药来说，其燃烧温度一般不超过2 000 ℃。另外，燃烧温度也是研究烟火药燃烧过程的一个重要参数，通过燃烧温度可以研究烟火药的燃烧反应特征、燃烧机理、能量分布及气体产物的组成等。可见测定烟火药的燃烧温度有着重要意义。

12.2.2.1　辐射测温

温度测量分为接触测温与非接触测温两大类。接触测温的优点为测得的温度是物体的真实温度，缺点是动态特性差。由于要接触被测物体，对被测物体的温度场分布会受到影响，并且受传感器材料耐温上限的限制，不能应用于超高温测量。非接触测温又称为辐射测温。辐射测温在理论上不存在测温上限，具有测温范围广、响应速度快、不破坏被测对象温场等特点。因此，在实际应用中，辐射测温技术越来越受到重视。

辐射测温理论是以黑体辐射定律、普朗克定律、维恩位移定律、斯蒂芬-玻尔兹曼定律为基础的。但是这几条定律都仅对黑体辐射适用。实际中的测温对象都是非黑体，具有不同发射率的被测目标都有可能在同一波长或某波段或全波段发出相等的辐射能，使得一定量的热辐射具有真实温度的无限解。为了解决这一问题，辐射测温学中引入了表观温度的概念，这样才能在物体发射率未知的情况下把实际物体的温度测量同黑体辐射定律直接联系起来。在辐射测温学中，表观温度包括亮度温度、辐射温度和颜色温度。由这三种表观温度可以引申出三种基本测温方法，即亮度测温法、全辐射测温法和颜色测温法。用这三种方法可以分别测出物体的亮度温度、辐射温度和颜色温度。基于这三种测温方法的温度计分别称为亮度辐射温度计或单色辐射温度计、全辐射温度计和比色辐射温度计，还有介于亮度法和全辐射法之间的红外辐射温度计。三种辐射温度计在灵敏度、表观温度与真实温度偏差、发射率影响等方面均不相同，各有各的特点和适用范围，见表 12.1。

表 12.1　辐射测温三种方法的比较

测温方法	亮度法	全辐射法	比色法
基本公式	$\varepsilon_\lambda M_b(\lambda, T) = M_b(\lambda, T_s)$	$\varepsilon \sigma T^4 = \varepsilon T_p^4$	$\dfrac{\varepsilon_{\lambda_1} M_b(\lambda_1, T)}{\varepsilon_{\lambda_2} M_b(\lambda_2, T)} = \dfrac{M_b(\lambda_1, T_c)}{M_b(\lambda_2, T_c)}$
表观温度	$T_s = \left(\dfrac{1}{T} + \dfrac{\lambda}{C^2} \ln \dfrac{1}{\varepsilon} \right)^{-1}$	$T_P = T \cdot \varepsilon^+$	$T_\varepsilon = \left[\dfrac{1}{T} + \dfrac{\ln(\varepsilon_{\lambda_2}/\varepsilon_{\lambda_1})}{C_2(1/\lambda_2 - 1/\lambda_1)} \right]^{-1}$
相对灵敏度	$S_s = \dfrac{\mathrm{d}M_b(\lambda, T)/M_b(\lambda, T)}{\mathrm{d}T/T}$ $= (C_2/\lambda)T$	$S_s = \dfrac{\mathrm{d}M_b(T)/M_b(T)}{\mathrm{d}T/T}$ $= 4$	$S_s = \dfrac{\dfrac{\mathrm{d}M_b(\lambda_1, T)}{M_b(\lambda_1, T)} - \dfrac{\mathrm{d}M_b(\lambda_2, T)}{M_b(\lambda_2, T)}}{\mathrm{d}T/T}$ $= C_2(1/\lambda_2 - 1/\lambda_1)T$
表观温度与真实温度偏差	$\dfrac{\Delta T_s}{T} = \dfrac{T - T_s}{T}$ $= \dfrac{\lambda T_s}{C_2} \ln \dfrac{1}{\varepsilon_\lambda}$	$\dfrac{\Delta T_P}{T} = \dfrac{T - T_P}{T}$ $= 1 - \varepsilon^+$	$\dfrac{\Delta T_\varepsilon}{T} = \dfrac{T - T_\varepsilon}{T}$ $= \dfrac{T_c}{C_2 \left(\dfrac{1}{\lambda_2} - \dfrac{1}{\lambda_1} \right)} \ln \dfrac{\varepsilon_{\lambda_1}}{\varepsilon_{\lambda_2}}$
发射率引起表观温度误差	$\dfrac{\mathrm{d}T_s}{T} = \dfrac{\lambda T_s}{C_2} \dfrac{\mathrm{d}\varepsilon_\lambda}{\varepsilon_\lambda}$	$\dfrac{\mathrm{d}T_P}{T} = \dfrac{1}{4} \dfrac{\mathrm{d}\varepsilon}{\varepsilon}$	$\dfrac{\mathrm{d}T_c}{T} = \dfrac{T_c}{C_2(1/\lambda_2 - 1/\lambda_1)} \cdot \dfrac{\mathrm{d}(\varepsilon_{\lambda_1}/\varepsilon_{\lambda_2})}{\varepsilon_{\lambda_1}/\varepsilon_{\lambda_2}}$

亮度法是辐射测温中最重要的方法。该方法历史最长，测温灵敏度高，亮度温度与真实温度偏差小，发射率误差影响也小。在辐射测温领域，目前

和今后一段时间内，基于亮度法原理的光电测温仪表在温度量值的传递和工业应用方面仍起主导作用。

辐射感温器也是应用较广泛的测温仪表。其特点是结构简单，价格低廉，使用方便，可以连续测量、记录和实现自动控制，因而广泛用于工业中。但由于波段较宽，辐射感温器不可避免地受水蒸气、二氧化碳、烟雾等中间介质吸收影响。随着红外辐射温度计的普及，辐射感温器将会逐渐被取代。

比色测温法有以下优点：

（1）大多数物体的颜色温度比亮度温度和辐射温度更接近真实温度。特别地，当实际物体接近灰体时，可认为实际物体的颜色温度等于它的真实温度。

（2）比色法测温受被测物体光谱发射率影响小，针对被测物体的辐射特性及中间吸收介质的光谱吸收特性，合理选择两个工作波段，可以大大减小因被测体光谱发射率变化及中间介质吸收的影响而引起的误差。

（3）与光电高温计和辐射感温器一样，其输出信号可以实现温度记录、控制。

比色温度计尤其适用于测量发射率较低的表面光亮的物体温度，或者在光路上存在着尘埃、烟雾中存在吸收介质的场所。但是，在比色温度计的应用中，如果对于光路上存在选择吸收比色温度计所选用的两个波段之一者，反而会带来较大的误差。随着比色温度计价格的下降，其应用越来越广泛。

12.2.2.2 燃烧温度的测定方法

以产生灼热熔渣为主的烟火药燃烧温度的测试，采用光学高温计或红外辐射测温计较好。而以火焰为主的烟火药燃烧温度的测试，采用 WJ 1905—90 方法或用 W – Re 热电偶测温法测定。

（1）烟火药亮度温度的测定。

WGJ – 601 型光学高温计是一种能在较远距离上测出高热物体表面温度的测温仪，测温范围为 900 ~ 6 000 ℃，特别适合测定高温辐射源的温度。

1）测试原理。根据辐射体的单色辐射强度随温度增长的定律，采用被测辐射体与高温计灯泡中的灯丝进行单色亮度比较的方法来测定被测辐射体的亮度温度。测试时，由物镜将被测烟火药燃烧区成像于高温计灯泡中的灯丝平面上，借助于目镜系统（显微镜）并通过滤光器观察投射在灯丝表面上燃烧区的像。调整滑线电阻，使高温计灯泡的灯丝消失于被测燃烧区的像的背景中，测得此时高温计灯泡灯丝的电流值，就可以从高温计的电流与温度标度中求得被测烟火药的亮度温度。

2）测试程序。将光学高温计放在稳定的工作台上，准备好试样药柱后，按下列程序进行。

①如图 12.2 所示，按图连接好测量网络线路；

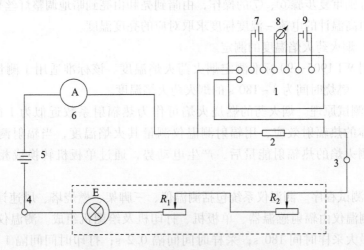

图 12.2　光学高温计测量网络线路图

1—低阻电位差计；2—标准电阻；3、4—高温计接线柱；5—4 V 蓄电池；6—1 A 直流电流表；
7—标准电池；8—检流计；9—直流电源；E—高温计灯泡；R_1、R_2—高温计变电器

②按表 12.2 选定吸收器盘与滤光器盘的工作位置，再分别转动吸收器盘与滤光器盘，使其处于工作状态；

表 12.2　吸收器盘与滤光器盘的位置标记说明

吸光器盘			滤光器盘		
测温范围/℃	位置标记	附注	位置标记	滤光器特征	用途
900 ~ 1 400	1		1		高温计灯丝与被测辐射体对焦时使用
1 100 ~ 2 000	2				
1 800 ~ 3 200	3		2	单色滤光片	光度比较时使用
2 500 ~ 6 000	1	另加 6 000 ℃吸收器于物镜前	3	带光栅的单色滤光片	削弱刺眼的眩光时使用

③移动目镜，得到清晰的灯丝圆弧段的影像；

④在燃烧塔中点燃烟火药样品药柱；

⑤旋转套筒，调节物镜，使烟火药燃烧区清晰成像于灯丝平面中；

⑥调节滑线电阻，使灯丝完全熄灭于燃烧区的背景中；

⑦由电位计测得此时灯丝的电流值；

⑧分别重复步骤⑥、⑦的操作，由暗到亮和由亮到暗地调整灯丝亮度；

⑨由高温计的电流－温度标度求取对应的亮度温度。

（2）烟火药火焰温度的测定。

采用 WJ 1905—90 标准测定烟火药火焰温度。该标准适用于测量 400～3 000 ℃，燃烧时间为 3～180 s 的烟火药火焰温度。

1）测试原理。烟火药的燃烧火焰可作为热辐射系数近似为 1 的灰体，根据物体的热辐射效应，用辐射测温仪测量其火焰温度，当辐射测温仪接收到被测火焰的热辐射能量后，产生电动势，通过单板机转换成相应的温度值。

2）测试程序。测温仪系统包括测温仪、三脚架、燃烧塔、风速计、黑体炉等，测温仪由辐射感温器、单板机、打印机及绘图机组成。测温仪系统应满足：最大采样时间 180 s；采样时间间隔 0.2 s；打印时间间隔 1 s、3 s、5 s、10 s；系统误差不大于 2%。辐射感温器是三支不同量程的热敏传感器，测温范围分别是 400～1 100 ℃、700～2 000 ℃和 1 700～3 000 ℃。单板机为 TP801B 型，打印机要求不小于 80 列，绘图机为平板式。

在环境温度为 15～35 ℃，相对湿度不大于 80% 和燃烧塔内火焰中心处风速为 1～1.5 m/s 的测试条件下，对直径为 25～100 mm 的样品药柱或药团进行测试。程序如下（图 12.3）：

①根据被测试样火焰温度范围选择辐射感温器，固定于三脚架上，感温器物镜与火焰中心相距 20 倍试样直径，感温器轴线与试样断面的夹角为 30°±5°；

②启动测温仪，键入测温范围选择指令；

③启动通风机，并控制风速为 1～1.5 m/s；

④点燃试样，随即键入采样指令，烟火药烧尽时，键入停止采样指令；

⑤继续执行测温仪工作程序框图的数据处理及输出相关指令，最后获得测定结果的数据和图表。

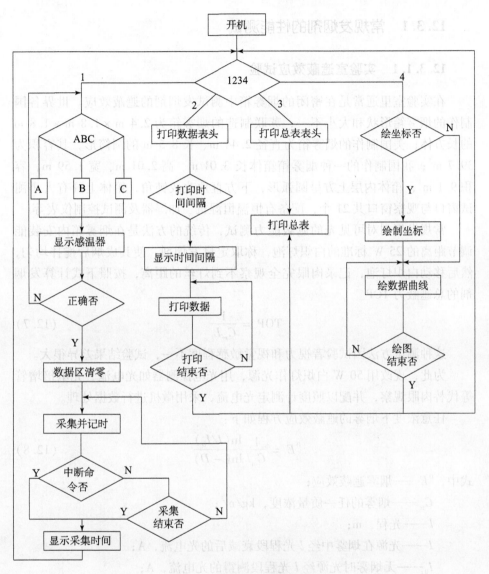

图 12.3　测温仪工作程序框图

12.3　遮蔽效应的测定

正确地评价遮蔽可见光的常规发烟剂或抗红外发烟剂的烟幕性能，开展实验室和野外条件下的遮蔽效应试验是必要的。

12.3.1 常规发烟剂的性能测试

12.3.1.1 实验室遮蔽效应试验

在实验室里通常是在密闭的烟雾箱中测试发烟剂的遮蔽效应。世界各国制作的烟雾箱形状和大小不一，苏联制造的烟雾箱为 2.4 m × 1.8 m × 1.8 m 的长方体；美国制作的烟雾箱为直径 2.44 m、长 8.5 m 的圆筒形，其容积为 39.7 m³；我国制作的一种烟雾箱箱体长 3.01 m、高 2.01 m、宽 1.59 m，容积 9.1 m³，箱体内层上方呈圆弧形，下方直角改成钝角，箱体上开有大小测试窗口与观察窗口共 21 个，配备有恒温恒湿机、加湿器及测试控制仪表等。

常规发烟剂对可见光的遮蔽能力测试，传统的方法是在烟雾箱内安装能调节距离的 25 W 标准的白炽灯泡，称取定量发烟剂，使其成烟后搅拌均匀，然后移动白炽灯泡，记录肉眼完全观察不到灯丝的距离，按照下式计算发烟剂的总遮蔽力 TOP。

$$\text{TOP} = \frac{1}{C_m L_t} \tag{12.7}$$

这种测试方法因试验者视力和视觉敏感程度不一，试验结果差异很大。

为此，现改用 50 W 白炽灯作光源，用光电探测器如光电池、光电倍增管等代替肉眼观察，并配以照度计测定光电流，采用微机进行数据处理。

任意浓度下烟雾的遮蔽效应方程如下：

$$^0E = \frac{1}{C_m l} \frac{\ln(I/I_0)}{\ln(-D)} \tag{12.8}$$

式中，^0E——烟雾遮蔽效应；

C_m——烟雾的任一质量浓度，kg/m³；

l——光程，m；

I——光源在烟雾中经 l 光程段衰减后的光电流，A；

I_0——无烟雾时光源经 l 光程段测得的光电流，A；

D——视觉对比度极限，一般情况下 $D = 0.012\,5$。

改变发烟剂装药量，使之在烟雾箱中形成的烟雾对光的透过率恰好为人眼阈值 0.012 5，即 $I/I_0 = -D = -0.012\,5$，则上式得

$$\frac{\ln(I/I_0)}{\ln(-D)} = 1 \tag{12.9}$$

将式（12.9）代入式（12.8），即得到式（12.7）的计算总遮蔽力公式。

由此可见，在烟雾箱中测定烟雾的遮蔽能力，实际上是在光程一定的条件下改变烟雾质量浓度或者在质量浓度一定下改变光程 l，使光的透过率恰巧

达到"看不见"的程度。

实验室中烟雾遮蔽能力测试系统框图如图 12.4 所示。

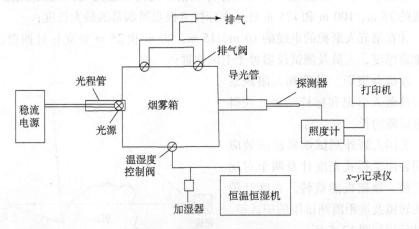

图 12.4 烟雾测试系统框图

测试程序如下：

①按试验大纲要求安置好所用设备仪器、仪表、接通线路、管道，并调试之，使其处于工作状态；

②启动恒温恒湿机，调整烟雾箱内的温湿度为试验所需条件；

③调节稳流电源，使光源获得额定电流值；

④将照度计受光器置于导光管中；

⑤调节光程管，标定光程 l，由照度计测量未点燃发烟剂前不同 l 时的照度值 I_0，同时由打印机打印出 I_0 值；

⑥点燃发烟剂，待样品燃毕，由风扇搅拌均匀；

⑦按各标定的 l 位置移动光程管，分别由照度计测出光源透过烟雾的照度值 I，同时由打印机打印出 I 值，并由 $x-y$ 记录仪绘制函数曲线；

⑧将测试数据输入计算机进行数据处理，即获得遮蔽能力数值。

12.3.1.2 野外性能试验

野外现场对烟幕性能测试应包括烟幕遮蔽面积、瞬时成烟时间和烟幕的持续时间。野外测试与场地温度、湿度、风速、风向、天气条件、观察位置及太阳光等环境因素非常有关。

（1）烟幕遮蔽面积。通常采用人形靶和树立标杆方式借助高速摄影机和摄像机测定烟幕的长、宽、高。例如，对 50 m 长、20 m 宽和 110 m 高的烟幕的测试方法如下：

①在目标区设置军绿色人形靶 5 个，间距 10 m，沿风向顺延放置，高速

摄影机、摄像机架设于第三人形靶垂线 50 m 处;

②在第一、三、五人形靶处立标杆三根,观测烟幕高度,在人形靶的延长线的 75 m、100 m 和 125 m 处,立标杆三根观测烟幕的最大长度;

③在第五人形靶的垂线的 10 m、15 m、20 m 和 25 m 处立标杆四根,观测烟幕厚度,人员及测试仪器置于上风位置;

④综合摄影、录像和人眼观察烟云遮蔽人形靶和标杆结果,获得烟幕屏障的长、宽、高。

美国人野外测试烟幕遮蔽效应是用轻便手提式光度计及两个对比用靶板。该靶板能旋转。光度计带有回转镜及远距离测试用的望远镜。测试示意如图 12.5 所示。

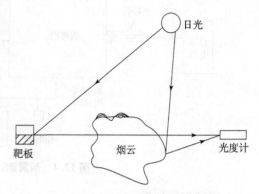

图 12.5　野外烟雾遮蔽性测试示意

测试前需校正仪器各参数,彩色烟幕还要找出色盲区,记录好风速、风向、气温、温度及标高等参数。测试中,光从两处进入光度计,即靶板反射光经烟云透射进入和烟云产生的反射光直接射入。光度计在测试中输出与烟云反射率 R 成正比的直流电压信号和与烟云透射率 T_λ 成正比的交流电压信号。用 R/T_λ 计算遮蔽度。T_λ 取决于烟云特性,即烟云微粒特性及其对光的散射、吸收性能。R 既与烟云反射特性有关,又与现场环境背景亮度相关。

(2)烟幕形成时间。通常烟幕形成时间是指烟幕将所有目标遮蔽住而使观测员观测不到目标所需的时间。这必须在野外测定。具体方法是按照烟幕遮蔽面积测定的现场布置,用时间记录器,高速摄影机或摄像机记录施放烟幕完全遮蔽所有目标的最短时间。然后将高速摄影结果在放映机上统计出从生烟开始到完全遮蔽目标的图像幅数,根据放映速度算出成烟时间。对于录像结果,可从放像屏幕上直接按时标读取烟幕形成时间。

(3)烟幕持续时间。通常烟幕持续时间是指从试验开始算起到目标可被一个或几个观察员观测到为止所经历的时间,这也必须在野外测试。具体方法与烟幕形成时间测定相同。

12.3.2　抗红外烟幕的性能测试

由于烟幕屏蔽是反红外侦测系统的措施,因此测试烟幕的屏蔽性能极其重要。国内外对抗红外烟幕性能测试技术的研究主要是实验室内的测试参数、测试方法及其仪器、设备研究，以及野外的测试参数、测试仪器研究这两个方面。

12.3.2.1　抗红外烟幕实验室测试

鉴定抗红外烟幕遮蔽能力的有效手段是测量或计算烟幕的消光能力。无论是采用直接测量透过烟雾的光的衰减量，还是测量微粒光学参数来计算烟幕消光系数，都需要首先在实验室中进行相关参数测定工作。

（1）测试设备。烟雾箱是实验室评定烟幕性能的重要设备。加拿大瓦尔卡迪尔防务研究院制造的大型烟雾箱如图 12.6 所示。它由钢筋混凝土构成，在其内可进行爆炸撒布类发烟剂的试验。该箱总容积为 326 m^3，光学通道长6.1 m。辐射源和探测器沿箱的径向安置，能同时对可见光和红外、激光进行监测。配备的两台激光器中，一台为光谱物理式氦－氖激光器（0.632 8 μm），它与一台精密激光热电检测器连用；另一台为光导式钕－钇铝石榴石激光器

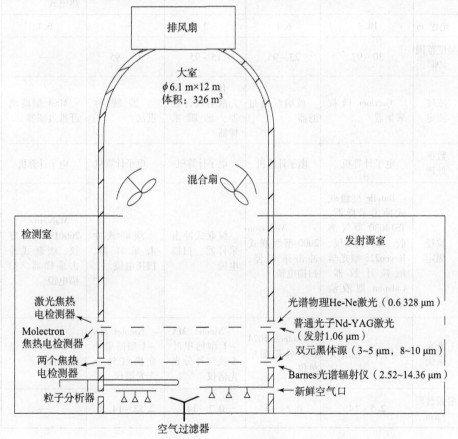

图 12.6　大型烟雾箱

（1.06 μm），它与一台集成电路式热电检测器连用。宽波带辐射源及检测器系统由一台双元 3~5 μm、8~14 μm 黑体辐射源和一台巴恩纳斯（Barnes）式光谱辐射计构成。巴恩纳斯式光谱辐射计工作波段为 2.52~14.36 μm。

各国设计使用的烟雾箱没有统一标准，配套仪器也有差异。各国研究机构烟雾箱及其配套仪器见表 12.3。

表 12.3　各国研究机构烟雾箱及其仪器配套

项目	美国			雅典	加拿大
	卡尔斯潘	阿伯丁	斯坦福	FFV	瓦尔卡迪尔
烟幕箱（大小）	590 m³, 4 m³	190 m³, 70 m³	φ15.2 cm×7.1 m	20 m³	326 m³, 4 m³
辐射源	黑体（900 K）	黑体（300 K）	—	黑体（900 K）	黑体
探测器	TeCdHg	TeCdHg	LiTaO₃	LiTaO₃	Molectron 型热电式
光程/m	18.3	6.1	2		6.1
湿度范围/%	30~97	23~95	15~95	15~95	—
浓度测定	Gardner 微粒采集器	玻璃纤维过滤器	He-Ne 激光散射式计数器、滤膜采样器	滤膜称重法	MSA 型玻璃纤维过滤器
数据处理	电子计算机	电子计算机	电子计算机	电子计算机	电子计算机
粒径测定	Batelle 型级联式冲击采样器、TS13030 型气溶胶分析仪、Reyco225 型光学散粒计数器、Calspan 型液清采样器	Anderson 2000 型级联式冲击采样器、扫描电镜	级联式冲击采样器、扫描电镜	级联式冲击采样器、扫描电镜	Malyern 2600D 型粒度仪、级联式冲击采样器、扫描电镜
消光系统	扫描式光谱仪	Exotech 1024 型红外扫描单色仪	Nicolet MX-1 型傅里叶变换红外分光光谱仪	Nicolet MX-1 型傅里叶变换红外分光光谱仪	Barnea 光谱辐射仪
覆盖波段/μm	2.5~14	0.7~14	0.7~14	2.52~14.36	—

（2）质量消光系数测定。质量消光系数是用于表征单位质量材料屏蔽效

率的参数，它与辐射通过烟雾时的传输量有关。测定烟幕剂的质量消光系数，就是在烟雾箱内首先测出光程为 L 时烟幕的透过率 T_λ，然后测出烟幕粒子的浓度 C_m，根据朗伯－比尔定律即得出质量消光系数 α_λ：

$$\alpha_\lambda = -\frac{\ln T_\lambda}{C_m L} \tag{12.10}$$

（3）烟幕浓度测定。

烟幕浓度测定分为质量浓度 C_m 测试法和微粒浓度 C_n 测试法。前者是将已知体积的烟幕通过一种滤膜，使烟幕微粒滞留在滤膜料上，然后称量滤料上的质量增量，通过式（12.11）计算得出 C_m。后者是将微粒捕集在滤膜表面，再使滤膜在显微镜下呈透明状，然后计数，由式（12.12）求得微粒浓度。

$$C_m = \Delta G / (qt) \tag{12.11}$$

式中，C_m——烟幕质量浓度，mg/m^3；

　　　ΔG——滤膜的质量增量，mg；

　　　q——采样流量，m^3/s；

　　　t——采样时间，s。

$$C_n = \left(\frac{C_i}{f_1} - C_0\right)\frac{f_0}{qt} \tag{12.12}$$

式中，C_0——滤膜基数密度，粒/mm^2；

　　　C_i——采样后滤膜上的微粒数目，粒；

　　　f_0——滤膜有效面积，mm^2；

　　　f_1——采样后计数的滤膜总面积，mm^2；

　　　q——采样流率，m^3/s；

　　　t——采样时间，min。

国外用于浓度测定的仪器有：气溶胶光度仪，分前向散射光度仪和积分能见度测定仪；凝聚核计数器；β 射线衰减粒子监测器；石英晶体微量天平；玻璃纤维过滤器；安得森采样器；TSI3030 型电子气溶胶分析仪 0.01 ~ 1.0 μm；He－Ne 激光散射式计数器等。

（4）烟幕粒子尺寸及分布测定。实验室中使用各种粒子尺寸分布测量仪来测定烟幕粒子尺寸大小和分布。测量仪大致分为四类。

①光学气溶胶尺寸测量仪。这类仪器包括有光度仪、主动散射气溶胶分光仪、前向散射比例型激光散射尺寸分析仪、光谱－粒子计数器、粒子尺寸干涉仪和激光干涉测量仪等。它们适用于较稀的气溶胶粒子尺寸的测量，且粒子尺寸应大于 0.5 μm。

②电子气溶胶分析仪。它适用于亚微米气溶胶粒子尺寸的测量。

③利用力学惯性原理设计的级联冲击器测量仪。如安得森2000型级联式冲击采样器等。

④利用光电成像设计的测量仪。它实际上是一种光电二极管装置，测量粒子尺寸范围为20~300 μm 或300~450 μm。

（5）光学常数测定。抗红外烟幕消光效率因子是复折射率 m（$m = n - iK$）的函数。在理论计算消光能力时，需要确定复折射率 m 的实部 n 和虚部 K 这两个光学常数，方法是借助克喇末–克郎尼格（Kramers–Kraning）分析法或多振子数据尝试法（Multiple Oscillator Fits to the Data），对测得的反射比和透过率数据进行分析来获得。

12.3.2.2　抗红外烟幕野外测试

实验室中对烟幕的测量是定量评定烟幕性能的重要依据，但是烟幕在实战中性能究竟如何，尚需开展野外测试方能给出全面的评价。

（1）测试设备。在野外测试时，除测定烟幕的性能指标外，还应测定气象因素对烟幕的散布、持续时间的影响参量。为此，测试设备应包括气象条件，如风速、风向、天气、温湿度、大气压、大气能见度等测试仪器，气溶胶粒子尺寸分布测量分析仪，气溶胶浓度探测器，烟云测绘仪，热成像仪，红外辐射计，激光测距仪，各类光度计和化学采样用的取样器等。

（2）野外抗红外烟幕测量。加拿大瓦尔卡迪尔研究院对野外抗红外烟幕测量是使用单人携带操作的激光烟云测绘仪，简称LCM仪。它实质上是一个扫描雷达系统，可提供分辨时间的三维野外烟云图。为了全面获得测试结果，还必须配备热成像摄像机系统。该系统是由红外525摄像机（工作波段为3~5 μm 和8~14 μm）、IR–18型红外热像仪（8~12 μm）和RDS–3热像仪（8~14 μm）构成。在测量过程中，激光烟云测绘仪对烟云每4 s完成一次扫描，提供烟云演变的轮廓图和相关参数。依据这些结果，借用各种分析方法可以得到野外烟幕透过率浓度、消光系统等参数及其轮廓图。再将这一结果与在同一相应时间探测的热像图作比较，就能客观地评价该烟幕遮蔽效应。

12.4　红外辐射强度的测定

通常采用红外辐射计来测定烟火药的红外辐射强度。红外辐射计是测定目标辐射特性（如辐射功率、辐射强度、辐射亮度、发射率等）的红外仪器，其"心脏"部件是红外探测器。

12.4.1 红外探测器及其工作原理

红外探测器实际上是一种红外辐射能的转换器。它把辐射能转换成另一种便于测量的能量形式，在多数情况下转换成电能。综合近代测量技术来看，电量测量最方便、最精确。

按照探测过程的物理机理，红外探测器可以分为热探测器和光子探测器两类。热探测器是利用红外线的热效应工作的。光子探测器是利用红外线中的光子流射到探测器上后，和探测器材料中的束缚态电子作用后，引起电子状态的改变，从而探测到红外线。

热探测器是利用红外线的热效应工作的。当探测器受到红外辐射后，探测器材料的温度会上升。温度的变化会引起某些物理特性相应改变，测量这些物理量变化就可以确定入射红外辐射的强弱。热探测器按照探测器敏感的物理量不同，目前可以分为温差电偶、测辐射热计、热释电及气动型等几种。前三种热探测器均有光谱响应范围宽、光谱响应平坦、一般无须致冷及价格较低等优点。在这三类中，热释电探测器是近十多年来发展较快的一种，它的机械强度、响应率、响应速度都比较高，应用范围也日益广泛。但和光子探测器相比，热探测器具有响应率低、时间常数大的弱点。

光子探测器是利用入射光子流与探测器材料中的束缚态电子作用后，引起电子状态的改变，从而探测到红外线的。光子与电子作用后，产生的光电效应可以分为外光电效应和内光电效应两类。光子与电子作用后，使电子获得足够的能量后能逸出材料表面的现象称为外光电效应。利用外光电效应工作的光电探测器中，灵敏度较高的是光电倍增管。内光电效应表现为，光激发的载流子滞留在材料内部，引起材料电导率变化而产生电动势。

12.4.2 红外光谱辐射计的标定

测量前需要利用黑体对红外辐射计进行标定。其目的是根据标定数据计算出红外辐射计的仪器常数，以便在测量时使用。

标定和测试可在不同距离下进行，如果条件许可，应在同一测试距离下进行。标定时，将黑体放置在距红外辐射计 L_b 的距离上，由红外辐射计对其辐射强度进行测量，记录其输出电压峰值 V_b。根据红外辐射计的工作原理，V_b 与黑体辐射的关系可表示为

$$V_b = K \frac{A}{L_b^2} \int_{\lambda_1}^{\lambda_2} I_b(\lambda) R(\lambda) \, \mathrm{d}\lambda = K \frac{ac_0}{L_b^2} \int_{\lambda_1}^{\lambda_2} I_b(\lambda) R_{rtv}(\lambda) \, \mathrm{d}\lambda = \frac{C}{L_b^2} i_b$$

(12.13)

式中，A——探测器光敏面积；

K——电路放大系数；

λ_1、λ_2——红外辐射计的工作波段；

R_{rtv}——红外辐射计相对光谱响应；

c_0——常数；

$R = c_0 R_{rtv}$——红外辐射计光谱响应；

$C = Kac_0$——仪器常数，仅由仪器本身参数决定，与被测目标参数无关。

$$I_b(\lambda) = \frac{1}{4}\Phi^2 E_b(\lambda) = \frac{1}{4}\Phi^2 2\pi hc^2\lambda^5 \frac{\varepsilon}{\exp(hc/\lambda kT) - 1} \quad (12.14)$$

式中，I_b——黑体辐射亮度；

E_b——黑体辐射出射度；

Φ——黑体口径；

ε——黑体发射系数。

$$i_b = \int_{\lambda_1}^{\lambda_2}(\lambda)R_{rtv}(\lambda)\mathrm{d}\lambda \quad (12.15)$$

由式（12.13）可以计算出仪器常数 C 为

$$C = V_b L_b^2/i_b \quad (12.16)$$

式中，i_b 可以根据式（12.14）和式（12.15）计算得到。

12.4.3　红外光谱辐射计的工作原理

红外光谱辐射计或称红外光谱仪，是用于测量军舰、飞机、坦克、红外干扰弹等目标光谱辐射特性的仪器。它既可以在自动回转台上跟踪活动目标并进行测量，又可以放在三角架上对固定目标进行测量，能实时显示并打印目标的光谱辐射强度曲线和光谱辐射强度值。

红外光谱辐射计由红外测量头、电源和信号处理系统三部分组成。测量头由接收光学系统、斩光器、渐变滤光片、光电探测器、光电信号前置放大及滤波、信号处理器、观察瞄准和支架等组成。电源对整个光谱仪供电。用计算机完成信息采集、存储、计算、显示、打印和控制等功能。其工作原理是，红外光学系统把目标的红外辐射聚集到红外探测器上，并以光谱和空间滤波方式抑制背景干扰，红外探测器将集聚的辐射能转换成电信号，微弱的电信号经放大和处理后，输送给控制和跟踪执行机构或送往显示记录装置。

用红外光谱辐射计对烟火药的红外辐射进行测试，测得的电压值 $V(\lambda)$ 除以红外光谱辐射计在此光谱下的光谱响应 $R_{辐射计}(\lambda)$，并对其归一化即可得到归一化光谱辐射强度 $I(\lambda)$：

$$I'(\lambda) = V(\lambda)/R_{辐射计}(\lambda) \tag{12.17}$$

$$I(\lambda) = I'(\lambda)/I'(\lambda)_{max} \tag{12.18}$$

因为烟火药的红外光谱辐射强度与归一化光谱辐射强度只相差一个系数，即

$$I_{tar}(\lambda) = c_1 I(\lambda) \tag{12.19}$$

所以求出系数 c_1，即可得到烟火药的红外光谱辐射强度。

对红外光谱辐射计来说，测试烟火药的红外辐射强度与黑体标定的工作原理相同，因此利用与标定时相似的分析方法可知，红外光谱辐射计输出电压峰值 V_{tar} 与烟火药红外光谱辐射强度 I_{tar} 有如下关系：

$$V_{tar} = \frac{C}{L_{tar}^2}\int_{\lambda_1}^{\lambda_2} I_{tar}(\lambda) R_{rtv}(\lambda)\mathrm{d}\lambda = C\frac{c_1}{L_{tar}^2}\int_{\lambda_1}^{\lambda_2} I(\lambda) R_{rtv}(\lambda)\mathrm{d}\lambda = C\frac{c_1}{L_{tar}^2}i_{tar} \tag{12.20}$$

因此有

$$c_1 = \frac{V_{tar}L_{tar}^2}{Ci_{tar}} \tag{12.21}$$

式中，C——红外辐射计仪器常数，根据标定结果可由式（12.20）计算得到；

V_{tar}、L_{tar}——分别为红外辐射计输出电压和测试距离。

$$i_{tar} = \int_{\lambda_1}^{\lambda_2} I(\lambda) R_{rtv}(\lambda)\mathrm{d}\lambda \tag{12.22}$$

由于 $I(\lambda)$ 已测出，$R_{rtv}(\lambda)$ 已由计量部门标定，所以可由上式计算得到 i_{tar}，求出 c_1 后，即可由式（12.19）得到烟火药的红外光谱辐射强度 $I_{tar}(\lambda)$。

对于烟火药在 $\lambda_3 \sim \lambda_4$ 波段的红外辐射强度，则可由下式得到：

$$I = \int_{\lambda_3}^{\lambda_4} I_{tar}(\lambda)\mathrm{d}\lambda \tag{12.23}$$

12.4.4　烟火药红外辐射强度的测定

烟火药红外辐射强度的测量装置和方法与发光强度的类似。测定红外辐射强度时，辐射计和管道相距 82 m。在测量红外辐射强度时，红外闪光灯安放在台子上，辐射计聚焦于闪光灯，开启排风扇并实现匀速转动，点燃闪光灯，辐射计捕获到闪光灯辐射出的红外线。辐射计按两种方式运行。

（1）光谱模式：用连续可变滤波器（CVF）测量物体辐射出的光谱，光谱的波长范围是 2.5 ~ 14.5 μm。

（2）辐射计模式：物体的红外线强度是时间的函数。利用 CVF 四个滤波

器（2.0 ~ 2.4 μm、2.0 ~ 3.0 μm、3.0 ~ 5.0 μm 和 8.0 ~ 13.0 μm）中的任何一个滤波器或者 CVF 任何一个窄带滤波器来测定红外线强度。

可以根据工作需要选择采用光谱模式还是辐射计模式来测定红外线强度。

下面以用 SHF – IB 双通道红外辐射计来测定烟火药的红外辐射强度为例，介绍该仪器的操作。

SHF – IB 双通道红外辐射计是一种数字化烟火药红外辐射强度专用测定仪，其红外探测器为 LiTaO₃。该辐射计装有 TP801 – A 单板机，其特点是能自动采集两个通道（1 ~ 3 μm、3 ~ 5 μm；3 ~ 5 μm、8 ~ 14 μm 或 1 ~ 3 μm、8 ~ 14 μm）的红外辐射数据，采集速度最慢为 10 次/s。其操作步骤如下：

①启动测试程序，观察测试仪器工作是否正常，并用红外灯调整滤波器中心频率；

②启动噪声电压测定程序测定噪声电压，约几分钟后，数码管轮流显示出两个通道的噪声电压值，然后打印出来；

③预置测量程序；

④启动测量程序，开始采集数据；

⑤按 MON 键，停止测量；

⑥按⑤和 REG EXAM 键，查看数据存储末地址；

⑦设置数据存储起始地址和末地址，将其记录在磁带上；

⑧启动打印程序，打印所测试的辐射强度值。

测试时，样品药柱吊悬于测试架上，并使其燃烧时的火焰中心与辐射计探测器的光学镜头对准，样品药柱与测试仪器之间距离的确定要根据药柱燃烧时火焰面积的大小不同而选定，但最小距离不得低于 10 m，这是因为受仪器计算软件字长所限，同时也防止被测火焰溢出探测器视场而影响测试结果。

需要指出，数字化的 SHF – IB 双通道红外辐射计实际上测得的辐射强度值是靠探测器接收的辐射亮度按下式计算出的：

$$I_{\Delta\lambda} = ER^2/\tau \qquad (12.24)$$

式中，$I_{\Delta\lambda}$——辐射强度；

　　E——接受器表面辐射亮度；

　　R——辐射源与探测器之间距离；

　　τ——大气透过率。

第 13 章
烟火技术在工农业生产中的应用

烟火技术除军用外，在工农业生产、交通运输、体育、建筑、宇航等国民经济领域中的应用日趋广泛，烟火技术新应用不断涌现。如近些年来迅速发展的冷光烟火、除霜剂、杀虫剂、灭鼠剂和汽车安全气囊等。烟火技术在国民经济中的应用可以说是不胜枚举，本章重点介绍烟火技术在工农业生产上的典型应用。

13.1　自蔓延燃烧合成技术

使用燃烧合成法（Combustion Synthesis，CS）制备材料可以追溯到 19 世纪，1895 年德国科学家 H. Goldschmit 发明了著名的铝热法，为 CS 法开创了新纪元。苏联很早就应用 CS 法制备材料，但真正开展科学研究则始于 1967 年，苏联科学院院士 Merzhanov 和 Borovinskaya 研究火箭固体推进剂燃烧问题时，将这种燃烧反应命名为"自蔓延高温合成"（Self - propagating High - temperature Synthesis，SHS），迄今已在国际上获得广泛认可。SHS 是指反应物被点燃后引发化学反应，利用其自身放出的热量产生高温，使得反应可以自行维持并以燃烧波的形式蔓延通过整个反应物。随着燃烧波的推移，反应物迅速转变为最终产物。总之，凡是能够得到有用材料或者制品的自维持燃烧过程都属于广义的 CS 法，或狭义地称为 SHS 法。

20 世纪 90 年代，苏联科学院几乎是全方位地开展研究，他们在 SHS 领域的总体水平居于世界前列。而在 80 年代初，Crider、Franhouser 等人对苏联 SHS 的介绍促进了外界对 SHS 的了解，引起了美国和日本等国家的重视，其中美国 SHS 研究被列入美国国防部高级研究计划局的计划，凭借国大力强和科技界的高度重视，美国在 SHS 基础研究方面的成果最为扎实，研究力量也最为雄厚。日本的小田原修等也对 SHS 进行了研究，并成立了燃烧合成研究协会，1990 年在日本召开了第一次美 - 日燃烧合成讨论会。目前，日本研究的陶瓷内衬钢管和 TiNi 形状记忆合金已投入实际应用。

由于国情不同，我国在进行燃烧合成研究时具有很强的应用目标牵引。在 20 世纪 80 年代，我国西北有色金属研究院、北京科技大学、武汉理工大学、南京电光源研究所、北京钢铁研究总院等单位相继展开了研究。"八五"期间，国家"863"计划新材料领域设立了 SHS 技术项目，支持 SHS 研究开发。虽然我国的研究起步较晚，但发展极其迅速，更多的研究单位不断涉及该领域的研究，SHS 的产业化成果得到了国外同行的高度评价。我国在 SHS 领域发表的论文数量仅次于俄罗斯、美国，与日本持平。Merzhanov 院士认为"SHS 研究在中国的发展速度似乎比世界上任何国家都快"。2000 年 9 月 21—24 日在北京召开的第 1 届中俄双边自蔓延高温合成学术会议说明我国 SHS 合成研究正在同世界水平接轨。国内的锐克复合材料有限公司已经利用由国外引进的 SHS 反应设备批量生产出 AlN 功能材料。北京科技大学殷声等发展了 SHS 熔铸技术，并将其应用于陶瓷内衬钢管的离心铸造，实现了产业化，如图 13.1 所示。哈尔滨理工大学的李垚对高压氧气条件下自蔓延高温合成锌铁氧体、锰铁氧体及镍锌铁氧体进行了研究，并发表了关于氧气压力对锌铁氧体的转化率和反应机理的影响相关文献。

图 13.1　大规模生产的陶瓷内衬钢管

13.1.1　自蔓延高温合成铁氧体研究

国内外学者对以高价氧化物及气体氧为氧化剂，金属为燃料，燃烧合成钼酸盐、铁氧体、超导陶瓷等进行了广泛研究。铁氧体的自蔓延高温合成在俄罗斯、英国报道较多，并对 $BaFe_{12}O_{19}$、$SrFe_{12}O_{19}$、$CoFe_2O_4$、$NiZnFe_2O_4$ 和 $MnZnFe_2O_4$ 的合成机理进行了研究。伦敦大学的 Maxim V. Kuzetsov 等人用 SHS 技术对磁场外和无磁场条件下合成的系列铁氧体材料进行了研究，国内近年来在 SHS 合成方面也开展了大量的研究工作，在某些方面已取得了可喜的成果，如哈尔滨工业大学的李垚、杜善义等人用自蔓延高温合成方法制备了 $NiZnFe_2O_4$、$ZnFe_2O_4$ 和 $MnZnFe_2O_4$ 等铁氧体材料，并且研究归纳了工艺条件对所制备的铁氧体的磁性能的影响，研究成果对铁氧体的合成具有一定的指导意义。

　　燃烧合成铁氧体粉末在国外已实现工业规模生产，俄罗斯建立了一条年产 1 500 t 铁氧体的连续生产线。原料从生产线的一端进入，合成产物从另一端输出，生产率由燃烧速率决定。燃烧合成铁氧体是以铁粉为燃料，取代部分氧化铁原料，在高温燃烧合成时完成氧化物间的铁氧体化。燃烧合成同传统方法比较，省少了耗时耗能的预烧工序，成本低，并且燃烧温度高，燃烧合成的铁氧体粉末的粒度范围窄，烧结性好。传统工艺与 SHS 工艺生产的铁氧体工艺参数的比较情况见表 13.1。传统工艺和自蔓延高温合成镍锌铁氧体的性能比较列于表 13.2 中。

表 13.1　传统工艺与 SHS 工艺生产铁氧体的工艺比较

参数	SHS 工艺	传统工艺
合成温度/℃	1 000 ~ 1 500	1 000 ~ 1 400
能耗/$(kJ \cdot kg^{-1})$	0.1	20 ~ 50
生产周期/h	0.05 ~ 1	6 ~ 20
产量（相对值）	20 ~ 800	1
原料成本（相对值）	1 ~ 1.2	1
占地面积（相对值）	1	10 ~ 30
生产成本（相对值）	1	1.5 ~ 3

表 13.2　SHS 和传统法生产的铁氧体的性能比较

铁氧体	起始磁导率 /$(H \cdot m^{-1})$	居里温度/K	电阻率 /$(\Omega \cdot m)$	平均粒径/μm
SHS MN250（MnZn）	2 500	473	100	6.8
传统 MnZn 铁氧体	400 ~ 6 000	393 ~ 453	5 ~ 10	3.0
SHS NN600（NiZn）	600	473	100 000	6.5
传统 NiZn 铁氧体	10 ~ 2 000	373 ~ 673	1 000 ~ 100 000	9.0

　　从上表中可以看到，自蔓延高温合成铁氧体在合成成本和性能上都具有推广工业化生产的可行性。

13.1.2 自蔓延高温合成工艺

自蔓延高温合成制备镍锌铁氧体的工艺如图 13.2 所示。

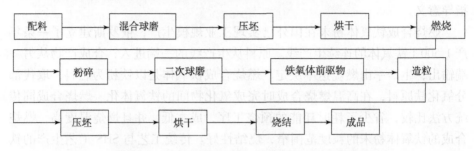

图 13.2 SHS 法制备 NiZn 铁氧体的工艺流程图

具体操作步骤如下。

（1）材料准备。原料确定后，根据反应方程式计算出各种原料的质量，然后进行称量、配料，在称量中要严格控制误差。镍锌铁氧体的掺杂物按质量分数添加。

（2）混合球磨。球磨是影响产品质量的重要工序，其目的主要是将原料混合均匀，我们采用高能球磨机丙酮介质湿法球磨的方法。将称量好的药品放入球磨机中，倒入丙酮进行湿磨，速度为 600 r/min，球磨 40 min，得到均匀的混合料。原料混合的均匀度和粒度对产品的质量有很大的影响。通过球磨混料不仅可以均匀配方，还能起到细化颗粒的作用，以利于燃烧反应完全。

（3）预压成型。将混合料压制成柱状预制块，如图 13.3 所示。

图 13.3 压制后的圆柱形预制块

（4）烘干。将预压成型的混合料在 80～100 ℃烘 24 h。

（5）点燃。将压制成块的坯料在空气中用点火药点燃。试验点火时，使用碳粉、Ti 粉和 Ba(NO$_3$)$_2$ 按特定配方混合制成的点火药剂来引燃坯料。点火药剂引燃时的过程如图 13.4 所示。

图 13.4　坯料点燃的过程

（6）燃烧反应。坯料在点火药剂燃烧（约持续 2 s）后引燃，依靠原料反应释放的热量引导反应完成（如图 13.5 所示），燃烧过程中放出的白色烟雾为 NaCl 固体。磁场下燃烧过程是将燃烧反应置于磁场中进行，磁场强度大小通过调节电流来控制。磁场下的 SHS 过程如图 13.6 所示。

图 13.5　空气中的自蔓延燃烧过程

（7）二次球磨。二次球磨的主要作用是将预烧料碾磨成粉体，以利于后序的造粒、成型。将燃烧完成后的坯料去除表面杂质，然后放入球磨机中进行干磨，球磨时间为 30 min，转速为 450 r/min。

（8）造粒。为了提高成型效率与产品质量，需要将二次球磨后的粉料与稀释的黏结剂混合，研磨混合均匀后，过筛成一定尺寸的颗粒。造粒使粉体凝聚成大小适度、含水量适中的颗粒，从而改善可压制性，提高粉体的流动性，使坯件各部分形成密度分布均匀的坯件。试验手工造粒法，在燃烧后的粉料中添加 10%（质量分数）浓度为 8% 的聚乙烯醇溶液混合造粒。

（9）成型。将造粒后的粉料按要求的形状在一定的压力下压成坯件形状，

（a）　　　　　　　　　　　　　　（b）

图13.6　磁场下的自蔓延高温合成照片

（a）弱磁场；（b）强磁场

称为成型。本试验中采用干压成型方法，使模具中的粉料被压成具有一定机械强度、不致在烧结前破碎的生坯。再次压制成圆柱状或圆环体，如图 13.7 所示。

图13.7　待烧结的成型样品

（10）烘干。在空气中放置24 h 以上，于80～100 ℃下真空干燥24 h，主要去除造粒工艺中添加的水分。

（11）烧结。将干燥完全的柱状成型体在高温箱式电阻炉中进行烧结。烧结过程一般是指在低于材料熔融温度的状态下，经过烧缩（致密）和结晶最后生成铁氧体的过程。经过自蔓延高温合成的燃烧产物，有的已经是纯度较高的铁氧体；而有的是以铁氧体相为主相，包含部分反应原料的混合物，还需要烧结来实现提高材料的性能。

烧结是在配方确定条件下保证获得最佳磁性能的重要外因。烧结过程包括升温、保温、降温三个阶段。升温起始阶段主要是黏结剂、水分的集中挥发阶段，因此要控制一定的升温速度，以防水分、黏结剂集中挥发引起坯件热开裂与变形。通常在此温度区间升温宜缓慢些，以便挥发物通过排气孔及时排除。黏结剂等挥发完后，升温速度可以加快些。在 500 ℃ 附近，聚乙烯醇分解成气体排除。在这一阶段晶粒开始生长，如果分解的气体产生扰动，不能顺利排除，会造成气孔率升高，对晶粒生长不利。保温过程中，主要是保温温度和保温时间的问题，通常烧结温度的提高和保温时间的延长会促进固相反应完全，密度增加，比饱和磁化强度增加，晶粒增大。但如果烧结温度过高、保温时间过长，会引起铁氧体分解，产生空泡、另相、晶粒的不连续生长等一系列的问题，导致磁性能恶化。因此，要选择合适的烧结温度和保温时间。降温过程对控制产品的性能有时是有决定性意义的。因为降温过程将会引起产品的氧化或还原等方面的问题。根据文献和试验条件综合确定最后的烧结工艺使温度缓慢升高（10 ℃/min）到 500 ℃，保温 2 h，然后在 25 ℃/min 的升温速率下升温到 1 180 ℃，保温 3 h，随炉冷却。烧结后的 NiZn 铁氧体磁环如图 13.8 所示。

图 13.8　烧结后的 NiZn 铁氧体磁环

13.2　汽车安全气囊

　　汽车安全气囊是安装在汽车上的保护驾乘人员安全的充气装置。当汽车碰撞时，传感器立即给出信号，迅速使气体发生器发火头发火，引燃能产生大量气体的烟火药剂（气体发生剂），在 10～50 ms 内完成充气，鼓胀气囊，避免驾乘人员遭受硬碰伤冲击，如图 13.9 所示。气体发生器是安全气囊的核心部件，而气体发生器中的产气药剂是其中主要的研究内容。同时，气体发生器用电点火具的安全性和可靠性也是值得重视的问题。

各国开发的第一代烟火式气体发生器产气药剂基本上都以叠氮化钠（NaN₃）为主体，其氧化剂有的采用三氧化二铁（Fe_2O_3），也有的采用氧化铜（CuO）或别的氧化剂。该系列药剂具有性能稳定、气体温度相对较低的优点。含 $NaNO_3$ 的烟火气体发生剂的配方与性能见表13.3。

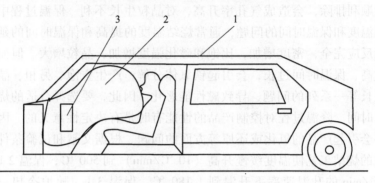

图 13.9　汽车安全气囊工作示意图

1—汽车本体；2—安全气囊；3—过滤器

表 13.3　含 $NaNO_3$ 的烟火气体发生剂性能

性质		1	2	3	4
含量/%	$NaNO_3$	74.9	74.9	74.9	74.9
	CuO	9.1	—	9.1	—
	Fe_2O_3	—	9.1	—	9.1
	$KClO_4$	16.0	16.0	16.0	16.0
	玻璃粉	5.0	5.0	—	—
燃速/(mm·s⁻¹)		51.5	39.2	73.0	46.0
压力指数		0.11	0.23	0.28	0.30

由于叠氮化钠（NaN₃）具有很强的毒性，反应后生成的气体产物中，氮的氧化物（NO 和 NO_2）含量较高，对乘员的身体伤害很大，已经逐步被淘汰。目前研发的药剂分别以硝基胍（NQ）、黑索金（RDX）、硝酸胍（GN）、硝酸铵（AN）等材料为主体，辅以其他氧化剂的混合药剂，也有研究单质产气药剂的报告。这类药剂的共同点是产气效率高、气体发生器设计尺寸小、制造成本低，是目前烟火式气体发生器发展的主要趋势。无 $NaNO_3$ 的烟火气体发生剂典型配方有：$KClO_4$ 85%，醋酸纤维素9.7%，磷酸三甲苯酯4.8%，炭黑0.5%。

汽车安全气囊结构示意如图 13.10 所示。它由气囊、物理冷却兼过滤器、化学冷却剂、气体发生剂、传感器和点火管构成。一般安装在汽车的仪表控制板上。汽车发生碰撞时，首先由传感器接收撞击信号，将该信号传输到中央控制单元。经中央控制单元的电脑计算后，只要达到规定的阈值，电脑就会输出一个电信号。气体发生器中的电点火具接到启动信号后引爆并点燃产气体发生剂，产生大量气体，经过过滤并冷却后进入气囊，使气囊在极短的时间内突破罩盖迅速膨胀展开，在驾驶员或乘员与汽车内饰之间形成缓冲气垫，从而有效地保护人体头部和胸部，使之免于受到伤害或减轻伤害程度。

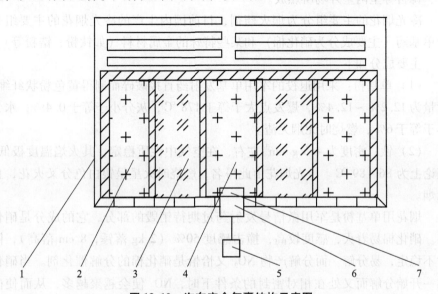

图 13.10　汽车安全气囊结构示意图

1—气囊；2—物理冷却兼过滤器；3—化学冷却剂；4—气体发生剂；
5—惯性传感器；6—低通滤波器；7—点火管

13.3　冷光烟花

冷光烟花是指以产生亮银色火花或火星为主要燃放效果，产烟量和残渣较少的一类烟火物质，也称为"冷烟花""无烟烟花"等。它是对传统烟花技术的一种突破和创新，是结合无烟技术、冷焰火技术等多项先进技术开发出的既安全又符合环保要求的新一代产品。主要性能与特点如下：

（1）产品依靠自身药剂燃烧时产生的声、光、色、火花和分支火花，形成绚丽多姿的烟花效果及艺术造型，观赏效果极佳；

（2）燃放时无烟、无毒、无刺激性气味、无残渣，对人体无害，对环境无污染；

（3）生产和燃放时不产生爆炸，火花区不易引燃其他可燃物，安全性较高；

（4）单个产品可以根据需要灵活设定燃放时间；

（5）生产工艺简单，一般情况下比传统烟花工序减少一半以上；

（6）燃放时气氛热烈欢快，效果独特，可控性强。广泛应用于节日庆典、生日等各种联欢会，可烘托出欢快的气氛。非常适合在家庭、酒吧、卡拉 OK 厅、舞台等室内室外场所燃放。

冷光烟花的主要组分为烟火药剂，目前国内生产的冷光烟花的主要组分为单基药（主要成分为硝化棉）和某些特殊的金属材料（如钛粉、锆粉等）。

主要成分如下。

（1）单基粉：采用退役的军用单基发射药直接破碎而制得黄色粉状纤维，含量为 12.2% ~ 12.4%，爆发点大于等于 178 ℃，灰分小于等于 0.4%，水分小于等于 6%，燃烧时无烟无渣。

（2）钛：密度为 4.5 g/cm^3 左右，在空气中性质稳定，其火焰温度极低，理论上为 86 ~ 89 ℃。冷光烟花由此得名，燃烧时火星呈银白色分叉火花，且无烟。

烟花用单基粉是军用微信号发射药过期待销毁的部分，它的成分是硝化棉。硝化棉易着火，感度较高，撞击感度 50%（2 kg 落锤，8 cm 落高），同时不稳定，易分解。而分解产物 NO_2 又恰恰是硝化棉的分解催化剂。当硝化棉一开始分解而又处在相对密封的条件下时，NO_2 便会越聚越多，从而使硝化棉的分解越来越快，最后发生爆炸。试验证明，含氮量越高的硝化棉越不稳定。因此冷光烟花的安全性非常值得重视。要使其在烟花有效期内保持稳定，可以消除单基废弃药中已经含有的 NO_2 及硝酸，并加入 0.5% ~ 1% 的二苯胺作为稳定剂。

13.4　除霜剂

霜冻对农业生产是一种严重的自然灾害，为了使农作物免遭寒流的袭击，人们采用各种措施预防霜冻的发生。烟雾防霜是一种用得最早的传统措施，是目前大面积防霜的常用的一种方法。最初使用禾木草料掩上灰土生烟，但设置密度大，并且要使柴草堆加大水分，尽量使它多发烟，少发热，操作比较烦琐且效率低。因此发展了利用气溶胶效应的烟火药作为发烟除霜剂。

烟雾剂增温效应主要有以下三种：

（1）烟雾削弱了地面有效辐射产生的增温；

（2）烟雾形成时产生的热量扩散；

（3）水汽在粒子上凝结释放的凝结潜热。

其中又以第（1）项作用最大，而它是由散射辐射和选择吸收决定的。烟雾剂的气溶胶峰值浓度在 $8 \sim 12\ \mu m$ 范围内，选择吸收和散射辐射都非常有利，对水汽凝结释放潜热也较好，增温热效应较好。

我国很早就进行过除霜烟雾弹的研究，典型的"硝蒽"除霜烟雾弹配方如下：

硫黄	2%
硝酸钾	42%
沥青	5%
精萘	5%
木粉	11%
粗蒽	30%
木炭	5%

烟雾弹制作工艺如下。

（1）烟雾剂的配制。先将硝酸钾、精萘、木粉、木炭分别粉碎，过筛，再把沥青按比例用锅化成液状和木粉搅拌均匀。然后把各种材料按比例混合一起，碾压并搅拌均匀，即成烟雾剂。

（2）烟雾弹的装药。将配制好的烟雾剂用硬纸筒以机械压力分十次装成，密度为 $0.8 \sim 1.0\ g/cm^3$ 较好。再把两头封牢固，在筒的一头钻两个孔，一大一小，大孔 $\phi 5\ mm$，小孔 $\phi 2\ mm$。从大孔插入点燃用引线。

烟雾法是目前国内大面积防霜的通用方法。虽然烟雾防霜成本不高，但大量使用，成本总额是高的。因此需要研究更廉价的除霜剂，以节省成本。

13.5　杀虫剂

在诸多的化学药物杀虫剂型中，烟雾剂由于烟雾粒径小、比表面积大、穿透力强和杀虫效率高等特点而备受关注。因此，我国在 20 世纪 90 年代就开始了杀虫烟雾弹的研究。典型的杀虫烟雾弹有 YZ - A 型烟雾杀虫弹和 YZ - B 型枪榴烟雾杀虫弹。

以 YZ - B 为例，采用我国制式的 81 式 7.62 mm 步枪或 5.8 mm 步枪实弹发射 40 mm 烟雾杀虫弹，配 42 mm 杀虫战斗部，利用延期管点燃。点火药将杀虫烟剂点燃，当压力达到一定阈值时，以子母弹方式爆炸。母弹爆开后释放子弹，子弹进一步燃烧释放烟雾杀虫剂，使杀虫烟剂均匀散布在有效杀伤半径为 10 m 的范围内，达到杀虫目的。其结构如图 13.11 所示。

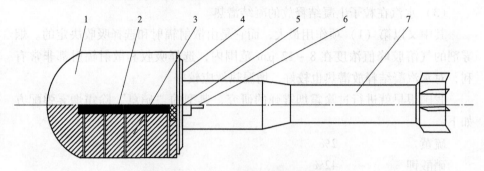

图 13.11　YZ－B 型杀虫枪榴弹示意图

1—战斗部；2—点火药；3—杀虫剂；4—延期药；5—火帽；6—击针；7—弹尾

药柱配方由氧化剂、助燃剂、降湿剂、发烟剂、中和剂、增效剂、黏结剂和杀虫剂等功能成分构成。英国人采用下述配方来制造一种杀虫烟雾剂：

氯酸钾	19%
蔗糖	23%
DDT 杀虫剂	58%

这种混合物燃烧时，DDT 升华出来，借以杀死害虫。如果将蔗糖用尿素和硫脲代替，并将 DDT 含量降为 54.9%，其效率为 90%。

还有一种杀虫烟雾剂：

氯酸钾	16.5%
硫脲	11.5%
杀虫药	60%
无机填料	9%
氧化镁	3%

其中 MgO 的作用是使高温贮存时的杀虫剂不挥发出氯化氢。值得注意的是，发烟剂燃烧时，温度不得高于杀虫有效成分的分解点，否则杀虫有效成分会因发生分解而失效。例如氯乙酰苯和 CS 等化学杀虫剂也可用于制造杀虫烟雾剂，但由于它们在高温时易分解，制造有困难。此外，还要求杀虫药柱发烟时不能有明火，产生的烟雾要求为白色，避免其他有害气体的产生，防止污染环境和损害人体健康，并尽可能提高烟雾的穿透力。

13.6　灭鼠剂

第二次世界大战末期，美国要求发展一种烟火器材来控制各种鼠类，如地鼠、犬鼠和土拨鼠等。用 HC 烟幕剂也可以做到，但缺点是新耕耘的土地能吸收大量的这类毒气。

若用 $KClO_4$ 或 $CuSO_4$ 与 S 作用，反应方程式如下：

$$KClO_4 + 2S \rightarrow 2SO_2 + KCl$$

$$CuSO_4 + 2S \rightarrow 2SO_2 + CuS$$

这种 SO_2 灭鼠剂的缺点也是易被新耕的土地吸收。

采用烟雾法灭杀洞内的鼠类是一种主动灭鼠方法，烟雾法包括毒杀法、浓烟熏杀法和窒息灭鼠法几种。毒杀法是在烟雾剂中加一些毒性物质，当烟雾剂扩散时，将这些物质带入洞内而将鼠杀死。有些剧毒物质如氟乙酰胺等是国家严禁生产和使用的，并且毒性物质对环境有污染，成本也比较高，不利于推广。浓烟尘熏杀法是在氧化剂和可燃剂中加一些硫黄等物质，燃烧后产生浓黑的固体烟尘和二氧化硫气体将鼠熏死。这种方法的缺点同 HC 烟幕剂，烟尘在细长的鼠洞里易沉淀，生成的二氧化硫等气体易被土壤中的水吸收。所以，熏杀法的效果也不好。窒息灭鼠法是将烟雾弹点燃置于老鼠洞内，通过烟雾弹燃烧消耗洞内氧气，并释放大量一氧化碳、二氧化碳，排出洞内氧气，使洞中老鼠因无法得到氧气而窒息死亡或一氧化碳中毒而亡。灭鼠弹的主要作用是使老鼠窒息死亡，其对应的配方也相应地多变且在一直处于发展中。

烟火灭鼠药的组成成分可以多种多样，但其主要成分为氧化剂、可燃剂和黏结剂。氧化剂提供燃烧时所需要的氧；可燃剂在烟火药燃烧时产生所需的热量；黏结剂则使烟火制品具有一定强度。

有效的灭鼠剂是采用 KNO_3 和 C 的混合物。该混合物经氧平衡调整，能产生大量 CO。据资料报道，当一氧化碳在空气中的浓度达 1/800 时，人可在半小时内死亡，当鼠洞内一氧化碳达到一定浓度时，可使鼠类因缺氧而窒息死亡。一氧化碳是比较稳定的物质，它不易被土壤中的水吸收，故杀伤力持久，对环境无害。因此，窒息法是一种比较理想的灭鼠方法。窒息灭鼠弹的结构如图 13.12 所示。

硝酸钾与木炭反应可生成一氧化碳，其反应式如下：

$$2KNO_3 + 5C \rightarrow K_2O + N_2\uparrow + 5CO\uparrow + Q$$

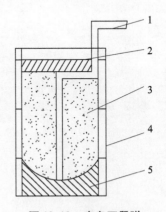

图 13.12　窒息灭鼠弹

1—捻子；2—纸塞；3—烟雾剂；

4—纸筒；5—泥底

从反应式可以看出，硝酸钾与木炭的用量约为 3.1∶1，为了促使一氧化碳的生成，木炭可以适当过量些。由反应式可以计算出反应生成的总气体量，平均每克药生成的一氧化碳量为 $112/262 = 0.42(L/g)$。硝酸钾与木炭的反应很迅速，能由燃烧转为爆轰，加入一定量的燃速控制剂后，反应能以适当速度平稳地进行。

参 考 文 献

[1] 潘功配，杨硕. 烟火学 [M]. 北京：北京理工大学出版社，1997.

[2] 潘功配. 中国烟火技术的创新与发展 [J]. 含能材料，2010，18 (4)：443 – 446.

[3] 中国国防科技信息中心. 国防科技发展报告（综合卷）[M]. 北京：国防工业出版社，2017.

[4] Jai Prakash Agrawal. 高能材料——火药、炸药和烟火药 [M]. 欧育湘，韩廷解，芮久后，等，译. 北京：国防工业出版社，2013.

[5] 刘亚利，欧阳育良，张庚义，等. 无烟无焰烟火剂的研究与应用 [J]. 火工品，2008 (1)：53 – 56.

[6] 黄浩川. 兵器工业科学技术辞典·火工品与烟火技术 [M]. 北京：国防工业出版社，1992.

[7] 谢兴华，颜事龙. 推进剂与烟火 [M]. 合肥：中国科学技术大学出版社，2012.

[8] 兰彻斯特，清水武夫，等. 烟火原理与实践 [M]. 北京：北京工业学院出版社，1985.

[9] 焦清介，霸书红. 烟火辐射学 [M]. 北京：国防工业出版社，2009.

[10] 陈海平. 烟幕技术基础 [M]. 北京：兵器工业出版社，2002.

[11] 刘立仁，雷遂仁. 国外近代发烟装备的研究与发展 [J]. 特种弹药，2001 (2)：33 – 36.

[12] 赵耀江. 花炮安全生产技术 [M]. 北京：煤炭工业出版社，2004.

[13] John A Conkling. Chemistry of pyrotechnics [M]. New York：Marcel Dekker，INC.，1985.

[14] Bailey A，Murray S G. Explosives，Propellants and Pyrotechnics [M]. London：Printed in Great Britain by Redwood Books，Trowbridge，Wiltshire，1989.

[15] Joseph A Domanico，Valenta F J，Ladouceur D. 国外军用烟火技术研究动

态 [J]. 火工品, 1994 (1): 38 – 42.

[16] 任晓雪, 彭翠枝. 国外新型火工药剂技术发展研究 [J]. 爆破器材, 2012, 41 (2): 20 – 23.

[17] 潘功配. 高等烟火学 [M]. 哈尔滨: 哈尔滨工程大学出版社, 2005.

[18] 姚禄玖, 高钧麟, 肖凯涛, 等. 烟幕理论与测试技术 [M]. 北京: 国防工业出版社, 2004.

[19] GJB 5381.1—2005, 烟火药化学分析方法 [S]. 北京: 中国标准出版社, 2005.

[20] 郝清伟, 霸书红, 孙振兴, 等. 环氧树脂和石墨对高氯酸钾类烟火药撞击感度的影响 [J]. 含能材料, 2012, 20 (3): 302 – 305.

[21] 钱新明, 王鹏飞. 含改性氯酸钾烟火药剂的安全性研究 [J]. 含能材料, 2008, 16 (3): 298 – 300.

[22] GJB 5383.1—2005. 烟火药感度和安全性试验方法 [S]. 北京: 中国标准出版社, 2005.

[23] 范磊, 潘功配, 欧阳的华, 等. 烟火药配方优化系统的初步设计 [J]. 火工品, 2011 (2): 29 – 31.

[24] 张晓成, 旷成. 烟火药钝感技术的研究 [J]. 花炮科技与市场, 2011 (3): 5 – 10.

[25] GJB 5384.1—2005. 烟火药感度和安全性试验方法 [S]. 北京: 中国标准出版社, 2005.

[26] Demianenko D, et al. 烟火自动控制的新进展 [J]. 金韶华, 田野, 松全才, 译. 含能材料, 2003, 11 (2): 110 – 112.

[27] Comet M, Siegert B, Schnell F, et al. Phosphorus Based Nanothermites: A New Generation of PyrotechnicsIllustrated by the Example of n – CuO/Red P Mixtures [J]. Propell. Explos. Pyrot. , 2010, 35 (3): 220 – 225.

[28] Gibot P, Comet M, Eiehhom A, et al. Highly Insensitive/Reactive Thermite Prepared from Cr₂O₃ Nanoparticles [J]. Propell. Explos. Pyrot. , 2011, 36 (1): 80 – 87.

[29] 车念曾, 阎达远. 辐射度学和光度学 [M]. 北京: 北京理工大学出版社, 1990.

[30] 汤顺青. 色度学 [M]. 北京: 北京理工大学出版社, 1990.

[31] 冯其波. 光学测量技术与应用 [M]. 北京: 清华大学出版社, 2008.

[32] 崔秀山. 固体化学基础 [M]. 北京: 北京理工大学出版社, 1991.

[33] 陈福梅. 火工品原理与设计 [M]. 北京: 兵器工业出版社, 1990.

［34］ 唐桂林，赵家玉，吴煌，杜志明．黑火药的改进研究［J］．火工品，2002（4）：25-27.

［35］ 陈红俊．低燃速硅铁延期药［J］．火工品，2000（1）：31-34.

［36］ 吴幼成，宋敬埔．延期药技术综述［J］．爆破器材，2000，29（2）：23-26.

［37］ 黄德华．钨系延期药燃速的影响因素分析［J］．爆破器材，1995，24（6）：15-17.

［38］ 俞进阳，饶国宁，陈利平．烟花爆竹烟火药剂危险性评价方法［J］．中国安全科学学报，2012，（12）：44-47.

［39］ 蔡学智，高俊国，施冬梅，等．烟火药剂在新型焊接技术中的应用［J］．军械工程学院学报，2004，16（3）：33-35.

［40］ 崔庆忠，李满，张夫明．C/KNO₃点火药研究［J］．火工品，2001（2）：31-33.

［41］ 成一，陈守文．点火药点火性能研究［J］．火工品，2001（4）：21-22.

［42］ 李新国，程困元．火工品试验与测试技术［M］．北京：北京理工大学出版社，1998.

［43］ Donald R D. Azide gas generating composition for inflatable devices［P］. U. S. Pat. 4931111, 1990-01.

［44］ Tadao Yoshida. Air bag gas generating composition［P］. U. S. Pat. 5898126, 1999-04.

［45］ Adriana Petronelle Martina Leenders. Gas generating preparation With iron and copper carbonate［P］. U. S. Pat. 6228191B1, 2001-05.

［46］ David D R. Gas generating material for vehicle occupant protection device［P］. U. S. Pat. 6143103, 2000-11.

［47］ 曲艳斌，萧忠良．汽车安全气囊用气体发生剂［J］．华北工学院学报，2003，24（6）：428-431.

［48］ Kashinath C Patil, Aruna S T, Tanu Mimani. Combustion synthesis：an update［J］. Curr. Opin. Solid State Mater. Sci. , 2002（6）：507-512.

［49］ 李垚．自蔓延高温合成 Ni-Zn 铁氧体的研究［D］．哈尔滨：哈尔滨工业大学，2000.

［50］ Alexander G Merzhanov. The chemistry of self-propagating high-temperature synthesis. J. Mater. Chem. , 2004（14），1779-1786.

［51］ Shon I J, Munir Z A. Simultaneous synthesis and densification of MoSi₂ by field – activated combustion [J]. Journal of the American ceramic society, 1996, 79 (7): 1875 – 1880.

[52] Kuznetsov M V, Morozov Y G, Parkin I P. Electrochemistry and Dynamic Ionography of Self – Propagating High – Temperature Synthesis (SHS)[J]. Materials Science Forum, 2007 (555): 73 – 81.

[53] Aiguo Feng, Zuhair A Munir. Relationship between field direction and wave propagation in activated combustion synthesis [J]. Journal of the American Ceramic Society, 1996, 79 (8): 2049 – 2058.

[54] 殷声. 燃烧合成 [M]. 北京：冶金工业出版社，1999.

[55] 王建华. 自蔓延燃烧合成镍锌铁氧体及其机理研究 [D]. 太原：中北大学，2009.

[56] 傅学成，赵力增，陈涛，等. 冷光烟花燃放特性试验研究 [J]. 消防科学与技术，2011，30 (6): 468 – 471.

[57] 刘玉海，潘仁明. 无烟烟花药剂使用安全性能分析 [J]. 火炸药学报，2002 (3): 73 – 75.